EUL VERLAG

Rechnungslegung und Wirtschaftsprüfung

Herausgegeben von Prof. (em.) Dr. Dr. h. c. Jörg Baetge, Münster, Prof. Dr. Hans-Jürgen Kirsch, Münster, und Prof. Dr. Stefan Thiele, Wuppertal

Band 27
Tim Eckert
Ausschüttungsrestriktionen als Instrument der Kapitalerhaltung – Eine vergleichende Analyse von Nennkapitalsystem und Solvenztest unter Einbezug einer Monte-Carlo-Simulation
Lohmar – Köln 2010 • 268 S. • € 57,- (D) • ISBN 978-3-89936-989-2

Band 28
Corinna Ewelt-Knauer
Der Konzernabschluss als Berichtsinstrument der wirtschaftlichen Einheit – Zur Abgrenzung des Vollkonsolidierungskreises sowie zur bilanziellen Abbildung von Transaktionen mit Dritten
Lohmar – Köln 2010 • 304 S. • € 59,- (D) • ISBN 978-3-89936-996-0

Band 29
Kathrin Köhling
Barwertorientierte Fair Value-Ermittlung für Renditeimmobilien in der IFRS-Rechnungslegung – Empfehlungen zur Konkretisierung eines Bewertungskalküls
Lohmar – Köln 2011 • 304 S. • € 59,- (D) • ISBN 978-3-8441-0041-9

Band 30
Tim Hoffmann
Unternehmerische Nachhaltigkeitsberichterstattung – Eine Analyse des GRI G3.1-Berichtsrahmens
Lohmar – Köln 2011 • 292 S. • € 59,- (D) • ISBN 978-3-8441-0057-0

Band 31
Daniel Siegel
Die Bilanzierung latenter Steuern im handelsrechtlichen Jahresabschluss nach § 274 HGB
Lohmar – Köln 2011 • 300 S. • € 59,- (D) • ISBN 978-3-8441-0058-7

JOSEF EUL VERLAG

Reihe: Rechnungslegung und Wirtschaftsprüfung · Band 31

Herausgegeben von Prof. (em.) Dr. Dr. h. c. Jörg Baetge, Münster, Prof. Dr. Hans-Jürgen Kirsch, Münster, und Prof. Dr. Stefan Thiele, Wuppertal

Dr. Daniel Siegel

Die Bilanzierung latenter Steuern im handelsrechtlichen Jahresabschluss nach § 274 HGB

Mit einem Geleitwort von Prof. Dr. Hans-Jürgen Kirsch,
Westfälische Wilhelms-Universität Münster

EUL VERLAG

Bibliografische Information der Deutschen Nationalbibliothek

Die Deutsche Nationalbibliothek verzeichnet diese Publikation in der Deutschen Nationalbibliografie; detaillierte bibliografische Daten sind im Internet über <http://dnb.d-nb.de> abrufbar.

Dissertation, Westfälische Wilhelms-Universität Münster, 2011

D 6

ISBN 978-3-8441-0058-7
1. Auflage Juli 2011

JOSEF EUL VERLAG GmbH
Brandsberg 6
53797 Lohmar
Tel.: 0 22 05 / 90 10 6-6
Fax: 0 22 05 / 90 10 6-88
E-Mail: info@eul-verlag.de
http://www.eul-verlag.de

Bei der Herstellung unserer Bücher möchten wir die Umwelt schonen. Dieses Buch ist daher auf säurefreiem, 100% chlorfrei gebleichtem, alterungsbeständigem Papier nach DIN 6738 gedruckt.

Geleitwort

Die Bilanzierung latenter Steuern gemäß § 274 HGB war nach dem Bilanzrichtlinien-Gesetz (BiRiLiG) von 1985 in der Regel vergleichsweise wenig aufwendig und aufgrund der Ermittlungsmechanik in der Regel unbedeutend. Mit dem Bilanzrechtsmodernisierungsgesetz (BilMoG) wurden die Regelungen des § 274 HGB indes umfassend modifiziert. Durch diese Änderungen soll die Bilanzierung latenter Steuern aufgewertet werden. Anstelle des bislang zu verwendenden GuV-orientierten Timing-Konzepts sind latente Steuern künftig entsprechend der internationalen Vorschriften bilanzorientiert im Sinne des Temporary-Konzepts zu bestimmen. Darüber hinaus sind nunmehr in einem bestimmten Umfang steuerliche Verlust- und Zinsvorträge in die Ermittlung der Steuerlatenzen einzubeziehen, weshalb die Komplexität der Bilanzierung latenter Steuern deutlich zunehmen wird. Die neuen Regelungen sind ferner in vielerlei Hinsicht wenig konkret konzipiert worden und daher auslegungsbedürftig. Vor diesem Hintergrund konkretisiert und interpretiert der Verfasser die Vorschriften zur Bilanzierung latenter Steuern nach § 274 HGB im Detail auf Basis der hermeneutischen Methode. Des Weiteren analysiert der Verfasser, ob die Bilanzierung latenter Steuern durch die Gesetzesänderung, wie vom Gesetzgeber intendiert, tatsächlich bedeutender wird.

Die vorliegende Arbeit ist in fünf Kapitel gegliedert. Im **ersten Kapitel** wird die Problemstellung erläutert und der Gang der Untersuchung vorgestellt.

Im **zweiten Kapitel** wird mit der hermeneutischen Methode zunächst das Auslegungsinstrumentarium dargestellt, welches der Interpretation der Vorschriften zur Bilanzierung latenter Steuern in dieser Arbeit zugrunde liegt. Darauf folgend setzt sich der Verfasser detailliert mit den Ursachen latenter Steuern auseinander, wobei er insbesondere kritisch beleuchtet, inwiefern die Gesetzesänderungen durch das BilMoG latente Steuern begründen. Der Verfasser kommt dabei beispielsweise zu dem Ergebnis, dass der Maßgeblichkeitsgrundsatz weiterhin relevant bleibt. Ferner wird festgestellt, dass nach dem BilMoG vermehrt zu versteuernde temporäre Differenzen entstehen werden, während sich der Umfang abzugsfähiger temporärer Differenzen reduzieren wird. Dies führt dazu, dass regelmäßig nicht mehr pauschal, wie nach dem BiRiLiG üblich, ein Aktivüberhang latenter Steuern ermittelt werden kann. Vielmehr wird eine umfassende Einzeldifferenzenbetrachtung notwendig werden. Somit wird die (Nicht-)Bilanzierung latenter Steuern aufwendiger und bedeutender. Der Verfasser erläutert im Anschluss an diese Analysen mögliche Konzeptionen der Abbildung von Steuerlatenzen erläutert. Daran anknüpfend betrachtet er die historische nationale und internationale Entwicklung der Bilanzierung latenter Steuern sowie aktuell laufende Projekte. Es wird herausgearbeitet, dass der deutsche Gesetzgeber jeweils zeitlich verzögert auf internationale Änderungen der Vorschriften zu den latenten Steuern reagiert hat und in absehbarer Zeit keine (weiteren) wesentlichen Änderungen der handelsrechtlichen Vorschriften zur Bilanzierung latenter Steuern zu erwarten sind.

Da die konkrete Auslegung von Bilanzierungsregeln maßgeblich vom bilanziellen Charakter des betrachteten Postens abhängt, untersucht der Verfasser im **dritten Kapitel** den Charakter der latenten Steuern im handelsrechtlichen Jahresabschluss. Dazu werden zunächst die aktuellen Regelungen des § 274 HGB im Überblick vorgestellt. Der Verfasser kommt dann zu dem Ergebnis, dass passive Steuerlatenzen als Rückstellungen für ungewisse Verbindlichkeiten nach § 249 Abs. 1 Satz 1 HGB einzustufen sind, sofern ihnen lediglich temporäre Differenzen zugrunde liegen, die zeitliche Ergebnisdifferenzen sind. Passive latente Steuern, die „nur" auf quasi-permanenten und/oder solchen Differenzen basieren, die erfolgsneutral entstanden sind, sind ebenso wie aktive latente Steuern als Sonderposten eigener Art einzuordnen. Auf dieser Basis setzt sich der Verfasser mit den Konsequenzen für die konkrete Auslegung von § 274 HGB auseinander. Dabei wird zum einen festgestellt, dass explizite Regelungen des § 274 HGB einzelnen handelsrechtlichen Grundsätzen ordnungsmäßiger Buchführung (GoB) vorgehen können. Zum anderen betont der Verfasser, dass die GoB im Rahmen der Interpretation der Vorschriften zur Bilanzierung latenter Steuern soweit wie möglich zu beachten sind. Darüber hinaus wird herausgearbeitet, dass die internationalen Regelungen trotz der konzeptionellen Annäherungen nicht per se bei der Auslegung berücksichtigt werden dürfen. Sie können stattdessen, wie die Vorschriften des DRS 18, als Auslegungsalternative berücksichtigt, die im Rahmen der hermeneutischen Methode kritisch zu würdigen sind.

Im **vierten Kapitel** werden als Kern der Arbeit die Vorschriften zur Bilanzierung latenter Steuern im Detail interpretiert. Zunächst wird der Ansatz latenter Steuern erläutert, wenngleich der Kandidat aus didaktischen Gründen schon hier auch die Identifikation temporärer Differenzen und steuerlicher Verlustvorträge und daher auch Fragen der Wertfindung (also eigentlich der Bewertung) latenter Steuern klärt. Der Verfasser stellt im Ergebnis fest, dass die relevanten temporären Differenzen aus Vereinfachungsgründen auf Basis der Gegenüberstellung handels- bzw. steuerrechtlicher Wertansätze auf Bilanzpostenebene ermittelt werden können. Ferner wird herausgearbeitet, dass auch bilanzielle Sonderfälle, wie z. B. steuerfreie Rücklagen oder Investitionszulagen, latente Steuern begründen, obwohl diese bei enger Auslegung nach dem Wortlaut des § 274 HGB nicht zu erfassen wären. Im Gegensatz dazu stellt der Verfasser fest, dass aus dem erstmaligen Ansatz eines Geschäfts- oder Firmenwerts im Jahresabschluss sowie aus Differenzen, die sich im Zusammenhang mit Wirtschaftsgütern des Sonderbetriebsvermögens ergeben, keine Steuerlatenzen resultieren. Des Weiteren wird herausgearbeitet, dass in den Ergänzungsbilanzen ausgewiesene Wertzusätze bzw. -minderungen bei der Ermittlung latenter Steuern zu berücksichtigen sind, da die Ergänzungsbilanzen Wirtschaftsgüter enthalten, die dem Gesamthandsvermögen zuzuordnen sind und daher auch handelsrechtlich angesetzt werden. Der Verfasser erläutert darüber hinaus, dass latente Steuern lediglich dann gebildet werden können, wenn das Unternehmen mit einem steuerwirksamen Abbau der den Steuerlatenzen zugrunde liegenden Differenzen rechnet. Für diese Einschätzung sind Wahrscheinlichkeitsüberlegungen erforderlich, wobei zu versteuernde Differenzen als Werthaltigkeitsindikator abzugsfähiger Differenzen verwendet werden können, wenn sich Letztere nicht erst nach den zu versteuernden Differenzen abbauen.

Nach dem BilMoG sind ferner steuerliche Verlustvorträge bei der Bilanzierung aktiver Steuerlatenzen zu berücksichtigen, welche in den nächsten fünf Jahren voraussichtlich zur Verlustverrechnung herangezogen werden können. Analoges gilt für den Ansatz latenter Steuern aufgrund von Zinsvorträgen. Es wird indes festgestellt, dass EBITDA-Vorträge nicht unmittelbar eine aktive Steuerlatenz begründen. Der Kandidat kommt des Weiteren zu dem Ergebnis, dass der in § 274 HGB vorgeschriebene Fünf-Jahres-Zeitraum als maximaler Prognosezeitraum zu verstehen ist. Demnach können auch kürzere Planungen verwendet werden, um den Umfang einzubeziehender steuerlicher Verlustvorträge zu bestimmen, sofern die Unternehmen üblicherweise Planungsrechnungen mit kürzeren Zeithorizonten erstellen. Zudem arbeitet der Verfasser auf Basis der hermeneutischen Methode heraus, dass der vorgegebene Planungszeitraum entgegen den Regelungen des DRS 18 selbst dann nicht überschritten werden darf, wenn die aktiven latenten Steuern aufgrund der steuerlichen Verlustvorträge lediglich mit einem Passivüberhang an Steuerlatenzen verrechnet werden würden. Der Verfasser stellt zudem klar, dass der begrenzte Verrechnungszeitraum auch für abzugsfähige Differenzen gilt, die sich in Verlustjahren abbauen. Jedoch befürwortet der Verfasser, dass steuerliche Verlustvorträge de lege ferenda unabhängig von ihrem konkreten Realisationszeitpunkt mit den zu versteuernden temporären Differenzen, welche einem Passivüberhang latenter Steuern zugrunde liegen, verrechnet werden dürfen, da mit einer solchen Vorgehensweise die wirtschaftliche Lage zutreffender abgebildet werden würde.

Durch die Berücksichtigung steuerlicher Verlust- und Zinsvorträge wird die Komplexität der Bilanzierung latenter Steuern deutlich erhöht. Der Verfasser weist in diesem Zusammenhang darauf hin, dass die Unternehmen in der Regel steuerliche Planungsrechnung verwenden müssen, um den Eintritt künftiger Steuereffekte aufgrund des Abbaus temporärer Differenzen oder steuerlicher Verlust- bzw. Zinsvorträge nachvollziehbar beurteilen zu können. Vor diesem Hintergrund konkretisiert der Kandidat eine solche Planungsrechnung. Dabei stellt er beispielsweise heraus, dass sämtliche aufgrund einer substantiieren Dokumentation hinreichend konkretisierte Maßnahmen in die steuerlichen Planungen einzubeziehen sind. Sofern insgesamt ein werthaltiger Aktivüberhang latenter Steuern ermittelt wurde, kann der Bilanzierende das Ansatzwahlrecht gemäß § 274 HGB in der Form ausüben, dass er auf den Ansatz latenter Steuern verzichtet. Der Verfasser betont zum einen, dass eine lediglich teilweise Aktivierung von Steuerlatenzen verboten ist. Zum anderen macht er deutlich, dass das Aktivierungswahlrecht, welches stetig auszuüben ist, im Falle eines unsaldierten Ausweises der latenten Steuern nicht ausgeübt werden kann.

Im Anschluss an die Beantwortung der Ansatzfragen (einschließlich der Identifikation der relevanten Differenzen), behandeln die darauf folgenden Abschnitte die für die Bewertung von Steuerlatenzen auf Basis der zuvor ermittelten Differenzen bzw. steuerlichen Verlust- und

Zinsvorträge relevanten Aspekte. Es wird erläutert, dass auch nach dem BilMoG die hinreichend konkretisierten Steuersätze im Zeitpunkt des Abbaus der Differenzen bzw. der Vorträge heranzuziehen sind. Zudem dürfen latente Steuern nach § 274 HGB nicht abgezinst werden, weshalb sie, wie der Verfasser darlegt, systematisch überbewertet werden. Der Verfasser befürwortet indes dieses Diskontierungsverbot vor dem Hintergrund der mit einer Abzinsung verbundenen Ermessensspielräume bzw. Praktikabilitätsprobleme. Des Weiteren weist er darauf hin, dass bei der Fortschreibung latenter Steuern an jedem Abschlussstichtag zu prüfen ist, ob neben der planmäßigen Auflösung ein unerwarteter Korrekturbedarf der Steuerlatenzen besteht. Der Verfasser stellt schließlich fest, dass zu diesem Zwecke regelmäßig die Fortschreibung der steuerlichen Planungsrechnung erforderlich sein wird.

Die bewerteten latenten Steuern können sowohl saldiert als auch unsaldiert ausgewiesen werden. Der Verfasser empfiehlt einen unsaldierten Ausweis, da dieser den Zweck des § 274 HGB am besten unterstützt und somit dem Abschlussadressaten einen zutreffenderen Einblick in die Vermögenslage des Unternehmens ermöglicht. Es wird zudem festgestellt, dass für die Saldierung latenter Steuern entgegen den Vorgaben der internationalen Rechnungslegung und des DRS 18 keine besonderen Voraussetzungen zu erfüllen sind. Ferner wird herausgearbeitet, dass die Erfolge aus der Bilanzierung latenter Steuern ohne Ausnahme gesondert in dem GuV-Posten „Steuern vom Einkommen und vom Ertrag" auszuweisen sind.

Sofern aktive Steuerlatenzen ausgewiesen werden, ist der Überhang aktiver über die passiven latenten Steuern ausschüttungsgesperrt. Vor diesem Hintergrund untersucht der Verfasser den Aufbau und die Funktionsweise der Ausschüttungssperre. Er arbeitet heraus, dass die Sperre in vielerlei Hinsicht mit der Bilanzierung latenter Steuern verbunden ist und deckt einige Mängel der aktuellen Vorschriften zur Ermittlung des ausschüttungsgesperrten Betrags auf.

Darüber hinaus stellt der Verfasser dar, dass große Kapitalgesellschaften und ihnen gleichgestellte Unternehmen nach dem BilMoG umfangreiche Berichterstattungspflichten im Anhang zur Bilanzierung latenter Steuern erfüllen müssen. Der Verfasser arbeitet beispielsweise heraus, dass die Ursachen der temporären Differenzen anzugeben sind. Dazu empfiehlt er die Angabe eines Steuerlatenzspiegels, aus dem die Bilanzposten, welche die Differenzen begründen, und der Betrag an abzugsfähigen oder zu versteuernden Differenzen je Posten hervorgehen. Ferner kommt der Verfasser zu dem Ergebnis, dass im Falle des Verzichts auf den Ansatz eines Aktivüberhangs oder im Falle eines saldierten Ausweises latenter Steuern, die Informationsdefizite im Vergleich zum unsaldierten Ausweis latenter Steuern durch quantitative Anhanginformationen zu kompensieren sind. Eine Überleitungsrechnung hält der Verfasser zwar für nicht zwingend erforderlich, aber dennoch für wünschenswert.

Die Arbeit schließt im **fünften Kapitel** mit einer Zusammenfassung und einem Ausblick. Dabei werden insbesondere die zentralen (Auslegungs-)Ergebnisse dieser Arbeit komprimiert wiedergegeben.

Insgesamt hat der Verfasser in der vorgelegten Arbeit das komplexe Gebiet der Bilanzierung latenter Steuern im handelsrechtlichen Jahresabschluss nicht nur inhaltlich überzeugend aufgearbeitet. Es gelingt ihm dabei, die Verbindungslinien zwischen Handels- und Steuerrecht sehr anschaulich in seine Argumentation einzuflechten. Besonders hervorzuheben ist darüber hinaus seine stets konsequente Argumentation bei der zum Teil recht komplexen Verknüpfung der verschiedenen Teilaspekte der Bilanzierung von Steuerlatenzen. Sehr gelungen ist auch das Nebeneinander von Auslegungen/Konkretisierungen der aktuellen handelsrechtlichen Regelungen und der kritischen Auseinandersetzung mit dem nicht immer gelungenen Ergebnis des Gesetzgebungsverfahrens. Insofern wünsche ich der Arbeit eine weite Verbreitung sowohl in der theoretischen Diskussion als auch in der praktischen Umsetzung.

Münster, im Juni 2011 — Prof. Dr. Hans-Jürgen Kirsch

Vorwort des Verfassers

Die vorliegende Arbeit entstand während meiner Tätigkeit als wissenschaftlicher Mitarbeiter am Institut für Rechnungslegung und Wirtschaftsprüfung (IRW) der Westfälischen Wilhelms-Universität Münster und meiner Tätigkeit als fachlicher Mitarbeiter bei der KPMG AG Wirtschaftsprüfungsgesellschaft, Niederlassung Düsseldorf. Sie wurde von der Wirtschaftswissenschaftlichen Fakultät in Münster im Sommer 2011 als Dissertation angenommen.

An dieser Stelle möchte ich mich bei all jenen bedanken, die mich bei der Anfertigung dieser Arbeit auf vielfältige Weise unterstützt haben. Im Besonderen gilt dies für meinen verehrten akademischen Lehrer und Doktorvater, Herrn Prof. Dr. Hans-Jürgen Kirsch. Ihm danke ich sowohl für die ständige Diskussionsbereitschaft als auch für die wertvollen fachlichen Hinweise, die erheblich zum Gelingen dieser Arbeit beigetragen haben. Für die Unterstützung seitens der KPMG AG Wirtschaftsprüfungsgesellschaft bedanke ich mich stellvertretend bei Herrn WP Michael Gewehr und Herrn WP/StB Jürgen Wrede. Zudem danke ich Herrn WP/StB Sebastian Reget für seine hilfreichen Anregungen. Weiterhin gilt mein Dank Herrn Prof. Dr. StB Christoph Watrin für die Übernahme des Zweitgutachtens und Herrn Prof. Dr. Aloys Prinz für seine Mitwirkung in der Promotionskommission.

Großer Dank gilt auch Herrn Prof. Dr. Dr. h. c. Jörg Baetge und den Mitarbeitern seines Forschungsteams für die Anregungen in zahlreichen Doktorandenseminaren. Des Weiteren ist es mir ein besonders wichtiges Anliegen, all meinen (ehemaligen) Kollegen am IRW zu danken. Namentlich erwähnen möchte ich an dieser Stelle Frau Dr. Corinna Ewelt-Knauer und Frau Dipl.-Kffr. Yasmine Bassen sowie die Herren Dr. Christoph Berentzen, Dipl.-Kfm. Matthias Knabe, Dr. Peter Koelen, Dipl.-Kfm. Gerrit Lütkeschümer, Dr. Sebastian Nimwegen, Dipl.-Kfm. Alexander Olbrich, Dr. Oliver Tinz und Dipl.-Kfm. Christian Weber. Mein ganz besonderer Dank gilt indes meinem Promotions- und Raumkollegen, Herrn Dr. Tim Hoffmann, für die stets sehr angenehme Arbeitsatmosphäre, den regelmäßigen, konstruktiven Meinungsaustausch und sein unermüdliches Bemühen um Ablenkung. Ferner danke ich den wissenschaftlichen Hilfskräften des Instituts für ihre Unterstützung bei der Literaturbesorgung.

Zudem möchte ich mich von ganzem Herzen bei meiner Familie und bei meinen Freunden bedanken. Insbesondere danke ich meinen Eltern und Geschwistern sowie meinem Großvater Willibald für ihr Verständnis, ihren Zuspruch und ihre bedingungslose Unterstützung auf meinem bisherigen Lebensweg. Der zweifellos größte Dank gebührt indes meiner Freundin Zdenka, die mir mit ihrer verständnisvollen sowie vor allem unnachahmlich lebensfrohen und unternehmungslustigen Art während des gesamten Dissertationsprojekts die notwendige Kraft gegeben und für die erforderliche Ablenkung gesorgt hat. Ohne diesen Rückhalt wäre diese Arbeit gewiss nicht möglich gewesen. Ihnen allen möchte ich diese Arbeit widmen.

Münster, im Juni 2011 — Daniel Siegel

Inhaltsübersicht

Inhaltsverzeichnis

Übersichtsverzeichnis

Abkürzungsverzeichnis

a. A.	anderer Auffassung
Abs.	Absatz
Abt.	Abteilung
ADS	Adler/Düring/Schmaltz
a. F.	alte Fassung
AG	Aktiengesellschaft/Die Aktiengesellschaft (Zeitschrift)
AIA	American Institute of Accountants
AICPA	American Institute of Certified Public Accountants
AK	Anschaffungskosten
AktG	Aktiengesetz
Art.	Artikel
APB	Accounting Principles Board
ARB	Accounting Research Bulletin
ARS	Accounting Research Study
ASB	Accounting Standards Board
ASR	Accounting Series Releases
AO	Abgabenordnung
Aufl.	Auflage
BB	Betriebs-Berater (Zeitschrift)
BBK	Zeitschrift für Buchführung, Bilanzierung, Kostenrechnung
BC	Zeitschrift für Bilanzierung, Rechnungswesen und Controlling
Bd.	Band
BDI	Bundesverband der Deutschen Industrie
Begr.	Begründer
BFH	Bundesfinanzhof
BGB	Bürgerliches Gesetzbuch
BGBl.	Bundesgesetzblatt
BGH	Bundesgerichtshof
Bilanzkomm.	Bilanzkommentar
BilMoG	Bilanzrechtsmodernisierungsgesetz
BiRiLiG	Bilanzrichtlinien-Gesetz
BMF	Bundesministerium der Finanzen
BMJ	Bundesministerium der Justiz
BR	Deutscher Bundesrat
BRD	Bundesrepublik Deutschland
BRZ	Zeitschrift für Bilanzierung und Rechnungswesen
bspw.	beispielsweise

BStBK	Bundessteuerberaterkammer
BStBl.	Bundessteuerblatt
BT	Deutscher Bundestag
BuW	Betrieb und Wirtschaft (Zeitschrift)
bzw.	beziehungsweise
ca.	circa
CF.	Conceptual Framework
CON	Statement of Financial Accounting Concepts
c. p.	ceteris paribus
DAX	Deutscher Aktienindex
DB	Der Betrieb (Zeitschrift)
DBW	Die Betriebswirtschaft (Zeitschrift)
DBA	Doppelbesteuerungsabkommen
DG	Directorate General
d. h.	das heißt
DIHK	Deutscher Industrie- und Handelskammertag
DP	Discussion Paper
DPR	Deutsche Prüfstelle für Rechnungslegung
DRS	Deutscher Rechnungslegungsstandard
Drs.	Drucksache
DRSC	Deutsches Rechnungslegungs Standards Committee e. V.
DSR	Deutscher Standardisierungsrat
DStR	Deutsches Steuerrecht (Zeitschrift)
DStZ	Deutsche Steuer-Zeitung (Zeitschrift)
DVFA	Deutsche Vereinigung für Finanzanalyse und Anlageberatung e. V.
EBITDA	Earnings Before Interest, Taxes, Depreciation and Amortisation
ED	Exposure Draft
E-DRS	Entwurf eines Deutschen Rechnungslegungsstandards
EFRAG	European Financial Reporting Advisory Group
EG	Europäische Gemeinschaft
Einf.	Einführung
ESt	Einkommensteuer
EStDV	Einkommensteuer-Durchführungsverordnung
EStG	Einkommensteuergesetz
ERS	Entwurf einer Rechnungslegungsstellungnahme des IDW
EU	Europäische Union

EuGH	Europäischer Gerichtshof
e. V.	eingetragener Verein
f.	folgende (Seite)
ff.	folgende (Jahre, Paragrafen)
FAS	Financial Accounting Standard
FASB	Financial Accounting Standards Board
FiFo	First in - First out
GAAP	Generally Accepted Accounting Principles
GE	Geldeinheit(en)
GEFIU	Gesellschaft für Finanzwirtschaft in der Unternehmensführung e. V.
GG	Grundgesetz
ggf.	gegebenenfalls
GrS	Großer Senat
GewStG	Gewerbesteuergesetz
gl. A.	gleicher Auffassung
GmbH	Gesellschaft mit beschränkter Haftung
GmbH & Co.	Gesellschaft mit beschränkter Haftung & Compagnie
GmbHG	Gesetz betreffend die Gesellschaften mit beschränkter Haftung
GoB	Grundsätze ordnungsmäßiger Buchführung
GoF	Geschäfts- oder Firmenwert
GuV	Gewinn- und Verlustrechnung
HB	Handbuch
HdB	Handbuch der Bilanzierung
HdJ	Handbuch des Jahresabschlusses
HdR	Handbuch der Rechnungslegung
HdR-E	Handbuch der Rechnungslegung-Einzelabschluss
HFA	Hauptfachausschuss des IDW
HGB	Handelsgesetzbuch
HGB-RefE	HGB-Referentenentwurf (des BilMoG)
HGB-RegE	HGB-Regierungsentwurf (des BilMoG)
HK	Herstellungskosten
h. M.	herrschende(n/r) Meinung
Hrsg.	Herausgeber
hrsg. v.	herausgegeben von

IAS	International Accounting Standard(s)
IASB	International Accounting Standards Board
IASC	International Accounting Standards Committee
i. d. F.	in der Fassung
IDW	Institut der Wirtschaftsprüfer in Deutschland e. V.
IDW FN	IDW Fachnachrichten (Zeitschrift)
i. e. S.	im engeren Sinne
IFA	Immobilienwirtschaftlicher Fachausschuss des IDW
IFRIC	International Financial Reporting Interpretations Committee
IFRS	International Financial Reporting Standards
IRZ	Zeitschrift für internationale Rechnungslegung
i. V. m.	in Verbindung mit
JStG	Jahressteuergesetz
Kap.	Kapitel
KapG	Kapitalgesellschaft(en)
KGaA	Kommanditgesellschaft auf Aktien
KMU	kleine und mittlere Unternehmen
KoR	Zeitschrift für internationale und kapitalmarktorientierte Rechnungslegung
KSt	Körperschaftsteuer
KStG	Körperschaftsteuergesetz
lit.	litera
M&A	Mergers and Acquisitions
MDAX	Mid-Cap Deutscher Aktienindex
m. E.	meines Erachtens
Mio.	Million(en)
MoU	Memorandum of Understanding
n/a	not applicable
n. F.	neue Fassung
NJW	Neue Juristische Wochenschrift (Zeitschrift)
No.	Number
Nr.	Nummer
NWB	Neue Wirtschafts-Briefe (Zeitschrift)

o. Ä.	oder Ähnlichem
OFD	Oberfinanzdirektion
PAAinE	Pro-Active Accounting Activities in Europe
PersG	Personengesellschaft(en)
PiR	Praxis der internationalen Rechnungslegung (Zeitschrift)
PS	Prüfungsstandard des IDW
PublG	Gesetz über die Rechnungslegung von bestimmten Unternehmen und Konzernen (Publizitätsgesetz)
RefE	Referentenentwurf
RegE	Regierungsentwurf
rev.	revised
RGBl.	Reichsgesetzblatt
RH	Rechnungslegungshinweis des IDW
Rn.	Randnummer
RS	Rechnungslegungsstellungnahme des IDW
S	Standard des IDW
S.	Seite
SABI	Sonderausschuss Bilanzrichtlinien-Gesetz (des Instituts der Wirtschaftsprüfer in Deutschland e. V.)
SEC	Securities und Exchange Commission
SFAS	Statement of Financial Accounting Standard(s)
SME	Small and Medium-sized Entities
sog.	sogenannte(n/r)
SolZG	Solidaritätszuschlagsgesetz
SR	Status:Recht (Zeitschrift)
SSAP	Statement of Standard Accounting Practice
StbJb	Steuerberater-Jahrbuch (Zeitschrift)
Stbg	Die Steuerberatung (Zeitschrift)
StFA	Steuerfachausschuss des IDW
StuB	Steuern und Bilanzen (Zeitschrift)
u. a.	unter anderem
Ubg	Die Unternehmensbesteuerung (Zeitschrift)
UmwStG	Umwandlungssteuergesetz
UntStRefG	Unternehmensteuerreformgesetz
US	United States

USA	United States of America
u. U.	unter Umständen
v.	von
vgl.	vergleiche
vs.	versus
WaBeschG	Wachstumsbeschleunigungsgesetz
WP	Wirtschaftsprüfer
WPg	Die Wirtschaftsprüfung (Zeitschrift)
z. B.	zum Beispiel
ZfB	Zeitschrift für Betriebswirtschaft
zfbf	Zeitschrift für betriebswirtschaftliche Forschung
z. T.	zum Teil
zzgl.	zuzüglich

Symbolverzeichnis

HS	Hebesatz
m	Steuermesszahl
s	Gesamtsteuersatz
s_{KSt}	Körperschaftsteuersatz
s_{SolZ}	Solidaritätszuschlag

1 Problemstellung und Gang der Untersuchung

11 Problemstellung

Latente Steuern antizipieren künftig erwartete Steuereffekte aus der Auflösung von Differenzen zwischen steuer- und handelsrechtlichen Wertansätzen.[1] Ein in der Betrachtungsperiode höherer Wertansatz eines Vermögensgegenstands in der Handelsbilanz führt bspw. während seiner Nutzung (durch steuerlich vergleichsweise niedrigere Abschreibungen) oder bei Veräußerung (durch den steuerlich niedrigeren Buchwert) zu einer höheren tatsächlichen Steuerbelastung im Vergleich zum fiktiven Steueraufwand auf Basis des handelsrechtlichen Ergebnisses.[2] Solche künftigen Steuerbelastungen sind durch den Ansatz **passiver latenter Steuern** in der Handelsbilanz zu erfassen. Liegt dagegen bspw. ein niedrigerer handelsrechtlicher Wertansatz eines Vermögensgegenstands vor, bedeutet dies ein steuerlich höheres Abzugspotenzial und daher ein vergleichsweise verringertes zu versteuerndes Einkommen in der Zukunft.[3] Künftige Steuerentlastungen dieser Art können durch die Abbildung **aktiver latenter Steuern** in der Handelsbilanz berücksichtigt werden. Steuerlatenzen umfassen demnach künftige Steuerbe- und/oder -entlastungen eines Unternehmens.

Die Bilanzierung latenter Steuern wurde in dem AktG 1965 noch nicht explizit geregelt. Dennoch waren laut damals h. M. zumindest Rückstellungen für künftige Steuerbelastungen auszuweisen.[4] Mit dem Bilanzrichtlinien-Gesetz (BiRiLiG) von 1985 wurde die Abbildung von Steuerlatenzen in Deutschland schließlich erstmals gesetzlich in § 274 HGB a. F. vorgeschrieben.[5] Danach war das handelsrechtliche dem steuerlichen Ergebnis gegenüberzustellen. Aufgrund des vom Gesetzgeber eingeführten Wahlrechts zur Aktivierung latenter Steuern konnte im Falle einer insgesamt erwarteten künftigen Steuerentlastung (Aktivüberhang latenter Steuern) ein Ausweis unterbleiben. Da vor dem Hintergrund der relativ engen Bindung der Steuer- an die Handelsbilanz regelmäßig schon überschlägig und damit ohne bedeutenden Ermittlungsaufwand ein Überhang aktiver Steuerlatenzen festgestellt wurde, waren latente Steuern lediglich eine Randerscheinung der handelsrechtlichen Rechnungslegung.[6] Sie wurden in weniger als 1 % aller handelsrechtlichen Jahresabschlüsse ausgewiesen.[7] Teilweise wurde der Ausweis aktiver latenter Steuern sogar als ein Anzeichen für eine Unternehmens-

---

1 Vgl. PRINZ, U./RUBERG, L., Latente Steuern nach dem BilMoG, S. 345.

2 Vgl. COENENBERG, A. G./HALLER, A./SCHULTZE, W., Jahresabschluss, S. 469; HEURUNG, R., Latente Steuerabgrenzung im Konzernabschluß, S. 540; KÜTING, K./SEEL, C., Latente Steuern, S. 511.

3 Vgl. KÜTING, K./SEEL, C., Latente Steuern, S. 505; KIESO, D. E./WEYGANDT, J. J./WARFIELD, T. D., Intermediate Accounting, S. 994.

4 Vgl. ADS, 4. Aufl., § 152 AktG, Rn. 70; COENENBERG, A. G./HILLE, K., Einzel- und Konzernabschluß, S. 606; IDW (Hrsg.), WP-Handbuch 1977, S. 583.

5 Vgl. BAETGE, J., Latente Steuern im deutschen handelsrechtlichen Jahresabschluß, S. 27.

6 Vgl. KÜHNE, E./MELCHER, W./WESEMANN, M., Grundlagen und Zweifelsfragen, Teil 1, S. 1009; LOITZ, R., Wahlrecht als Mogelpackung, S. 919; HOFFMANN, W.-D., Steuerlatenzierung, S. 241.

7 Vgl. KÜTING, K., Statement vor dem Rechtsausschuss, S. 3.

krise gedeutet.[8] Im Gegensatz zur geringen Bedeutung der Steuerlatenzen nach dem BiRiLiG kommt ihnen im Rahmen der internationalen Rechnungslegung nach SFAS 109 sowie nach IAS 12 aufgrund der Ansatzpflicht sowohl passiver als auch aktiver latenter Steuern, der umfassenden bilanzorientierten Differenzenermittlung sowie der – nach dem BiRiLiG nicht zulässigen – pflichtmäßigen Berücksichtigung von steuerlichen Verlustvorträgen bei der Bilanzierung aktiver latenter Steuern regelmäßig eine bedeutende Rolle zu.[9]

Durch das Bilanzrechtsmodernisierungsgesetz (BilMoG), welches am 29.05.2009 in Kraft getreten ist, wurden die Regelungen zur Bilanzierung latenter Steuern nach § 274 HGB a. F. umfassend modifiziert. Die bekundete Zielsetzung des BilMoG liegt in der Weiterentwicklung des handelsrechtlichen Bilanzrechts „zu einer dauerhaften und im Verhältnis zu den internationalen Rechnungslegungsstandards vollwertigen, aber kostengünstigeren und einfacheren Alternative“[10]. Letztlich soll die Informationsfunktion des handelsrechtlichen Jahresabschlusses gestärkt werden.[11] Vor diesem Hintergrund intendierte der Gesetzgeber mit der Änderung des § 274 HGB a. F. eine Aufwertung der Bilanzierung latenter Steuern.[12] HERZIG spricht unter Betrachtung der BilMoG-Änderungen von einem „Paradigmenwechsel im Bereich latenter Steuern“[13], obwohl letztlich weiterhin ein Aktivierungswahlrecht sowie die Möglichkeit eines saldierten Ausweises latenter Steuern zugelassen werden.

Die Bilanzierung latenter Steuern basiert künftig auf dem international gebräuchlicheren bilanzorientierten Konzept,[14] womit einer möglichst „transparenten und umfassenden Darstellung latenter Steuern“[15] gedient werden soll. Darüber hinaus gestattet der Gesetzgeber explizit, steuerliche Verlustvorträge bzw. ihnen gleichgestellte Zinsvorträge bei der Berechnung aktiver latenter Steuern zu berücksichtigen, wenngleich er den Umfang der berücksichtigungsfähigen Vorträge einschränkt. Mit der Bilanzierung (aktiver) latenter Steuern aufgrund steuerlicher Verlust- bzw. Zinsvorträge ist künftig auch im Rahmen der handelsrechtlichen Jahresabschlusserstellung „eine der schwierigsten Regelungen der Rechnungslegung“[16] zu beachten, die mit einigen bedeutenden Auslegungsfragen einhergeht.

---

8 Vgl. HERZIG, N./VOSSEL, S., Paradigmenwechsel, S. 1174.
9 Vgl. SIMLACHER, A./SPANHEIMER, J., in: Küting/Weber, HdR-E, 5. Aufl., § 274 HGB, Rn. 3.
10 BMJ (Hrsg.), Referentenentwurf, S. 1; BT-Drucksache 16/10067, S. 1; BT-Drucksache 16/12407, S. 1.
11 Vgl. BMJ (Hrsg.), Referentenentwurf, S. 1; BT-Drucksache 16/10067, S. 1; BT-Drucksache 16/12407, S. 1.
12 Vgl. beispielsweise BT-Drucksache 16/12407, S. 87.
13 HERZIG, N., Konsequenzen des BilMoG, S. 122.
14 Vgl. BT-Drucksache 16/10067, S. 67.
15 BT-Drucksache 16/12407, S. 87.
16 LOITZ, R., Nachbesserungen als Verbesserungen, S. 1391.

Die handelsrechtlichen Regelungen zur Abbildung latenter Steuern im Jahresabschluss sind in vielerlei Hinsicht nicht eindeutig und daher auslegungsbedürftig.[17] Aufgrund der Annäherung der handelsrechtlichen Konzeption der Bilanzierung von Steuerlatenzen an die Vorgehensweise nach IFRS werden bei der Auslegung der Regelungen in der Literatur zudem regelmäßig mehr oder weniger (un)reflektiert die internationalen Regelungen herangezogen. Der Schwerpunkt dieser Arbeit liegt daher in der Auslegung der Vorschriften zur Abbildung von Steuerlatenzen im handelsrechtlichen Jahresabschluss nach dem BilMoG. Diese Interpretation basiert auf der Anwendung der hermeneutischen Methode. Mit diesem umfassenden Auslegungsinstrumentarium wird eine Auslegung der Regelungen zur Abbildung latenter Steuern möglich, die vor dem Hintergrund des Wortlauts der Vorschriften nicht nur mögliche Auslegungsalternativen deutlich macht, sondern für konkrete Einzelfragen auf Basis der ganzheitlichen Betrachtung der Auslegungskriterien folg*erichtige* Bilanzierungsweisen ableitet. Des Weiteren soll im Rahmen dieser Arbeit die Frage beantwortet werden, ob den latenten Steuern durch die Gesetzesänderungen des BilMoG künftig, wie vom Gesetzgeber intendiert, tatsächlich eine größere Bedeutung zukommen wird.

Im Mittelpunkt der Betrachtung steht die Interpretation der Vorschrift des § 274 HGB sowie mit der Bilanzierung latenter Steuern nach § 274 HGB im Zusammenhang stehende Regelungen, vor allem zur Ausschüttungssperre nach § 268 Abs. 8 HGB und zu den Berichtspflichten, insbesondere nach § 285 Nr. 29 HGB. Kleine Gesellschaften sind von der Anwendung des § 274 HGB nach § 274a Nr. 5 HGB explizit ausgenommen, weshalb hauptsächlich die Abbildung latenter Steuern durch mittelgroße und große Kapital- sowie haftungsbeschränkte Personengesellschaften bzw. ihnen nach dem PublG gleichgestellte Unternehmen untersucht wird. Aufgrund sich anbietender inhaltlicher Anknüpfungsmöglichkeiten werden indes, sofern keine umfangreichen zusätzlichen Untersuchungen erforderlich sind, auch wesentliche Bilanzierungskonsequenzen nach dem BilMoG für nicht in den Anwendungsbereich des § 274 HGB fallende Gesellschaften geklärt, die nicht freiwillig nach § 274 HGB bilanzieren. Nicht berücksichtigt werden vor allem die besonderen Regelungen zur Bilanzierung latenter Steuern im Konzernabschluss, im Rahmen von Organschaften sowie die speziellen Vorschriften zum Übergang auf die Bilanzierung latenter Steuern nach dem BilMoG.

12 Gang der Untersuchung

Im Anschluss an diese Einleitung wird im **zweiten Kapitel** mit der hermeneutischen Methode zunächst das dieser Arbeit zugrunde liegende Auslegungsinstrumentarium vorgestellt. Daraufhin werden die Ursachen latenter Steuern kritisch beleuchtet, wobei besonders analysiert

[17] Vgl. KESSLER, H./LEINEN, M./PAULUS, B., Das BilMoG und die latenten Steuern, Teil 1, S. 716 sowie bspw. hinsichtlich der notwendigen Anhangangaben LOITZ, R., Latente Steuern nach dem Bilanzrechtsmodernisierungsgesetz, S. 253.

wird, inwiefern die gesetzlichen Änderungen durch das BilMoG latente Steuern begründen. Dabei wird auch der durch das BilMoG modifizierte und kontrovers diskutierte Maßgeblichkeitsgrundsatz untersucht. Auf Basis dieser Analysen ist die Wirkungsrichtung des BilMoG hinsichtlich der Bedeutung latenter Steuern zu beurteilen. Anschließend wird mit der Erläuterung der verschiedenen Konzepte und Methoden der Bilanzierung latenter Steuern, der möglichen Ermittlungsebenen von Differenzen und der zur Verfügung stehenden Bewertungsverfahren latenter Steuern das Fundament für die im Rahmen dieser Arbeit durchzuführende Analyse und Würdigung der Konzeption der Bilanzierung latenter Steuern nach dem BilMoG gelegt. Das zweite Kapitel wird damit abgerundet, dass die Entwicklung der Bilanzierung latenter Steuern betrachtet wird. Dazu wird in einem ersten Schritt kurz auf die Ursprünge der Erfassung von Steuerlatenzen in den USA eingegangen, welche die Bilanzierung latenter Steuern in Europa bzw. in Deutschland maßgeblich geprägt haben. Daran anknüpfend wird mit den Darstellungen der Regelungen zur 4. EG-Richtlinie und nach dem BiRiLiG sowie der dem BilMoG unmittelbar vorangegangenen internationalen Weiterentwicklungen der Bilanzierung latenter Steuern letztlich der Ausgangspunkt für die Überarbeitung der Regelungen des § 274 HGB durch das BilMoG skizziert, bevor schließlich im letzten Schritt aktuell laufende Projekte zur Bilanzierung latenter Steuern darauf hin untersucht werden, ob diese Projekte (kurzfristig) Änderungen der aktuellen handelsrechtlichen Regelungen erwarten lassen.

Das **dritte Kapitel** widmet sich vor allem der Frage nach dem bilanziellen Charakter passiver und aktiver latenter Steuern. Aufgrund des besonderen Charakters latenter Steuern ist zudem zu klären, welche Bedeutung dieser für die Anwendung der hermeneutischen Auslegungskriterien hat. Im Rahmen dieser Analyse wird herausgearbeitet, inwieweit die handelsrechtlichen Zwecke und Grundsätze bei der Auslegung der Vorschriften zur Bilanzierung latenter Steuern zu berücksichtigen sind. Darüber hinaus wird erläutert, inwiefern der Standard des Deutschen Standardisierungsrats (DSR), der DRS 18, sowie der mittlerweile aufgehobene Entwurf einer Stellungnahme des HFA DES IDW zur Bilanzierung latenter Steuern, der IDW ERS HFA 27, bei der Interpretation der Regelungen nach § 274 HGB herangezogen werden können. Da sich in der Literatur aufgrund der angenäherten Bilanzierungsregeln vermehrt Vorschläge zur Übernahme internationaler Regelungen finden, schließt das Kapitel mit einer kritischen Betrachtung der Bedeutung der Vorschriften des IAS 12 bzw. des SFAS 109 für die Auslegung von § 274 HGB.

Im **vierten Kapitel** werden schließlich die Regelungen zur Bilanzierung latenter Steuern nach § 274 HGB im Detail ausgelegt. Dazu werden zunächst Fragen zum Ansatz latenter Steuern sowie zur Ermittlung der den Ansatz latenter Steuern begründenden Differenzen und steuerlichen Verlustvorträge geklärt. Zu diesem Zwecke wird die Analyse der im ersten Schritt zu betrachtenden Ansatzvoraussetzungen systematisch in der Form aufgegliedert, dass zuerst der Ansatz latenter Steuern aufgrund temporärer Differenzen diskutiert wird, bevor daran anknüpfend die Möglichkeiten, Grenzen und besondere Komplexität der Erfassung aktiver latenter

Steuern auf Basis von steuerlichen Verlust-, Zins- und EBITDA-Vorträgen kritisch beleuchtet werden. Neben der Betrachtung von Sonderfällen handels- und steuerrechtlicher Wertansätze und den Wahrscheinlichkeitsüberlegungen, welche dem Ansatz latenter Steuern zugrunde liegen, sowie der Diskussion des Einbezugs von Ergänzungs- und Sonderbilanzen liegt ein weiterer Untersuchungsschwerpunkt auf der in der Literatur umstrittenen, gesetzlichen Beschränkung des Umfangs einzubeziehender Verlust- und Zinsvorträge nach § 274 Abs. 1 Satz 4 HGB. Im darauf folgenden Abschnitt ist der Aufbau und Inhalt einer steuerlichen Planungsrechnung zu diskutieren, auf deren Erstellung die Unternehmen in vielen Fällen nicht verzichten können. Die kritische Betrachtung des Umfangs und der Flexibilität des Aktivierungswahlrechts schließt die Diskussion der Fragen zum Ansatz latenter Steuern ab. Es folgt die Auslegung der Regelungen zur Bewertung latenter Steuern auf Basis der relevanten Differenzen und steuerlichen Verlustvorträge nach § 274 HGB, wobei vor allem die Bewertungsmethode und -verfahren sowie mitunter der anzuwendende Steuersatz konkretisiert werden. Der Folgeabschnitt widmet sich dem Ausweis latenter Steuern. Nach der kritischen Betrachtung der Implikationen einer Saldierung aktiver und passiver latenter Steuern werden hauptsächlich die Ausweismöglichkeiten der Steuerlatenzen in der Bilanz bzw. der latenten Steuererfolge in der GuV gewürdigt. Im Anschluss daran wird der besondere Zusammenhang zwischen der Bilanzierung latenter Steuern und der Ausschüttungssperre behandelt. Da die Bedeutung latenter Steuern lediglich vor dem Hintergrund der erforderlichen Anhangangaben sachgerecht diskutiert werden kann, werden im letzten Schritt die Regelungen zur Berichterstattung über latente Steuern im Anhang ausgelegt.

Die Arbeit schließt im **fünften Kapitel** mit einer Zusammenfassung und einem kurzen Ausblick. Dabei werden vor allem die wesentlichen Auslegungsergebnisse der Regelungen zur Abbildung latenter Steuern im handelsrechtlichen Jahresabschluss wiedergegeben sowie mögliche künftige Entwicklungen skizziert.

2 Grundlagen zur Gesetzesauslegung und zur Bilanzierung latenter Steuern

21 Auslegung von Gesetzestexten

211. Auslegung und jurisprudentielle Methodenlehre

Der Schwerpunkt dieser Arbeit liegt auf der Auslegung der interpretationsbedürftigen Regelungen zur Bilanzierung von latenten Steuern im handelsrechtlichen Jahresabschluss. Aus diesem Grund wird im Folgenden zunächst erläutert, was unter einer „Auslegung" zu verstehen ist und welche Methoden grundsätzlich für die Interpretation von Gesetzestexten entwickelt wurden.

Auslegung ist als „eine Art des Verstehens *sprachlicher Ausdrücke*"[18] zu begreifen. Der auslegungsbedürftige Text wird dabei so dargelegt, dass die zumindest teilweise „verhüllten" Aussagen deutlich gemacht bzw. präzisiert werden.[19] Der Sinn des Textes wird mit anderen Worten mitgeteilt.[20] LARENZ bezeichnet Auslegung dementsprechend als „vermittelndes Tun, durch das sich der Auslegende den Sinn eines Textes, der ihm problematisch geworden ist, zum Verständnis bringt"[21]. Mithilfe der Auslegung sind auch Normwidersprüche zu klären.[22] In Anlehnung an BYDLINSKI bestehen diese Antinomien, wenn „für denselben Sachverhalt durch zwei verschiedene Normen Rechtsfolgen angeordnet [werden; Ergänzung durch den Verfasser], die miteinander unvereinbar sind"[23]. Solche zu lösenden Normenkonflikte liegen auch bei der Bilanzierung latenter Steuern vor.

Das Problem des Sinnerfassens bzw. Auslegens von Texten betrifft indes nicht nur Unternehmen, die entsprechend der auszulegenden gesetzlichen Vorschriften bilanzieren, es stellt sich grundsätzlich bei der Analyse von Texten in den Sozial- und Geisteswissenschaften.[24] Insbesondere auf der Grundlage der geisteswissenschaftlichen Auseinandersetzung mit der „Auslegung" etablierte sich die sog. **Hermeneutik**, die Lehre des Verstehens bzw. des Auslegens.[25] Hermeneutik dient allgemein dazu, „*Mißverstand* [sic!] zu vermeiden"[26]. Die hermeneutische Auslegung ist als ein Verstehensprozess zu charakterisieren, der, vereinfachend

---

18 KOLLER, P., Theorie des Rechts, S. 200.

19 Vgl. LARENZ, K., Methodenlehre der Rechtswissenschaft, S. 313.

20 Vgl. LARENZ, K., Methodenlehre der Rechtswissenschaft, S. 313.

21 LARENZ, K., Methodenlehre der Rechtswissenschaft, S. 204.

22 Vgl. LARENZ, K., Methodenlehre der Rechtswissenschaft, S. 313.

23 BYDLINSKI, F., Methodenlehre und Rechtsbegriff, S. 463.

24 Vgl. KOLLER, P., Theorie des Rechts, S. 200; MASTRONARDI, P., Juristisches Denken, S. 30.

25 Vgl. JOISTEN, K., Philosophische Hermeneutik, S. 12; GRONDIN, J., Einführung, S. 13. Während einige Autoren zwischen Verstehen und Auslegen qualitativ unterscheiden, setzt GADAMER diese Begriffe grundsätzlich gleich. Vgl. GADAMER, H.-G., Das hermeneutische Problem der Anwendung, S. 327 sowie zu einer generell a. A. beispielsweise INEICHEN, H., Hermeneutik, S. 35-37.

26 SCHROTH, U., Philosophische und juristische Hermeneutik, S. 276.

dargestellt,[27] mit einem Vorverständnis beginnt und über das Verstehen von Informationen, die durch die Betrachtung von Auslegungselementen ermittelt wurden, schließlich zu einem Verständnis auf höherer Ebene führt.[28] Dabei wandert der Blick des Auslegenden innerhalb des interpretationsbedürftigen Textes (i. V. m. der systematischen Textpositionierung) vor und zurück bzw. zwischen den einzelnen konkreten Auslegungskriterien hin und her.[29] Das Textverständnis wird solange korrigiert bis eine konsistente, ganzheitliche Auslegung erreicht wird.[30] BAETGE bezeichnet diesen Vorgang als „hermeneutische Spirale"[31].

Die Hermeneutik dient auch der Jurisprudenz, die sich als Wissenschaft vom Recht vor allem mit dem Verstehen bzw. dem Sinn von Gesetzesnormen befasst und dabei „Rechtstexte grundsätzlich problematisiert"[32].[33] Im Laufe der Zeit hat sich eine sog. „juristische Hermeneutik"[34] herausgebildet, nach der bei der Auslegung von Gesetzen grundsätzlich verschiedene Auslegungselemente zu berücksichtigen sind. Diese Elemente basieren auf der in der ersten Hälfte des 19. Jahrhunderts veröffentlichten Arbeit von V. SAVIGNY.[35] Daher ist im folgenden Abschnitt zunächst der viergliedrige Auslegungskanon V. SAVIGNYs zu erläutern, bevor die konkreten Auslegungskriterien des Auslegungsverfahrens nach der **hermeneutischen Methode** dargestellt werden.

212. Auslegungskriterien der hermeneutischen Methode

Der viergliedrige Auslegungskanon von V. SAVIGNY besteht aus dem grammatischen, dem logischen, dem historischen und dem systematischen Element. Unter dem **grammatischen Element** versteht V. SAVIGNY vor allem die Betrachtung der Worte des Gesetzestextes.[36] Neben der Auseinandersetzung mit dem Wortsinn sind der jeweilige Sprachgebrauch und die Syntax zu beachten.[37] Während das **logische Element** den Aufbau der Regelungen, das „logi-

---

27 Ausführlicher vgl. beispielsweise LARENZ, K., Methodenlehre der Rechtswissenschaft, S. 206 f.; BAETGE, J./KIRSCH, H.-J., in: Küting/Weber, HdR-E, 5. Aufl., Kap. 4, Rn. 23.

28 Vgl. MASTRONARDI, P., Juristisches Denken, S. 31.

29 Vgl. LARENZ, K., Methodenlehre der Rechtswissenschaft, S. 206 f. und 321.

30 Vgl. LARENZ, K., Methodenlehre der Rechtswissenschaft, S. 206.

31 BAETGE, J., Bilanzen, 1. Aufl., S. 45; zur Kritik am Begriff des hermeneutischen Zirkels vgl. auch MASTRONARDI, P., Juristisches Denken, S. 32 sowie LARENZ, K., Methodenlehre der Rechtswissenschaft, S. 206 f.

32 LARENZ, K., Methodenlehre der Rechtswissenschaft, S. 204.

33 Vgl. KOLLER, P., Theorie des Rechts, S. 200 und 204; LARENZ, K., Methodenlehre der Rechtswissenschaft, S. 195 und 206.

34 ENGISCH, K., Einführung in das juristische Denken, S. 136; MASTRONARDI, P., Juristisches Denken, S. 33.

35 Vgl. V. SAVIGNY, F. C., System des heutigen Römischen Rechts, S. 212-221; COING, H./HONSELL, H., in: Staudinger BGB 2010, Einleitung zum BGB, Rn. 53.

36 Vgl. V. SAVIGNY, F. C., System des heutigen Römischen Rechts, S. 213.

37 Vgl. KOLLER, P., Theorie des Rechts, S. 211; COING, H./HONSELL, H., in: Staudinger BGB 2010, Einleitung zum BGB, Rn. 54.

sche Verhältniß [sic!], in welchem die einzelnen [Regelungs-; Ergänzung durch den Verfasser] Theile [sic!] [...] zu einander stehen“[38] untersucht, betrifft der Untersuchungsgegenstand des **systematischen Elements** insbesondere den inneren Zusammenhang der Rechtsregeln, also die Verknüpfung der einzelnen Rechtsinstitute und Regelungen zu einer Einheit.[39] Das **historische Element** widmet sich hingegen dem Eingriff bzw. der Art des Eingriffs in den rechtlichen Zustand zur Zeit der Gesetzesentstehung.[40] In der Literatur wird z. T. die Meinung vertreten, dass es dabei auch um die Bestimmung des Sinns der Gesetzesnorm bzw. um die Ermittlung des Willens des (historischen) Gesetzgebers geht.[41]

Der „klassische“ Auslegungskanon wurde durch die Rechtswissenschaften weiterentwickelt.[42] Nunmehr wird vor allem das logische Element unter dem grammatischen und dem systematischen Element subsumiert sowie neben dem eher der subjektiven Theorie zugewandten historischen Element die objektive Theorie (stärker) berücksichtigt, indem objektiv-teleologische Kriterien betrachtet werden.[43] Die (mittlerweile) im Rahmen der Gesetzesauslegung üblicherweise angewandte hermeneutische Methode soll auch in dieser Arbeit verwendet werden. Bei der Interpretation des § 274 HGB soll daher auf die folgenden **Auslegungskriterien** zurückgegriffen werden:[44]

- Wortlaut und Wortsinn der gesetzlichen Vorschriften,
- Bedeutungszusammenhang der gesetzlichen Vorschriften,
- Entstehungsgeschichte der gesetzlichen Vorschriften,
- Ansichten des Gesetzgebers (gemäß der Gesetzesmaterialien),
- betriebswirtschaftliche bzw. objektiv-teleologische Gesichtspunkte sowie
- Verfassungskonformität.

Die Auslegung beginnt mit dem **Wortlaut**, dem grammatischen Element im Sinne v. SAVIGNYS.[45] Unter Berücksichtigung des allgemeinen bzw. gegebenenfalls fachspezifi-

---

38 Vgl. v. SAVIGNY, F. C., System des heutigen Römischen Rechts, S. 214.

39 Vgl. v. SAVIGNY, F. C., System des heutigen Römischen Rechts, S. 214; LARENZ, K., Methodenlehre der Rechtswissenschaft, S. 16; KOLLER, P., Theorie des Rechts, S. 211.

40 Vgl. v. SAVIGNY, F. C., System des heutigen Römischen Rechts, S. 214.

41 Vgl. COING, H./HONSELL, H., in: Staudinger BGB 2010, Einleitung zum BGB, Rn. 55; KOLLER, P., Theorie des Rechts, S. 213 f.

42 Vgl. vor allem LARENZ, K., Methodenlehre der Rechtswissenschaft, S. 320-347.

43 Vgl. KOLLER, P., Theorie des Rechts, S. 212-214. LARENZ ist der Meinung, dass v. SAVIGNYs Auffassung nicht der subjektiven bzw. objektiven Theorie zugeordnet werden kann bzw. sollte. Vgl. LARENZ, K., Methodenlehre der Rechtswissenschaft, S. 16 (Fußnote 5); a. A. KRAMER, E. A., Methodenlehre, S. 119.

44 Vgl. LARENZ, K., Methodenlehre der Rechtswissenschaft, S. 312-347; BAETGE, J./KIRSCH, H.-J., in: Küting/Weber, HdR-E, 5. Aufl., Kap. 4, Rn. 18-28.

45 Vgl. LARENZ, K., Methodenlehre der Rechtswissenschaft, S. 320; LÜHRMANN, V., Latente Steuern im Konzernabschluß, S. 9.

schen Sprachgebrauchs und der Grammatik ist der Raum möglicher Bedeutungen aufzuspannen, der von den weiteren Auslegungskriterien konkretisiert wird.[46] Der Wortlaut bzw. der (vermutete) Wortsinn bildet folglich sowohl den Ausgangspunkt als auch die Grenze der Auslegung.[47] In Abhängigkeit davon, ob die engst- oder die weitestmögliche Wortbedeutung verwendet wird, liegt eine restriktive oder extensive Interpretation vor.[48] Sofern eine Auslegung über den möglichen Wortsinn hinausgeht, befindet sich der Auslegende im Bereich der (richterlichen) Rechtsfortbildung,[49] die als nächste Stufe „desselben gedanklichen Verfahrens“[50] angesehen werden kann. Die Grenze zwischen (extensiver) Auslegung und Rechtsfortbildung verläuft fließend.[51]

Das Auslegungskriterium des **Bedeutungszusammenhangs** ist auf das systematische Element von v. SAVIGNY zurückzuführen.[52] Demnach ist die auszulegende Vorschrift im Gesetzeskontext zu betrachten, also im Zusammenhang mit den übrigen relevanten Regelungen. Es wird angenommen, dass die einzelnen gesetzlichen Regelungen sachlich zusammengehören bzw. übereinstimmen.[53] Diese Übereinstimmung wird idealerweise durch den formellen Aufbau des Gesetzes bzw. dadurch unterstützt, dass die Vorschriften innerhalb des Gesetzes systematisch angeordnet werden.[54] Diesem sog. äußeren System liegt ferner eine begriffliche Systematik zugrunde.[55] Die Auslegungsergebnisse dieses Kriteriums resultieren letztlich aus der Betrachtung der generellen Logik des Aufbaus von Normensystemen sowie des ausdrücklichen Inhalts der übrigen Vorschriften.[56] Dazu sind auch die hierarchischen Verhältnisse der Normen untereinander zu ermitteln.[57] Die einzelnen Normen sollen in ihrer Gesamtheit ein konsistentes Regelungssystem bilden, welches durch maßgebende (Rechts-)Prinzipien beeinflusst wird. Als allgemeine, der generellen Rechtstradition entlehnte Grundsätze sind bei der Interpretation von Vorschriften vor allem die Maxime „lex specialis derogat legi generali“ (ein Spezialgesetz geht einer allgemeinen Regel vor), „lex posterior derogat legi priori“ (ein

---

46 Vgl. LARENZ, K., Methodenlehre der Rechtswissenschaft, S. 320 und 324.

47 Vgl. LARENZ, K., Methodenlehre der Rechtswissenschaft, S. 322.

48 Vgl. BYDLINSKI, F., Methodenlehre und Rechtsbegriff, S. 440.

49 Vgl. KRAMER, E. A., Methodenlehre, S. 53.

50 LARENZ, K., Methodenlehre der Rechtswissenschaft, S. 366.

51 Vgl. KRAMER, E. A., Methodenlehre, S. 53-55.

52 BYDLINSKI bezeichnet das dem Bedeutungszusammenhang äquivalente Kriterium bspw. als „systematisch-logisch“. Vgl. BYDLINSKI, F., Methodenlehre und Rechtsbegriff, S. 442.

53 Vgl. LARENZ, K., Methodenlehre der Rechtswissenschaft, S. 325.

54 Vgl. KRAMER, E. A., Methodenlehre, S. 90; LARENZ, K., Methodenlehre der Rechtswissenschaft, S. 326.

55 Das Argument des äußeren Systems darf allerdings nicht überschätzt werden, da der Gesetzgeber die systematische Anordnung von Vorschriften teilweise durchbricht und der Aufbau eines Gesetzes lediglich grobe Regelungszusammenhänge deutlich macht. Daher ist dieses Argument bei der Betrachtung des Bedeutungszusammenhangs nur begrenzt nutzbar. Vgl. LARENZ, K., Methodenlehre der Rechtswissenschaft, S. 326-328.

56 Vgl. BYDLINSKI, F., Methodenlehre und Rechtsbegriff, S. 443.

57 Vgl. KRAMER, E. A., Methodenlehre, S. 88.

spätes Gesetz geht einem früheren Gesetz vor) sowie „singularia non sunt extenda" (Ausnahmebestimmungen dürfen nicht erweiternd auslegt werden) zu berücksichtigen.[58] Ein umfassendes Verständnis des Bedeutungszusammenhangs kann vielfach erst nach der Betrachtung des inneren Systems erlangt werden, also durch die Berücksichtigung vor allem von den (Norm- und Gesetzes-)Zwecken (teleologische Kriterien),[59] wozu die weiteren Auslegungskriterien zu bestimmen sind.

Nach der Auseinandersetzung mit dem Wortsinn und dem Bedeutungszusammenhang sind die Entstehungsgeschichte und die Regelungsabsicht des Gesetzgebers sowie die objektiv-teleologischen Gesichtspunkte zu untersuchen. Mit der **Entstehungsgeschichte** wird die gesamte vom Gesetzgeber dokumentierte Entwicklung der auszulegenden Vorschrift – hier bspw. des § 274 HGB – bis zur Verkündigung des Gesetzes – hier: des BilMoG – im Bundesgesetzblatt betrachtet.[60] Sie erschließt sich daher insbesondere aus den verschiedenen Gesetzesmaterialien, in Bezug auf das BilMoG also vor allem aus dem Referentenentwurf[61], dem Regierungsentwurf[62], der Stellungnahme des Bundesrats[63], der Gegenäußerung der Bundesregierung[64], der protokollierten öffentlichen Sachverständigenanhörung des Rechtsausschusses[65] sowie der Beschlussempfehlung des Rechtsausschusses[66], wobei jeweils die Gesetzesbegründungen zu berücksichtigen sind, sofern diese verfasst wurden. Die Entstehungsgeschichte gibt wertvolle Hinweise auf die Normvorstellungen der Gesetzesverfasser, also der Ministerialbeamten bzw. der Mitglieder der relevanten Ausschüsse.[67] Diese Normvorstellungen der Gesetzesverfasser bzw. der an der Gesetzesentwicklung unmittelbar beteiligten Personen dürfen indes nicht pauschal als „Wille des Gesetzgebers" verstanden werden. Dies ist u. a. damit zu begründen, dass das Gesetz nicht von ihnen, sondern von den Bundestagsabgeordneten verabschiedet wird, die wiederum im Wesentlichen dem Gesetz als Ganzem bzw. dem Zweck des Gesetzes zustimmen.[68] Dennoch bleiben die zu ermittelnden Vorstellungen der Gesetzesverfasser relevant für die Auslegung, da diese versucht haben, die Regelungsabsichten des Gesetzgebers weiter durchdacht bestmöglich im Gesetz umzusetzen.[69] Entsprechend fundiert

58 Vgl. KRAMER, E. A., Methodenlehre, S. 107-116; COING, H./HONSELL, H., in: Staudinger BGB 2010, Einleitung zum BGB, Rn. 56; SOLMECKE, H., Auswirkungen des BilMoG auf die GoB, S. 23.

59 Vgl. LARENZ, K., Methodenlehre der Rechtswissenschaft, S. 328; BYDLINSKI, F., Methodenlehre und Rechtsbegriff, S. 443.

60 Vgl. LARENZ, K., Methodenlehre der Rechtswissenschaft, S. 330; BAETGE, J./KIRSCH, H.-J./THIELE, S., Bilanzen, S. 108.

61 BMJ (Hrsg.), Referentenentwurf.

62 BT-Drucksache 16/10067.

63 BR-Drucksache 344/08.

64 BT-Drucksache 16/10067, S. 122-124.

65 DEUTSCHER BUNDESTAG (RECHTSAUSSCHUSS) (Hrsg.), Protokoll der 122. Sitzung.

66 BT-Drucksache 16/12407.

67 Vgl. LARENZ, K., Methodenlehre der Rechtswissenschaft, S. 330.

68 Vgl. LARENZ, K., Methodenlehre der Rechtswissenschaft, S. 329.

69 Vgl. LARENZ, K., Methodenlehre der Rechtswissenschaft, S. 329.

sollten im Regelfall auch die Texte verfasst worden sein. Als **Ansicht bzw. Wille des Gesetzgebers**, die bzw. der ebenso aus den Gesetzesmaterialien abgeleitet werden kann, soll hier nach LARENZ die „zutage liegende Grundabsicht des Gesetzgebers und diejenigen Vorstellungen, die in den Beratungen der gesetzlichen Körperschaft oder ihrer zuständigen Ausschüsse zum Ausdruck gebracht und ohne Widerspruch geblieben sind“[70] verstanden werden. Das Auslegungskriterium der Ansicht des Gesetzgebers ermittelt also den vom Gesetzgeber vorgegebenen Normzweck bzw. Zweck des Gesetzes.[71]

Daneben ist mit den **objektiv-teleologischen Kriterien** die sog. objektive ratio legis der auszulegenden Norm bzw. des Gesetzes zu ermitteln.[72] Es wird zum einen die besondere Struktur der Sache bzw. des geregelten Sachbereichs betrachtet. Dabei kann davon ausgegangen werden, dass mit einer Vorschrift eine sachgemäße Regelung der hinter einer Norm stehenden Sachverhalte bzw. Lebensverhältnisse beabsichtigt ist.[73] Dieses Argument ist eng verbunden mit der Diskussion zur „Natur der Sache“.[74] Zum anderen sind bei der Auslegung generell rechtsethische Prinzipien bzw. objektive Zwecke des Rechts (im Allgemeinen) zu berücksichtigen, vor allem das Postulat der Gerechtigkeit. In diesem Zusammenhang kommt dem Grundsatz der Gleichbehandlung des Gleichen eine herausragende Bedeutung zu.[75] Gesetzliche Wertungswidersprüche sind dementsprechend soweit wie möglich zu vermeiden.[76] Von objektiv-teleologischen Kriterien kann allgemein deshalb gesprochen werden, da es im Unterschied zum Auslegungskriterium der „Ansicht des Gesetzgebers“ nicht darauf ankommt, ob dem Gesetzgeber die mit der Norm oder dem Gesetz verbundenen (objektiven) Zwecke bewusst waren. In diesem Sinne kann von den in den Gesetzesmaterialien ausgedrückten Ansichten der Gesetzesverfasser abstrahiert werden. Die Auslegung basiert dabei auch auf betriebswirtschaftlichen Überlegungen. Die vernünftigen, objektiven Zwecke der auszulegenden Regelungen stehen im Vordergrund.[77]

Das Kriterium der **Verfassungskonformität** schließlich besagt klarstellend, dass die Norm bzw. die Auslegung nicht gegen die Verfassung verstoßen darf. Eine verfassungswidrige

70 LARENZ, K., Methodenlehre der Rechtswissenschaft, S. 329.

71 Vgl. BYDLINSKI, F., Methodenlehre und Rechtsbegriff, S. 449-451; BAETGE, J./KIRSCH, H.-J./THIELE, S., Bilanzen, S. 108.

72 Vgl. BYDLINSKI, F., Methodenlehre und Rechtsbegriff, S. 454; SOLMECKE, H., Auswirkungen des BilMoG auf die GoB, S. 23 f.

73 Vgl. LARENZ, K., Methodenlehre der Rechtswissenschaft, S. 333 f.

74 Vgl. LARENZ, K., Methodenlehre der Rechtswissenschaft, S. 334; BAETGE, J./KIRSCH, H.-J., in: Küting/Weber, HdR-E, 5. Aufl., Kap. 4, Rn. 19.

75 Vgl. LARENZ, K., Methodenlehre der Rechtswissenschaft, S. 334-336; BYDLINSKI, F., Methodenlehre und Rechtsbegriff, S. 454.

76 Vgl. BYDLINSKI, F., Methodenlehre und Rechtsbegriff, S. 455.

77 Vgl. LARENZ, K., Methodenlehre der Rechtswissenschaft, S. 327 und 333; SOLMECKE, H., Auswirkungen des BilMoG auf die GoB, S. 24.

Norm bzw. Interpretation ist ungültig.[78] Es gibt im Zusammenhang mit den Regelungen zur Bilanzierung latenter Steuern keine Erkenntnisse, dass diese nicht mit dem Grundgesetz vereinbar sind, so dass dieses Auslegungskriterium im weiteren Untersuchungsgang nicht aufgegriffen wird.

Die hermeneutische Methode ist als ein ganzheitlicher Ansatz zu verstehen.[79] Es handelt sich bei den Auslegungskriterien nicht um separat anzuwendende Methoden,[80] sondern um sich ergänzende, teilweise interdependente Tätigkeiten des Verstehens- bzw. Auslegungsprozesses.[81] Ein festes Rangverhältnis der Kriterien besteht nicht,[82] wenngleich ihnen im Einzelfall eine unterschiedliche Bedeutung zugerechnet werden kann.[83] Eine unterschiedliche Gewichtung einzelner Auslegungskriterien bzw. ihrer Ergebnisse im Rahmen der Ermittlung eines Gesamturteils hinsichtlich einer konkreten Auslegungsfrage kann schließlich mit der unterschiedlichen Ergiebigkeit der Kriterien gerechtfertigt werden.[84]

Die hermeneutische Methode wird zwar hauptsächlich im Rahmen der Interpretation der Vorschriften von § 274 HGB im vierten Kapitel verwendet, sie ist indes auch für den folgenden Abschnitt relevant, in dem die Ursachen von Steuerlatenzen zu analysieren sind, um daraus die Bedeutung latenter Steuern im Allgemeinen folgern zu können.

22 Ursachen und Bedeutung latenter Steuern

221. Überblick

Latente Steuern werden durch unterschiedliche Wertansätze in der Handels- bzw. Steuerbilanz verursacht. Die bilanziellen Unterschiede sind wiederum auf die verschiedenen handels- bzw. steuerrechtlichen Vorschriften zurückzuführen. Diese Vorschriften wurden durch das BilMoG teilweise geändert. Somit beeinflusst das BilMoG die Ursachen bzw. den Umfang und damit die Bedeutung latenter Steuern. In den folgenden Abschnitten werden die Ursachen latenter Steuern, insbesondere vor dem Hintergrund der durch das BilMoG geänderten gesetzlichen Regelungen, kritisch beleuchtet. Die unterschiedlichen handels- bzw. steuerrechtlichen Wertansätze sind insbesondere – auch in der Zukunft – mit den sich unterscheidenden Zwe-

---

78 Vgl. LARENZ, K., Methodenlehre der Rechtswissenschaft, S. 339.

79 Vgl. LARENZ, K., Methodenlehre der Rechtswissenschaft, S. 343-346; BAETGE, J./KIRSCH, H.-J./THIELE, S., Bilanzen, S. 107.

80 Vgl. v. SAVIGNY, F. C., System des heutigen Römischen Rechts, S. 215.

81 Vgl. MÜLLER, F./CHRISTENSEN, R., Juristische Methodik, S. 394.

82 Vgl. LARENZ, K., Methodenlehre der Rechtswissenschaft, S. 345.

83 Vgl. beispielsweise COMMANDEUR, Ingangsetzung und Erweiterung des Geschäftsbetriebs, S. 43-45, der die unterschiedliche Gewichtung der Kriterien vor dem Hintergrund der Auslegung der „Ausnahmeregelung“ des § 269 HGB a. F. erläutert.

84 Vgl. LARENZ, K., Methodenlehre der Rechtswissenschaft, S. 345; COMMANDEUR, D., Ingangsetzung und Erweiterung des Geschäftsbetriebs, S. 44; BYDLINSKI, F., Methodenlehre und Rechtsbegriff, S. 453 f.

cken und Grundsätzen der beiden Rechnungslegungssysteme zu begründen. Daher sind zunächst die Zielsetzungen und Anforderungen der Rechnungslegung nach Handels- bzw. Steuerrecht gegenüberzustellen. Der aufgrund der Modifikation seiner gesetzlichen Grundlage in der Literatur aktuell kontrovers diskutierte Maßgeblichkeitsgrundsatz, welcher (früher) auch als „Bindeglied zwischen Steuer- und Handelsbilanz“[85] bezeichnet wurde, wird daraufhin mithilfe der im vorherigen Abschnitt 212. erläuterten, hermeneutischen Methode gesondert betrachtet. Abschließend werden anhand einer Betrachtung ausgewählter bedeutender Bilanzierungsregelungen wesentliche, konkrete Gemeinsamkeiten und Unterschiede zwischen Handels- und Steuerrecht sowie die Wirkungsrichtung des BilMoG auf die Bedeutung latenter Steuern im Detail untersucht.

222. Zwecke und Grundsätze der Rechnungslegung nach Handels- bzw. Steuerrecht

222.1 Zwecke und Grundsätze der handelsrechtlichen Rechnungslegung

222.11 Zwecke der handelsrechtlichen Rechnungslegung

Der handelsrechtliche Jahresabschluss dient unterschiedlichen Gruppen von berechtigten Informationsempfängern[86] (bspw. Eigentümern und Gläubigern), deren Interessen nicht (vollkommen) deckungsgleich sind. Daher wird mit dem handelsrechtlichen Zwecksystem bestehend aus der Dokumentation, Rechenschaft und Kapitalerhaltung ein relativierter Adressatenschutz durch einen Interessenausgleich (Interessenregelung) angestrebt.[87]

Der **Dokumentationszweck** folgt aus der Generalnorm der Buchführung (§ 238 Abs. 1 HGB).[88] Danach wird eine „übersichtliche, vollständige und für Dritte nachvollziehbare Aufzeichnung“[89] von sämtlichen Geschäftsvorfällen gefordert.[90] Diese kann auch als Basis für die steuerliche Berücksichtigung der Sachverhalte fungieren.[91] Die Dokumentation bildet eine zwingende Voraussetzung für das Erreichen des Rechenschafts- und des Kapitalerhaltungszwecks,[92] welche auch nach dem BilMoG ausgewogen bzw. gleichrangig nebeneinanderstehen.[93]

---

85 Hille, K., Latente Steuern im Einzel- und Konzernabschluß, S. 34.

86 Vgl. Moxter, A., Fundamentalgrundsätze, S. 94-96.

87 Vgl. Baetge, J./Kirsch, H.-J., in: Küting/Weber, HdR-E, 5. Aufl., Kap. 4, Rn. 44.

88 Vgl. Baetge, J./Zülch, H., in: HdJ, I/2, Rn. 31.

89 Baetge, J./Kirsch, H.-J./Thiele, S., Bilanzen, S. 92.

90 Nach dem BilMoG sind Einzelkaufleute, die gewisse Voraussetzungen gemäß § 241a HGB erfüllen, von der Buchführungspflicht befreit. Vgl. dazu auch Kirsch, H.-J./Harms, S./Siegel, D., in: Baetge/Kirsch/Thiele, § 242 HGB, Rn. 110.

91 Vgl. Thiele, S./Stellbrink, J./Ziesemer, S., in: Baetge/Kirsch/Thiele, Einführung, Rn. 25.

92 Vgl. Baetge, J./Zülch, H., in: HdJ, I/2, Rn. 31; Leffson, U., GoB, S. 157.

93 Vgl. Baetge, J./Kirsch, H.-J./Solmecke, H., Auswirkungen des BilMoG auf die Zwecke, S. 29 f.

Nach LEFFSON verlangt der Jahresabschlusszweck der **Rechenschaft** die „Offenlegung der Verwendung anvertrauten Kapitals in dem Sinne, daß [sic!] dem Informationsberechtigten – das kann der Rechenschaftslegende selbst sein – ein vollständiger, klarer und zutreffender Einblick in die Geschäftstätigkeit gegeben wird, daß [sic!] dieser sich ein eigenes Urteil über das verwaltete Vermögen und die damit erzielten Erfolge bilden kann“[94]. Zum einen hat das Unternehmen also Rechenschaft gegenüber Dritten abzugeben, die gemäß dem Gedanken der gespaltenen Unternehmerfunktion (potenziell) Vermögen bereitstellen, über welches das Unternehmen dann mehr oder weniger frei verfügen kann.[95] Die Kapitalgeber benötigen folglich Informationen, um ihre Investitionsentscheidungen treffen zu können.[96] Zum anderen dient die Rechenschaft der unternehmerischen Selbstinformation und damit der Selbstkontrolle sowie der Planung künftiger Mittelallokationen.[97] Das Unternehmen hat vor dem Hintergrund des Rechenschaftszwecks vor allem seine Schuldendeckungsfähigkeit nachzuweisen und einen (mit den Vorperioden vergleichbaren) periodengerechten Erfolg zu ermitteln.[98]

Durch den Jahresabschlusszweck der **Kapitalerhaltung** soll das nominelle Eigen- bzw. Haftungskapital des Unternehmens erhalten werden, um so den Fortbestand des Unternehmens als nachhaltige Einkommensquelle für Bezugsberechtigte zu sichern.[99] Daher ist derjenige (ausschüttungsfähige) Periodenerfolg zu ermitteln, der das Haftungskapital auch bei einer vollständigen „Entnahme“ nicht mindern würde.[100] Den Unternehmen wird mithilfe des Jahresabschlusses verdeutlicht, ob sie über den im Sinne der Kapitalerhaltung vorsichtig ermittelten Periodenerfolg hinaus Kapital entnehmen bzw. ausschütten und dadurch das nominelle Haftkapital reduzieren (Kapitalerhaltung aufgrund von Informationen).[101] Darüber hinaus haben einige Gesellschaften bei der Gewinnverwendung rechtsformspezifische Ausschüttungsregelungen zu beachten, welche die Ausschüttungsbeträge begrenzen und damit Kapital zurückbehalten (Kapitalerhaltung aufgrund von Ausschüttungsregeln).[102]

---

94 LEFFSON, U., GoB, S. 64.

95 Vgl. LEFFSON, U., GoB, 1. Aufl., S. 49; BAETGE, J./KIRSCH, H.-J., in: Küting/Weber, HdR-E, 5. Aufl., Kap. 4, Rn. 40.

96 Vgl. LEFFSON, U., GoB, S. 57.

97 Vgl. LEFFSON, U., GoB, S. 63; THIELE, S./STELLBRINK, J./ZIESEMER, S., in: Baetge/Kirsch/Thiele, Einführung, Rn. 28.

98 Vgl. BAETGE, J./KIRSCH, H.-J./THIELE, S., Bilanzen, S. 93-96. Damit werden die Informationsberechtigten unterstützt, einen zutreffenden Einblick in die wirtschaftliche Lage des Unternehmens, vor allem auch in die Ertragslage, zu erhalten. Vgl. dazu vor dem Hintergrund der Rechtsformen von Unternehmen differenzierter LEFFSON, U., GoB, S. 65.

99 Vgl. BAETGE, J./KIRSCH, H.-J./THIELE, S., Bilanzen, S. 96 f.

100 Vgl. BAETGE, J./ZÜLCH, H., in: HdJ, I/2, Rn. 36.

101 Vgl. BAETGE, J./KIRSCH, H.-J., in: Küting/Weber, HdR-E, 5. Aufl., Kap. 4, Rn. 43.

102 Vgl. THIELE, S./STELLBRINK, J./ZIESEMER, S., in: Baetge/Kirsch/Thiele, Einführung, Rn. 33-35; BAETGE, J./KIRSCH, H.-J./SOLMECKE, H., Auswirkungen des BilMoG auf die Zwecke, S. 5.

222.12 Grundsätze der handelsrechtlichen Rechnungslegung

Die Umsetzung bzw. Einhaltung der handelsrechtlichen Jahresabschlusszwecke wird durch die kodifizierten und nicht kodifizierten Grundsätze ordnungsmäßiger Buchführung (GoB) unterstützt. Die GoB dienen damit der Auslegung bzw. Konkretisierung von Gesetzestexten.[103] Sie sind rechtsformneutral und wurden daher grundsätzlich unabhängig von dem Ergänzungsrecht für Kapital- und haftungsbeschränkte Personengesellschaften entwickelt.[104] Besondere Einzelvorschriften (§§ 264 ff. HGB), die keine GoB sind, gelten hingegen lediglich für diejenigen Rechtsformen, auf die sich der jeweilige Gesetzesabschnitt bezieht.[105] Dennoch haben auch Kapitalgesellschaften bzw. haftungsbeschränkte Personengesellschaften die GoB im Sinne von § 264 Abs. 2 Satz 1 HGB bei der Aufstellung des Jahresabschlusses zu beachten.[106]

Die GoB lassen sich zum einen grob in die für die Buchführung maßgeblichen Dokumentationsgrundsätze, die bei der konkreten Auslegung von Gesetzestexten keine bedeutende Rolle einnehmen und daher im Folgenden nicht weiter zu betrachten sind und zum anderen in die für den Jahresabschluss maßgeblichen Rahmen-, System-, Ansatz-, Definitions- und Kapitalerhaltungsgrundsätze unterteilen,[107] denen bei der Auslegung der Regelungen zur Abbildung latenter Steuern eine später noch zu diskutierende besondere Bedeutung zukommt.

Die **Rahmengrundsätze** umfassen die Grundsätze der Richtigkeit, Vergleichbarkeit, Klarheit und Übersichtlichkeit, Vollständigkeit sowie Wirtschaftlichkeit. Sie legen die grundlegenden Anforderungen an die Informationsvermittlung fest.[108]

Gemäß dem **Grundsatz der Richtigkeit** sind bei der bilanziellen Abbildung der realen Sachverhalte die GoB bzw. die relevanten handelsrechtlichen Vorschriften einzuhalten.[109] Die Abbildung der Sachverhalte im Jahresabschluss soll damit den tatsächlichen Gegebenheiten entsprechen. Eine absolute Richtigkeit der Wertansätze ist indes nicht möglich. Vielmehr ist die Bilanzierung in Bezug auf die relevante Norm richtig vorzunehmen.[110] Es ist davon auszugehen, dass ein sachverständiger Dritter die Norm kennt und die Abbildung insofern objektiv ist, d. h. intersubjektiv nachprüfbar.[111] Sofern bei der Bilanzierung Spielräume bestehen, wird das Unternehmen Annahmen treffen (müssen). Diese Annahmen sind im Sinne des **Grund-**

---

103 Vgl. BAETGE, J./KIRSCH, H.-J./THIELE, S., Bilanzen, S. 102 f.
104 Vgl. BAETGE, J./ZÜLCH, H., in: HdJ, I/2, Rn. 9.
105 Vgl. BAETGE, J./KIRSCH, H.-J., in: Küting/Weber, HdR-E, 5. Aufl., Kap. 4, Rn. 5.
106 Vgl. BAETGE, J./KIRSCH, H.-J., in: Küting/Weber, HdR-E, 5. Aufl., Kap. 4, Rn. 1.
107 Vgl. BAETGE, J./KIRSCH, H.-J./THIELE, S., Bilanzen, S. 112-139.
108 Vgl. BAETGE, J./KIRSCH, H.-J./THIELE, S., Bilanzen, S. 114-122.
109 Vgl. SOLMECKE, H., Auswirkungen des BilMoG auf die GoB, S. 125 f.
110 Vgl. LEFFSON, U., GoB, S. 196 f.
111 Vgl. BAETGE, J./KIRSCH, H.-J., in: Küting/Weber, HdR-E, 5. Aufl., Kap. 4, Rn. 59.

satzes der Objektivität als Ausprägung des Grundsatzes der Richtigkeit objektiv zu bestimmen.[112] Einige Bilanzierungssachverhalte erfordern indes subjektive Schätzungen des Unternehmens, die sich auf die Höhe des bilanziellen Wertansatzes auswirken. In diesen Fällen ergänzt der Grundsatz der Willkürfreiheit den Grundsatz der Objektivität.[113] Nach dem **Grundsatz der Willkürfreiheit** soll die Abbildung nach bestem Wissen und Gewissen des Bilanzierenden, also nach der inneren Überzeugung vorgenommen werden.[114] Daher sind nur Annahmen zu treffen bzw. „solche Werte [zu wählen], die aus realitätsnahen und von [dem Bilanzierenden] für zutreffend gehaltenen Hypothesen abgeleitet sind, so daß [sic!] [der Bilanzierende] persönlich die Bezeichnung der Posten und die Wertansätze für eine korrekte Aussage über die zugrunde liegenden Tatsachen hält“[115] [Ergänzungen durch den Verfasser]. Allgemein ermöglicht eine Offenlegung der Annahmen dem Adressaten, diese subjektiv zu beurteilen.[116]

Im Sinne des Rechenschaftszwecks fordert der **Grundsatz der Vergleichbarkeit** sowohl die Vergleichbarkeit der Jahresabschlüsse eines Unternehmens im Zeitablauf als auch eine zwischenbetriebliche Vergleichbarkeit.[117] Der Vergleichbarkeitsgrundsatz umfasst die Forderung nach Stetigkeit.[118] Stetigkeit muss sowohl formell (Bilanzidentität, stetige Bezeichnungen, Gliederungen und Ausweise) als auch materiell vorliegen.[119] Unter der materiellen Stetigkeit werden die Ansatz- und die Bewertungsstetigkeit subsumiert.[120] Ansatzmethoden betreffen den (planvollen) Umgang des Bilanzierenden mit Wahlrechten und Ermessensspielräumen, die mit einer Ansatzentscheidung verbunden sind, während unter Bewertungsmethoden generell Wertfindungsverfahren verstanden werden können.[121] Die Ansatzentscheidungen sind ebenso wie die Bewertungsmethoden grundsätzlich beizubehalten.[122] Ebenso sind nach dem Grundsatz der Vergleichbarkeit auch neu hinzukommende, gleichartige Bilanzierungssachverhalte entsprechend der zuvor gewählten Ansatz- bzw. Bewertungsentscheidung zu behandeln.[123] Das Unternehmen legt sich also im erstmaligen Entscheidungszeitpunkt auf eine bestimmte Methode fest, die daraufhin beizubehalten ist.[124] Lediglich in begründeten Ausnahmefällen darf diese Stetigkeit durchbrochen werden, wenngleich zumindest Kapitalge-

112 Vgl. BAETGE, J./ZÜLCH, H., in: HdJ, I/2, Rn. 55.
113 Vgl. BAETGE, J./KIRSCH, H.-J., in: Küting/Weber, HdR-E, 5. Aufl., Kap. 4, Rn. 64.
114 Vgl. LEFFSON, U., GoB, S. 199.
115 LEFFSON, U., GoB, S. 203.
116 Vgl. BAETGE, J./KIRSCH, H.-J./THIELE, S., Bilanzen, S. 116.
117 Vgl. LEFFSON, U., GoB, S. 426; BAETGE, J./ZÜLCH, H., in: HdJ, I/2, Rn. 56.
118 Vgl. BAETGE, J./KIRSCH, H.-J./THIELE, S., Bilanzen, S. 116.
119 Vgl. BAETGE, J./KIRSCH, H.-J./THIELE, S., Bilanzen, S. 116 f.
120 Vgl. SOLMECKE, H., Auswirkungen des BilMoG auf die GoB, S. 149 f.
121 Vgl. HFA DES IDW, IDW ERS HFA 38, Rn. 6 f.; LEFFSON, U., Das Gebot der Stetigkeit, S. 444.
122 Vgl. BAETGE, J./KIRSCH, H.-J./THIELE, S., Bilanzen, S. 117.
123 Vgl. BAETGE, J./ZIESEMER, S., in: Baetge/Kirsch/Thiele, § 252 HGB, Rn. 251.
124 Vgl. LEFFSON, U., GoB, S. 433; BAETGE, J./KIRSCH, H.-J./THIELE, S., Bilanzen, S. 117.

sellschaften und haftungsbeschränkte Personengesellschaften mit einer solchen Durchbrechung verbundene Angabepflichten zu erfüllen haben.[125]

Nach dem **Grundsatz der Klarheit und Übersichtlichkeit** sind die einzelnen Posten in Buchführung und Jahresabschluss eindeutig zu bezeichnen sowie hinreichend und systematisch zu untergliedern und zu ordnen, so dass die Bücher und Abschlüsse sowohl übersichtlich als auch verständlich sind. Dadurch kann der sachverständige Jahresabschlussadressat in angemessener Zeit ein (aussagefähiges) Bild von der wirtschaftlichen Lage des Unternehmens gewinnen.[126]

Der **Grundsatz der Vollständigkeit** verlangt für den handelsrechtlichen Jahresabschluss, dass sämtliche Vermögensgegenstände, Rechnungsabgrenzungsposten und Schulden sowie Erträge und Aufwendungen erfasst werden.[127] Jede geschäftliche Transaktion ist darauf hin zu prüfen, ob sie nach einer gesetzlichen Norm, über die Erfassung in den Büchern, im Jahresabschluss zu berücksichtigen ist.[128] Zudem sind alle relevanten internen und externen Informationen über die Abschlussposten vollständig auszuwerten.[129] Daneben ist nach weiteren erkennbaren Risiken zu suchen (Inventur der Risiken), die ebenfalls im Jahresabschluss abzubilden sind.[130] LEFFSON fordert des Weiteren eine „unverkürzte Darstellung" der Abschlussposten in dem Sinne, dass eine Saldierung nur vorzunehmen ist, wenn sie für einen klaren Ausweis notwendig ist.[131] Der Grundsatz der Vollständigkeit wird durch das **Bilanzstichtagsprinzip** ergänzt, nach dem die Verhältnisse am Abschlussstichtag zugrunde zu legen sind. Im Jahresabschluss dürfen lediglich diejenigen nach dem Stichtag erhaltenen Informationen berücksichtigt werden, die sich auf Gegebenheiten vor dem Bilanzstichtag beziehen und daher wertaufhellend sind.[132] Ferner verlangt das den Grundsatz der Vollständigkeit ebenfalls ergänzende **Periodisierungsprinzip**, dass alle Zahlungen entsprechend den Ansatzgrundsätzen für die Bilanz bzw. den Definitionsgrundsätzen für den Jahreserfolg dem jeweiligen Geschäftsjahr zugerechnet werden.[133] Es gibt indes spezielle Vorschriften bzw. Grundsätze, wie z. B. das später noch zu erläuternde Imparitätsprinzip, die nicht mit dem Grundsatz der Vollständigkeit bzw. seinen Ergänzungsprinzipien vereinbar sind.[134]

---

125 Vgl. BAETGE, J./KIRSCH, H.-J., in: Küting/Weber, HdR-E, 5. Aufl., Kap. 4, Rn. 68.
126 Vgl. BAETGE, J./FEY, D./FEY, G., in: Küting/Weber, HdR-E, 5. Aufl., § 243 HGB, Rn. 45 f.
127 Vgl. LEFFSON, U., GoB, S. 220.
128 Vgl. BAETGE, J./KIRSCH, H.-J./THIELE, S., Bilanzen, S. 119.
129 Vgl. LEFFSON, U., GoB, S. 220 und 222.
130 Vgl. LEFFSON, U., GoB, S. 220 und 222 f.
131 Vgl. LEFFSON, U., GoB, S. 223.
132 Vgl. BAETGE, J./KIRSCH, H.-J., in: Küting/Weber, HdR-E, 5. Aufl., Kap. 4, Rn. 72.
133 Vgl. BAETGE, J./KIRSCH, H.-J./THIELE, S., Bilanzen, S. 120.
134 Vgl. SOLMECKE, H., Auswirkungen des BilMoG auf die GoB, S. 174 f.

Gemäß dem **Grundsatz der Wirtschaftlichkeit** muss der Informationsertrag einer zusätzlichen Information im Jahresabschluss (für den Abschlussadressaten) den mit seiner Ermittlung verbundenen zusätzlichen Aufwand (für das Unternehmen) übersteigen.[135] Der Informationsertrag ist jedoch nur schwierig quantifizierbar, so dass substituierend der Grundsatz der Wesentlichkeit zu beachten ist und somit qualitative Abwägungen erforderlich sind.[136] Demnach sind all diejenigen Informationen bzw. Tatbestände im Jahresabschluss gemäß der einschlägigen gesetzlichen Normen zu berücksichtigen, die sich auf die Entscheidungen des schutzwürdigen (externen) Adressaten auswirken können, für diesen also relevant sind.[137]

Die **Systemgrundsätze** umfassen das Prinzip der Unternehmensfortführung, den Grundsatz der Pagatorik und den Grundsatz der Einzelbewertung. Sie sollen sicherstellen, dass die GoB insgesamt ein System bzw. eine Einheit bilden, so dass die handelsrechtlichen Jahresabschlusszwecke bei Anwendung aller GoB bestmöglich erreicht werden.[138]

Nach dem **Prinzip der Unternehmensfortführung** (Going-concern-Grundsatz) ist bei der Aufstellung der Bilanz grundsätzlich von einem Fortbestand des Unternehmens auf unbestimmte Dauer auszugehen.[139] Dementsprechend sind die Bewertungsobjekte gemäß ihrer tatsächlichen bzw. beabsichtigten betrieblichen Verwendung zu ihren Fortführungswerten zu bewerten.[140] Lediglich in dem Fall, dass konkrete bzw. tatsächliche Anhaltspunkte für eine Beendigung der Unternehmenstätigkeit in absehbarer Zeit vorliegen (konkretisierte Absicht bzw. rechtliche Gegebenheit) und daher nicht nur (generelle) Zweifel an der Unternehmensfortführung bestehen, ist eine Bewertung zu Zerschlagungswerten notwendig.[141]

Gemäß dem **Grundsatz der Pagatorik** sind im Jahresabschluss nur solche Sachverhalte zu berücksichtigen, die auf (tatsächlichen) Zahlungen basieren.[142] Die Bilanzierung beruht daher auf gezahlten bzw. künftig zu zahlenden Beträgen bzw. auf geplanten Rückzahlungen.[143] Dies dient der Objektivierung des Jahresabschlusses. Aufwendungen und Erträge werden indes unabhängig von den konkreten Zahlungszeitpunkten erfasst (§ 252 Abs. 1 Nr. 5 HGB). Somit werden die Zahlungen letztlich periodisiert.[144] Der Grundsatz der Pagatorik verhindert z. B.,

[135] Vgl. BAETGE, J./KIRSCH, H.-J./THIELE, S., Bilanzen, S. 121.
[136] Vgl. BAETGE, J./ZÜLCH, H., in: HdJ, I/2, Rn. 64.
[137] Vgl. LEFFSON, U., GoB, S. 182; BAETGE, J./KIRSCH, H.-J., in: Küting/Weber, HdR-E, 5. Aufl., Kap. 4, Rn. 75.
[138] Vgl. BAETGE, J./KIRSCH, H.-J./THIELE, S., Bilanzen, S. 122-126.
[139] Vgl. BAETGE, J./ZIESEMER, S., in: Baetge/Kirsch/Thiele, § 252 HGB, Rn. 41 f.
[140] Vgl. BAETGE, J./KIRSCH, H.-J./THIELE, S., Bilanzen, S. 123.
[141] Vgl. BAETGE, J./ZÜLCH, H., in: HdJ, I/2, Rn. 67; LEFFSON, U., GoB, S. 187 f.
[142] Vgl. BAETGE, J./ZÜLCH, H., in: HdJ, I/2, Rn. 68.
[143] Vgl. BAETGE, J./KIRSCH, H.-J./THIELE, S., Bilanzen, S. 124.
[144] Vgl. BAETGE, J./KIRSCH, H.-J., in: Küting/Weber, HdR-E, 5. Aufl., Kap. 4, Rn. 79.

dass nicht-pagatorische, kalkulatorische Elemente bei der Bilanzierung berücksichtigt werden.[145]

Der **Grundsatz der Einzelbewertung** fordert, dass grundsätzlich alle Vermögensgegenstände und Schulden einzeln zu bewerten sind (§ 252 Abs. 1 Nr. 3 HGB). Somit dürfen bspw. einzelne Vermögensgegenstände generell nicht mit anderen Vermögensgegenständen oder Schulden zusammengefasst bewertet werden.[146] Lediglich in (begründeten) Ausnahmefällen gestattet der Gesetzgeber eine Abweichung von diesem Grundsatz, bspw. bei der Verwendung von Bewertungsvereinfachungsverfahren nach § 256 HGB unter Beachtung des Grundsatzes der Wirtschaftlichkeit.[147] Das Saldierungsverbot des § 246 Abs. 2 Satz 1 HGB ist keine Ausprägung des Grundsatzes der Einzelbewertung, da es sich lediglich auf den vollständigen Ausweis und nicht etwa auf die Bewertung bezieht. Die Einzelbewertung ist jedoch für den unsaldierten Ausweis notwendig.[148]

Mithilfe der nun darzustellenden **Ansatzgrundsätze für die Bilanz** wird festgelegt, welche Zahlungen zu aktivieren bzw. zu passivieren sind.[149] Unter den Ansatzgrundsätzen sind der Aktivierungs- und der Passivierungsgrundsatz zu subsumieren. Sie konkretisieren den Begriff des Vermögensgegenstands bzw. der Schuld.[150]

Nach dem **Aktivierungsgrundsatz** ist ein Gut abstrakt aktivierungsfähig und damit ein Vermögensgegenstand, sofern es selbstständig verwertbar ist.[151] Das wirtschaftliche Potential wird also gegenüber Dritten verwertbar gemacht, so dass es in Geld transformiert werden kann und somit der Schuldendeckung dient.[152] Dies ist der Fall bei Veräußerungen, Einräumungen von Nutzungsrechten, bedingten Verzichten oder auch im Rahmen von Zwangsvollstreckungen.[153] Daneben besagt der **Passivierungsgrundsatz**, dass eine Schuld vorliegt und somit ein Sachverhalt abstrakt passivierungsfähig ist, sofern eine rechtliche oder wirtschaftliche Verpflichtung besteht, die zu einer wirtschaftlichen Belastung des bilanzierenden Unternehmens führt und zumindest in einer Bandbreite quantifizierbar ist.[154] Vermögensgegenstände bzw. Schulden sind in der Bilanz zu erfassen, sofern das Gesetz nichts Gegenteiliges bestimmt (§ 246 Abs. 1 Halbsatz 2 HGB). Konkret aktivierungs- bzw. passivierungsfähig sind

---

145 Vgl. BAETGE, J./ZÜLCH, H., in: HdJ, I/2, Rn. 68; BAETGE, J./KIRSCH, H.-J./THIELE, S., Bilanzen, S. 124 f.
146 Vgl. BAETGE, J./ZIESEMER, S., in: Baetge/Kirsch/Thiele, § 252 HGB, Rn. 114.
147 Vgl. SOLMECKE, H., Auswirkungen des BilMoG auf die GoB, S. 191 f.
148 Vgl. BAETGE, J./ZIESEMER, S., in: Baetge/Kirsch/Thiele, § 252 HGB, Rn. 118.
149 Vgl. BAETGE, J./KIRSCH, H.-J./THIELE, S., Bilanzen, S. 127.
150 Vgl. BAETGE, J./ZÜLCH, H., in: HdJ, I/2, Rn. 81.
151 Vgl. BAETGE, J./KIRSCH, H.-J./THIELE, S., Bilanzen, S. 127.
152 Vgl. BAETGE, J./KIRSCH, H.-J., in: Küting/Weber, HdR-E, 5. Aufl., Kap. 4, Rn. 96-98; THIELE, S., in: Baetge/Kirsch/Thiele, § 246 HGB, Rn. 38.
153 Vgl. THIELE, S., in: Baetge/Kirsch/Thiele, § 246 HGB, Rn. 45.
154 Vgl. BAETGE, J./ZÜLCH, H., in: HdJ, I/2, Rn. 87; BAETGE, J./KIRSCH, H.-J./THIELE, S., Bilanzen, S. 170 f.

Werte also dann, wenn sie nach den rechtlichen Vorschriften in der Bilanz erfasst werden dürfen bzw. müssen. Die konkrete Aktivierungs- bzw. Passivierungsfähigkeit bestimmt daher, ob abstrakt bilanzierungsfähige Vermögensgegenstände bzw. Schulden aktiviert werden dürfen bzw. müssen und ob nicht abstrakt bilanzierungsfähige Güter bzw. Sachverhalte in der Bilanz erfasst werden dürfen bzw. müssen.[155]

Die **Definitionsgrundsätze für den Jahreserfolg** umfassen das Realisationsprinzip und die Grundsätze der Abgrenzung der Sache und der Zeit nach. Sie bestimmen, welche Zahlungen erfolgswirksam in der GuV oder erfolgsneutral in der Bilanz zu berücksichtigen sind und dienen in erster Linie dem Rechenschaftszweck, da sie die Ermittlung eines periodengerechten Erfolgs unterstützen.[156]

Das **Realisationsprinzip** besagt, dass Gewinne erst zu berücksichtigen sind, wenn sie realisiert sind (§ 252 Abs. 1 Nr. 4 Halbsatz 2 HGB). Solange der „Sprung" zum Absatzmarkt nicht vollzogen wurde, sind Beschaffungsvorgänge im ersten Bewertungsschritt erfolgsneutral abzubilden.[157] Eine Komponente des Realisationsprinzips bildet also das AK/HK-Prinzip, wonach die (beschafften bzw. erstellten) Güter mit ihren Anschaffungs- bzw. Herstellungskosten (AK/HK) anzusetzen sind.[158] Ferner legt das Realisationsprinzip den Zeitpunkt fest, zu dem Gewinne als realisiert betrachtet werden dürfen.[159] Der Realisationszeitpunkt, der „Sprung" zum Absatzmarkt, liegt erst vor, wenn die Hauptlieferung bzw. Leistung vertragsgemäß erbracht wurde und die wirtschaftliche Verfügungsmacht beim Käufer liegt. Der Gefahrenübergang muss also vollzogen worden sein, so dass so gut wie keine Beschaffungs-, Produktions- und Absatzrisiken mehr bestehen.[160] Mit dem Realisationsprinzip wird also grundsätzlich verhindert, dass unrealisierte Erträge ausgewiesen bzw. ausgeschüttet werden.[161]

Die Grundsätze der Abgrenzung der Sache und der Zeit legen fest, wie Aufwendungen und zeitraumbezogene sowie periodenfremde Erträge zu periodisieren sind.[162] Nach dem **Grundsatz der Abgrenzung der Sache nach** sind den gemäß dem Realisationsprinzip bestimmten Erträgen, die für ihre Realisierung erforderlichen Aufwendungen gegenüberzustellen.[163] Es wird also eine Mittel-Zweck-Beziehung angenommen, die sinngemäß eine finale Zurechnung

155 Vgl. BAETGE, J./KIRSCH, H.-J./THIELE, S., Bilanzen, S. 164 und 171.
156 Vgl. BAETGE, J./KIRSCH, H.-J., in: Küting/Weber, HdR-E, 5. Aufl., Kap. 4, Rn. 84.
157 Vgl. LEFFSON, U., GoB, S. 251; BAETGE, J./KIRSCH, H.-J./THIELE, S., Bilanzen, S. 129.
158 Vgl. BAETGE, J./ZÜLCH, H., in: HdJ, I/2, Rn. 72.
159 Vgl. BAETGE, J./KIRSCH, H.-J., in: Küting/Weber, HdR-E, 5. Aufl., Kap. 4, Rn. 85.
160 Vgl. BAETGE, J./KIRSCH, H.-J./THIELE, S., Bilanzen, S. 130; vgl. zu den konkreten Realisationsbedingungen bspw. BAETGE, J./ZÜLCH, H., in: HdJ, I/2, Rn. 72-77.
161 Vgl. LEFFSON, U., GoB, S. 251.
162 Vgl. BAETGE, J./KIRSCH, H.-J./THIELE, S., Bilanzen, S. 132; LEFFSON, U., GoB, S. 301.
163 Vgl. LEFFSON, U., GoB, S. 301.

aller relevanten Aufwendungen zu den durch sie erzielten Erträgen verlangt (Finalprinzip).[164] Der **Grundsatz der Abgrenzung der Zeit nach** fordert zudem, dass zeitraumbezogene Aufwendungen und Erträge den jeweiligen Perioden pro rata temporis zugerechnet werden.[165] Ferner sind nach diesem Grundsatz periodenfremde Erfolge in der Periode zu berücksichtigen, in der sie anfallen, die ihnen zugrunde liegenden Ereignisse also eintreten bzw. frühestens bekannt werden.[166]

Im Sinne des Jahresabschlusszwecks der Kapitalerhaltung dienen die **Kapitalerhaltungsgrundsätze** der Sicherung des nominellen Eigenkapitals. Sie umfassen das Imparitätsprinzip und das Vorsichtsprinzip.[167]

Das **Imparitätsprinzip** fordert die Antizipation noch unrealisierter, aber erwarteter negativer Erfolgsbeiträge, die bereits in der abgelaufenen Periode verursacht wurden (§ 252 Abs. 1 Nr. 4 Halbsatz 1 HGB). Die Verlustantizipation setzt also voraus, dass sich die künftigen Verluste auf abgrenzbare und bereits eingeleitete Geschäfte beziehen und ihr Eintritt zudem nach sachgerechter Prüfung aller relevanten, auswertbaren Informationen wahrscheinlich ist.[168] Da positive Erfolgsbeiträge erst bei ihrer Realisierung berücksichtigt werden dürfen, werden unrealisierte negative und positive Erfolgsbeiträge ungleich, d. h. imparitätisch, behandelt.[169] Die Erfassung unrealisierter Verluste dient der Kapitalerhaltung, da der für die Deckung des (künftigen) Verlusts erforderliche Betrag zurückbehalten wird.[170]

Das **Vorsichtsprinzip** ist bei der Bewertung künftiger Sachverhalte zu berücksichtigen, die für den Bilanzierenden mit unsicheren Erwartungen verbunden sind.[171] Es beruht vor allem darauf, dass einige Bilanzansätze auf Zukunftsbetrachtungen basieren bzw. in vielen Fällen bei der Bewertung (subjektive) Schätzungen notwendig werden.[172] Das Vorsichtsprinzip legt fest, dass vorsichtig im Sinne der Sicherung des nominellen Haftkapitals zu bewerten ist und dementsprechend eher pessimistische als optimistische Werte (innerhalb einer Bandbreite) zu wählen sind.[173] Überzogene Unterbewertungen sind indes ebenso wie willkürliche Bewertun-

---

164 Vgl. BAETGE, J./KIRSCH, H.-J., in: Küting/Weber, HdR-E, 5. Aufl., Kap. 4, Rn. 87.

165 Vgl. LEFFSON, U., GoB, S. 330 f.

166 Vgl. BAETGE, J./KIRSCH, H.-J., in: Küting/Weber, HdR-E, 5. Aufl., Kap. 4, Rn. 88; LEFFSON, U., GoB, S. 333.

167 Vgl. SOLMECKE, H., Auswirkungen des BilMoG auf die GoB, S. 39.

168 Vgl. BAETGE, J./KIRSCH, H.-J./THIELE, S., Bilanzen, S. 135 f.

169 Vgl. BAETGE, J./KIRSCH, H.-J./THIELE, S., Bilanzen, S. 134 f.; LEFFSON, U., GoB, S. 339 f.

170 Vgl. BAETGE, J./ZÜLCH, H., in: HdJ, I/2, Rn. 93.

171 Vgl. LEFFSON, U., GoB, S. 465; BAETGE, J./ZÜLCH, H., in: HdJ, I/2, Rn. 94.

172 Vgl. BAETGE, J./ZÜLCH, H., in: HdJ, I/2, Rn. 94; LEFFSON, U., GoB, S. 469 f.

173 Vgl. BAETGE, J./ZIESEMER, S., in: Baetge/Kirsch/Thiele, § 252 HGB, Rn. 144; LEFFSON, U., GoB, S. 467. BAETGE schlägt indes de lege ferenda vor, anstatt eines pessimistischen Werts, den wahrscheinlichsten Wert bzw. den Mittelwert zu bilanzieren und daneben in einer sog. Bandbreitenrückstellung den Diffe-

gen untersagt. In diesem Kontext ist insbesondere der Grundsatz der Willkürfreiheit zu beachten.[174]

Nachdem die Zwecke und Grundsätze des handelsrechtlichen Jahresabschlusses dargestellt wurden, sollen im nächsten Abschnitt die Zielsetzungen sowie Anforderungen der steuerlichen Rechnungslegung erläutert werden, um darauf aufbauend Ansatzpunkte für Gemeinsamkeiten und Unterschiede der Regelungssysteme herausarbeiten zu können.

222.2 Zwecke und Anforderungen der Rechnungslegung nach deutschem Steuerrecht

Ein gewerbetreibendes Unternehmen, das entweder aufgrund einer gesetzlichen Vorgabe oder freiwillig Bücher führt und regelmäßig Abschlüsse erstellt,[175] ist steuerlich nach § 5 Abs. 1 Satz 1 EStG zur periodischen Gewinnermittlung durch Betriebsvermögensvergleich verpflichtet. Die steuerliche Rechnungslegung dient zum einen dem **Fiskalzweck**. Dies ist darauf zurückzuführen, dass der Staat die steuerliche Gewinnermittlung dazu verwendet, um Steuerzahlungen zu bemessen, welche seinen eigenen Finanzbedarf decken sollen.[176] Zum anderen ist der **Sozialzweck** zu beachten. Er hat zwei Ausprägungen: Den Umverteilungszweck, der im Interesse eines sozialen Ausgleichs Korrekturen verlangt und den Lenkungszweck, der das Verhalten der Steuerpflichtigen zum Schwerpunkt hat und dieses bspw. mittels wirtschafts- oder sozialpolitisch motivierter Steuerentlastungen oder -belastungen lenkt.[177] Ferner unterstützt die steuerliche Gewinnermittlung den **Dokumentations- und Informationszweck**. So dient sie einerseits dem Erfüllen der Nachweis- bzw. Beweispflichten (in Streitfällen) sowie andererseits, vor allem bei kleineren Unternehmen, der internen und externen Information.[178]

Das Steuerrecht ist öffentliches Recht und unter das Verwaltungsrecht zu subsumieren. Somit handelt es sich beim Steuerrecht um ein Eingriffsrecht, das rechtsstaatlichen Anforderungen

---

renzbetrag zwischen dem so ermittelten Wert und dem pessimistischsten Wert zu erfassen. Vgl. BAETGE, J., Möglichkeiten der Objektivierung, S. 141-166.

174 Vgl. BAETGE, J./ZÜLCH, H., in: HdJ, I/2, Rn. 94.

175 §§ 238, 242 HGB verpflichten Kaufleute zur Buchführung bzw. Aufstellung von Jahresabschlüssen. Die handelsrechtliche Buchführungspflicht ist nach § 140 AO auch relevant für die Beurteilung der steuerlichen Buchführungspflicht. Zu beachten ist indes die mit dem BilMoG eingeführte Befreiung von der Buchführungspflicht nach § 241a HGB für Einzelkaufleute, die bestimmte Schwellenwerte nicht erreichen. Vgl. dazu auch KIRSCH, H.-J./HARMS, S./SIEGEL, D., in: Baetge/Kirsch/Thiele, § 242 HGB, Rn. 110. Die steuerliche Buchführungs- und Abschlusserstellungspflicht kann sich ansonsten bei Erfüllung der Voraussetzungen des § 141 AO ergeben, wenngleich die dort angegebenen Schwellenwerte mittlerweile an die Vorgaben des § 241a HGB angenähert wurden.

176 Vgl. RUPPE, H.-G., in: Herrmann/Heuer/Raupach, Einf. ESt, Rn. 52.

177 Vgl. LANG, J., in: Tipke/Lang, § 4, Rn. 21.

178 Vgl. SCHEFFLER, W., Besteuerung von Unternehmen II, S. 4; KUßMAUL, H., Betriebswirtschaftliche Steuerlehre, S. 6.

unterliegt.[179] Die Grundrechte und Strukturprinzipien des Grundgesetzes bzw. der Verfassung bilden damit die Basis des Steuerrechts, die eine steuerspezifische Konkretisierung erforderlich macht.[180] Grob unterscheiden lassen sich formale und materiale rechtsstaatliche Anforderungen. Die formale Rechtsstaatlichkeit hat vor allem die Verwirklichung der Rechtssicherheit zum Schwerpunkt, dient also dem Vertrauensschutz,[181] während mit der materialen Rechtsstaatlichkeit auch dem Ziel der Gerechtigkeit – hier: der Steuergerechtigkeit – gedient wird.[182]

Eine der wichtigsten bei der steuerlichen Bilanzierung zu beachtenden Anforderungen stellt die **Gesetzmäßigkeit der Besteuerung** dar.[183] Demnach ist vor allem der Vorbehalt des Gesetzes zwingend zu beachten, nach dem eine Besteuerung nur durch gesetzliche Anordnung zulässig ist.[184] Es muss folglich ein Tatbestand vorliegen, um die Besteuerung als Rechtsfolge zu begründen (Grundsatz der Tatbestandsmäßigkeit, § 38 AO). Die Norm ist zudem gemäß dem Gebot der Normenklarheit und -bestimmtheit eindeutig bzw. verständlich zu formulieren, so dass die resultierenden Steuerzahlungen vorhersehbar werden. Ebenso wird durch dieses Gebot die Rechtskompetenz der Verwaltung begrenzt.[185] Es gilt allgemein zu beachten, dass staatliches Handeln an das Gesetz gebunden ist (Vorrang des Gesetzes).[186] Zur Sicherung des Vertrauensschutzes ist des Weiteren das Verbot der (echten) Rückwirkung von Gesetzen relevant.[187]

Als weiteres wesentliches, steuersystemtragendes Prinzip wird der an Art. 3 GG angelehnte **Gleichheitsgrundsatz** angesehen.[188] Dieses Prinzip verlangt, dass grundsätzlich Gleiches gleich und Ungleiches ungleich besteuert wird.[189] Der Gleichheitsgrundsatz begründet damit vor allem die Steuergerechtigkeit.[190] Mit einer gleichmäßigen Besteuerung wird ferner eine

179 Vgl. WEBER-GRELLET, H., in: Schmidt, § 5 EStG, Rn. 21; LANG, J., in: Tipke/Lang, § 2, Rn. 3 und § 1, Rn. 11.

180 Vgl. LANG, J., in: Tipke/Lang, § 2, Rn. 3 und § 4, Rn. 13; HENNRICHS, J., Maßgeblichkeitsgrundsatz, S. 307 f.

181 Vgl. RUPPE, H.-G., in: Herrmann/Heuer/Raupach, Einf. ESt, Rn. 510.

182 Vgl. LANG, J., in: Tipke/Lang, § 4, Rn. 51 f. und 60-62.

183 Vgl. LANG, J., in: Tipke/Lang, § 4, Rn. 150-183.

184 Vgl. WEBER-GRELLET, H., Moderner Verfassungsstaat, S. 175.

185 Vgl. LANG, J., in: Tipke/Lang, § 4, Rn. 167.

186 Vgl. RUPPE, H.-G., in: Herrmann/Heuer/Raupach, Einf. ESt, Rn. 511.

187 Echte Rückwirkungen, die daraus folgen, dass Gesetze abgeschlossene Sachverhalte erfassen, sind danach grundsätzlich untersagt. Vgl. HEY, J., in: Herrmann/Heuer/Raupach, Einf. ESt, Rn. 523; vgl. zur Rückwirkung im Steuerrecht nach aktuellen Beschlüssen des Bundesverfassungsgerichts GELSHEIMER, B./MEYEN, T., Anforderungen an steuerverschärfende Vorschriften, S. 194 f.; HAHN, H., Schlechtes und Gutes vom BVerfG, S. I.

188 Vgl. HERRMANN, D., Das Verhältnis zwischen Handels- und Steuerbilanz, S. 209; BUCIEK, K., in: Blümich, § 5 EStG, Rn. 165.

189 Vgl. HERRMANN, D., Das Verhältnis zwischen Handels- und Steuerbilanz, S. 209.

190 Vgl. LANG, J., in: Tipke/Lang, § 4, Rn. 70.

willkürfreie Bilanzierung von Posten gefordert, welche objektiv feststellbar und einfach zu ermitteln sind.[191] Das Willkürverbot bezieht sich hierbei nicht nur auf die nach dem handelsrechtlichen Grundsatz der Willkürfreiheit zu fordernde Bilanzierung nach der „inneren Überzeugung“,[192] sondern bedeutet aus der steuerlichen Perspektive grundsätzlich, dass für eine differenzierte Besteuerung sachgerechte Gründe vorliegen müssen.[193] Im Sinne der Gerechtigkeit bzw. Gleichheit hat der Steuergesetzgeber bei Gestaltungsspielräumen allgemein den Grundsatz der Sachgerechtigkeit (in Bezug auf den Regelungsgegenstand und das Regelungsumfeld) und zudem auch das Folgerichtigkeitsgebot einzuhalten, wonach einmal getroffene Entscheidungen (im Sinne der Belastungsgleichheit) folgerichtig, d. h. konsequent, umzusetzen sind.[194] Diese beiden Grundsätze werden in der Literatur teilweise als Subprinzipien des **Leistungsfähigkeitsprinzips** deklariert,[195] welches als fundamentales Prinzip gerechter Besteuerung auch aus dem allgemeinen Gleichheitssatz abgeleitet wird.[196] Bei der Besteuerung nach diesem „Primärgrundsatz des Steuerrechts“[197], welcher der Lastenverteilung dient,[198] ist zum einen primär auf die relative wirtschaftliche Leistungsfähigkeit, die das Verhältnis zwischen den (verschiedenen) Steuerpflichtigen betrachtet sowie zum anderen auf die absolute wirtschaftliche Leistungsfähigkeit des Steuerpflichtigen Rücksicht zu nehmen.[199] Das Leistungsfähigkeitsprinzip dient einer sozialstaatlich gerechten Besteuerung und berücksichtigt daher die Belange von wirtschaftlich schwächeren Akteuren.[200] Die allgemein gewünschte Einzelfallgerechtigkeit könnte indes zu sehr komplizierten und nur schwierig umsetzbaren Regelungen führen. Dies ist so weit wie möglich durch die Beachtung des Praktikabilitätsprinzips zu verhindern. Damit wird auch eine gleichmäßige Anwendung von Gesetzen unterstützt.[201] Ferner ist bei allen staatlichen Maßnahmen der Grundsatz der Verhältnismäßigkeit bzw. Angemessenheit zu berücksichtigen.[202]

---

191 Vgl. WEBER-GRELLET, H., Maßgeblichkeitsschutz, S. 289.

192 Vgl. Abschnitt 222.12.

193 Vgl. RUPPE, H.-G., in: Herrmann/Heuer/Raupach, Einf. ESt, Rn. 533 sowie zum allgemeinen Gleichheitssatz des Art. 3 Abs. 1 GG LEIBHOLZ, G./RINCK, H. J./HESSELBERGER, D., in: Leibholz/Rinck/Hesselberger, Art. 3, Rn. 21.

194 Vgl. LANG, J., in: Tipke/Lang, § 4, Rn. 75-79.

195 Vgl. HENNRICHS, J., Maßgeblichkeitsgrundsatz, S. 308 und 310 f.

196 Vgl. LANG, J., in: Tipke/Lang, § 4, Rn. 13 und 81; WEBER-GRELLET, H., Moderner Verfassungsstaat, S. 166 f.

197 LANG, J., in: Tipke/Lang, § 4, Rn. 83.

198 Vgl. RUPPE, H.-G., in: Herrmann/Heuer/Raupach, Einf. ESt, Rn. 543.

199 Vgl. WEBER-GRELLET, H., Moderner Verfassungsstaat, S. 167 f.; KÜTING, K./KESSLER, H., Besteuerung nach der Leistungsfähigkeit, S. 22.

200 Vgl. LANG, J., in: Tipke/Lang, § 4, Rn. 184-186.

201 Vgl. PEZZER, H.-J., Bilanzierungsprinzipien, S. 10 f.

202 Vgl. LANG, J., in: Tipke/Lang, § 4, Rn. 209.

Neben den dargestellten rechtsstaatlichen Anforderungen besteht die Notwendigkeit spezieller steuerlicher Bilanzierungsgrundsätze zur Konkretisierung der Prinzipien.[203] § 5 Abs. 1 Satz 1 EStG verweist hierzu zwar auf die handelsrechtlichen GoB, schränkt diesen Verweis indes insofern ein, als dass die GoB nicht anzuwenden sind, wenn „im Rahmen der Ausübung eines steuerlichen Wahlrechts [...] ein anderer Ansatz gewählt [wird oder wurde; Ergänzungen durch den Verfasser]". Das damit angesprochene Maßgeblichkeitsprinzip wird in den beiden folgenden Abschnitten vor dem Hintergrund der Gesetzesänderungen durch das BilMoG kritisch beleuchtet. Zunächst ist indes noch an dieser Stelle resümierend festzustellen, dass die steuerliche Gewinnermittlung der Bestimmung des periodengerechten „vollen"[204] bzw. „wirklichen"[205] Gewinns dienen soll, der vor allem den Anforderungen der Gesetzmäßigkeit und Gleichmäßigkeit der Besteuerung genügt und als Indikator für die wirtschaftliche Leistungsfähigkeit fungiert.[206]

223. Bedeutung des Maßgeblichkeitsgrundsatzes als Bindeglied zwischen Handels- und Steuerrecht

223.1 Der Maßgeblichkeitsgrundsatz vor dem BilMoG

Der Maßgeblichkeitsgrundsatz gemäß § 5 Abs. 1 EStG a. F., wonach für steuerliche Zwecke das Betriebsvermögen anzusetzen ist, „das nach den handelsrechtlichen Grundsätzen ordnungsmäßiger Buchführung auszuweisen ist", betrifft allgemein die Maßgeblichkeit der handelsrechtlichen Rechnungslegung für die Steuerbilanz. Dieser Grundsatz dient zum einen dazu, die steuerliche Rechnungslegung zu vereinfachen und ermöglicht zum anderen, den Fiskus als stillen (Unternehmens-)Teilhaber zu betrachten.[207]

Allgemein werden die materielle, formelle und umgekehrte Maßgeblichkeit unterschieden. Im Sinne der **materiellen Maßgeblichkeit** sind grundsätzlich die handelsrechtlichen GoB bei der steuerlichen Rechnungslegung zu beachten.[208] In der Literatur wird indes auch die Meinung vertreten, dass neben den Grundsätzen auch GoB-konforme, handelsrechtliche Normen zu berücksichtigen sind.[209] Die **formelle Maßgeblichkeit** fordert dagegen sogar die Übernahme

203 Vgl. WEBER-GRELLET, H., Reform des Bilanzsteuerrechts, S. 1347; LANG, J., in: Tipke/Lang, § 4, Rn. 15.

204 BFH, Beschluß vom 3.02.1969 – GrS 2/68.

205 WEBER-GRELLET, H., Grundfragen und Zukunft, S. 2298.

206 Vgl. WEBER-GRELLET, H., Maßgeblichkeitsschutz, S. 289; MARX, F. J., Teilhaberthese als Leitbild, S. 1004 f.

207 Vgl. PEZZER, H.-J., Bilanzierungsprinzipien, S. 18; vgl. zur Teilhaberthese vor allem DÖLLERER, G., Maßgeblichkeit, S. 1334 sowie MOXTER, A., Zum Verhältnis von Handelsbilanz und Steuerbilanz, S. 195; vgl. dazu durchaus kritisch MARX, F. J., Teilhaberthese als Leitbild, S. 1005 f.

208 Vgl. WEBER-GRELLET, H., Maßgeblichkeitsgrundsatz in Gefahr, S. 385; WATRIN, C., Internationale Rechnungslegung und Regulierungstheorie, S. 245.

209 Vgl. HERRMANN, D., Das Verhältnis zwischen Handels- und Steuerbilanz, S. 210.

der konkreten handelsrechtlichen Wertansätze in die Steuerbilanz.[210] Eine solche formelle Maßgeblichkeit wurde in § 5 Abs. 1 Satz 2 EStG a. F. in der Form geregelt, dass steuerrechtliche Wahlrechte in Übereinstimmung mit der handelsrechtlichen Jahresbilanz auszuüben waren.[211] Zumindest bis zur Einführung des § 5 Abs. 1 Satz 2 EStG a. F. im Rahmen des Wohnungsbauförderungsgesetzes vom 22.12.1989 war die formelle Maßgeblichkeit indes umstritten,[212] weshalb sie in der Fachliteratur teilweise allein aus § 5 Abs. 1 Satz 2 EStG a. F. abgeleitet wurde.[213] Eingeschränkt bzw. durchbrochen wird der Maßgeblichkeitsgrundsatz durch steuerlich zwingende Vorschriften, wie z. B. die speziellen Ansatzregelungen des § 5 Abs. 2 bis 5 EStG (a. F.) oder der steuerliche Bewertungsvorbehalt des § 5 Abs. 6 EStG.[214] Handelsrechtlich zwingende Vorschriften, denen keine steuerlich zwingenden Vorschriften entgegenstehen, führten vor dem BilMoG zur entsprechenden steuerlichen Bilanzierung aufgrund der formellen Maßgeblichkeit der Handelsbilanz.[215] Sofern handelsrechtlich ein Wahlrecht besteht und steuerlich keine explizite Vorschrift anzuwenden ist, werden ferner nach dem BFH-Beschluss vom 3.02.1969[216] Aktivierungswahlrechte nach HGB zu Aktivierungsgeboten in der Steuerbilanz und Passivierungswahlrechte nach HGB zu steuerlichen Passivierungsverboten.[217] Dies wird damit begründet, dass Wahlrechte nur schwerlich mit dem Grundsatz einer gleichmäßigen Besteuerung vereinbar sind.[218] Der BFH-Beschluss ist grundsätzlich analog auf Bewertungswahlrechte anzuwenden, die steuerlich auf der Aktivseite zur Bilanzierung des höchsten und auf der Passivseite zur Erfassung des niedrigsten Wertansatzes führen.[219] Sofern sowohl nach Handels- als auch nach Steuerrecht ein (übereinstimmendes) Wahlrecht besteht, wurde vor dem BilMoG in der Steuerbilanz entsprechend der handelsrechtlichen Wahlrechtsausübung bilanziert.[220] Einige handelsrechtliche Wahlrechte waren indes lediglich steuerlich bedingt und GoB-widrig (bspw. § 247 Abs. 3 HGB a. F., § 254 HGB a. F.). Sie dienten als sog. Öffnungsklauseln dazu, steuerliche, GoB-widrige Wertansätze in der Handelsbilanz anzusetzen (**umgekehrte Maßgeblichkeit**).[221] Dieser handelsrechtliche Wertansatz führte über die formelle Maßgeblichkeit zum entsprechenden Ansatz in der

---

210 Vgl. CREZELIUS, G., in: Kirchhof, 8. Aufl., § 5 EStG, Rn. 22; WATRIN, C., Internationale Rechnungslegung und Regulierungstheorie, S. 245; SCHEFFLER, W., Besteuerung von Unternehmen II, S. 19. THEILE/HARTMANN begrenzen indes die formelle Maßgeblichkeit auf die Ausübung steuerlicher Wahlrechte. Vgl. THEILE, C./HARTMANN, A., Zur Unmaßgeblichkeit der Handels- für die Steuerbilanz, S. 2031.

211 Vgl. HERRMANN, D., Das Verhältnis zwischen Handels- und Steuerbilanz, S. 215.

212 Vgl. CREZELIUS, G., in: Kirchhof, 8. Aufl., § 5 EStG, Rn. 22.

213 Vgl. zu einer sehr engen Auslegung der formellen Maßgeblichkeit vor allem WEBER-GRELLET, H., Maßgeblichkeitsgrundsatz in Gefahr, S. 386; vgl. dazu auch HEY, J., in: Tipke/Lang, § 17, Rn. 42.

214 Vgl. HENNRICHS, J., Maßgeblichkeitsgrundsatz, S. 303 f.

215 Vgl. SCHEFFLER, W., Besteuerung von Unternehmen II, 5. Aufl., S. 27 f.

216 BFH, Beschluß vom 3.02.1969 – GrS 2/68.

217 A. A. CREZELIUS, G., in: Kirchhof, § 5 EStG, Rn. 30.

218 Vgl. dazu kritisch HERRMANN, D., Das Verhältnis zwischen Handels- und Steuerbilanz, S. 212.

219 Vgl. SCHEFFLER, W., Besteuerung von Unternehmen II, 5. Aufl., S. 29 f.

220 Vgl. SCHEFFLER, W., Besteuerung von Unternehmen II, 5. Aufl., S. 30 f.

221 Vgl. HERRMANN, D., Das Verhältnis zwischen Handels- und Steuerbilanz, S. 215 f.

Steuerbilanz, so dass die umgekehrte Maßgeblichkeit auch als „Teilaspekt der formellen Maßgeblichkeit“[222] angesehen werden kann.

223.2 Der Maßgeblichkeitsgrundsatz nach dem BilMoG

Nach dem BilMoG ist steuerlich das Betriebsvermögen anzusetzen, das nach den handelsrechtlichen GoB auszuweisen ist (§ 5 Abs. 1 Satz 1 Halbsatz 1 EStG n. F.), es sei denn, bei der Ausübung eines steuerlichen Wahlrechts wird oder wurde ein anderer Ansatz gewählt (**Wahlrechtsvorbehalt** des § 5 Abs. 1 Satz 1 Halbsatz 2 EStG n. F.). § 5 Abs. 1 Satz 2 EStG a. F., wonach steuerliche Wahlrechte in Übereinstimmung mit dem handelsrechtlichen Jahresabschluss auszuüben waren, wurde aufgehoben. Damit lebt die zumindest bis zur Einführung des § 5 Abs. 1 Satz 2 EStG a. F. intensiv geführte Diskussion über die Reichweite der Maßgeblichkeit wieder auf.[223] Ferner erhält diese Debatte mit der Erweiterung des § 5 Abs. 1 Satz 1 EStG a. F. um den zweiten Halbsatz neuen Zündstoff.[224] Da im Folgenden immer wieder auf die Änderungen des § 5 Abs. 1 EStG eingegangen wird, werden diese grundlegenden Regelungen (des Maßgeblichkeitsgrundsatzes) in der Übersicht 2-1[225] gegenübergestellt.

§ 5 Abs. 1 EStG a. F.	**§ 5 Abs. 1 EStG n. F.**
Satz 1	
Bei Gewerbetreibenden [...] ist für den Schluss des Wirtschaftsjahres das Betriebsvermögen anzusetzen [...], das nach den handelsrechtlichen Grundsätzen ordnungsmäßiger Buchführung auszuweisen ist.	Bei Gewerbetreibenden [...] ist für den Schluss des Wirtschaftsjahres das Betriebsvermögen anzusetzen [...], das nach den handelsrechtlichen Grundsätzen ordnungsmäßiger Buchführung auszuweisen ist, **es sei denn, im Rahmen der Ausübung eines steuerlichen Wahlrechts wird oder wurde ein anderer Ansatz gewählt.**
Satz 2	
Steuerrechtliche Wahlrechte bei der Gewinnermittlung sind in Übereinstimmung mit der handelsrechtlichen Jahresbilanz auszuüben.	Voraussetzung für die Ausübung steuerlicher Wahlrechte ist, dass die Wirtschaftsgüter, die nicht mit dem handelsrechtlich maßgeblichen Wert in der steuerlichen Gewinnermittlung ausgewiesen werden, in besondere, laufend zu führende Verzeichnisse aufgenommen werden.
Satz 3	
nicht vorhanden	In den Verzeichnissen sind der Tag der Anschaffung oder Herstellung, die Anschaffungs- oder Herstellungskosten, die Vorschrift des ausgeübten steuerlichen Wahlrechts und die vorgenommenen Abschreibungen nachzuweisen.

Übersicht 2-1: Regelungen des § 5 Abs. 1 EStG vor und nach dem BilMoG

222 HERRMANN, D., Das Verhältnis zwischen Handels- und Steuerbilanz, S. 216.
223 Vgl. HERZIG, N./BRIESEMEISTER, S., Steuerliche Konsequenzen des BilMoG, S. 929 f.
224 Vgl. RÄTKE, B./THEILE, C., Bilanzpolitik im steuerlichen Wahlbereich, S. 306.
225 Hervorhebungen durch den Verfasser.

In der Literatur wird allgemein anerkannt, dass mit § 5 Abs. 1 Satz 1 Halbsatz 1 EStG n. F. und dem darin enthaltenen Verweis auf die GoB zumindest die materielle Maßgeblichkeit von Bedeutung ist (bleibt), die sich allein auf die steuerliche Beachtung der Grundsätze handelsrechtlicher Rechnungslegung bezieht.[226] Während vor allem die Autoren, welche die formelle Maßgeblichkeit nicht lediglich auf § 5 Abs. 1 Satz 2 EStG a. F. zurückgeführt haben, weiterhin von der Existenz einer weiten Reichweite der materiellen Maßgeblichkeit ausgehen dürften,[227] könnte die Aufhebung des zweiten Satzes des § 5 Abs. 1 EStG a. F. für die Verfechter der Theorie, dass die formelle Maßgeblichkeit ausschließlich auf § 5 Abs. 1 Satz 2 EStG a. F. beruht(e), als Ende der formellen Maßgeblichkeit interpretiert werden.[228] Ferner wird in dem neu eingefügten steuerlichen Wahlrechtsvorbehalt (§ 5 Abs. 1 Satz 1 Halbsatz 2 EStG n. F.) ein bedeutendes Argument für eine (wesentlich) divergierende Entwicklung von Steuer- und Handelsbilanz gesehen.[229]

Für die Beurteilung der Bedeutung des Wahlrechtsvorbehalts ist zunächst zu erläutern, welche Arten von Wahlrechten mit dem Vorbehaltsrecht potenziell angesprochen sein könnten. Steuerliche Wahlrechte lassen sich grob in zwei Arten von Wahlrechten untergliedern: Wahlrechte, die gegen handelsrechtliche Grundsätze verstoßen (**GoB-widrige Wahlrechte**) und Wahlrechte, die GoB-konform sind (**GoB-konforme Wahlrechte**).[230] Zu den GoB-widrigen steuerlichen Wahlrechten gehören zum einen Steuervergünstigungsmöglichkeiten, die zu einem niedrigeren steuerlichen Wertansatz – mit entsprechend niedrigerem Betriebsvermögen – führen, wie z. B. die Sonderabschreibungen nach § 7g EStG. Diese steuerlichen Vergünstigungswahlrechte begründeten die umgekehrte Maßgeblichkeit vor dem BilMoG.[231] Zum anderen lassen sich fiskalisch motivierte, GoB-widrige Wahlrechte unterscheiden, die einem höheren Betriebsvermögensausweis dienen, wie z. B. das Wahlrecht (im Gegensatz zur handelsrechtlichen Pflicht) zur Vornahme von Teilwertabschreibungen bei voraussichtlich dauerhafter Wertminderung von Wirtschaftsgütern des Anlage- bzw. Umlaufvermögens gemäß § 6 Abs. 1 Nr. 1 Satz 2 EStG bzw. § 6 Abs. 1 Nr. 2 Satz 2 EStG.[232] GoB-konforme Wahlrechte sind dagegen auf mit den GoB im Einklang stehende Wahlrechte zurückzuführen. Beispiel-

226 Vgl. HERZIG, N./BRIESEMEISTER, S., Das Ende der Einheitsbilanz, S. 1; HEY, J., in: Tipke/Lang, § 17, Rn. 42; SCHEFFLER, W., Neuinterpretation des Maßgeblichkeitsprinzips, S. 295 f.

227 Vgl. beispielsweise HENNRICHS, J., Neufassung der Maßgeblichkeit, S. 535.

228 SCHEFFLER spricht indes von einem „Übergang zur materiellen Maßgeblichkeit“, der auch mit der Änderung des § 5 Abs. 1 Satz 1 EStG a. F. begründet werden könnte. Vgl. SCHEFFLER, W., Neuinterpretation des Maßgeblichkeitsprinzips, S. 295 f.

229 Vgl. THEILE, C./HARTMANN, A., Zur Unmaßgeblichkeit der Handels- für die Steuerbilanz, S. 2034; HERZIG, N./BRIESEMEISTER, S., Reichweite und Folgen des Wahlrechtsvorbehalts, S. 924.

230 Vgl. beispielsweise ANZINGER, H. M./SCHLEITER, I., Die Ausübung steuerlicher Wahlrechte, S. 396.

231 Vgl. HENNRICHS, J., Neufassung der Maßgeblichkeit, S. 536; ARBEITSKREIS BILANZRECHT DER HOCHSCHULLEHRER RECHTSWISSENSCHAFT, Zur Maßgeblichkeit der Handelsbilanz, S. 2571.

232 Vgl. HENNRICHS, J., Neufassung der Maßgeblichkeit, S. 536.

haft sei hier auf Sammelbewertungsverfahren nach § 256 HGB zur Vereinfachung der Vorratsbewertung verwiesen.[233]

Wird lediglich der Wortlaut des Wahlrechtsvorbehalts nach § 5 Abs. 1 Satz 1 Halbsatz 2 EStG als Ausgangspunkt der Auslegung betrachtet („es sei denn, im Rahmen der Ausübung eines steuerlichen Wahlrechts wird oder wurde ein anderer Ansatz gewählt."),[234] so ist keine Einschränkung auf besondere steuerliche Wahlrechte festzustellen.[235] Demnach könnten sämtliche steuerliche Wahlrechte unabhängig von der handelsrechtlichen Bilanzierungsweise ausgeübt werden.[236] Der Wahlrechtsvorbehalt ist indes zudem vor dem Hintergrund des Zusammenhangs mit den weiteren Regelungen der Norm zu untersuchen.[237] Während im ersten Halbsatz des § 5 Abs. 1 Satz 1 EStG explizit darauf hingewiesen wird, dass das Betriebsvermögen nach GoB anzusetzen ist, bezieht sich der Wahlrechtsvorbehalt auf die Bilanzierung eines demgegenüber „andere[n] Ansatz[es]" [Ergänzungen durch den Verfasser]. „Anders" kann sich hier, vor dem Hintergrund der Betrachtung des Zusammenhangs mit dem ersten Halbsatz, auf einen von den GoB abweichenden, also GoB-widrigen Ansatz beziehen.[238] Wird indes eine weite Reichweite der materiellen Maßgeblichkeit angenommen, so ist jeder (auch mit den GoB konforme) vom konkreten handelsrechtlichen Ansatz abweichende Wert „anders", was wiederum für eine weite Interpretation des Wahlrechtsvorbehalts sprechen würde. Der Wahlrechtsvorbehalt ist des Weiteren im Zusammenhang mit § 5 Abs. 1 Satz 2 EStG n. F. zu sehen, nach dem Bedingung für die Ausübung der Wahlrechte ist, dass die betroffenen Wirtschaftsgüter, „die nicht mit dem handelsrechtlich maßgeblichen Wert in der steuerlichen Gewinnermittlung ausgewiesen werden", in besonderen, laufenden Verzeichnissen geführt werden. An dieser Stelle wird also auf den „handelsrechtlich maßgeblichen" Wert verwiesen. Diese Aussage könnte eng ausgelegt werden, so dass darunter der konkrete Wertansatz zu verstehen wäre, was wiederum für eine weite Auslegung des Wahlrechtsvorbehalts sprechen würde.[239]

Ferner sind im nächsten Schritt auf Basis der Anwendung der hermeneutischen Methode die Entstehungsgeschichte des § 5 EStG n. F. sowie die Ansichten des Gesetzgebers unter würdi-

233 Vgl. RÄTKE, B./THEILE, C., Bilanzpolitik im steuerlichen Wahlbereich, S. 307 und 312. Es ist indes zu beachten, dass die GoB bei der Anwendung von Sammelbewertungsverfahren „großzügig" auszulegen sind, da Sammelbewertungen gegen einzelne GoB verstoßen, aber aus Vereinfachungsgründen trotzdem angewendet werden dürfen. Vgl. BAETGE, J./KIRSCH, H.-J./THIELE, S., Bilanzen, S. 352 f.

234 Vgl. zu den Auslegungskriterien der hermeneutischen Methode Abschnitt 212.

235 Vgl. ANZINGER, H. M./SCHLEITER, I., Die Ausübung steuerlicher Wahlrechte, S. 396.

236 Vgl. dazu kritisch SCHENKE, R. P./RISSE, M., Maßgeblichkeitsprinzip nach dem BilMoG, S. 1957.

237 So auch ARBEITSKREIS BILANZRECHT DER HOCHSCHULLEHRER RECHTSWISSENSCHAFT, Zur Maßgeblichkeit der Handelsbilanz, S. 2571.

238 Vgl. FÖRSTER, G./SCHMIDTMANN, D., Steuerliche Gewinnermittlung, S. 1343; HENNRICHS, J., Neufassung der Maßgeblichkeit, S. 537.

239 Vgl. HERZIG, N./BRIESEMEISTER, S., Steuerliche Konsequenzen des BilMoG, S. 930.

gender Berücksichtigung der Gesetzesmaterialien zu untersuchen. Zusammen mit der Aufhebung des zweiten Satzes des § 5 Abs. 1 EStG a. F. wurden auch die handelsrechtlichen Öffnungsklauseln eliminiert. Bei einer gemeinsamen Betrachtung dieser beiden Änderungen liegt der Schluss nahe, dass der Gesetzgeber mit der Gesetzesmodifikation lediglich einen Wahlrechtsvorbehalt für die mit der umgekehrten Maßgeblichkeit im Zusammenhang stehenden Wahlrechte beabsichtigte. Durch die Streichung der Öffnungsklauseln wäre die Nutzbarkeit der Steuervergünstigungen ansonsten fraglich gewesen. § 5 Abs. 1 EStG n. F. macht nunmehr die Nutzung der steuerlichen Vergünstigungen unabhängig vom handelsrechtlichen Vorgehen möglich.[240] Trotz der Änderung des § 5 Abs. 1 Satz 2 EStG a. F. wurde der erste Satz des § 5 Abs. 1 EStG a. F. im Referentenentwurf nicht modifiziert, während im Regierungsentwurf der bekannte steuerliche Wahlrechtsvorbehalt im zweiten Halbsatz eingefügt wurde. In der Begründung zum Regierungsentwurf wird zu dieser Änderung erläuternd „klargestellt, dass die Ausübung von steuerlichen Wahlrechten, die von den handelsrechtlichen Bilanzierungsvorschriften abweichen, im handelsrechtlichen Jahresabschluss nicht mehr nachzuvollziehen ist“[241]. Es wird folglich auch an dieser Stelle auf abweichende, also möglicherweise (lediglich) auf GoB-widrige Wahlrechte Bezug genommen. Eine konkrete Beschränkung auf Steuervergünstigungswahlrechte ist dem Gesetz jedoch nicht zu entnehmen. Indes findet sich sowohl in der Begründung zum Referentenentwurf als auch in den Erläuterungen zum Regierungsentwurf und zur Beschlussempfehlung an mehreren Stellen der Hinweis, dass die Maßgeblichkeit des Handelsrechts für die steuerliche Gewinnermittlung grundsätzlich gewahrt bleiben soll.[242] Ebenso wird angeführt, dass mit der Aufhebung der „umgekehrten Maßgeblichkeit“[243] die Informationsfunktion des handelsrechtlichen Jahresabschlusses verbessert und die Rechnungslegung vereinfacht werden soll. Angesprochen ist also explizit die umgekehrte Maßgeblichkeit. Sie führte, wie zuvor geschildert,[244] über handelsrechtliche Öffnungsklauseln zum Ausweis GoB-widriger Wertansätze in der Handelsbilanz. Fraglich ist, ob den Begründungen auch das in Abschnitt 223.1 beschriebene Verständnis des Begriffs der umgekehrten Maßgeblichkeit zugrunde liegt. Eine Übereinstimmung deutet die Begründung im Referentenentwurf an, in der größtenteils auf „Steuervergünstigungen“ Bezug genommen wird, die einen korrespondierenden handelsrechtlichen Ausweis erfordern und Verzerrungen im Jahresabschluss bewirken würden.[245] Es wird zudem deutlich darauf hingewiesen, dass mit

240 Vgl. ANZINGER, H. M./SCHLEITER, I., Die Ausübung steuerlicher Wahlrechte, S. 396 f.
241 BT-Drucksache 16/10067, S. 99.
242 Vgl. BMJ (Hrsg.), Referentenentwurf, S. 57 und 62; BT-Drucksache 16/10067, S. 32 und 34 sowie BT-Drucksache 16/12407, S. 83.
243 BMJ (Hrsg.), Referentenentwurf, S. 65 und BT-Drucksache 16/10067, S. 34 f.
244 Vgl. Abschnitt 223.1.
245 Vgl. BMJ (Hrsg.), Referentenentwurf, S. 223 f.

der Abschaffung der umgekehrten Maßgeblichkeit „nicht die Aufgabe des Grundsatzes der Maßgeblichkeit der Handelsbilanz für die Steuerbilanz“[246] intendiert ist.

Bedauerlicherweise wird die Reichweite der verbleibenden Maßgeblichkeit, vor allem vor dem Hintergrund des neugefassten Wortlauts der Norm, nicht explizit geregelt. Dies bemängelt auch der Bundesrat in seiner Stellungnahme zum Regierungsentwurf: „Die bis zur Kodifizierung der umgekehrten Maßgeblichkeit [...] bestehenden Zweifelsfragen zur Abgrenzung der Reichweite der materiellen Maßgeblichkeit treten nun wieder auf. Zu diesen Punkten zählt z. B., ob sich die Maßgeblichkeit nur auf die Grundsätze ordnungsmäßiger Buchführung und nicht auf die unterhalb dieser Grundsätze angesiedelten Normen erstreckt“[247]. Die Bundesregierung weist in ihrer Antwort darauf hin, dass sich durch das BilMoG keine Änderungen des gegenwärtigen Rechtszustands ergeben und sich die materielle Maßgeblichkeit unter Berücksichtigung eines steuerlichen Vorbehalts auf alle Vorschriften erstreckt, die für die Bilanzierung maßgeblich sind.[248] Trotz der Bitte des Bundesrats um Klarstellung, wurde die Regelung des § 5 EStG in der Beschlussempfehlung leider nicht angepasst.

Ferner stellen HERZIG/BRIESEMEISTER fest, dass allein schon die Aufhebung der Möglichkeit einer steuerlich bedingten Berücksichtigung von GoB-inkonformen Wertansätzen in der Handelsbilanz dazu führt, dass die sog. „Teilhaberthese“[249] nichtig wird, die den Fiskus als stillen Teilhaber neben den Gesellschaftern einordnet und damit eine enge Bindung zwischen der Steuer- und der Handelsbilanz begründet.[250] Zudem weisen sie darauf hin, dass im Sinne der Stärkung der Informationsfunktion des Jahresabschlusses jeglicher steuerlicher Einfluss durch autonome steuerliche Wahlrechte verhindert werden kann.[251] Allerdings lassen sich auch auf Basis der objektiv-teleologischen Auslegung Argumente gegen die weite Interpretation des Wahlrechtsvorbehalts finden. So berücksichtigen die Vertreter einer engen Auslegung des Vorbehalts sachgerecht auch die (objektiven) Zwecke der Vorschriften zur steuerlichen Gewinnermittlung. Im Vordergrund steht dabei die Ermittlung des „vollen“ Gewinns, der gleich- und gesetzesmäßig zu bestimmen ist.[252] Gerade eine gerechte, gleichmäßige Besteuerung wird indes durch steuerliche Wahlrechte kaum unterstützt.[253] Die Leistungsfähigkeit eines Unternehmens ist zudem unabhängig von Wahlrechten zu ermitteln, welche daher besonders zu

---

246 BMJ (Hrsg.), Referentenentwurf, S. 224.
247 BR-Drucksache 344/08, S. 12.
248 Vgl. BT-Drucksache 16/10067, S. 124.
249 Vgl. Abschnitt 223.1; DÖLLERER, G., Maßgeblichkeit, S. 1334.
250 Vgl. HERZIG, N./BRIESEMEISTER, S., Steuerliche Konsequenzen des BilMoG, S. 930.
251 Vgl. HERZIG, N./BRIESEMEISTER, S., Reichweite und Folgen des Wahlrechtsvorbehalts, S. 917; RÄTKE, B./THEILE, C., Bilanzpolitik im steuerlichen Wahlbereich, S. 308.
252 Vgl. Abschnitt 222.2.
253 Vgl. HENNRICHS, J., Neufassung der Maßgeblichkeit, S. 539.

rechtfertigen sind.[254] Diese Rechtfertigung kann bspw. mit einem Verweis auf verfolgte Lenkungszwecke gelingen, womit Steuervergünstigungswahlrechte grundsätzlich begründet werden könnten.[255] Dies spricht dafür, dass der Gesetzgeber den Unternehmen gestattet, eben diese speziellen Wahlrechte steuerlich künftig unabhängig von der handelsrechtlichen Bilanzierungsentscheidung auszuüben. Mit einer weiten Auslegung des steuerlichen Wahlrechtsvorbehalts wäre dagegen eine größere Steuerbilanzpolitik möglich, die grundsätzlich gegen die grundlegenden steuerlichen Prinzipien verstößt.[256]

Bei alleiniger Betrachtung des Wortlauts ist eine Einschränkung des Vorbehalts auf Vergünstigungswahlrechte zwar nur schwerlich begründbar. Dennoch spricht die Mehrheit der Argumente, vor allem die Auslegungskriterien der Entstehungsgeschichte und der Ansichten des Gesetzgebers, für eine m. E. zu befürwortende enge Auslegung des Wahlrechtsvorbehalts. Aufgrund der fehlenden Klarstellung im Gesetzestext bleibt indes bedauerlicherweise ein gewisser Interpretationsspielraum vorhanden. Der Gesetzgeber hat an dieser Stelle die große Chance verpasst für Rechtssicherheit zu sorgen und damit intensive Diskussionen mit stark divergierenden Meinungen hervorgerufen.[257]

Vor dem Hintergrund dieses akuten Regelungsbedarfs veröffentlichte das BMF am 12.03.2010 ein Schreiben[258], in dem es Bezug auf die (Reichweite der) Maßgeblichkeit nimmt. Nach diesem Schreiben führen handelsrechtliche Aktivierungs- sowie Passivierungsgebote und -verbote vorbehaltlich steuerlicher Regelungen weiterhin zu einem Bilanzierungsgebot bzw. -verbot in der Steuerbilanz (Rn. 3 und 4).[259] Ebenso folgt aus einem handelsrechtlichen Aktivierungswahlrecht nach wie vor ein steuerliches Aktivierungsgebot und aus einem handelsrechtlichen Passivierungswahlrecht ein Passivierungsverbot in der Steuerbilanz. Dies gilt allerdings nur, sofern keine steuerlichen Vorgaben zu beachten sind (Rn. 3 und 4).[260] Im BMF-Schreiben wird zudem festgehalten, dass handelsrechtliche Bewertungswahlrechte maßgeblich für die steuerliche Bewertung sind, sofern dem nicht steuerliche Regelungen entgegenstehen (Rn. 5). Die Vorschrift des § 5 Abs. 1 EStG n. F. erfasst demnach generell so-

---

254 Vgl. ARBEITSKREIS BILANZRECHT DER HOCHSCHULLEHRER RECHTSWISSENSCHAFT, Zur Maßgeblichkeit der Handelsbilanz, S. 2572.

255 Vgl. ANZINGER, H. M./SCHLEITER, I., Die Ausübung steuerlicher Wahlrechte, S. 397.

256 Vgl. ARBEITSKREIS BILANZRECHT DER HOCHSCHULLEHRER RECHTSWISSENSCHAFT, Zur Maßgeblichkeit der Handelsbilanz, S. 2572.

257 Vgl. beispielsweise HERZIG, N./BRIESEMEISTER, S., Unterschiede zwischen Handels- und Steuerbilanz, S. 65 sowie HENNRICHS, J., Neufassung der Maßgeblichkeit, S. 539.

258 BMF, Schreiben vom 12.03.2010 – IV C 6 – S 2133/09/10001.

259 Das Schreiben geht indes in den Randnummern nicht explizit auf Aktivierungsverbote ein. In der Überschrift zu I. 1. a) aa) werden sie jedoch genannt. Die Regelungen gelten daher für Aktivierungsverbote entsprechend. Vgl. auch RÄTKE, B./THEILE, C., Bilanzpolitik im steuerlichen Wahlbereich, S. 309 f.

260 Vgl. HERZIG, N./BRIESEMEISTER, S., Unterschiede zwischen Handels- und Steuerbilanz, S. 64 f.

wohl Ansatz- als auch Bewertungswahlrechte.[261] Gemäß BMF können nunmehr grundsätzlich sämtliche steuerliche Wahlrechte unabhängig vom handelsrechtlichen Wertansatz ausgeübt werden (Rn. 13-18).[262] Die steuerlichen Ausübungsentscheidungen hängen demnach auch nicht (mehr) davon ab, ob ein korrespondierendes Wahlrecht, ein Gebot oder Verbot nach HGB besteht. So wird in dem Schreiben beispielhaft erwähnt, dass künftig steuerlich frei von handelsrechtlichen Gestaltungen über die Abschreibungsmethode entschieden werden kann (Rn. 18) oder auch Teilwertabschreibungen im Falle dauerhafter Wertminderungen entgegen einer handelsrechtlichen Abschreibungspflicht, dem steuerlichen Wahlrecht entsprechend, nicht vorgenommen werden müssen (Rn. 15). Die Finanzverwaltung hat sich folglich für die weite Auslegung des Wahlrechtsvorbehalts entschieden.[263] Dagegen fordern Vertreter einer engen Auslegung bspw., dass GoB-konforme Wahlrechte nach HGB und Steuerrecht gleichlaufend nach Maßgabe der handelsrechtlichen Bilanzierungsentscheidung auszuüben sind.[264] Vertreter der Auffassung, dass nur Steuervergünstigungswahlrechte autonom ausgeübt werden dürfen, kritisieren zudem den bereits erwähnten, vorgesehenen Umgang mit Teilwertabschreibungen.[265] Diese Kritik beruht auch auf den Stellungnahmen von Bundesrat und Bundesregierung zum Regierungsentwurf des BilMoG. So stellt der Bundesrat konkret fest, dass die Behandlung der Teilwertabschreibungen offen ist.[266] Die Regierung wies diesbezüglich explizit darauf hin, dass „sich an der Systematik der Teilwertabschreibung wegen dauernder Wertminderung nichts“[267] ändert. Sie geht weiterhin von einer Maßgeblichkeit der Handelsbilanz im Sinne einer zwingenden Wertminderung aus und hebt ausdrücklich hervor, dass ein „steuerliches Wahlrecht [...] insoweit nicht [besteht; Ergänzung durch den Verfasser]“[268].

In der Zukunft könnte sich allerdings auf Basis des erläuterten BMF-Schreibens ein von der Handelsbilanz eher unabhängiges Steuerbilanzrecht entwickeln.[269] Eine eigenständige steuerliche Gewinnermittlung käme dann auch dem aktuellen Vorschlag der Europäischen Kommission vom 16.03.2011 für eine Richtlinie des Rates über eine Gemeinsame konsolidierte Körperschaftsteuer-Bemessungsgrundlage (GKKB)[270] recht nahe, in welchem originär steuer-

---

261 Vgl. HERZIG, N./BRIESEMEISTER, S., Steuerliche Konsequenzen des BilMoG, S. 930; IDW (Hrsg.), Steuerrechtliche Regelungen des BilMoG, S. 335.

262 Nach dem Verständnis des BMF umfassen die Wahlrechte auch Verwaltungsvorschriften. Vgl. BMF, Schreiben vom 12.03.2010 – IV C 6 – S 2133/09/10001, Rn. 12.

263 Vgl. HERZIG, N./BRIESEMEISTER, S., Reichweite und Folgen des Wahlrechtsvorbehalts, S. 917.

264 Vgl. FÖRSTER, G./SCHMIDTMANN, D., Steuerliche Gewinnermittlung, S. 1343.

265 Vgl. HENNRICHS, J., Neufassung der Maßgeblichkeit, S. 538-541.

266 Vgl. BR-Drucksache 344/08, S. 12.

267 BT-Drucksache 16/10067, S. 124.

268 BT-Drucksache 16/10067, S. 124.

269 Vgl. HERZIG, N./BRIESEMEISTER, S., Reichweite und Folgen des Wahlrechtsvorbehalts, S. 924; vgl. zur Tendenz einer eigenständigen steuerlichen Gewinnermittlung nach dem BilMoG auch WATRIN, C., Zukunft der steuerlichen Gewinnermittlung, S. 498.

270 KOMMISSION DER EUROPÄISCHEN GEMEINSCHAFTEN (Hrsg.), GKKB.

liche Vorschriften zur Ermittlung der steuerlichen Bemessungsgrundlage vorgeschlagen werden.[271]

Es bleibt aber abzuwarten, ob die Finanzverwaltung nicht von ihrer derzeitigen Auffassung abweichen wird. Schon heute wird in der Literatur angedeutet, dass aufgrund der erläuterten starken Divergenzen zwischen dem Wortlaut und der Entstehungsgeschichte bzw. der Ansicht des Gesetzgebers eine gerichtliche Prüfung notwendig werden könnte.[272]

224. Zwischenfazit: Unterschiede zwischen Handels- und Steuerrecht auf Zweck- und Grundsatzebene

In den vorhergehenden Abschnitten wurden die Zwecke und Grundsätze des Handels- und des Steuerrechts herausgearbeitet. Aus den Ausführungen gehen einige Unterschiede, aber auch Gemeinsamkeiten hervor.

Zunächst kann festgestellt werden, dass sich die handels- und steuerrechtlichen Zwecke nicht vollumfänglich entsprechen. So sind bspw. steuerliche Normen, die ihre Begründung in dem Sozialzweck finden, also z. B. die Möglichkeit von Sonderabschreibungen erlauben, nur schwerlich mit den handelsrechtlichen Grundsätzen zu vereinbaren.[273] Auch der steuerlich verfolgte Fiskalzweck führt zu Abweichungen zwischen den beiden Gewinnermittlungssystemen. Zu denken ist an steuerliche Verbote oder Gebote, die allein aus haushaltspolitischen Erwägungen vorgeschrieben wurden. In der Literatur wird bspw. darauf hingewiesen, dass das Verbot der Bilanzierung von Drohverlustrückstellungen u. a. auch der Kompensation fiskalischer Mindereinnahmen geschuldet war.[274]

Weitere Unterschiede ergeben sich allgemein daraus, dass das Handelsrecht dem Zivilrecht und das Steuerrecht dem Öffentlichen Recht zuzuordnen ist.[275] Selbstverständlich hat auch das Handelsrecht der Verfassung zu genügen. Da indes das Steuerrecht ein Eingriffsrecht ist,

---

271 Vgl. LENZ, M./RAUTENSTRAUCH, G., Richtlinienentwurf zur GKKB, S. 731; HERZIG, N., GKKB-RL, S. M1; HERZIG, N., Vorschlag einer GKKB-Richtlinie, S. I. Allerdings ist aufgrund der großen Bedeutung einer solchen Richtlinie sowie der damit verbundenen politischen und fachlichen Herausforderungen nicht davon auszugehen, dass sie in absehbarer Zeit verabschiedet wird. Vgl. auch dazu LENZ, M./RAUTENSTRAUCH, G., Richtlinienentwurf zur GKKB, S. 731; HERZIG, N., Vorschlag einer GKKB-Richtlinie, S. I.

272 Vgl. KAMINSKI, B., Neue Probleme mit § 5 Abs. 1 EStG, S. 772; vgl. zur Wahrscheinlichkeit einer Rechtsprechung ENDRISS, H. W., Stärkung der Maßgeblichkeit, S. 23.

273 Vgl. HENNRICHS, J., Neufassung der Maßgeblichkeit, S. 536.

274 Vgl. SCHEFFLER, W., Besteuerung von Unternehmen II, 5. Aufl., S. 23; PRINZ, U., Maßgeblichkeit versus eigenständige Steuerbilanz, S. 286; vgl. auch HEY, J., in: Tipke/Lang, § 17, Rn. 78, die einzelne steuerrechtliche Durchbrechungen des Imparitätsprinzips „als Gegenfinanzierungsmaßnahmen vorwiegend fiskalisch motiviert“ erklärt.

275 Vgl. WEBER-GRELLET, H., Bilanzsteuerrecht, S. 49.

hat es besondere rechtsstaatliche Anforderungen zu erfüllen.[276] Grundlegende Prinzipien des Steuerrechts ergeben sich daher aus der Verfassung. So kommt den Merkmalen der Gesetzmäßigkeit und Gleichheit der Besteuerung eine hohe Bedeutung zu. Eine Norm hat deutlich Tatbestand und Rechtsfolge zu bestimmen, so dass keine Zweifel bei der Rechtsanwendung vorliegen sollten.[277] Mit dieser Forderung sind Wahlrechte nur schwerlich vereinbar.[278] Ebenso widerspricht eine „Besteuerung nach Wahl"[279] dem Grundsatz der Gleichmäßigkeit der Besteuerung, da wirtschaftlich gleich starke Akteure aufgrund einer abweichenden Wahlrechtsausübung unterschiedlich besteuert werden könnten. Das Fundamentalprinzip des Steuerrechts, das Leistungsfähigkeitsprinzip, könnte dementsprechend verletzt sein.[280] Aus steuerlicher Perspektive sind Wahlrechte besonders zu rechtfertigen. So kommen grundsätzlich vor allem Wesentlichkeits- bzw. Vereinfachungsaspekte und Lenkungsabsichten in Frage.[281] Dagegen bestehen im Handelsrecht, obwohl sie durch das BilMoG reduziert wurden, weiterhin Wahlrechte, die zu abweichenden Wertansätzen in der Handels- im Vergleich zur Steuerbilanz führen können. Diese betreffen sowohl den Ansatz, z. B. die Behandlung eines Disagios, als auch die Bewertung, z. B. die zulässigen Abschreibungsmethoden. Die unterschiedliche Beurteilung der Zulassung von Wahlrechten im Steuerrecht im Gegensatz zum Handelsrecht lässt sich besonders gut an dem BFH-Beschluss aus dem Jahr 1969 erkennen, nach dem grundsätzlich handelsrechtliche Aktivierungs- bzw. Passivierungswahlrechte zu steuerlichen Geboten bzw. Verboten führen.[282]

Wie in den vorherigen Abschnitten beschrieben, sind auch steuerrechtlich Bilanzierungsprinzipien zu beachten. Besondere Bedeutung kommt dabei dem zunächst auch aus Vereinfachungsgründen eingesetzten Prinzip der Maßgeblichkeit der Handelsbilanz, zumindest der handelsrechtlichen GoB, für die Steuerbilanz zu.[283] Viele GoB werden steuerrechtlich umgesetzt.[284] Auf den ersten Blick spricht einiges für eine enge Verbindung der beiden Rechnungslegungssysteme. Kennzeichnend für die Beziehung ist indes, dass das konkrete Ausmaß bzw. die Reichweite der Maßgeblichkeit (seit jeher) umstritten ist.[285] Wurde vor dem BilMoG noch

---

276 Vgl. hier und im Folgenden auch die Ausführungen in Abschnitt 222.2.

277 Vgl. RUPPE, H.-G., in: Herrmann/Heuer/Raupach, Einf. ESt, Rn. 513.

278 Vgl. PEZZER, H.-J., Bilanzierungsprinzipien, S. 26; LANG, J., in: Tipke/Lang, § 4, Rn. 160; WEBER-GRELLET, H., Die Qual der Wahl, S. 1417 f.

279 BIRK, D., Verfassungsrechtliches Problem, S. 1325.

280 Vgl. HENNRICHS, J., Neufassung der Maßgeblichkeit, S. 539; HEY, J., in: Tipke/Lang, § 17, Rn. 81.

281 Vgl. ARBEITSKREIS BILANZRECHT DER HOCHSCHULLEHRER RECHTSWISSENSCHAFT, Zur Maßgeblichkeit der Handelsbilanz, S. 2572.

282 Vgl. WEBER-GRELLET, H., Bilanzsteuerrecht, S. 27. HERZIG/BRIESEMEISTER weisen indes darauf hin, dass diesem BFH-Beschluss nach dem BilMoG weitgehend der Anwendungsbereich genommen wurde. Vgl. HERZIG, N./BRIESEMEISTER, S., Unterschiede zwischen Handels- und Steuerbilanz, S. 65.

283 Vgl. Abschnitt 223.1.

284 Vgl. SCHEFFLER, W., Besteuerung von Unternehmen II, S. 38 f.

285 Vgl. Abschnitt 223.1 und Abschnitt 223.2.

überwiegend eine formelle Maßgeblichkeit unterstellt, die indes aufgrund steuerlicher Vorbehalte „arg durchlöchert“[286] war, so wird nach dem BilMoG eine weitgehende Einschränkung der Bedeutung des Maßgeblichkeitsgrundsatzes diskutiert. Sofern bspw. das BMF-Schreiben vom 12.03.2010 zur Maßgeblichkeit der GoB als Argumentationsbasis verwendet wird, ist zu bemerken, dass nunmehr eine stark eingeschränkte materielle Maßgeblichkeit vorliegen dürfte.[287] Jedwede steuerliche Vorschrift ginge den GoB, wie in Abschnitt 223.2 dargestellt, unabhängig davon vor, ob sie eine Pflicht, ein Verbot oder ein Wahlrecht begründet. Wird dieser Auffassung gefolgt, sind wesentlich mehr Abweichungen zwischen Steuer- und Handelsbilanz als vor dem BilMoG zu erwarten.[288] Wird indes angenommen, dass der steuerliche Wahlrechtsvorbehalt nach § 5 Abs. 1 Satz 1 Halbsatz 2 EStG lediglich eng auszulegen ist und damit nur Steuervergünstigungswahlrechte Vorrang vor handelsrechtlichen Normen genießen, würde dies c. p. keine wesentliche Änderung des – dennoch „durchlöcherten“ – Maßgeblichkeitsgrundsatzes im Vergleich zu seiner Interpretation vor dem BilMoG bewirken.[289] Indes sollte aufgrund der Ausführungen deutlich geworden sein, dass die auf den ersten Blick enge Bindung zwischen Steuer- und Handelsbilanz durch den Maßgeblichkeitsgrundsatz, auf den zweiten Blick nicht (mehr) so eng ausfällt. Die mögliche Einschätzung, dass durch die Maßgeblichkeit die Abweichungen zwischen Steuer- und Handelsbilanz als gering einzustufen sind und latente Steuern dementsprechend eher von untergeordneter Bedeutung sein könnten, ist also bereits an dieser Stelle zu relativieren.[290]

Die angesprochenen GoB unterstützen als System die Zwecke der Rechenschaft und Kapitalerhaltung des handelsrechtlichen Jahresabschlusses. Ermittelt wird ein vorsichtiger, entnahmefähiger Gewinn.[291] Das Bilanzsteuerrecht dient hingegen allein der Ermittlung des „vollen“ bzw. „wirklichen“ Gewinns, der als Indikator für die Leistungsfähigkeit gleichmäßig und gesetzmäßig berechnet wird.[292] Insofern wird kontrovers diskutiert, ob die handelsrechtlichen Kapitalerhaltungsgrundsätze, also das Vorsichts- und das Imparitätsprinzip mit dem Grundgedanken der Ermittlung eines vollen Gewinns vereinbar sind.[293] So werden einige Durchbrechungen der Maßgeblichkeit auf die Einschränkung des (handelsrechtlichen) Vorsichtsprinzips zurückgeführt, beispielhaft sei hier das steuerliche Verbot der Teilwertabschreibung bei nicht dauernder Wertminderung im Umlaufvermögen entgegen dem strengen handelsrechtli-

286 ERNST, C., Die Zukunft des Einzelabschlusses, S. 235.

287 Vgl. HERZIG, N./BRIESEMEISTER, S., Steuerliche Konsequenzen des BilMoG, S. 930.

288 Vgl. KÜTING, K./SEEL, C., Latente Steuern, S. 505; ZWIRNER, C., Neues BMF-Schreiben, S. 593.

289 Vgl. HENNRICHS, J., Neufassung der Maßgeblichkeit, S. 543.

290 Vgl. dazu bspw. KIRSCH, H., Auswirkungen der Aufgabe der Umkehrmaßgeblichkeit, S. 185.

291 Vgl. Abschnitt 222.1.

292 Vgl. Abschnitt 222.2.

293 Vgl. auch WEBER-GRELLET, H., Bilanzsteuerrecht, S. 28 f. und 49; SIEGEL, T., Saldierungsprobleme, S. 2244.

chen Niederstwertprinzips erwähnt.[294] Strittig dürfte es auch sein, ob steuerlich der Ansatz des pessimistischsten Werts einer Bandbreite zu einer leistungsgerechten Besteuerung führt. Die Diskussion betrifft an dieser Stelle insbesondere den Wahrscheinlichkeitsbegriff, der vor dem Hintergrund des Gläubigerschutzes nach dem HGB (im Gegensatz zum Steuerrecht) pessimistischer auszulegen ist.[295] Zudem wird hinsichtlich des Imparitätsprinzips in Frage gestellt, ob mit der Verlustantizipation den steuerlichen Prinzipien entsprochen oder die Leistungsfähigkeit erst bei Verlusteintritt gemindert wird.[296]

Insgesamt lässt sich feststellen, dass trotz vermeintlich – auf den ersten Blick – enger Anbindung des Steuerrechts an das Handelsrecht über das Maßgeblichkeitsprinzip einige grundlegende Abweichungen bestehen, die aus den Zwecken bzw. Grundsätzen der Rechnungslegungssysteme resultieren. Im folgenden Abschnitt soll, aufbauend auf dieser Erkenntnis, der Zusammenhang zwischen Steuerbilanz und Handelsbilanz anhand einzelner gegenüberzustellender Normen vor dem Hintergrund der Auswirkungen des BilMoG genauer untersucht werden. Das vorhandene Ausmaß der Unterschiede bzw. Gemeinsamkeiten zwischen Handels- und Steuerbilanz kann infolgedessen konkret(er) beurteilt werden.

225. Betrachtung von Unterschieden und Gemeinsamkeiten bedeutender Bilanzierungsregelungen nach Handels- und Steuerrecht

Mit dem BilMoG wurden auf der einen Seite zahlreiche handelsrechtliche Rechnungslegungsvorschriften geändert. Auf der anderen Seite blieb aber auch das Einkommensteuergesetz nicht unberührt. Dies führt zwar zum einen dazu, dass sich einige Wertansätze in der Steuer- und in der Handelsbilanz angleichen, zum anderen entstehen indes auch neue (bedeutende) Differenzen. HERZIG spricht in diesem Zusammenhang von einer neuen „Ära im Zusammenwirken von Handels- und Steuerbilanz“[297] oder vom „Ende der Einheitsbilanz“[298]. Im Folgenden soll daher die Beziehung zwischen der Handels- und der Steuerbilanz auf Basis ausgewählter, regelmäßig bedeutender handels- bzw. steuerrechtlicher Regelungen untersucht werden,[299] wobei die Änderungen nach dem BilMoG besonders berücksichtigt werden. Dadurch werden die konkreten Ursachen latenter Steuern deutlich. Ferner sind die jeweiligen

---

294 Vgl. HEY, J., in: Tipke/Lang, § 17, Rn. 78.

295 Vgl. HEY, J., in: Tipke/Lang, § 17, Rn. 78. SIEGEL weist in diesem Zusammenhang darauf hin, dass steuerrechtlich im Gegensatz zum Handelsrecht eine Rückerstattungsmöglichkeit für den Steuerpflichtigen gegenüber dem Finanzamt besteht. Vgl. SIEGEL, T., Teilwertanschreibungen und Maßgeblichkeitsprinzip, S. 196 und 201.

296 Vgl. zur Diskussion vor allem SIEGEL, T., Teilwertanschreibungen und Maßgeblichkeitsprinzip, S. 197 und a. A. KÜTING, K./KESSLER, H., Besteuerung nach der Leistungsfähigkeit, S. 26-29.

297 HERZIG, N., Neue Ära, S. M1.

298 HERZIG, N./BRIESEMEISTER, S., Das Ende der Einheitsbilanz, S. 1.

299 Zu einem umfassenden Überblick über die Abweichungen zwischen Steuer- und Handelsbilanz nach dem BilMoG vgl. beispielsweise SCHEFFLER, W., Handelsbilanz und Steuerbilanz im Vergleich, S. 14-37 sowie HERZIG, N./BRIESEMEISTER, S., Unterschiede zwischen Handels- und Steuerbilanz, S. 63-77.

Steuereffekte zu ermitteln, welche aus dem Abbau der nunmehr verhinderten (a), neuen (b) oder unverändert bestehenden (c) Differenzen resultieren. Im (Gesamt-)Ergebnis soll aufbauend auf diese Analysen herausgearbeitet werden, ob nach dem BilMoG tendenziell (insgesamt) vermehrt mit passiven Steuerlatenzen (künftige Steuerbelastungen) oder verstärkt mit aktiven Steuerlatenzen (künftige Steuerentlastungen) zu rechnen ist. Dabei ist zu beachten, dass sich künftige **Steuerbelastungseffekte** potenziell aus dem Abbau der Differenzen ergeben, die in den folgenden Grundfällen entstehen:[300]

(1) Ein Vermögensgegenstand oder ein aktiver Rechnungsabgrenzungsposten wird in der Handelsbilanz höher als in der Steuerbilanz bewertet.
(2) Ein Vermögensgegenstand oder ein aktiver Rechnungsabgrenzungsposten wird in der Handelsbilanz, indes nicht in der Steuerbilanz angesetzt.
(3) Eine Schuld oder ein passiver Rechnungsabgrenzungsposten wird in der Handelsbilanz niedriger bewertet als in der Steuerbilanz.
(4) Eine Schuld oder ein passiver Rechnungsabgrenzungsposten wird in der Steuerbilanz, indes nicht in der Handelsbilanz angesetzt.

Künftige **Steuerentlastungseffekte** resultieren dagegen potenziell aus dem Abbau der Differenzen, welche in den folgenden, umgekehrten Grundfällen entstehen:[301]

(1) Ein Vermögensgegenstand oder aktiver Rechnungsabgrenzungsposten wird in der Handelsbilanz niedriger als in der Steuerbilanz bewertet.
(2) Ein Vermögensgegenstand oder aktiver Rechnungsabgrenzungsposten wird in der Steuerbilanz, indes nicht in der Handelsbilanz angesetzt.
(3) Eine Schuld oder ein passiver Rechnungsabgrenzungsposten wird in der Handelsbilanz höher bewertet als in der Steuerbilanz.
(4) Eine Schuld oder ein passiver Rechnungsabgrenzungsposten wird in der Handelsbilanz, indes nicht in der Steuerbilanz angesetzt.

Durch das BilMoG wurde auf der einen Seite eine Vielzahl von **Abweichungen** zwischen den handels- und steuerrechtlichen Wertansätzen **aufgehoben**.[302] So sorgen die folgenden Gesetzesänderungen für einen Gleichklang von Handels- und Steuerbilanz:

- Die Wahlrechte zur Bildung von Aufwandsrückstellungen nach § 249 Abs. 1 Satz 3 HGB a. F. und § 249 Abs. 2 HGB a. F. wurden gestrichen.

300 Vgl. KÜTING, K./SEEL, C., Latente Steuern, S. 511.
301 Vgl. KÜTING, K./SEEL, C., Latente Steuern, S. 505.
302 Vgl. DÖRFLER, O./ADRIAN, G., Umsetzung der HGB-Modernisierung, S. 58.

- Mit dem BilMoG wurden die Möglichkeiten außerplanmäßiger Abschreibungen von Sachanlagen bei nur vorübergehender Wertminderung (§ 253 Abs. 2 Satz 3 Halbsatz 1 HGB a. F.), von Ermessensabschreibungen nach § 253 Abs. 4 HGB a. F. und von Abschreibungen zur Vorwegnahme künftiger Wertschwankungen nach § 253 Abs. 3 Satz 3 HGB a. F. aufgehoben.
- Nach § 254 HGB wird unter gewissen Voraussetzungen die Bildung von Bewertungseinheiten zugelassen. Diese handelsrechtliche Abbildung ist nach § 5 Abs. 1a Satz 2 EStG n. F. auch für die Steuerbilanz maßgebend.[303] Dabei ist im Falle eines Verpflichtungsüberhangs ausnahmsweise auch steuerlich eine Drohverlustrückstellung zu bilden (§ 5 Abs. 4a Satz 2 EStG).
- Nach dem BilMoG besteht nicht mehr nur steuerlich, sondern nunmehr ebenfalls handelsrechtlich, die Pflicht zur Einbeziehung angemessener Teile der fertigungsbezogenen Material- und Fertigungsgemeinkosten sowie des Werteverzehrs des Anlagevermögens in die Herstellungskosten (§ 255 Abs. 2 Satz 2 HGB).[304]

Auffällig ist, dass die dargestellten, im Rahmen des BilMoG gestrichenen bzw. hinzugefügten Regelungen (vormalige) Differenzen zwischen Handels- und Steuerbilanz verhindern, die zu künftigen Steuerentlastungen geführt hätten.

Auf der anderen Seite begründen die folgenden, ausgewählten Maßnahmen des BilMoG zahlreiche **neue Abweichungen** zwischen Steuer- und Handelsbilanz:

- Die mit den relevanten Altersversorgungsverpflichtungen nach § 246 Abs. 2 Satz 2 HGB zu verrechnenden Vermögensgegenstände (des Planvermögens) sind gemäß § 253 Abs. 1 Satz 4 HGB mit ihren beizulegenden Zeitwerten zu bewerten, während steuerlich die fortgeführten AK/HK nach § 5 Abs. 6 EStG i. V. m. § 6 Abs. 1 EStG die Obergrenze für den Wertansatz bilden.[305]

---

303 Vgl. HERZIG, N./BRIESEMEISTER, S., Unterschiede zwischen Handels- und Steuerbilanz, S. 75 f.

304 Vgl. FÖRSTER, G./SCHMIDTMANN, D., Steuerliche Gewinnermittlung, S. 1346. Die Vergleichbarkeit der Herstellungskostenermittlung wird indes eingeschränkt, sofern selbst geschaffene immaterielle Vermögensgegenstände aktiviert wurden und dementsprechend Abschreibungen dieser Werte in die Herstellungskosten einzubeziehen sind. Vgl. beispielsweise THEILE, C., Herstellungskosten nach BilMoG, S. 607. Zudem wird in dem BMF-Schreiben vom 12.03.2010 gefordert, die Einbeziehungswahlrechte nach § 255 Abs. 2 Satz 3 HGB, also die Einbeziehung von angemessenen Teilen der Kosten der allgemeinen Verwaltung sowie von angemessenen Aufwendungen für soziale Leistungen und für die betriebliche Altersversorgung, steuerlich verpflichtend zu berücksichtigen (Rn. 8). Vgl. diese Regelung ablehnend HERZIG, N./BRIESEMEISTER, S., Reichweite und Folgen des Wahlrechtsvorbehalts, S. 921-923; PHILIPPS, H., Herstellungskostenbegriff, S. 472 f.; vgl. dazu auch KAHLE, H., Gewinnermittlung nach dem BilMoG, S. 168.

305 Vgl. HERZIG, N./BRIESEMEISTER, S., Steuerliche Konsequenzen, S. 980.

- Der Ansatz selbst erstellter immaterieller Vermögensgegenstände des Anlagevermögens durch die dementsprechende Ausübung des nach dem BilMoG handelsrechtlich bestehenden Wahlrechts gemäß § 248 Abs. 2 HGB führt aufgrund des steuerlichen Ansatzverbots nach § 5 Abs. 2 EStG zu Abweichungen zwischen der Handels- und der Steuerbilanz.
- Bei der Rückstellungsbewertung sind handelsrechtlich nach dem BilMoG zum einen künftige Preis- und Kostensteigerungen mit einzubeziehen, während ihre Berücksichtigung steuerlich nach § 6 Abs. 1 Nr. 3a lit. f EStG explizit untersagt ist.[306] Zum anderen sind Rückstellungen mit einer Restlaufzeit von mehr als einem Jahr mit einem restlaufzeitadäquaten durchschnittlichen Marktzinssatz zu diskontieren, während steuerlich nach § 6 Abs. 1 Nr. 3a lit. e EStG ein Zinssatz von 5,5 % bzw. für Pensionsrückstellungen nach § 6a EStG ein Diskontierungssatz von 6 % vorgegeben ist.[307] Die Bewertung von Rückstellungen nach HGB wird daher regelmäßig von ihrem steuerlichen Pendant abweichen.[308]
- Auf fremde Währung lautende Vermögensgegenstände und Verbindlichkeiten mit einer Restlaufzeit von höchstens einem Jahr sind nach § 256a HGB zum Devisenkassamittelkurs am Abschlussstichtag umzurechnen. Eine Bewertungsobergrenze ist nach § 256a Satz 2 HGB nicht zu beachten. Sämtliche ggf. resultierende Währungseffekte sind erfolgswirksam zu erfassen. Steuerlich gelten dagegen weiterhin die (fortgeführten) Anschaffungskosten bzw. die ursprünglichen Erfüllungsbeträge als Obergrenze der Bewertung. Der Maßgeblichkeitsgrundsatz greift insofern an dieser Stelle nicht.[309]
- Weitere u. U. wesentliche Differenzen zwischen Handels- und Steuerbilanz ergeben sich je nach angenommener Reichweite der Maßgeblichkeit nach § 5 Abs. 1 EStG.[310] Sofern der Wahlrechtsvorbehalt des § 5 Abs. 1 Satz 1 Halbsatz 2 EStG weit ausgelegt wird, sind Unterschiede bspw. aufgrund steuerlich unterlassener Teilwertabschreibungen bei dauernder Wertminderung von Vermögensgegenständen möglich.[311] Weitere Abweichungen können aus einer im Vergleich zur Handelsbilanz anderen Ausübung steuerlicher, GoB-konformer Wahlrechte folgen, wie sie sich bspw. bei der Wahl der Abschreibungsmethode oder des Bewertungsvereinfachungsverfahrens ergeben könnten.[312] Künftig resultieren indes Abweichungen aus der steuerlichen Nutzung von Steuervergünstigungswahlrech-

---

306 Vgl. PRINZ, U., BilMoG und Steuerrecht, S. 235; HERZIG, N., Tax Accounting, S. 3.

307 Vgl. HERZIG, N./BRIESEMEISTER, S., Unterschiede zwischen Handels- und Steuerbilanz, S. 68 f.

308 Vgl. DÖRFLER, O./ADRIAN, G., Umsetzung der HGB-Modernisierung, S. 64; PRYSTAWIK, O., Pensionsrückstellungen und Investmentfonds, S. 346.

309 Vgl. DÖRFLER, O./ADRIAN, G., Umsetzung der HGB-Modernisierung, S. 62; HERZIG, N./BRIESEMEISTER, S., Unterschiede zwischen Handels- und Steuerbilanz, S. 70.

310 Vgl. Abschnitt 223.2.

311 Vgl. HERZIG, N., Tax Accounting, S. 4.

312 Vgl. HERZIG, N., Tax Accounting, S. 4.

ten, die mit der Abschaffung der umgekehrten Maßgeblichkeit bzw. der Öffnungsklauseln handelsrechtlich nicht mehr bestehen.[313] Bei steuerlicher Ausübung der Wahlrechte werden aus handelsrechtlicher Sicht c. p. Differenzen vorliegen, die eine Steuerbelastung in der Zukunft bedeuten.

Die angesprochenen, mit dem BilMoG eingeführten Regelungen werden künftig zu neuen Differenzen zwischen den handels- und den steuerrechtlichen Wertansätzen führen. Vor allem durch die von der handelsrechtlichen Bilanzierungsweise unabhängigen Steuervergünstigungsmöglichkeiten sowie den zugelassenen Ansatz selbst erstellter Vermögensgegenstände des Anlagevermögens in der Handelsbilanz kommt es in der Zukunft häufiger zu Differenzen, die zu künftigen Steuerbelastungseffekten führen. Dagegen bleibt die Wirkungsrichtung des erwarteten Steuereffekts einiger anderer BilMoG-Maßnahmen aufgrund der zu beachtenden marktabhängigen Parameter, bspw. aufgrund des Zinssatzes im Rahmen der Rückstellungsbewertung, offen.

Durch das BilMoG wurden indes nicht nur alte Abweichungen aufgehoben und neue Abweichungen geschaffen. Vielmehr verbleiben auch nach dem BilMoG vorherige Differenzen zwischen Handels- und Steuerbilanz. Dabei handelt es sich bspw. um die folgenden **unverändert bestehenden Abweichungen**:

- Handelsrechtlich sind pflichtgemäß Abschreibungen von Vermögensgegenständen des Umlaufvermögens im Falle von vorübergehenden Wertminderungen (§ 253 Abs. 3 HGB a. F. bzw. § 253 Abs. 4 HGB n. F.) vorzunehmen, während steuerlich nur voraussichtlich dauerhafte Wertminderungen relevant für außerplanmäßige Abschreibungen sind (§ 6 Abs. 1 Nr. 2 Satz 2 EStG). Selbiges gilt für vorübergehende Wertminderungen von Finanzanlagen.[314]
- Steuerlich besteht ein den handelsrechtlichen Vorschriften widersprechendes, grundsätzliches Verbot zur Bildung von Drohverlustrückstellungen (§ 5 Abs. 4a EStG).
- Der steuerlichen Abzinsungspflicht für Verbindlichkeiten, die nicht nach § 6 Abs. 1 Nr. 3 Satz 2 EStG von der Diskontierung ausgenommen werden, steht nach Handelsrecht gemäß § 253 Abs. 1 Satz 2 HGB (nunmehr) ein Ansatz zum Erfüllungsbetrag gegenüber.[315]
- Steuerlich ist ein Disagio nach § 5 Abs. 5 Satz 1 EStG anzusetzen, während handelsrechtlich nach § 250 Abs. 3 HGB ein Ansatzwahlrecht besteht.

313 Vgl. HERZIG, N./BRIESEMEISTER, S., Reichweite und Folgen des Wahlrechtsvorbehalts, S. 918.
314 Vgl. HENNRICHS, J., Neufassung der Maßgeblichkeit, S. 541.
315 Vgl. KÜNKELE, K. P./ZWIRNER, C., Handelsrechtliche Reform, S. 1281.

Auffällig ist, dass die verbliebenen Abweichungen tendenziell dazu führen, dass der Abbau der Differenzen c. p. zu einer geringeren steuerlichen Bemessungsgrundlage führen wird, so dass künftig Steuerentlastungen zu erwarten sind.

Insgesamt kann auf der einen Seite festgestellt werden, dass sich einige Wertansätze in der Handels- und Steuerbilanz aufgrund der Gesetzesänderungen des BilMoG entsprechen werden, was vor allem auf die Streichung von handelsrechtlichen Wahlrechten zurückzuführen ist.[316] Diese Angleichungen verhindern insbesondere Differenzen, welche künftige Steuerentlastungen begründen. Auf der anderen Seite entstehen durch das BilMoG indes neue Abweichungen. Diese können zum einen zu Differenzen bilden, aus deren Abbau sich künftige Steuerbelastungen ergeben, wie z. B. möglicherweise (positive) Differenzen aus der handelsrechtlich zulässigen Zeitwert-Bewertung von bestimmten Vermögensgegenständen, die der Erfüllung von Altersversorgungsverpflichtungen dienen, die mögliche Bilanzierung immaterieller Vermögensgegenstände oder die (steuerliche) Nutzung von Steuervergünstigungsoptionen. Ferner entstehen durch das BilMoG auch Differenzen, aus denen künftig tendenziell Steuerentlastungen folgen. Hier ist bspw. die ggf. höhere handelsrechtliche Rückstellungsbewertung zu erwähnen. Aus den verbliebenen Abweichungen folgen ebenso vor allem künftige Steuerentlastungen. Somit ist zunächst allgemein festzustellen, dass in vielen Fällen Unterschiede zwischen den Wertansätzen in der Handels- und in der Steuerbilanz vorliegen werden. Ob sich die Abweichungen im Vergleich zur Gesetzeslage vor dem BilMoG (wesentlich) vergrößert haben,[317] hängt jedoch vom im Einzelfall zu betrachtenden Unternehmen ab.[318] Ebenso ist jeweils im Einzelfall zu untersuchen, ob die abzugsfähigen die zu versteuernden Differenzen insgesamt übersteigen. In der Tendenz entstehen künftig indes vermehrt auch zu versteuernde Differenzen, so dass nicht per se von einem Überhang abzugsfähiger Differenzen ausgegangen werden kann.[319]

226. Bedeutung latenter Steuern

Auf der Grundlage der Ergebnisse der vorangegangenen Analysen zu den Ursachen latenter Steuern sollen in diesem Abschnitt die Bedeutung sowie der allgemeine Zweck latenter Steuern konkretisiert bzw. festgehalten werden.

Zunächst wurde festgestellt, dass die Zwecke der handelsrechtlichen und der steuerlichen Rechnungslegung nicht deckungsgleich sind.[320] Dies führt über (teilweise) divergierende

---

316 Vgl. DÖRFLER, O./ADRIAN, G., Umsetzung der HGB-Modernisierung, S. 58.

317 Vgl. HERZIG, N., Tax Accounting, S. 2.

318 So wohl auch SCHEFFLER, W., Handelsbilanz und Steuerbilanz im Vergleich, S. 39 und 45.

319 Vgl. KÜTING, K./SEEL, C., Ungereimtheiten der Regelungen zu latenten Steuern, S. 923.

320 Vgl. zu den Abweichungen zwischen Handels- und Steuerbilanz auf Zweck- und Grundsatzebene Abschnitt 224.

Grundsätze der Rechnungslegungssysteme zu abweichenden Vorschriften bzw. konkret zu unterschiedlichen Wertansätzen in der Handelsbilanz auf der einen und der Steuerbilanz auf der anderen Seite.[321] Ebenso begründen diese Unterschiede abweichende Beträge in der handels- bzw. steuerrechtlichen GuV. Diese Abweichungen können nach dem BilMoG in Abhängigkeit vom Einzelfall und von der angenommenen Reichweite der Maßgeblichkeit nach § 5 Abs. 1 EStG ein großes Ausmaß annehmen.[322] In vielen Fällen sind im Vergleich zur Gesetzeslage vor dem BilMoG sogar (bedeutend) vermehrte Abweichungen zu erwarten.[323] Die fiktive Steuerbe- bzw. -entlastung auf Basis der handelsrechtlichen Vorschriften weicht also von der effektiven Steuerbe- bzw. -entlastung nach der steuerlichen Gewinnermittlung ab.[324] Der idealerweise von steuerlichen Verzerrungen nicht beeinflusste,[325] handelsrechtlich ermittelte Gewinn und der sich aus der steuerlichen Gewinnermittlung ergebende Ertragsteueraufwand stehen damit in einem nur schwerlich erklärbaren Zusammenhang.[326] Mit der Bilanzierung latenter Steuern wird daher die Vermögenslage sowie die Ertragslage des Unternehmens so dargestellt, dass simultan eine zutreffende Darstellung künftiger Steuerminderungsansprüche bzw. -verpflichtungen gegenüber dem Finanzamt ausgewiesen und eine Vergleichbarkeit zwischen dem ausgewiesenen Ertragsteueraufwand und dem handelsrechtlichen Ergebnis geschaffen wird.[327] Dies dient einer verbesserten Darstellung der Vermögenslage des bilanzierenden Unternehmens mit der damit einhergehenden Zielsetzung eines zutreffenden Nettovermögensausweises sowie einer periodengerechte(re)n Verrechnung des Ertragsteueraufwands.[328] Die künftigen Steuereffekte aus der Realisierung von Vermögensgegenständen bzw. aus der Erfüllung von Schulden werden durch die Abbildung latenter Steuern im handelsrechtlichen Jahresabschluss antizipiert.[329] Wie im vorangegangenen Abschnitt herausgearbeitet wurde, entstehen künftig zudem vermehrt Differenzen, die zu erwarteten Steuerbelastungen (passiven latenten Steuern) führen. Somit wird eine lediglich überschlägige Ermittlung

---

[321] Vgl. zu Gemeinsamkeiten und Unterschieden zwischen handels- und steuerrechtlichen Wertansätzen Abschnitt 225.

[322] Zur unterschiedlichen Interpretation der Reichweite der Maßgeblichkeit nach dem BilMoG vgl. vor allem Abschnitt 223.2.

[323] Vgl. HERZIG, N./VOSSEL, S., Paradigmenwechsel, S. 1174 f.; KÜTING, K./SEEL, C., Ungereimtheiten der Regelungen zu latenten Steuern, S. 923; PRINZ, U./RUBERG, L., Latente Steuern nach dem BilMoG, S. 343; KÜNKELE, K. P./ZWIRNER, C., Steuerbilanzpolitik, S. 2269.

[324] Vgl. analog für die IFRS-Rechnungslegung LIENAU, A., Latente Steuern im Konzernabschluss, S. 2 f.

[325] Vgl. LIENAU, A., Latente Steuern im Konzernabschluss, S. 30; COENENBERG, A. G./HALLER, A./SCHULTZE, W., Jahresabschluss, S. 462.

[326] Vgl. HILLE, K., Latente Steuern im Einzel- und Konzernabschluß, S. 7.

[327] Vgl. WENDHOLT, W./WESEMANN, M., Zur Umsetzung der HGB-Modernisierung, S. 65; SCHEFFLER, W., Handelsbilanz und Steuerbilanz im Vergleich, S. 37; LIENAU, A., Latente Steuern im Konzernabschluss, S. 29.

[328] Vgl. auch VAN HALL, G./KESSLER, H., Latenzen, S. 464; COENENBERG, A. G./HALLER, A./SCHULTZE, W., Jahresabschluss, S. 462.

[329] Vgl. PRINZ, U./RUBERG, L., Latente Steuern nach dem BilMoG, S. 345; WENDHOLT, W./WESEMANN, M., Zur Umsetzung der HGB-Modernisierung, S. 65.

einer insgesamt erwarteten Steuerentlastung (Aktivüberhang latenter Steuern), wie vor dem BilMoG üblich,[330] regelmäßig nicht mehr möglich sein.[331] Dadurch wird die (Nicht-) Bilanzierung latenter Steuern aufwendiger und bedeutender.[332] Welche Konzeptionen grundsätzlich für die Abbildung latenter Steuern genutzt werden können, ist im folgenden Abschnitt zu erläutern.

23 Konzeptionen der Bilanzierung latenter Steuern

231. Überblick

Die Konzeption der Bilanzierung latenter Steuern umfasst die Auswahl des Konzepts, der Methode, der Ermittlungsebene und des Bewertungsverfahrens von Steuerlatenzen. Im Folgenden werden mögliche Ausprägungen der Komponenten der Konzeption dargestellt. Diese Darstellung bildet die Grundlage für eine umfassende Auseinandersetzung mit der Konzeption der Bilanzierung latenter Steuern nach dem BilMoG. Dazu ist in einem ersten Schritt zu klären, welche Differenzen als Folge der unterschiedlichen handels- bzw. steuerrechtlichen Behandlung von Geschäftsvorfällen generell bei der Ermittlung latenter Steuern berücksichtigt werden können (Timing- vs. Temporary-Konzept). Im Anschluss daran werden mit der Deferred-, Liability- und Net-of-Tax-Methode mögliche Ermittlungs- und Erfassungsmethoden vorgestellt. Mit dem gesetzlich vorgeschriebenen Konzept und der Vorgabe der Methode der Bilanzierung latenter Steuern stehen die Grundsätze ihrer Ermittlung fest. Um die latenten Steuern berechnen zu können, sind zudem die Ermittlungsebene der den latenten Steuern zugrunde liegenden Differenzen (Einzeldifferenzen- oder Gesamtdifferenzbetrachtung) und damit verbunden das anzuwendende Bewertungsverfahren (Einzel-, Gruppen- oder Gesamtbewertung) festzulegen.

232. Konzepte der Bilanzierung latenter Steuern

232.1 Timing-Konzept

Nach dem Timing-Konzept wird zwischen zeitlich begrenzten und zeitlich unbegrenzten Differenzen zwischen dem handels- und steuerrechtlichen Ergebnis unterschieden.[333] **Zeitlich begrenzte (Ergebnis-)Differenzen (timing differences)** folgen aus der unterschiedlichen zeitlichen Erfassung von Sachverhalten bei der steuerlichen Gewinnermittlung bzw. im handelsrechtlichen Ergebnis. Der jeweilige Sachverhalt wird steuerlich und handelsrechtlich in unterschiedlichen Perioden erfolgswirksam erfasst, die zugrunde liegenden Zahlungen werden

---

330 Vgl. LOITZ, R., Wahlrecht als Mogelpackung, S. 919.

331 Vgl. HERZIG, N./VOSSEL, S., Paradigmenwechsel, S. 1174 f.

332 Vgl. dazu auch PRINZ, U./RUBERG, L., Latente Steuern nach dem BilMoG, S. 343 f.; KARRENBROCK, H., Zweifelsfragen der Berücksichtigung aktiver latenter Steuern, S. 683.

333 Vgl. BAETGE, J./KIRSCH, H.-J./THIELE, S., Bilanzen, 9. Aufl., S. 547-550.

also unterschiedlich periodisiert.[334] Somit kommt es in einer Periode (Entstehungsperiode der Differenz) zu einer Differenz zwischen steuerlichem und handelsrechtlichem (Vor-Steuer-) Ergebnis, die sich in einer oder mehreren Folgeperioden (automatisch) umkehrt bzw. ausgleicht.[335] Die entstandenen, zeitlich begrenzten Differenzen wirken sich auf die Steuerlast späterer Perioden aus.[336] In der Totalperiode werden indes die aus dem Sachverhalt resultierenden Ergebniswirkungen handelsrechtlich und steuerlich in derselben Höhe erfasst.[337] Sowohl die Entstehung als auch die Umkehrung der Differenz wirkt sich in der GuV aus bzw. führt zu Ergebnisdifferenzen.[338] Im Vordergrund der Steuerabgrenzung steht daher die richtige Darstellung der Erfolgslage bzw. des Steueraufwands bzw. -ertrags, der mit dem handelsrechtlichen Vor-Steuer-Ergebnis in einen erklärbaren Zusammenhang gebracht wird.[339] Im Sinne der sog. **interperiod tax allocation** wird so der jeweilige Steuereffekt in der Periode im Steueraufwand berücksichtigt, in welcher der den Steuereffekt begründende Sachverhalt das handelsrechtliche Ergebnis beeinflusst hat.[340]

Von den zeitlich begrenzten Differenzen sind **permanente**, also **zeitlich unbegrenzte Differenzen** zu unterscheiden. Letztere entstehen durch die ausschließliche Erfassung von Aufwendungen und Erträgen im Rahmen der steuerlichen Gewinnermittlung oder im handelsrechtlichen Vor-Steuer-Ergebnis.[341] Die in einer Periode entstandenen Differenzen gleichen sich folglich nicht in den Folgeperioden aus. Somit bleibt über die Totalperiode eine Ergebnisdifferenz bestehen.[342] Diese Differenzen sind bei der Bilanzierung latenter Steuern auf Basis des Timing-Konzepts nicht zu berücksichtigen.[343]

Kontrovers diskutiert wird der Umfang der einzubeziehenden zeitlich begrenzten Differenzen. Nach der sog. **comprehensive allocation** sind sämtliche timing differences bei der Ermittlung latenter Steuern zu berücksichtigen.[344] Dagegen sieht eine sog. **partial allocation** (Teilkonzept) lediglich den Einbezug von denjenigen timing differences vor, die in absehbarer Zukunft zu erwarteten (umgekehrten) Steuereffekten führen.[345] Differenzen, die zwar zeitlich

---

334 Vgl. KARRENBROCK, H., in: HdJ, IIIa/1, Rn. 4; BAETGE, J./KIRSCH, H.-J./THIELE, S., Bilanzen, 9. Aufl., S. 549.

335 Vgl. AICPA (Hrsg.), APB Opinion No. 11, Rn. 13 g.

336 Vgl. HILLE, K., Latente Steuern im Einzel- und Konzernabschluß, S. 9.

337 Vgl. DEBUS, C., in: Beck HdR, C 440, Rn. 5; BAUMANN, K.-H./SPANHEIMER, J., in: Küting/Weber, HdR-E, 5. Aufl., § 274 HGB (2003), Rn. 15.

338 Vgl. COENENBERG, A. G./HILLE, K., Neu gefaßte Richtlinie IAS 12, S. 537.

339 Vgl. BAETGE, J./KIRSCH, H.-J./THIELE, S., Bilanzen, 9. Aufl., S. 547; LIENAU, A., Latente Steuern im Konzernabschluss, S. 31.

340 Vgl. BLACK, H. A., Interperiod Allocation of Corporate Income Taxes, S. 5.

341 Vgl. HILLE, K., Latente Steuern im Einzel- und Konzernabschluß, S. 8.

342 Vgl. SCHMIDT, M., Latente Steuern nach US-GAAP, S. 251.

343 Vgl. KARRENBROCK, H., in: HdJ, IIIa/1, Rn. 5.

344 Vgl. KIESO, D. E./WEYGANDT, J. J., Intermediate Accounting, 7. Aufl., S. 1067.

345 Vgl. BERESFORD, D. R./BEST, L. C./CRAIG, P. W./WEBER, J. V., Accounting for Income Taxes, S. 31.

begrenzt sind, sich indes erst aufgrund einer (noch nicht geplanten) unternehmerischen Disposition, also nicht automatisch, bzw. erst mit der Liquidation des Unternehmens ausgleichen bzw. umkehren würden, wären dementsprechend nicht bei der Bilanzierung latenter Steuern zu berücksichtigen.[346] Da diese Differenzen die steuerliche Bemessungsgrundlage u. U. erst zu „Sankt Nimmerlein“[347], also in nicht absehbarer Zukunft beeinflussen, werden sie in der Literatur als **quasi-permanente Differenzen** bezeichnet.[348] Sie sind bei Anwendung des Teilkonzepts regelmäßig darauf hin zu prüfen, ob sie nicht doch als „zeitlich begrenzt“ einzustufen sind.[349] In der angelsächsischen Literatur werden auch revolvierende zeitliche Differenzen, also Unterschiede, deren steuerliche Effekte im Zeitpunkt des Differenzenausgleichs durch neu entstehende vergleichbare zeitliche Differenzen kompensiert werden, unter den quasi-permanenten Differenzen subsumiert.[350] Wie bereits angedeutet, wird der Einbezug quasi-permanenter Differenzen in die Ermittlung latenter Steuern durchaus kritisch gesehen. So wird bspw. darauf hingewiesen, dass aufgrund der zumeist gesetzlich verankerten nominalen Betrachtung latenter Steuern quasi-permanenten Differenzen ein großes Gewicht zukommen kann, das angesichts des u. U. erst bei Unternehmensliquidation eintretenden Steuereffekts (bei angemessener Abzinsung) kaum zu rechtfertigen ist.[351] Zudem wird diskutiert, ob eine Berücksichtigung quasi-permanenter Differenzen mit dem Going-concern-Grundsatz vereinbar ist.[352] Das Timing-Konzept verbietet die Ermittlung latenter Steuern auf Basis quasi-permanenter Differenzen indes nicht per se.[353] Ihr Einbezug ist daher immer vor dem Hintergrund des jeweiligen Rechnungslegungssystems bzw. der relevanten Norm(en) zu beurteilen.

---

346 Vgl. BAETGE, J./KIRSCH, H.-J./THIELE, S., Bilanzen, 9. Aufl., S. 548 f.; KARRENBROCK, H., in: HdJ, II-Ia/1, Rn. 7. Beispielsweise sah der mittlerweile überarbeitete IAS 12 aus dem Jahr 1979 ein Einbezugswahlrecht für die zeitlichen Unterschiede vor, die „sich nicht vor Ablauf eines beträchtlichen Zeitraums (von mindestens 3 Jahren) aufheben“ (IAS 12.43 (1979)).

347 SCHILDBACH, T., Latente Steuern auf permanente Differenzen, S. 944.

348 Vgl. KÜTING, K./GATTUNG, A., Abgrenzung latenter Steuern, S. 246.

349 Vgl. SABI DES IDW, SABI 3/1988, Rn. 3.

350 Vgl. BERESFORD, D. R./BEST, L. C./CRAIG, P. W./WEBER, J. V., Accounting for Income Taxes, S. 16 und 31. Ein Ausschluss dieser Art von quasi-permanenten Differenzen bei der Bilanzierung latenter Steuern wird in Deutschland sehr kritisch gesehen. Vgl. BAUMANN, K.-H./SPANHEIMER, J., in: Küting/Weber, HdR-E, 5. Aufl., § 274 HGB (2003), Rn. 18; KARRENBROCK, H., Latente Steuern in Bilanz und Anhang, S. 95-97.

351 Vgl. SCHILDBACH, T., Latente Steuern auf permanente Differenzen, S. 944. SCHILDBACH bezieht seine Argumentation hierbei auf das Temporary-Konzept.

352 Vgl. COENENBERG, A. G./HILLE, K., Einzel- und Konzernabschluß, S. 603; BAUMANN, K.-H./SPANHEIMER, J., in: Küting/Weber, HdR-E, 5. Aufl., § 274 HGB (2003), Rn. 18; vgl. dazu auch Abschnitt 341.2 und Abschnitt 341.3.

353 Vgl. KIRSCH, H., in: Hofbauer/Kupsch, § 274 HGB (BilMoG), Rn. 44; KARRENBROCK, H., Latente Steuern in Bilanz und Anhang, S. 98 und 103; vgl. für Argumente pro und kontra den Einbezug quasi-permanenter Differenzen vor allem BERESFORD, D. R./BEST, L. C./CRAIG, P. W./WEBER, J. V., Accounting for Income Taxes, S. 31-47.

232.2 Temporary-Konzept

Das bilanzorientierte Temporary-Konzept verfolgt vordergründig das Ziel des zutreffenden Ausweises der Vermögenslage eines Unternehmens durch die Berücksichtigung der künftigen steuerlichen Belastungen und Entlastungen bzw. Steueransprüche und Steuerverpflichtungen in der Bilanz.[354] Als **temporäre** bzw. **vorübergehende Differenzen (temporary differences)** werden Unterschiede zwischen den steuerlichen und handelsrechtlichen Wertansätzen in der Steuer- bzw. Handelsbilanz bezeichnet, die sich in der bzw. den Folgeperiode(n) erfolgswirksam auflösen und zu (künftigen) Steuerbelastungen oder Steuerentlastungen führen.[355] Der Steuereffekt entsteht dabei durch die Realisierung eines Vermögensgegenstands (durch einen Verkauf oder Verzehr) bzw. die Erfüllung einer Schuld.[356] Ist der künftige steuerliche Gewinn begründet durch die zu betrachtende Differenz höher als der handelsrechtliche Erfolg, liegen zu versteuernde temporäre Differenzen vor. Im umgekehrten Fall spricht man von abzugsfähigen temporären Differenzen.[357]

Mit dem Temporary-Konzept werden sämtliche Bilanzierungsunterschiede mit künftigen Steuereffekten erfasst, so dass auch erfolgsneutral entstandene Differenzen berücksichtigt werden, die sich erst in Folgeperioden erfolgswirksam abbauen werden.[358] So würde bspw. die nach HGB nicht zugelassene Bewertung von Sachanlagen zum höheren fair value gemäß IAS 16 (erfolgsneutrale Neubewertung), die nach dem Timing-Konzept zu nicht berücksichtigungsfähigen, permanenten Differenzen führt, nach dem Konzept der Berücksichtigung temporärer Differenzen eine Bilanzierung latenter Steuern begründen. Dies kann bspw. vor allem darauf zurückgeführt werden, dass sich die Differenz bei Unterstellung einer Veräußerung der Sachanlage in Höhe des fair value mit entsprechenden steuerlichen Konsequenzen auflösen würde.[359]

---

354 Vgl. BAETGE, J./KIRSCH, H.-J./THIELE, S., Bilanzen, S. 531; LIENAU, A., Latente Steuern im Konzernabschluss, S. 34; KARRENBROCK, H., in: HdJ, IIIa/1, Rn. 10.

355 Vgl. KIESO, D. E./WEYGANDT, J. J./WARFIELD, T. D., Intermediate Accounting, S. 993 f.; COENENBERG, A. G./HALLER, A./SCHULTZE, W., Jahresabschluss, S. 469. Die vorübergehenden Differenzen werden vor allem zur begrifflichen Abgrenzung zu den timing differences als temporary differences bezeichnet. Vgl. KARRENBROCK, H., in: HdJ, IIIa/1, Rn. 11; vgl. dazu auch SCHILDBACH, T., Latente Steuern auf permanente Differenzen, S. 945; WOLLMERT, P., Latente Steuern im IASC-Abschluß, S. 87. Es wird zudem im Zusammenhang mit dem Temporary-Konzept von Auflösungen bzw. von einem Abbau der Differenzen gesprochen, anstatt von einer Umkehr der (Ergebnis-)Differenzen, wie zuvor noch nach dem Timing-Konzept üblich. Vgl. FÖRSCHLE, G./KRONER, M., Offene Fragen zur künftigen Steuerabgrenzung, S. 1634; COENENBERG, A. G./HILLE, K., Neu gefaßte Richtlinie IAS 12, S. 539.

356 Vgl. FÖRSCHLE, G./KRONER, M., Offene Fragen zur künftigen Steuerabgrenzung, S. 1634. Es wird generell angenommen, dass die bilanzierten Werte auch realisiert werden. Vgl. SFAS 109.11.

357 Vgl. KARRENBROCK, H., in: HdJ, IIIa/1, Rn. 11.

358 Vgl. GRÖNER, S./MARTEN, K.-U./SCHMID, S., Latente Steuern im internationalen Vergleich, S. 480; HEURUNG, R., Latente Steuerabgrenzung im Konzernabschluß, S. 540.

359 Vgl. HEURUNG, R., Latente Steuerabgrenzung im Konzernabschluß, S. 540.

Nach dem Temporary-Konzept ist es zudem unbedeutend, zu welchen Zeitpunkten sich die temporären Differenzen auflösen werden.[360] Damit werden auch die im vorherigen Abschnitt 232.1 angesprochenen, quasi-permanenten Differenzen erfasst, wenngleich die mit dem Einbezug quasi-permanenter Differenzen verbundene Kritik, die sich bspw. auf die nominale Berücksichtigung der steuerlichen Konsequenzen der Differenz bezieht, auch weiterhin relevant bleibt.[361] Da mit dem Temporary-Konzept neben den, auch nach dem Timing-Konzept zu erfassenden, zeitlich begrenzten und den quasi-permanenten Differenzen erfolgsneutral entstandene Unterschiede berücksichtigt werden, wird es in der Literatur als umfassender als das Timing-Konzept beurteilt.[362]

Nach dem Temporary-Konzept sind indes sog. **andere** bzw. **sonstige Differenzen** nicht bei der Bilanzierung latenter Steuern zu berücksichtigen. Diese anderen Differenzen führen durch die Nutzung bzw. den Verkauf der Vermögensgegenstände bzw. durch die Erfüllung der Schulden und damit verbunden durch ihren Abbau nicht zu steuerlichen Be- oder Entlastungen.[363] Angesprochen sind somit Differenzen, aus denen keine abziehbaren Aufwendungen oder zu versteuernden Erträge folgen.[364] Solche Differenzen entstehen bspw. im Zusammenhang mit Beteiligungen an Kapitalgesellschaften, die von einer anderen Kapitalgesellschaft gehalten werden. Wie mit dem Beispiel zur erfolgsneutralen Neubewertung von Sachanlagen nach IAS 16 gezeigt wurde, sind indes nicht sämtliche permanente Differenzen gemäß dem Timing-Konzept auch andere Differenzen im Sinne des Temporary-Konzepts.[365]

232.3 Bedeutung der Konzepte der Bilanzierung latenter Steuern für die Abbildung latenter Steuern aufgrund steuerlicher Verlustvorträge

Der Einbezug steuerlicher Verlustvorträge in die Bilanzierung latenter Steuern wird in der Literatur sowohl national als auch international kritisch betrachtet. Im Rahmen dieser Diskussion wird zudem der Frage nachgegangen, ob im Falle eines steuerlichen Verlustvortrags eine zu berücksichtigende Differenz vorliegt. BLACK bezeichnete die steuerrechtlichen Verschiebungen von Steuereffekten in Verlustjahren durch Verlustvorträge bspw. als „a special kind of tax timing difference“[366]. Diese Aussage ist indes zu hinterfragen: Im Falle eines Verlusts beträgt das zu versteuernde Ergebnis null und ist dementsprechend höher als das handelsrechtliche Ergebnis.[367] Zwar können die steuerlichen Verlustvorträge den Gewinn künftiger

360 Vgl. BAETGE, J./KIRSCH, H.-J./THIELE, S., Bilanzen, S. 532.
361 Vgl. SCHILDBACH, T., Latente Steuern auf permanente Differenzen, S. 944.
362 Vgl. BAUMANN, K.-H./SPANHEIMER, J., in: Küting/Weber, HdR-E, 5. Aufl., § 274 HGB (2003), Rn. 17.
363 Vgl. IDW (Hrsg.), Stellungnahme zu E-DRS 12, S. 1089; SFAS 109.14; THEILE, C., Latente Steuern im Jahresabschluss, S. 644.
364 Vgl. KARRENBROCK, H., in: HdJ, IIIa/1, Rn. 12.
365 Vgl. FÖRSCHLE, G./KRONER, M., Offene Fragen zur künftigen Steuerabgrenzung, S. 1634.
366 BLACK, H. A., Interperiod Allocation of Corporate Income Taxes, S. 91.
367 Vgl. SCHILDBACH, T., Latente Steuern auf permanente Differenzen, S. 945.

Perioden mindern, wodurch positive Steuereffekte generiert werden. Dennoch beruhen diese Differenzen nicht auf einer unterschiedlichen Periodisierung von Aufwendungen und Erträgen bzw. auf unterschiedlichen Bilanzierungsweisen nach Steuer- bzw. Handelsrecht.[368] Insofern liegt auch keine timing oder temporary difference vor.[369] Die steuerlichen Wirkungen sind indes vergleichbar mit denen der timing bzw. temporary differences.[370] Die Bilanzierung latenter Steuern auf steuerliche Verlustvorträge wird daher in der Literatur und von den Standardsettern diskutiert bzw. in vielen Fällen unter der Voraussetzung vorgeschrieben, dass besondere Ansatzanforderungen erfüllt werden.[371] Es ist jedoch festzuhalten, dass der Einbezug steuerlicher Verlustvorträge in die Ermittlung latenter Steuern unabhängig von dem vorgeschriebenen Konzept der Bilanzierung von Steuerlatenzen ist.

233. Methoden der Bilanzierung latenter Steuern

233.1 Deferred-Methode

Die Bilanzierung latenter Steuern auf Basis der Deferred-Methode bzw. **Abgrenzungsmethode** stellt die zutreffende Darstellung der Ertragslage in den Vordergrund.[372] Die Deferred-Methode lässt sich aufgrund ihrer GuV-Orientierung mit dem ebenfalls GuV-basierten Timing-Konzept verknüpfen.[373] Im Sinne des „matching concept“[374] ist durch die Deferred-Methode ein erklärbarer Zusammenhang zwischen dem ausgewiesenen Steueraufwand und dem handelsrechtlichen Vor-Steuer-Ergebnis zu schaffen.[375] Die Steuereffekte sollen daher in

368 Vgl. COENENBERG, A. G./HILLE, K., Einzel- und Konzernabschluß, S. 608; RABENECK, J./REICHERT, G., Latente Steuern im Einzelabschluss, Teil II, S. 1409.

369 Vgl. KÜTING, K./GATTUNG, A., Abgrenzung latenter Steuern, S. 242; PRINZ, U./RUBERG, L., Latente Steuern nach dem BilMoG, S. 345.

370 Vgl. COENENBERG, A. G./HILLE, K., Einzel- und Konzernabschluß, S. 608.

371 International entwickelten sich bspw. die Einbezugsvoraussetzungen von einer Sicherheit „beyond any reasonable doubt“ (AICPA (Hrsg.), Opinion No. 11, Rn. 45 bzw. IAS 12.25 (1979) und IAS 12.48 (1979)) für das Vorliegen künftiger, verrechnungsfähiger, steuerlicher Gewinne hin zu einer notwendigen Verrechnungswahrscheinlichkeit der Verlustvorträge im Sinne von „more likely than not“ (SFAS 109.96) oder „probable“ (IAS 12.34), wenngleich diese Kriterien nicht eindeutig sind. Vgl. SCHILDBACH, T., Latente Steuern auf permanente Differenzen, S. 945. Jeweils mit der Umstellung der Bilanzierung latenter Steuern von dem Timing-Konzept auf das Temporary-Konzept wurden die Einbeziehungsvoraussetzungen bzw. die Wahrscheinlichkeitsbegriffe nach US-GAAP bzw. IFRS tendenziell gelockert. Vgl. dazu FÖRSCHLE, G./KRONER, M., Offene Fragen zur künftigen Steuerabgrenzung, S. 1639; STEPP, J. O./PETZING, L. N., One more time, S. 15; GRÖNER, S./MARTEN, K.-U./SCHMID, S., Latente Steuern im internationalen Vergleich, S. 488. In Deutschland wurde die Berücksichtigung steuerlicher Verlustvorträge im Rahmen der Bilanzierung (aktiver) latenter Steuern im handelsrechtlichen Jahresabschluss vor dem BilMoG grundsätzlich abgelehnt. Vgl. beispielsweise IDW (Hrsg.), Stellungnahme zu E-DRS 12, S. 1087 f.; vgl. für eine Betrachtung der Fachbeiträge zu dieser Bilanzierungsfrage vor dem BilMoG MARTEN, K.-U./WEISER, F./KÖHLER, A. G., Zunehmende Tendenz zur Aktivierung, S. 2336-2339; vgl. zur Bilanzierung latenter Steuern aufgrund steuerlicher Verlustvorträge nach dem BilMoG Abschnitt 422.

372 Vgl. BLACK, H. A., Interperiod Allocation of Corporate Income Taxes, S. 31.

373 Vgl. BAETGE, J./KIRSCH, H.-J./THIELE, S., Bilanzen, 9. Aufl., S. 554.

374 Vgl. beispielsweise Conceptual Framework (CF.)4.50.

375 Vgl. COENENBERG, A. G./HALLER, A./SCHULTZE, W., Jahresabschluss, S. 471.

derjenigen Periode erfasst werden, in der auch die sie begründenden Erfolge handelsrechtlich berücksichtigt werden.[376] Dazu ist der Steueraufwand der Periode laut steuerlicher Gewinnermittlung bei Vorliegen von zeitlich begrenzten Differenzen um die latenten Steuererfolge zu korrigieren.[377] Durch diese Abgrenzungen der Steuereffekte (bzw. durch eine solche „Korrekturbuchung") entstehen quasi automatisch die Abgrenzungsposten in der Bilanz.[378] Latente Steuern entsprechen nach dieser Methode schwebenden Vor- bzw. Nachleistungen im Sinne der dynamischen Bilanztheorie SCHMALENBACHs,[379] wenngleich aus der Deferred-Methode nicht allgemein folgt, ob die Abgrenzungsposten bspw. als Vermögensgegenstand, Schuld oder Rechnungsabgrenzungsposten einzuordnen sind.[380] Da die latente Steuerabgrenzung nach der Deferred-Methode einer zutreffenden Darstellung des (verursachten) Steueraufwands der Periode dient, sind (neu) entstandene Differenzen, welche den latenten Steuern zugrunde liegen, mit dem aktuellen Steuersatz der Periode zu bewerten.[381] Zudem führen vom Bundesrat genehmigte künftige Änderungen der Steuersätze nicht dazu, dass bereits gebildete latente Steuern angepasst werden. Eine solche Anpassung der Steuerlatenzen ist nach der Deferred-Methode nicht erforderlich, da „nicht angenommen wird, daß [sic!] sie [die latenten Steuern; Ergänzungen durch den Verfasser] in der Bilanz einen Zahlungsanspruch bzw. eine Zahlungsverpflichtung darstellen"[382]. In der Konsequenz sind die bilanzierten latenten Steuern bzw. die ihnen zugrunde liegenden Differenzen mit dem „historischen", also mit dem bei ihrer Bildung verwendeten Steuersatz aufzulösen.[383] Bei im Zeitablauf schwankenden Steuersätzen ist daher idealerweise für jede Differenz der Steuersatz ihrer Entstehungsperiode festzuhalten. Dies erfordert die Anwendung einer später noch näher zu erläuternden Einzeldifferenzenbetrachtung, auf Basis derer jede Differenz einzeln erfasst bzw. fortgeschrieben wird. In der Literatur werden indes auch Vereinfachungsverfahren für zulässig gehalten.[384] Die Deferred-Methode führt allerdings dazu, dass in denjenigen Perioden, in welchen Differenzen mit einem (historischen) Steuersatz aufgelöst werden, der nicht dem aktuellen Steuersatz der

---

376 Vgl. LIENAU, A., Latente Steuern im Konzernabschluss, S. 35 f.

377 Vgl. COENENBERG, A. G./HALLER, A./SCHULTZE, W., Jahresabschluss, S. 471.

378 Vgl. COENENBERG, A. G./HALLER, A./SCHULTZE, W., Jahresabschluss, S. 474.

379 Vgl. KARRENBROCK, H., Latente Steuern in Bilanz und Anhang, S. 111; vgl. zur dynamischen Bilanztheorie vor allem SCHMALENBACH, E., Dynamische Bilanz sowie BAETGE, J./KIRSCH, H.-J./THIELE, S., Bilanzen, S. 17-23.

380 Vgl. COENENBERG, A. G./HILLE, K., Neu gefaßte Richtlinie IAS 12, S. 538; LIENAU, A., Latente Steuern im Konzernabschluss, S. 36.

381 Vgl. COENENBERG, A. G./HILLE, K., Einzel- und Konzernabschluß, S. 616; DEBUS, C., in: Beck HdR, C 440, Rn. 81.

382 IAS 12.13 (1979).

383 Vgl. KARRENBROCK, H., in: HdJ, IIIa/1, Rn. 19.

384 Vgl. Abschnitt 234.; DEBUS, C., in: Beck HdR, C 440, Rn. 81 und 83.

Auflösungsperiode entspricht, der Zusammenhang zwischen dem ausgewiesenen Steueraufwand und dem handelsrechtlichen Vor-Steuer-Ergebnis verzerrt dargestellt wird.[385]

233.2 Liability-Methode

Die Liability-Methode bzw. **Verbindlichkeitsmethode** ist bilanzorientiert und folgt mit ihrer Zielsetzung einer zutreffenden Darstellung der Vermögenslage eines Unternehmens dem Grundgedanken der statischen Bilanztheorie SIMONS.[386] Latente Steuern werden als in der Bilanz zu berücksichtigende Steuervorauszahlungen bzw. künftige Steuernachzahlungen verstanden.[387] Ihnen wird damit der Charakter einer ungewissen Forderung bzw. einer Schuld zugeschrieben.[388] Für die Bilanzierung latenter Steuern sind infolgedessen die Steuerbe- bzw. -entlastungen zu erfassen, die in der Zukunft entstehen, wenn sich die dem latenten Steuerposten zugrunde liegenden Differenzen auflösen.[389] Daher ist bei der Bewertung latenter Steuern auf den künftigen Steuersatz zurückzugreifen, der nicht nur erwartet wird, sondern bereits gesetzlich verankert und somit verabschiedet wurde.[390] Bei im Zeitablauf schwankenden Steuersätzen sind die bereits gebildeten latenten Steuern an die neuen Steuertarife anzupassen.[391] Sofern der Bundesrat also einer Änderung von Steuersätzen zugestimmt hat, ist zunächst der alte Bestand an Differenzen mit dem neuen Steuersatz zu bewerten, bevor Zuführungen bzw. Auflösungen latenter Steuern ermittelt werden.[392] Neubildungen basieren ebenso auf dem künftig relevanten Steuersatz und auch die Auflösung latenter Steuern beruht auf dem in der bzw. den Auflösungsperiode(n) geltenden Steuersatz.[393] Da die Liability-Methode vor allem einer zutreffenden Darstellung der Vermögenslage dient, ist sie konzeptionell problemlos mit dem bilanzorientierten Temporary-Konzept vereinbar, wenngleich sie auch mit dem GuV-basierten Timing-Konzept kombiniert werden kann, sofern die Differenzen lediglich mit den aktuellen Steuersätzen der Perioden bewertet werden. Letzteres würde die zutreffende(re) Darstellung der Ertragslage bzw. des Steueraufwands unterstützen.[394]

---

385 Vgl. BAETGE, J./KIRSCH, H.-J./THIELE, S., Bilanzen, 9. Aufl., S. 554; HAAR, A., Die Berücksichtigung latenter Steuern, S. 164 f.; DEBUS, C., in: Beck HdR, C 440, Rn. 82.

386 Vgl. BAETGE, J./KIRSCH, H.-J./THIELE, S., Bilanzen, S. 538; vgl. zur statischen Bilanztheorie vor allem SIMON, H. V., Die Bilanzen der Aktiengesellschaften.

387 Vgl. KARRENBROCK, H., in: HdJ, IIIa/1, Rn. 16.

388 Vgl. SCHMIDT, M., in: HdB, Latente Steuern (2005), Rn. 9.

389 Vgl. KARRENBROCK, H., in: HdJ, IIIa/1, Rn. 17.

390 Vgl. BAUMANN, K.-H./SPANHEIMER, J., in: Küting/Weber, HdR-E, 5. Aufl., § 274 HGB (2003), Rn. 35.

391 Vgl. HILLE, K., Latente Steuern im Einzel- und Konzernabschluß, S. 166.

392 Vgl. DEBUS, C., in: Beck HdR, C 440, Rn. 78.

393 Vgl. KARRENBROCK, H., in: HdJ, IIIa/1, Rn. 17.

394 Vgl. zur Vereinbarkeit der Liability-Methode mit den Konzepten der Bilanzierung latenter Steuern BAETGE, J./KIRSCH, H.-J./THIELE, S., Bilanzen, 9. Aufl., S. 554 f.; LIENAU, A., Latente Steuern im Konzernabschluss, S. 39.

233.3 Net-of-Tax-Methode

Die Net-of-Tax-Methode unterstellt, dass der Wert einer Schuld bzw. eines Vermögensgegenstands zum einen aus seinem Erfüllungsbetrag bzw. Gebrauchswert sowie zum anderen aus einer steuerlichen Wertkomponente besteht.[395] Letztere basiert auf der Abzugsfähigkeit des betrachteten Werts bei der steuerlichen Gewinnermittlung.[396] So vermindern bspw. Abschreibungen eines Vermögensgegenstands die steuerliche Bemessungsgrundlage und damit die Steuerbelastung des Unternehmens. Aufgrund dieses Steuervorteils sollte ein Unternehmen hypothetisch dazu bereit sein, für den Erwerb eines abschreibungsfähigen Vermögensgegenstands mehr zu zahlen als für die Anschaffung desselben Vermögensgegenstands, wenn dieser nicht steuerlich abzugsfähig wäre. Der steuerliche Effekt wird bei der (Folge-) Bewertung der Bilanzposten berücksichtigt, so dass kein latenter Steuerposten auszuweisen ist.[397] Die Net-of-Tax-Methode wird daher als Bewertungsmethode bezeichnet.[398] Der ausgewiesene Steueraufwand ergibt sich in der Konsequenz ausschließlich aus der steuerlichen Gewinnermittlung.[399] Die Net-of-Tax-Methode fordert zudem, dass jedem Wert die einzelne Steuerwirkung zugerechnet werden muss.[400]

234. Ermittlungsebene und Verfahren zur Bewertung latenter Steuern

Nachdem in Abschnitt 232. erläutert wurde, welche Arten von Differenzen unterschieden werden können, und in Abschnitt 233. die bei der Bewertung der Differenzen anzuwendenden Steuersätze dargestellt wurden, die von der gesetzlich vorgegebenen Methode der Bilanzierung latenter Steuern abhängig sind, gilt es in diesem Abschnitt zu klären, auf welcher Ermittlungs- bzw. Aggregationsebene die Differenzen berechnet werden können. Zudem werden die mit der Ermittlungsebene im Zusammenhang stehenden Bewertungsverfahren vorgestellt.

Differenzen können generell auf zwei Ebenen ermittelt werden, auf Ebene einzelner Differenzen (Einzeldifferenzenbetrachtung) oder auf Ebene der Gesamtdifferenz (Gesamtdifferenzbetrachtung). Bei der **Einzeldifferenzenbetrachtung** wird idealerweise für jeden einzelnen Geschäftsvorfall, der zur Entstehung einer zeitlich begrenzten Ergebnisdifferenz (Timing-Konzept) oder einer temporären Differenz (Temporary-Konzept) führt, die entstandene Differenz in einer Nebenbuchhaltung festgehalten und bis zu ihrer Auflösung fortgeführt.[401] Dadurch lässt sich für jeden Geschäftsvorfall die zugehörige (periodenbezogene) aktive oder

---

395 Vgl. LIENAU, A., Latente Steuern im Konzernabschluss, S. 37.
396 Vgl. COENENBERG, A. G./HALLER, A./SCHULTZE, W., Jahresabschluss, S. 471.
397 Vgl. KARRENBROCK, H., Latente Steuern in Bilanz und Anhang, S. 111 f.
398 Vgl. KARRENBROCK, H., Latente Steuern in Bilanz und Anhang, S. 112.
399 Vgl. COENENBERG, A. G./HALLER, A./SCHULTZE, W., Jahresabschluss, S. 471.
400 Vgl. COENENBERG, A. G./HILLE, K., Einzel- und Konzernabschluß, S. 616.
401 Vgl. BAETGE, J./KIRSCH, H.-J./THIELE, S., Bilanzen, S. 539; RABENECK, J./REICHERT, G., Latente Steuern im Einzelabschluss, Teil I, S. 1368.

passive latente Steuer ermitteln, je nachdem, ob eine abzugsfähige oder eine zu versteuernde Differenz vorliegt. Die einzelnen Einstellungen bzw. Auflösungen latenter Steuern der Perioden sind somit eindeutig identifizierbar.[402] Durch die Einzeldifferenzenbetrachtung wird eine getrennte Ermittlung der aktiven und passiven latenten Steuern möglich, so dass ein unsaldierter Ausweis darstellbar ist ohne indes einen saldierten Ausweis auszuschließen.[403] Zudem wird die Bewertung latenter Steuern unter Berücksichtigung künftig veränderter bzw. schwankender Steuersätze unterstützt.[404] Bei schwankenden Steuersätzen ist es erforderlich, zum einen solche Differenzen zu ermitteln, die mit dem aktuellen Steuersatz zu bewerten sind, und zum anderen diejenigen Differenzen zu bestimmen, die bei Anwendung des künftigen Steuersatzes aufgelöst werden. Dafür ist theoretisch ein „scheduling“ vonnöten.[405] Eine (reine) **Einzelbewertung** von Differenzen auf Basis der Einzeldifferenzenbetrachtung wird vor dem Hintergrund der in praxi auftretenden Vielzahl von Differenzen teilweise als unpraktikabel beurteilt.[406] Die Einzeldifferenzenbetrachtung ist mit einem im Vergleich zur Gesamtdifferenzbetrachtung hohen Berechnungs- und Dokumentationsaufwand verbunden.[407]

Bei der angesprochenen **Gesamtdifferenzbetrachtung** wird lediglich die gesamte Differenz zwischen den handelsrechtlichen und steuerlichen Wertansätzen (Temporary-Konzept) bzw. der Unterschiedsbetrag zwischen dem handelsrechtlichen Vor-Steuer-Ergebnis und dem steuerlichen Gewinn (Timing-Konzept) betrachtet.[408] Der Differenzbetrag ist um die sog. anderen Differenzen bzw. die permanenten und u. U. quasi-permanenten Differenzen zu reduzieren und anschließend mit dem maßgeblichen Steuersatz zu bewerten.[409] Dieses Verfahren ist im Vergleich zur Einzeldifferenzenbetrachtung zwar einfacher, es birgt jedoch den Nachteil, dass zu versteuernde und abzugsfähige Differenzen verrechnet werden.[410] Die Gesamtdifferenzbetrachtung impliziert einen saldierten Ausweis latenter Steuern.[411] Zudem ist es problematisch, die Gesamtdifferenzbetrachtung anzuwenden, sofern die Berücksichtigung (künftig) schwankender Steuersätze erforderlich ist. Dies ist darauf zurückzuführen, dass die Abbauzeitpunkte bzw. Abbauzeiträume der einzelnen Differenzen innerhalb der Gesamtdifferenz kaum nach-

---

402 Vgl. HENNIG, B., Bilanzierung latenter Steuern, S. 81.
403 Vgl. KARRENBROCK, H., Latente Steuern in Bilanz und Anhang, S. 148.
404 Vgl. DEBUS, C., in: Beck HdR, C 440, Rn. 91.
405 Vgl. STEPP, J. O./PETZING, L. N., One more time, S. 16 f.
406 Vgl. BAUMANN, K.-H./SPANHEIMER, J., in: Küting/Weber, HdR-E, 5. Aufl., § 274 HGB (2003), Rn. 44; HILLE, K., Latente Steuern im Einzel- und Konzernabschluß, S. 222.
407 Vgl. BAETGE, J./KIRSCH, H.-J./THIELE, S., Bilanzen, S. 539; HENNIG, B., Bilanzierung latenter Steuern, S. 87.
408 Vgl. COENENBERG, A. G./HALLER, A./SCHULTZE, W., Jahresabschluss, S. 481; RABENECK, J./REICHERT, G., Latente Steuern im Einzelabschluss, Teil I, S. 1368.
409 Vgl. BAETGE, J./KIRSCH, H.-J./THIELE, S., Bilanzen, 9. Aufl., S. 561.
410 Vgl. HENNIG, B., Bilanzierung latenter Steuern, S. 80 f.
411 Vgl. KARRENBROCK, H., Latente Steuern in Bilanz und Anhang, S. 147.

vollziehbar sind.[412] Auflösungen und Neubildungen des Postens werden saldiert betrachtet.[413] Die Ursachen der latenten Steuern sind nicht unmittelbar identifizierbar.[414] Die Einzeldifferenzenbetrachtung stellt damit aus theoretischer Perspektive die überzeugendere Lösung dar.[415]

Die Einzeldifferenzenbetrachtung (auf Basis jedes einzelnen relevanten Geschäftvorfalls) und die Gesamtdifferenzbetrachtung spannen grundsätzlich den Raum möglicher Betrachtungsebenen für die Bewertung der Differenzen auf. Neben der bereits erläuterten Bewertung jeder einzelnen Differenz und der Gesamt(differenz)bewertung sind in der Literatur auch vereinfachende Bewertungsverfahren anzutreffen. Hierbei handelt es sich vor allem um die Bruttomethode (gross-change-method) und um die Nettomethode (net-change-method). Ihnen liegt die Idee zugrunde, ähnliche Differenzen bzw. Differenzen mit vergleichbaren Ursachen zu Gruppen zusammenzufassen (**Gruppenbewertung**).[416]

Nach der **Bruttomethode** werden die Neubildungen und Auflösungen innerhalb der Gruppe getrennt betrachtet. Die Neubildungen sind mit dem aktuellen Steuersatz zu bewerten.[417] Bei einem schwankenden Steuersatz kann sich so ein latenter Steuerposten ergeben, dem Differenzen zugrunde liegen, die auf unterschiedlichen Steuersätzen beruhen. Im Rahmen der Auflösung der Differenzen innerhalb der Gruppe kann bei Anwendung der Deferred-Methode eine Verbrauchsfolge unterstellt oder ein Durchschnittssteuersatz verwendet werden.[418] Mit der Bruttomethode kann vor allem die Deferred-Methode unterstützt werden, da Letztere im Gegensatz zur Liability-Methode bei veränderten Steuersätzen keine Anpassung des Bestands latenter Steuern an den künftigen Steuersatz verlangt und damit zwischen dem historischen Steuersatz für die Auflösungen und dem aktuellen Steuersatz für die Neubildungen unterscheidet.[419]

Mit der **Nettomethode** werden die Neubildungen und Auflösungen der Differenzen einer Gruppe saldiert betrachtet. Der saldierte Betrag der Änderungen der Differenzen wird mit

412 Vgl. BAETGE, J./KIRSCH, H.-J./THIELE, S., Bilanzen, 9. Aufl., S. 561; DEBUS, C., in: Beck HdR, C 440, Rn. 91.
413 Vgl. HENNIG, B., Bilanzierung latenter Steuern, S. 80 f.
414 Vgl. DEBUS, C., in: Beck HdR, C 440, Rn. 91.
415 Vgl. HENNIG, B., Bilanzierung latenter Steuern, S. 87.
416 Vgl. AICPA, Opinion No. 11, Rn. 37; DEBUS, C., in: Beck HdR, C 440, Rn. 83 und 91; HILLE, K., Latente Steuern im Einzel- und Konzernabschluß, S. 222 f.
417 Vgl. COENENBERG, A. G./HILLE, K., Einzel- und Konzernabschluß, S. 619.
418 Vgl. HILLE, K., Latente Steuern im Einzel- und Konzernabschluß, S. 222.
419 Vgl. auch DEBUS, C., in: Beck HdR, C 440, Rn. 83; vgl. zu den Methoden der Bilanzierung latenter Steuern Abschnitt 233.

dem relevanten Steuersatz bewertet.[420] Bei im Zeitablauf steigenden/sinkenden Steuersätzen führt dies dazu, dass mehr/weniger latente Steuern aufgelöst werden als es aufgrund der Postenzusammensetzung nach der Deferred-Methode sachgerecht wäre.[421] Die Nettomethode wird daher von einigen Autoren zumindest bei Anwendung der Deferred-Methode abgelehnt.[422] Da bei Nutzung der Liability-Methode im Falle veränderter (künftiger) Steuersätze der Bestand latenter Steuern anzupassen ist, kann die Liability-Methode mit der Nettomethode verbunden werden.[423] Brutto- und Nettomethode führen zumindest im Falle künftig nicht schwankender Steuersätze zum selben Ergebnis, wenn die Liability-Methode verwendet wird.[424] Problematisch ist indes der Fall, dass sich der Steuersatz über die Zeit des Differenzenabbaus mehrfach ändert und dies schon in der Entstehungsperiode der Differenzen feststeht. Sofern der Gesetzgeber bzw. Standardsetter dem Bilanzierenden gestattet, von der Einzelbewertung abzuweichen, ist es in diesem Falle voraussichtlich nicht zu beanstanden, wenn Durchschnittssteuersätze je Gruppe angewendet werden.

24 Entwicklung der Bilanzierung latenter Steuern

241. Überblick

Das US-amerikanische Pendant zur handelsrechtlichen Rechnungslegung ist traditionell nicht eng mit der steuerlichen Gewinnermittlung verbunden. Ein wie in Deutschland – zumindest bis zum BilMoG – mehr oder weniger stark ausgeprägtes Maßgeblichkeitsprinzip ist in den USA nicht verankert worden.[425] Daher wird die Diskussion der Bilanzierung latenter Steuern dort schon seit einigen Jahrzehnten geführt.[426] Die US-amerikanischen Regelungen zur Abbildung latenter Steuern bilden vielfach den Ausgangspunkt für die Entwicklung und Diskussion entsprechender Normen in anderen Ländern und beeinflussen regelmäßig die Interpretation der Vorschriften zur Abbildung latenter Steuern anderer Standardsetter.[427] Zudem dienen die in den USA bereits vor vielen Jahren erörterten bzw. beantworteten Bilanzierungsfragen der aktuellen Diskussion zur Abbildung latenter Steuern nach dem BilMoG. Daher soll im Rahmen der historischen Betrachtung der Regelungen zu den Steuerlatenzen kurz die Regelungsentwicklung in den USA vorgestellt werden. In einem zweiten Schritt werden die rele-

---

420 Vgl. BAUMANN, K.-H./SPANHEIMER, J., in: Küting/Weber, HdR-E, 5. Aufl., § 274 HGB (2003), Rn. 46. Die Bewertung auf Basis der Gesamtdifferenzbetrachtung kann als eine Form der Nettomethode bezeichnet werden. Vgl. BAUMANN, K.-H./SPANHEIMER, J., in: Küting/Weber, HdR-E, 5. Aufl., § 274 HGB (2003), Rn. 48.

421 Vgl. DEBUS, C., in: Beck HdR, C 440, Rn. 83.

422 Vgl. COENENBERG, A. G./HILLE, K., Einzel- und Konzernabschluß, S. 619.

423 Vgl. BAUMANN, K.-H./SPANHEIMER, J., in: Küting/Weber, HdR-E, 5. Aufl., § 274 HGB (2003), Rn. 47.

424 Vgl. COENENBERG, A. G./HALLER, A./SCHULTZE, W., Jahresabschluss, S. 484.

425 Vgl. SCHMIDT, M., Latente Steuern nach US-GAAP, S. 244.

426 Vgl. für einen umfangreichen historischen Überblick bis 1982 vor allem HENNIG, B., Bilanzierung latenter Steuern, S. 112-123.

427 Vgl. GEDLICKA, W., Steuerabgrenzung im Einzelabschluß, S. 30.

vanten Vorschriften der 4. EG-Richtlinie erläutert, die auch heute noch die Grundlage der gesetzgeberischen Konkretisierung der (deutschen) handelsrechtlichen Normen bilden, bevor im dritten Schritt die erstmalige explizite handelsrechtliche Regelung der Bilanzierung latenter Steuern durch das BiRiLiG behandelt wird. Diese Regelungen bilden den Ausgangspunkt und damit eine Vergleichsbasis für die Änderungen durch das BilMoG. Im vierten Schritt folgt schließlich eine kurze Darstellung der in der Zeit nach der Verabschiedung des BiRiLiG vor allem durch den FASB bzw. den IASB geänderten Bilanzierung von Steuerlatenzen, die den Modifikationen der handelsrechtlichen Regelungen durch das BilMoG vorangegangen sind. In einem letzten Schritt werden aktuell laufende Projekte vorgestellt. Dabei handelt es sich zum einen um eine Initiative der Kommission der Europäischen Gemeinschaften, nach der die Rechnungslegung für kleine und mittelgroße Unternehmen (KMU) vereinfacht werden soll und zum anderen um das Konvergenzprojekt von IASB und FASB, in dessen Rahmen auch die Bilanzierung latenter Steuern kritisch betrachtet wird sowie des Weiteren um ein gemeinsames Projekt von ASB und DSR, mit welchem die Konzeption der Bilanzierung generell in Frage gestellt bzw. geprüft wird. Diese Projekte wurden allesamt bereits vor dem BilMoG begonnen. Daher könnten sie zum einen die Änderungen der Regelungen des § 274 HGB durch das BilMoG beeinflusst haben. Zum anderen kann auf Basis der Zwischenergebnisse dieser Projekte beurteilt werden, ob möglicherweise neue (internationale) Regelungen geplant sind, die zudem ein mögliches Überarbeitungspotenzial des § 274 HGB in absehbarer Zeit andeuten könnten.

242. Historische Betrachtung der Bilanzierung latenter Steuern

242.1 Erste Regelungen zur Bilanzierung latenter Steuern in den USA und durch das IASC

Schon im Jahr 1942 forderte das American Institute of Accountants (AIA), die Vorgänger-Institution des AICPA, mit der Veröffentlichung des Accounting Research Bulletin (ARB) No. 18 für den Fall einer steuerlich abweichenden Behandlung eines Disagios bei vorzeitiger Auflösung einer zugrunde liegenden Schuldverschreibung, die antizipative Erfassung künftiger Steuereffekte.[428] Implizit wurde dabei die Net-of-Tax-Methode unterstellt.[429] Mit ARB No. 23 wurde die Berücksichtigung latenter Steuern im Jahr 1944 generell vorgeschrieben.[430] Es wurde jedoch verboten, Differenzen zu erfassen, die über einen langen Zeitraum hinweg regelmäßig wiederkehren. 1954 beschränkte ARB No. 44 die Bilanzierung latenter Steuern jedoch auf die Fälle, in denen es sich um wesentliche kurzfristige Differenzen handelte (ARB No. 44.4). Dieses Bulletin verstärkte die Debatte um den Umfang der zu berücksichtigenden

428 Vgl. HENNIG, B., Bilanzierung latenter Steuern, S. 114 f.

429 Vgl. BERESFORD, D. R./BEST, L. C./CRAIG, P. W./WEBER, J. V., Accounting for Income Taxes, S. 135.

430 Vgl. GEDLICKA, W., Steuerabgrenzung im Einzelabschluß, S. 29.

Differenzen (comprehensive vs. partial allocation), die dazu führte, dass ARB No. 44 bereits 1958 überarbeitet wurde und nunmehr die Erfassung latenter Steuern aufgrund wesentlicher Differenzen zur Regel erklärte sowie die vorherige Regelung aufhob, nach der auf unbegrenzte Zeit wiederkehrende Differenzen nicht in die Ermittlung latenter Steuern einzubeziehen waren (ARB No. 44.4 (rev.)).[431] Während die Anwendung der Net-of-Tax-Methode zunächst weiter zugelassen wurde,[432] forderte APB Opinion No. 6 aus dem Jahr 1965 die Anwendung der Deferred-Methode oder der Liability-Methode (Rn. 23) und lehnte damit die Net-of-Tax-Methode indirekt ab.[433] In der Accounting Research Study (ARS) No. 9 wurde darüber hinaus vorgeschlagen, bei der Ermittlung aktiver latenter Steuern die Deferred-Methode und bei der Ermittlung passiver latenter Steuern die Liability-Methode zu verwenden.[434] Zudem unterstützte die Studie die umfassende Berücksichtigung von Differenzen (comprehensive allocation)[435] ebenso wie eine Abzinsung latenter Steuern und unter restriktiven Voraussetzungen den Einbezug von Verlustvorträgen in die Steuerabgrenzung.[436] Der auf diese Studie folgende APB Opinion No. 11 „Accounting for Income Taxes“ aus dem Jahr 1967 regelte sodann die Bilanzierung latenter Steuern in den USA für eine lange Zeit. Die APB Opinion No. 11 forderte eine comprehensive allocation (§ 34) auf Basis von timing differences. Latente Steuern waren zudem mittels der Deferred-Methode zu ermitteln (§ 35) und nicht abzuzinsen (§ 3). Verlustvorträge durften lediglich dann berücksichtigt werden, wenn ihre (spätere) Verrechnung „beyond any reasonable doubt“ sicher war (§ 45). 1972 wurde mit der APB Opinion No. 23 für bestimmte Bereiche die Berücksichtigung von Differenzen ausgeschlossen, die sich voraussichtlich erst nach einem unbestimmten Zeitraum umkehren.[437]

Eine besondere Bedeutung kommt vor allem der ARS No. 9 sowie der daraus folgenden APB Opinion No. 11 zu, die grundlegend die Begrifflichkeiten zur Bilanzierung latenter Steuern aufarbeiteten und mit den konkreten Vorschriften einen Anhaltspunkt bzw. eine Grundlage für die Erstellung bzw. gegebenenfalls Überarbeitung eigener Bilanzierungsregeln anderer Standardsetter bzw. Gesetzgeber boten.[438] Sie beeinflussten zudem die Interpretationen von geänderten bzw. neuen Regelungen zur Bilanzierung latenter Steuern in anderen Ländern. Einige Elemente der APB Opinion No. 11 finden sich bspw. in IAS 12 aus dem Jahr 1979 wieder. IAS 12 (1979) stellte ebenso wie die Opinion auf das Timing-Konzept ab (Rn. 3) und forderte die Berücksichtigung von Verlustvorträgen bei der Bilanzierung latenter Steuern le-

---

431 Vgl. BERESFORD, D. R./BEST, L. C./CRAIG, P. W./WEBER, J. V., Accounting for Income Taxes, S. 137.

432 Vgl. BERESFORD, D. R./BEST, L. C./CRAIG, P. W./WEBER, J. V., Accounting for Income Taxes, S. 137.

433 Vgl. HENNIG, B., Bilanzierung latenter Steuern, S. 118 f.

434 Vgl. BLACK, H. A., Interperiod Allocation of Corporate Income Taxes, S. 112.

435 Vgl. Abschnitt 232.1.

436 Vgl. BLACK, H. A., Interperiod Allocation of Corporate Income Taxes, S. 113 und 115.

437 Vgl. BERESFORD, D. R./BEST, L. C./CRAIG, P. W./WEBER, J. V., Accounting for Income Taxes, S. 140.

438 Vgl. GEDLICKA, W., Steuerabgrenzung im Einzelabschluß, S. 30.

diglich dann, wenn die künftige Verrechnung mit steuerpflichtigen Gewinnen „zweifelsfrei sichergestellt ist" (Rn. 48). Grundsätzlich sollten gemäß IAS 12.43 (1979) sämtliche zeitliche Differenzen in die Ermittlung latenter Steuern einbezogen werden (comprehensive allocation). Dennoch erlaubte IAS 12 (1979) vor dem Hintergrund der amerikanischen Diskussion und vermutlich in Anlehnung an die britischen Regelungen des SSAP 15.28 f.[439] den Verzicht auf den Einbezug von Unterschieden, die sich voraussichtlich „nicht vor Ablauf eines beträchtlichen Zeitraums (von mindestens 3 Jahren)" (Rn. 43) aufheben werden. Das IASC forderte in IAS 12 (1979) indes nicht, dass eine bestimmte Methode der Bilanzierung latenter Steuern zu verwenden ist, sondern billigte sowohl die Verwendung der Deferred- als auch der Liability-Methode (Rn. 42).

242.2 Bilanzierung latenter Steuern nach der 4. EG-Richtlinie

Die Bilanzierung latenter Steuern wurde in der 4. EG-Richtlinie aus dem Jahr 1978 geregelt. Sowohl im Vorschlag der EG-Komission (1971) als auch im geänderten Vorschlag der EG-Kommission (1974) wurde in Art. 9 der Ausweis des Postens „Steuerrückstellungen, davon für latente Steuerverpflichtungen" innerhalb des Postens „Rückstellungen" und für die GuV in Art. 20 ein Ausweis der Erfolgswirkungen der latenten Steuern unter den gewinnabhängigen Steuern gefordert. In den Begründungen zu Art. 27 der Vorschläge erläuterte die Kommission zum Bilanzausweis, dass „die Höhe der latenten Steuerverpflichtungen anzugeben" ist. Latente Steuern wurden dort ferner als „Steuern, bei denen die Steuerschuld zwar im Geschäftsjahr verursacht ist, die aber erst in den folgenden Geschäftsjahren fällig werden" definiert. Auffällig ist, dass sich die Regelungen offensichtlich lediglich auf die Verpflichtungen bzw. auf latente Steuern mit Rückstellungscharakter bezogen haben.[440] Im Sinne des Imparitätsprinzips sollte Vorsorge dafür getroffen werden, dass die aufgeschobene Steuerverpflichtung nicht ausgeschüttet wird.[441] Bereits während der ersten Lesung sprachen sich mehrere Mitgliedsstaaten gegen die Berücksichtigung latenter Steuern aus, da ihr Bestehen zu ungewiss sei.[442] Im Ergebnis wurden die Regelungen zur Bilanzierung latenter Steuern nach den Vorschlägen der EG-Kommission aus Art. 9 und Art. 20 gestrichen. Stattdessen wird die Abbildung von Steuerlatenzen in Art. 43 geregelt, der dem Abschnitt 8 der 4. EG-Richtlinie zuzuordnen ist und verpflichtende Mindestangaben fordert. So ist nach Art. 43 Abs. 1 Nr. 11 der „Unterschied zwischen dem Steueraufwand, der dem Geschäftsjahr und den früheren Geschäftsjahren zugerechnet wird, und den für diese Geschäftsjahre gezahlten oder zu zahlenden Steuern" anzugeben, „sofern dieser Unterschied für den künftigen Steueraufwand von Bedeutung ist. Dieser Betrag kann auch als Gesamtbetrag in der Bilanz unter einem gesonderten

439 Nach HENNIG, B., Bilanzierung latenter Steuern, S. 127.
440 Vgl. MATSCHKE, M. J., in: Hofbauer/Kupsch, § 274 HGB, Rn. 4.
441 Vgl. BIENER, H., Richtlinien der EG, S. 155.
442 Vgl. BIENER, H., Richtlinien der EG, S. 154.

Posten mit entsprechender Bezeichnung ausgewiesen werden". Damit wurde ein Wahlrecht eingeführt, dass den Ausweis der latenten Steuerverpflichtungen im Anhang oder „auf der Passivseite der Bilanz"[443] zulässt. Die Berücksichtigung von künftigen Steuerentlastungen, also von aktiven latenten Steuern, war laut BIENER nicht vorgesehen, da „ein derartiges Bedürfnis offenbar nicht bestand"[444]. Art. 43 Abs. 1 Nr. 11 stellt zudem lediglich auf die Differenzen mit Bedeutung für den künftigen „Steueraufwand" ab, so dass z. T. daraus geschlossen wird, dass aktive latente Steuern nicht angesprochen sind.[445] In der Literatur wurden die Regelungen der Richtlinie indes auch dynamisch interpretiert. Im Sinne der Schaffung eines erklärbaren Zusammenhangs zwischen Steueraufwand und Jahresergebnis sollten demnach auch aktive latente Steuern abgegrenzt werden.[446] Diese Interpretation ist vor dem Hintergrund der amerikanischen Regelungen zu erklären, die mit der Vorschrift der Deferred-Methode eine entsprechend dynamische Betrachtung latenter Steuern als Abgrenzungsposten ermöglichten.[447] Die Basis dieser Auffassung bildet aber vor allem Art. 31 Abs. 1 lit. d, der regelt, dass „Aufwendungen und Erträge für das Geschäftsjahr [...] berücksichtigt werden [müssen; Ergänzung durch den Verfasser], ohne Rücksicht auf den Zeitpunkt der Ausgabe oder Einnahme dieser Aufwendungen und Erträge". Indes ist anzumerken, dass sowohl die Entstehungsgeschichte als auch der Grundsatz der Vorsicht, der in Art. 31 Abs. 1 lit. c geregelt ist, gegen die dynamische Interpretation der Regelungen sprechen.[448] Die Bilanzierung aktiver latenter Steuern wird in der Literatur ferner mit Art. 4 Abs. 1 begründet, in dem vorgeschrieben wird, dass dem Bilanzschema neue Posten hinzugefügt werden dürfen, wenn „ihr Inhalt nicht von einem der in den Schemata vorgesehenen Posten gedeckt wird".[449] Eine Methode der Bilanzierung latenter Steuern wird mit Art. 43 Abs. 1 Nr. 11 nicht explizit vorgeschrieben.[450] Ferner gestattet Art. 44 bzw. Art. 47 Abs. 2 lit. b den Mitgliedstaaten, kleine Unternehmen im Sinne des Art. 11 von den Anhangangaben des Art. 43 Abs. 1 Nr. 11 und den entsprechenden Offenlegungspflichten zu befreien. Ebenso besteht gemäß Art. 47 Abs. 3

443 BIENER, H., Richtlinien der EG, S. 155.

444 BIENER, H., Richtlinien der EG, S. 157.

445 So wohl auch MATSCHKE, M. J., in: Hofbauer/Kupsch, § 274 HGB, Rn. 4.

446 Vgl. JONAS, H. H., Problematik der 4. EG-Richtlinie (II), S. 1413 f.; ARBEITSKREIS RECHNUNGSLEGUNGSVORSCHRIFTEN DER EG-KOMMISSION DER GEFIU, Latente Steuern nach dem Bilanzrichtlinie-Gesetz, S. 625.

447 Vgl. HENNIG, B., Bilanzierung latenter Steuern, S. 131 f.

448 Vgl. KARRENBROCK, H., Latente Steuern in Bilanz und Anhang, S. 199; BIENER, H., Richtlinien der EG, S. 157.

449 Vgl. MATSCHKE, M. J., in: Hofbauer/Kupsch, § 274 HGB, Rn. 4. KARRENBROCK weist indes darauf hin, dass eine solche Interpretation des Art. 4 Abs. 1 nicht dem Ziel der Harmonisierung dienen kann. Er wendet zudem ein, dass grundsätzlich nur neue Posten geschaffen werden dürfen, „die nicht im Widerspruch zu den übrigen Vorschriften der 4. EG-Richtlinie stehen" (KARRENBROCK, H., Latente Steuern in Bilanz und Anhang, S. 201).

450 Vgl. HENNIG, B., Bilanzierung latenter Steuern, S. 136.

lit. b die Möglichkeit auch mittelgroße Unternehmen im Sinne von Art. 27 von der Offenlegungspflicht der angesprochenen Angaben auszunehmen.[451]

242.3 Bilanzierung latenter Steuern nach dem BiRiLiG

Die Regelungen der 4. EG-Richtlinie wurden mit dem BiRiLiG vom 19.12.1985 in das deutsche Recht transformiert. In § 274 HGB a. F. wurden dazu erstmalig konkrete Regelungen (speziell) zur Bilanzierung latenter Steuern vorgeschrieben. Die Bilanzierung beruhte demnach auf dem Timing-Konzept sowie der Gesamtdifferenzbetrachtung. Zuvor war dieser Bereich nach dem AktG 1965 nicht explizit gesetzlich geregelt worden.[452] Vor allem aufgrund des Grundsatzes der Maßgeblichkeit wurde der Bilanzierung latenter Steuern keine große Bedeutung beigemessen.[453] Dennoch wurde in der Literatur durchaus die Bilanzierung einer Rückstellung „in Höhe der voraussichtlichen zukünftigen Ertragsteuerbelastung“[454] verlangt. Diese Rückstellungsbildung war vor allem auf die (damals zugelassene) steuerliche Bildung einer Preissteigerungsrücklage (bei gleichzeitigem Passivierungsverzicht in der Handelsbilanz) zurückzuführen.[455] Die Bilanzierung aktiver latenter Steuern war indes nicht zulässig.[456] Die Kontroverse bei der Interpretation der Regelungen der 4. EG-Richtlinie spiegelt sich auch in dem langwierigen Entstehungsprozess des § 274 HGB a. F. nach dem BiRiLiG wider, der durch zahlreiche Entwürfe und inhaltliche Kehrtwenden gekennzeichnet war.[457] So war bspw. noch 1980 im Vorentwurf eines Bilanzrichtlinie-Gesetzes[458] (seinerzeit im geplanten § 254 HGB) vorgesehen, neben den passiven Steuerlatenzen auch aktive latente Steuern (als Bilanzierungshilfe) abbilden zu dürfen. Dagegen forderte der Entwurf eines Bilanzrichtlinie-Gesetzes[459] (1981) ebenso wie der erste[460] (1982) und zweite Regierungsentwurf[461] (1983) lediglich die Erfassung passiver latenter Steuern. Zusätzlich wurde noch (im dann damaligen § 251 HGB zur Bilanzierung latenter Steuern) ein Verweis auf den Paragraphen zur Bildung von Rückstellungen hinzugefügt. Auf Basis eines Vorschlags des BMJ aus dem Jahr 1984

---

451 Die in Art. 11 und 27 angegebenen Schwellenwerte weichen indes von den Werten nach § 267 Abs. 1 HGB und § 267 Abs. 2 HGB ab, welche die handelsrechtlichen Größenklassen für kleine und mittelgroße Kapitalgesellschaften definieren.

452 Vgl. KARRENBROCK, H., Latente Steuern in Bilanz und Anhang, S. 191.

453 Vgl. COENENBERG, A. G./HILLE, K., Einzel- und Konzernabschluß, S. 602 und 606.

454 ADS, 4. Aufl., § 152 AktG, Rn. 70.

455 Vgl. COENENBERG, A. G./HILLE, K., Einzel- und Konzernabschluß, S. 606. Im WP-Handbuch (1977) wurde zudem die Antizipation künftiger Steuerbelastungen bei Inanspruchnahme und Berücksichtigung subventioneller Steuervergünstigungen im Rahmen der steuerlichen Gewinnermittlung ohne entsprechende handelsrechtliche Abbildung gefordert. Vgl. IDW (Hrsg.), WP-Handbuch 1977, S. 583.

456 Vgl. COENENBERG, A. G./HILLE, K., Einzel- und Konzernabschluß, S. 606.

457 Vgl. KARRENBROCK, H., Latente Steuern in Bilanz und Anhang, S. 206 f.

458 BMJ (Hrsg.), Vorentwurf eines Bilanzrichtlinie-Gesetzes, S. 37 f.

459 BMJ (Hrsg.), Entwurf eines Bilanzrichtlinie-Gesetzes. In diesem Gesetzesentwurf wird die Bilanzierung latenter Steuern weiterhin in § 254 HGB geregelt.

460 BT-Druckssache 9/1878.

461 BT-Drucksache 10/317.

wurde die Bilanzierung aktiver latenter Steuern erneut im Gesetzesvorschlag geregelt.[462] Mit dem Entwurf eines neu gestalteten Gesetzes durch einen Unterausschuss vom Rechtsausschuss (1985) wurde (schließlich in § 274 HGB) sogar der Verweis auf die allgemeine Rückstellungsbildung im Zusammenhang mit der Bilanzierung passiver latenter Steuern gestrichen, bevor er quasi in letzter Minute wieder in das finale BiRiLiG aufgenommen wurde.[463]

In der Begründung zu § 254 HGB – des Vorentwurfs – wurde noch darauf hingewiesen, dass es in Deutschland häufiger als in anderen Ländern zu aktiven latenten Steuern kommt und daher zur Verhinderung einer Verzerrung der Ertragslage, ganz im Sinne einer dynamischen Interpretation latenter Steuern unter Hinweis auf Art. 31 Abs. 1 lit. d der 4. EG-Richtlinie, auch die Bilanzierung aktiver latenter Steuern als Bilanzierungshilfe zuzulassen ist.[464] Tendenziell begab man sich also auf den anglo-amerikanischen Pfad.[465] Im Gegensatz dazu wurde in der Begründung zum Entwurf des damaligen § 251 HGB eher der statischen Betrachtung latenter Steuern der Vorzug eingeräumt und darauf verzichtet, die Aktivierung latenter Steuern zu erlauben. Zudem wurde angemerkt, dass dem Verweis auf die allgemeinen Rückstellungen lediglich ein klarstellender Charakter zukommt.[466] Schließlich wurde in der Begründung zu § 274 HGB a. F. des Rechtsausschusses die Wiederaufnahme eines Aktivierungswahlrechts für aktive latente Steuern damit gerechtfertigt, dass Letztere die Bildung von steuerlich nicht zugelassenen Aufwandsrückstellungen gemäß § 249 Abs. 2 HGB a. F. in dem Sinne unterstützen, dass sich diese nur in Höhe des zurückgestellten Betrags negativ auf das Jahresergebnis auswirken und der Erfolg nicht auch noch durch die Steuerbelastung gemindert wird, welche aus dem steuerlich c. p. höheren Ergebnis folgt.[467]

Die Interpretation der Regelungen zur Bilanzierung latenter Steuern nach dem BiRiLiG ist entsprechend gezeichnet vom Ringen zwischen der dynamischen und statischen Betrachtung latenter Steuern. Für die Vertreter der dynamischen Perspektive steht bei der Bilanzierung latenter Steuern im Vordergrund, dass ein erklärbarer Zusammenhang zwischen dem Steueraufwand und dem handelsrechtlichen Ergebnis erzielt wird.[468] Die sich aus den Anpassungsbuchungen des Steueraufwands ergebenden latenten Steuerposten in der Bilanz würden dem-

---

462 Vgl. dazu KARRENBROCK, H., Latente Steuern in Bilanz und Anhang, S. 210.

463 Vgl. für einen Überblick zum Entstehungsprozess KARRENBROCK, H., Latente Steuern in Bilanz und Anhang, S. 206-213.

464 Vgl. BMJ (Hrsg.), Vorentwurf eines Bilanzrichtlinie-Gesetzes, S. 83 sowie dazu auch MATSCHKE, M. J., in: Hofbauer/Kupsch, § 274 HGB, Rn. 6.

465 Vgl. HENNIG, B., Bilanzierung latenter Steuern, S. 133 f.

466 Vgl. BT-Drucksache 9/1878, S. 84; BT-Drucksache 10/317, S. 84.

467 Vgl. BT-Drucksache 10/4268, S. 107. In der Begründung wird zudem berichtet, dass mit der Einführung der Bilanzierungshilfe für aktive latente Steuern zumindest ansatzweise der im anglo-amerikanischen Raum üblichen Vorgehensweise entsprochen wird.

468 Vgl. POHLMANN, B., Systematik und Probleme latenter Steuern, S. 1096.

nach Abgrenzungsposten darstellen.[469] Der Verweis innerhalb des § 274 HGB a. F. auf § 249 HGB führt ihrer Meinung nach zu einer Etablierung der passiven latenten Steuern als „eine besondere Kategorie von Rückstellungen"[470]. Diese Argumentation ist auf eine dynamische Interpretation der 4. EG-Richtlinie bzw. im Speziellen des Art. 31 Abs. 1 lit. d zurückzuführen, während die Verfechter der statischen Perspektive vor allem aus der Entstehungsgeschichte der Regelungen zur Bilanzierung latenter Steuern nach der 4. EG-Richtlinie eine statische Interpretation des Charakters latenter Steuern ableiten.[471] Dem Verweis auf § 249 HGB schreiben sie, entsprechend der Begründung zum damals vorgesehenen § 251 HGB, lediglich eine klarstellende Bedeutung zu.[472] Nach der statischen Interpretation dürften aktive latente Steuern in der handelsrechtlichen Rechnungslegung indes nicht erfasst werden.[473] Allerdings gewährt der Gesetzgeber mit dem BiRiLiG ein Wahlrecht zur Abbildung aktiver Steuerlatenzen als Bilanzierungshilfe (§ 274 Abs. 2 Satz 1 HGB a. F.). Diese Form der Interpretation der Regelungen latenter Steuern ähnelt der Forderung in der ARS No. 9, den Charakter aktiver latenter Steuern mit der Deferred-Methode eher dynamisch und den Charakter passiver Steuerlatenzen mit der Liability-Methode eher statisch zu interpretieren.[474]

242.4 Weiterentwicklung der Bilanzierung latenter Steuern auf internationaler Ebene zwischen dem BiRiLiG und dem BilMoG

Die Konzeption der Abbildung latenter Steuern nach APB Opinion No. 11 wurde mit der Fortentwicklung der Diskussionen zur Bilanzierung latenter Steuern zunehmend in Frage gestellt (SFAS 109.C277). Die Statements of Financial Accounting Concept (CON) No. 3 bzw. No. 6 bezeichneten die Deferred-Methode sogar als inkompatibel mit den zugrunde liegenden Definitionen des Statements.[475] Die mittlerweile stärkere Betonung der Bilanz im Vergleich zur vorher stärkeren GuV-Orientierung sowie der sich ständig erhöhende Anteil der ausgewiesenen latenten Steuern führten ebenso wie die Kritik an der enormen Komplexität der Bilanzierung latenter Steuern, die aus der Vielzahl an Stellungnahmen bzw. Opinions und Interpretationen resultierte, schlussendlich zum Überdenken der Regelungen der APB Opinion No. 11.[476] In der Konsequenz wurde zunächst 1987, also nach dem in Deutschland das BiRiLiG in Kraft getreten war, mit der Verabschiedung des SFAS 96 eine umfangreiche bilanzori-

469 Vgl. auch die Erläuterungen zur Deferred-Methode in Abschnitt 233.1.
470 Vgl. HARMS, J. E./KÜTING, K., Probleme latenter Steuern, S. 98.
471 Vgl. SIEGEL, T., Latente Steuern und 4. EG-Richtlinie, S. 496 f.; SIEGEL, T., Konzeptionsprobleme, S. 154.
472 Vgl. beispielsweise SIEGEL, T., Zur Bilanzierung latenter Steuern, S. 589.
473 Vgl. SIEGEL, T., Konzeptionsprobleme, S. 145.
474 Vgl. Abschnitt 242.1.
475 Vgl. CON 3.164 und CON 6.241 sowie NURNBERG, H., Changes in Tax Rates, S. 59.
476 Vgl. BERESFORD, D. R./BEST, L. C./CRAIG, P. W./WEBER, J. V., Accounting for Income Taxes, S. 3-5.

entierte Neugestaltung der Vorschriften zur Bilanzierung latenter Steuern vorgenommen. Der SFAS 96 wurde indes stark kritisiert, so dass der Anwendungszeitpunkt öfter verschoben wurde und die Regelungen noch einmal überarbeitet wurden.[477] Daraus resultierte der 1992 verabschiedete SFAS 109, der sich der Kritik am SFAS 96 annahm.[478] SFAS 109 basiert ebenso wie SFAS 96 auf dem Temporary-Konzept und auf der Liability-Methode.[479] Im Unterschied zu SFAS 96 sind indes bspw. die aktiven latenten Steuern im ersten Schritt komplett – unter vollständiger Berücksichtigung steuerlicher Verlustvorträge – anzusetzen. Für den Betrag der aktiven latenten Steuern, der wahrscheinlich („more likely than not") nicht verwirklicht werden kann, ist im zweiten Schritt eine Wertberichtigung („valuation allowance") durchzuführen.[480]

Die geänderte Bilanzierung latenter Steuern in den USA wirkte sich wiederum auf das Vorhaben des IASB aus, den IAS 12 (1979) zu überarbeiten, um die Aussagekraft des Einzelabschlusses zu verbessern.[481] Bis zur Verabschiedung des IAS 12 (rev.) im Jahr 1996 wurden die IAS-Vorschriften kontinuierlich an den amerikanischen Standard angenähert.[482] In Anlehnung an SFAS 109 wird auch in IAS 12 (rev.) das Temporary-Konzept ebenso wie die Liability-Methode vorgeschrieben.[483] Die „enge Verwandtschaft"[484] wird ferner durch die nach IAS 12 (rev.) ebenfalls aufgeweichten Bedingungen für die Berücksichtigung latenter Steuern auf steuerliche Verlustvorträge deutlich.[485] Wenngleich die grundlegenden Prinzipien nach SFAS 109 und IAS 12 (rev.) übereinstimmen, unterscheiden sich die beiden Standards indes

---

477 Vgl. GEDLICKA, W., Steuerabgrenzung im Einzelabschluß, S. 31. Die Kritik bezog sich vor allem auf die Tatsache, dass nach SFAS 96 ein umfangreiches „scheduling" notwendig gewesen wäre. Der Abbau der Differenzen sollte über ihre gesamte Laufzeit festgehalten bzw. prognostiziert werden, um so den entstehenden Saldo der Steuereffekte pro Jahr ermitteln zu können. Vgl. SFAS 96.17 f.; HAUCK, A./MICHEL, U., Latente Steuern in den USA, S. 453; BARBER, B./PITMAN, R. L., Goodbye SFAS 96, S. 14. Im Abbaujahr sollte schließlich der Steuersatz angewendet werden, der sich aus der Annahme ergibt, dass im entsprechenden künftigen Jahr lediglich die sich abbauenden Differenzen das zu versteuernde Einkommen bilden. Vgl. HAUCK, A./MICHEL, U., Latente Steuern in den USA, S. 453; BARBER, B./PITMAN, R. L., Goodbye SFAS 96, S. 15. Ebenso konnte der Ansatz aktiver latenter Steuern aufgrund temporärer Differenzen sowie aufgrund von Verlustvorträgen grundsätzlich nur vorgenommen werden, sofern den steuermindernden Differenzen steuererhöhende Unterschiede gegenüberstanden (SFAS 96.17e und SFAS 96.39). Weitere künftige Transaktionen galt es bei der Betrachtung auszuschließen. Vgl. STEPP, J. O./PETZING, L. N., One more time, S. 12; BARBER, B./PITMAN, R. L., Goodbye SFAS 96, S. 15.

478 So entfällt u. a. grundsätzlich eine Betrachtung jeder einzelnen Zukunftsperiode im Sinne eines umfassenden „scheduling" (des Abbaus) der Differenzen. Bei der Bewertung der Differenzen ist der künftige Grenzsteuersatz zu verwenden. Vgl. GRÖNER, S./MARTEN, K.-U./SCHMID, S., Latente Steuern im internationalen Vergleich, S. 484.

479 Vgl. HAUCK, A./MICHEL, U., Latente Steuern in den USA, S. 452.

480 Vgl. GRÖNER, S./MARTEN, K.-U./SCHMID, S., Latente Steuern im internationalen Vergleich, S. 484.

481 Vgl. GEDLICKA, W., Steuerabgrenzung im Einzelabschluß, S. 31 f.

482 Vgl. GRÖNER, S./MARTEN, K.-U./SCHMID, S., Latente Steuern im internationalen Vergleich, S. 488.

483 Vgl. HEURUNG, R., Latente Steuerabgrenzung im Konzernabschluß, S. 539.

484 FÖRSCHLE, G./KRONER, M., Offene Fragen zur künftigen Steuerabgrenzung, S. 1633.

485 Vgl. ORDELHEIDE, D., Aktivische latente Steuern bei Verlustvorträgen. S. 620.

in verschiedenen hier nicht relevanten Details.[486] Ferner hat der IASB auch in dem im Juli 2009 veröffentlichten IFRS für kleine und mittelgroße, nicht kapitalmarktorientierte Unternehmen (IFRS for SMEs) hinsichtlich der in Abschnitt 29 geregelten Abbildung latenter Steuern die grundlegende Bilanzierungskonzeption des SFAS 109 bzw. des IAS 12 (rev.) vorgeschrieben. Die Bilanzierung latenter Steuern basiert demnach auf dem Temporary-Konzept und der Liability-Methode.

Der deutsche Gesetzgeber ist dieser internationalen Entwicklung mit einiger Verzögerung durch das BilMoG im Mai 2009 letztlich gefolgt. So sind nach § 274 HGB künftig zum einen Differenzen zwischen den handels- und steuerrechtlichen Wertansätzen zu ermitteln (Temporary-Konzept) sowie bei der Bewertung diejenigen Steuersätze anzuwenden, die im Zeitpunkt des Abbaus der Differenzen gültig sind (Liability-Methode). Zum anderen wird nunmehr in gewissen, später zu betrachtenden Grenzen der Einbezug von steuerlichen Verlustvorträgen bei der Berechnung aktiver latenter Steuern zugelassen.

243. Aktuelle Projekte zur Bilanzierung latenter Steuern

243.1 Überarbeitung der 4. EG-Richtlinie

Die Europäische Kommission hat sich bereits im November 2006 das ehrgeizige Ziel gesetzt, den Verwaltungsaufwand von Unternehmen in der EU bis 2012 um 25 % zu verringern.[487] Diesem Vorhaben stimmte 2007 auch der Europäische Rat vor allem mit dem Hinweis auf die positiven Auswirkungen von reduzierten Verwaltungslasten auf die Wirtschaftskraft von KMU zu.[488] In ihrer Mitteilung vom 10.07.2007 „über ein vereinfachtes Unternehmensumfeld in den Bereichen Gesellschaftsrecht, Rechnungslegung und Abschlussprüfung" denkt die Kommission in diesem Zusammenhang offen darüber nach, die Vorschriften zur Abbildung latenter Steuern zu streichen, damit der Verwaltungsaufwand für KMU verringert wird.[489] Die vorgeschlagene Abschaffung begründet sie zum einem mit dem hohen Aufwand, der für die Ermittlung latenter Steuern notwendig ist sowie zum anderen mit der Tatsache, dass „Unternehmen ebenso wie Nutzer, z. B. Kreditinstitute und Rating-Agenturen, bekräftig[en; Ergänzung durch den Verfasser], dass Angaben über latente Steuern (ob in Bilanz oder Anhang) bei anstehenden Entscheidungen oft gar nicht berücksichtigt werden"[490]. Diese Überlegung ist dem Oberpunkt „Vereinfachung für alle Unternehmen" untergeordnet, weshalb es in der Literatur umstritten ist, ob trotz der expliziten Bezugnahme innerhalb des Vorschlags auf die

486 Vgl. beispielsweise KLEIN, O., Latente Steuern im Vergleich, S. 1454.
487 Vgl. KOMMISSION DER EUROPÄISCHEN GEMEINSCHAFTEN (Hrsg.), KOM(2006) 689, S. 4; KOMMISSION DER EUROPÄISCHEN GEMEINSCHAFTEN (Hrsg.), KOM(2006) 691, S. 2.
488 Vgl. EUROPÄISCHER RAT (Hrsg.), 7224/07 – CONCL 1, S. 10.
489 Vgl. KOMMISSION DER EUROPÄISCHEN GEMEINSCHAFTEN (Hrsg.), KOM(2007) 394, S. 20.
490 KOMMISSION DER EUROPÄISCHEN GEMEINSCHAFTEN (Hrsg.), KOM(2007) 394, S. 20.

KMU und trotz der Einordnung des Oberpunkts unter dem Titel „Vereinfachungsmaßnahmen für KMU bei Rechnungslegung und Abschlussprüfung“ die Abschaffung der Abbildung latenter Steuern für alle Unternehmen angedacht sein könnte.[491]

Die Stellungnahmen der interessierten Kreise deuteten mehrheitlich eine Zustimmung zum geschilderten Vorschlag der Kommission an, die Vorschriften zur Abbildung latenter Steuern für KMU zu streichen. Dabei unterstützen sämtliche Unternehmen, die sich zu diesem Vorschlag geäußert haben, das Vorhaben. Einige plädierten für eine Ausdehnung der Befreiung vom Ausweis latenter Steuern auf alle Unternehmen, während andere indes ein Mitgliedsstaatenwahlrecht präferieren würden. In der Zusammenfassung der Stellungnahmen nicht näher spezifizierte Gegner des Vorschlags wiesen auf die Nützlichkeit der Informationen genauso wie auf die Tatsache hin, dass bereits aktuell die Option für die Mitgliedsstaaten besteht, kleine Unternehmen von den Ausweispflichten latenter Steuern zu befreien. Ferner wurde die Meinung vertreten, dass die Vorschriften zur Abbildung latenter Steuern für kleine Unternehmen abzuschaffen sind, während mittelgroße und große Unternehmen (weiterhin) dazu verpflichtet werden sollten, diese Regelungen anzuwenden.[492]

Im Februar 2009 veröffentlichte die Europäische Kommission ein „Consultation Paper on Review of the Accounting Directives“[493] mit insgesamt 37 Fragen zu den Vorschlägen bzw. Ansichten, die in diesem Dokument erläutert wurden. Im Oktober wurden die Ergebnisse der Konsultation veröffentlicht. Dabei wurde zum einen festgehalten, dass einige der Antwortenden der Meinung sind, dass für die Anhangangaben zu den latenten Steuern zusätzliche Informationen benötigt werden, die sehr aufwendig und zeitintensiv zu ermitteln sind, während andere darauf hinwiesen, dass sämtliche Informationen für die Anhangangaben durch die Rechnungslegung zur Verfügung gestellt werden.[494] Zum anderen wurden die Anhangangaben zu den latenten Steuern von einigen Stakeholdern als weniger relevant bzw. nützlich bezeichnet.[495] Im zwischenzeitlich veröffentlichten, vom Staff der Europäischen Kommission zusammengestellten „Discussion Paper for Stakeholder meeting on Friday 12 th June 2009“ wurde trotz der aufkommenden Kritik an der Abbildung latenter Steuern im Mindestgliede-

[491] Vgl. KNOLL, L./BEIERSDORF, K./SCHMIDT, M., Vereinfachung des Unternehmensumfelds, S. 2114; vgl. auch KOMMISSION DER EUROPÄISCHEN GEMEINSCHAFTEN (Hrsg.), Synthesis of the Reactions, S. 13.

[492] Vgl. KOMMISSION DER EUROPÄISCHEN GEMEINSCHAFTEN (Hrsg.), Synthesis of the Reactions, S. 13.

[493] Vgl. KOMMISSION DER EUROPÄISCHEN GEMEINSCHAFTEN (Hrsg.), Consultation Paper on Review of the Accounting Directives, S. 13.

[494] Vgl. KOMMISSION DER EUROPÄISCHEN GEMEINSCHAFTEN (Hrsg.), Summary Report, S. 21.

[495] Vgl. KOMMISSION DER EUROPÄISCHEN GEMEINSCHAFTEN (Hrsg.), Summary Report, S. 22.

rungsschema für die Bilanz ein Posten für aktive bzw. passive latente Steuern berücksichtigt.[496]

Im Juli 2009 teilte die Europäische Kommission in einem „Update" mit, dass der Review-Prozess der EG-Richtlinien aufgrund der Veröffentlichung des IFRS for SMEs am 9.07.2009 erst einmal in den Hintergrund gerückt wird. Wegen der inhaltlichen Überschneidungen zu den aktuellen EU-Projekten zur Reduzierung der Verwaltungslasten der KMU soll zunächst der IFRS for SMEs diskutiert werden.[497] Dazu veröffentlichte die Kommission im November 2009 ein Konsultationspapier[498]. In diesem Papier wurde auch die Frage an die Bilanzleser gerichtet, ob der IFRS for SMEs zu nützlicheren Informationen als die nationalen Regelungen führt. Dem im Mai 2010 publizierten „Summary Report" der Befragung lässt sich entnehmen, dass viele der Antwortenden in der Komplexität der Regelungen des Standards zu den latenten Steuern einen Grund dafür sehen, dass der Einzelabschluss weniger verständlich wird. Zudem wird betont, dass Banken latente Steuern bei der Kreditwürdigkeitsprüfung grundsätzlich ausschließen.[499]

In dem im Oktober 2010 veröffentlichten „Final Report" wird noch einmal das Dilemma der Abbildung latenter Steuern, vor allem für kleine und mittelgroße Unternehmen, deutlich. Auf der einen Seite wird darauf hingewiesen, dass Erleichterungen, insbesondere hinsichtlich der Berichterstattungspflichten im Anhang, u. U. bedeutende Kosteneinsparungen für die Unternehmen bedeuten könnten. Auf der anderen Seite wird indes der Nutzen einer Berichterstattung über latente Steuern betont.[500]

In der Tendenz kann festgestellt werden, dass die Kommission zur Erleichterung der Verwaltungslasten von Unternehmen, einer künftigen Befreiung kleiner und mittelgroßer Gesellschaften von der Abbildung latenter Steuern nicht grundsätzlich abgeneigt zu sein scheint.

---

496 Vgl. KOMMISSION DER EUROPÄISCHEN GEMEINSCHAFTEN (Hrsg.), Discussion Paper for Stakeholder meeting, S. 5.

497 Vgl. KOMMISSION DER EUROPÄISCHEN GEMEINSCHAFTEN (Hrsg.), Update.

498 KOMMISSION DER EUROPÄISCHEN GEMEINSCHAFTEN (Hrsg.), Konsultation zum IFRS für KMU.

499 Vgl. KOMMISSION DER EUROPÄISCHEN GEMEINSCHAFTEN (Hrsg.), Commission's Consultation on the IFRS for SMEs, S. 8. Eine im Jahr 2010 unter Federführung des DRSC und BDI durchgeführte Befragung nicht kapitalmarktorientierter Unternehmen in Deutschland hinsichtlich der Anwendbarkeit des IFRS for SMEs kommt u. a. zu dem Ergebnis, dass diese Unternehmen die Regelungen des Standards zur Bilanzierung latenter Steuern sehr kritisch beurteilen. Der Studie zufolge sieht ein Großteil der antwortenden Unternehmen in der Abbildung latenter Steuern (nach den Standardvorgaben) nur einen geringen Nutzen für externe Adressaten und interne Informationspflichten bei vergleichsweise hohen Aufwendungen der Bilanzierung. Vgl. EIERLE, B./HALLER, A., Ergebnisse einer Befragung, S. 20.

500 Vgl. KOMMISSION DER EUROPÄISCHEN GEMEINSCHAFTEN (Hrsg.), Final Report, S. ii, 19-21 und 51.

243.2 Das Konvergenzprojekt von IASB und FASB

Im Folgenden soll ein kurzer Blick auf das aktuell laufende Konvergenzprojekt vom IASB und FASB geworfen werden, da sich bei der historischen Betrachtung der Entwicklung der Bilanzierung latenter Steuern in Abschnitt 242. herausstellte, dass die internationalen Regelungen die handelsrechtlichen Konzeptionen der Bilanzierung latenter Steuern durchaus beeinflusst haben.

Im Memorandum of Understanding (MoU) „The Norwalk Agreement" vom September 2002 hielten der IASB und der FASB ihr gemeinsames Vorhaben fest, die einzelnen Standards aneinander anzupassen.[501] Dazu wurden im Februar 2006 konkretere Meilensteine entwickelt bzw. „short-term convergence projects" identifiziert, zu denen auch die Bilanzierung latenter Steuern gezählt wurde.[502] Im März 2009 veröffentlichte der IASB schließlich den ED/2009/2 „Income Tax". Die Bilanzierung latenter Steuern sollte demnach weiterhin auf dem Temporary-Konzept und daher auch auf der Liability-Methode basieren. Dennoch sollte der IAS 12 hinsichtlich einiger Bilanzierungsfragen wesentlich geändert werden. Diese Änderungsvorschläge des ED/2009/2 wurden teilweise stark kritisiert. Beispielsweise waren die vorgeschlagenen Regelungen zur Bestimmung des Steuerwerts nach ED/2009/2.14 f.,[503] der Ersatz der sog. „initial recognition exception" durch ein neues, komplexes Verfahren gemäß ED/2009/2.22 (a) und ED/2009/2.B10[504] sowie die Reduzierung der Ausnahmen von der Berücksichtigung latenter Steuern auf bestimmte outside basis differences[505] im Zusammenhang mit Anteilen an ausländischen Tochter- oder Gemeinschaftsunternehmen nach ED/2009/2.B5[506] einer starken Kritik ausgesetzt.

Auf dem gemeinsamen Meeting von IASB und FASB im Oktober 2009 wurden die erhaltenen, kritischen Kommentare zum ED/2009/2 besprochen. Letztlich wurde entschieden, das gemeinsame Projekt zur Bilanzierung latenter Steuern in der gegenwärtigen Form nicht fortzuführen. Der IASB wird nach eigener Aussage vielmehr prüfen, inwiefern ausgewählte Aspekte des IAS 12 im Rahmen eines übersichtlicheren Projekts untersucht bzw. neu geregelt werden könnten.[507] Dazu wurde vom IASB Staff bereits im November 2009 ein Vorschlag

[501] Vgl. IASB/FASB (Hrsg.), Norwalk Agreement.

[502] Vgl. IASB/FASB (Hrsg.), Roadmap for Convergence, S. 2.

[503] Vgl. SENGER, T./BRUNE, J. W./HOEHNE, F., Übersicht und Würdigung, S. 290.

[504] Vgl. beispielsweise SENGER, T./BRUNE, J. W./HOEHNE, F., Übersicht und Würdigung, S. 291 f.; JEHLE, N., Vorgeschlagene Neuregelungen, S. 154 f.

[505] Outside basis differences stellen Differenzen zwischen dem (anteiligen) im Konzernabschluss angesetzten Nettovermögen einer Konzerngesellschaft und dem Beteiligungsbuchwert in der Steuerbilanz des Anteilseigners dar. Vgl. BAETGE, J./KIRSCH, H.-J./THIELE, S., Konzernbilanzen, S. 399.

[506] Vgl. LOITZ, R., Wesentliche Änderungen des Tax Accounting, S. 1999; JEHLE, N., Vorgeschlagene Neuregelungen, S. 156.

[507] Vgl. IASB/FASB (Hrsg.), Joint Statement, S. 15 f.

vorbereitet. Demnach sollten zunächst einzelne Änderungsvorschläge des ED/2009/2 diskutiert werden, die mehrheitlich eine Zustimmung in den Stellungnahmen erhalten haben, wie bspw. die Einführung einer valuation allowance nach ED/2009/2.23.[508] Der IASB bekräftigte in seiner Sitzung im März 2010, dass die grundlegende Konzeption der Bilanzierung latenter Steuern zunächst einmal nicht geändert werden soll, sondern dass vielmehr dringende praxisrelevante Fragestellungen zur Abbildung von Steuerlatenzen genauso wie einige begrüßte Änderungsvorschläge des ED/2009/2 zeitnah geklärt werden sollen.[509] Der FASB setzt derweil weiterhin seine Arbeit an dem SFAS 109 aus.[510] Geplant ist indes ein gemeinsamer, grundlegender Review der Regelungen zur Bilanzierung latenter Steuern durch den IASB und FASB in der nicht näher spezifizierten Zukunft.[511] Der Staff des IASB stellte in diesem Zusammenhang fest, dass aktuell das DRSC in Zusammenarbeit mit dem ASB eine vergleichbare Untersuchung durchführt.[512] Das gemeinsame Projekt von DRSC und ASB soll im folgenden Abschnitt erläutert werden.

Festzuhalten bleibt, dass gegenwärtig keine gravierenden Änderungen der Konzeption der Bilanzierung latenter Steuern auf internationaler Ebene konkretisiert wurden, die in absehbarer Zeit auch die Abbildung von Steuerlatenzen im Jahresabschluss beeinflussen könnten. Sowohl beim FASB als auch beim IASB besteht indes eine gewisse Unzufriedenheit mit den aktuellen Regelungen, die dazu führt, dass die Standardsetter einen umfassenden Review der Vorschriften intendieren.

243.3 Das gemeinsame Projekt des ASB und des DSR zur Bilanzierung latenter Steuern

Die European Financial Reporting Advisory Group (EFRAG) hat zusammen mit den europäischen nationalen Standardsettern die sog. Initiative „Pro-Active Accounting Activities in Europe“ (PAAinE) gegründet.[513] Zu diesen Aktivitäten gehört auch das Projekt „Corporate Income Tax“, das unter der Leitung des englischen Accounting Standards Board (ASB) und des Deutschen Standardisierungsrats (DSR) steht.[514] Die Standardsetter werden bei ihrer Arbeit

508 Vgl. IASB (Hrsg.), Changes proposed in the ED, S. 1 f. Danach sind in einem ersten Schritt sämtliche aktive latente Steuern anzusetzen, bevor in einem zweiten Schritt ggf. eine Wertberichtigung (valuation allowance) erforderlich wird. Vgl. BEYHS, O./FUCHS, M., Neue Vorschläge des IASB, S. 638.

509 Vgl. IASB (Hrsg.), Update March 2010, S. 8; IASB (Hrsg.), Scope, S. 3 f. Im Dezember 2010 wurde der IAS 12 schließlich marginal in der Form erweitert, dass künftig bei der Bewertung latenter Steuern, die im Zusammenhang mit dem Ansatz von zum fair value nach IAS 40 bewerteten investment properties stehen, unterstellt wird, dass die dazugehörigen Steuereffekte grundsätzlich durch den Verkauf dieser Vermögenswerte entstehen. Vgl. IASB (Hrsg.), Press release.

510 Vgl. IASB (Hrsg.), Scope, S. 3.

511 Vgl. IASB (Hrsg.), Scope, S. 3; BENZEL, U./LINZBACH, M., Ertragsteuerrisiken, S. 500.

512 Vgl. IASB (Hrsg.), Income tax project, S. 1.

513 Vgl. IDW (Hrsg.), Bilanzierung von Ertragsteuern.

514 Vgl. DRSC (Hrsg.), Jahresbericht 2008, S. 23.

durch das von ihnen 2008 eingerichtete Tax Advisory Panel mit Vertretern von rechnungslegenden Unternehmen, Adressaten der Unternehmen, Prüfungsgesellschaften und Wissenschaftlern unterstützt.[515] Die Initiatoren begründen dieses Projekt damit, dass die gegenwärtigen Regelungen des IAS 12 ihrer Meinung nach nur schwierig verständlich sowie komplex sind und vor allem die damit verbundene Ermittlung latenter Steuern aufwendig und somit sehr Zeit beanspruchend ist.[516] Die zugrunde liegenden Prinzipien der Bilanzierung latenter Steuern seien zudem unklar.[517] Die Konzeption latenter Steuern wird daher grundsätzlich in Frage gestellt.[518] Mit dem Projekt soll also die gesamte Bilanzierung latenter Steuern hinterfragt werden. Neue Ideen für die Abbildung künftiger Steuereffekte sind dabei ebenso wie neue Ansätze für ihre Erfassung zu entwickeln. So soll ein Ansatz für die Bildung latenter Steuern ermittelt werden, der konzeptionell konsistent, klar und nützlich ist.[519] Die Ergebnisse des Projekts können als Grundlage für die vom IASB und FASB geplante fundamentale Überarbeitung bzw. Prüfung der aktuell vorgeschriebenen Abbildung latenter Steuern dienen.[520]

Während der seit Herbst 2008 regelmäßig stattfindenden Meetings der Gremien wurden zunächst bedeutende Problembereiche bei der Bilanzierung von Steuerlatenzen identifiziert. Zu den wesentlichen Problempunkten gehörte neben den oben genannten bspw. auch die Feststellung, dass die Rechnungslegenden und die Nutzer die nach IAS 12 bilanzierten Werte nicht als nützlich für die Prognose künftiger Cashflows ansehen.[521] Zudem wurde festgehalten, dass der bilanzorientierte Ansatz dem Interesse der Steuerbehörden an dem Einkommen entgegensteht.[522] Den wichtigsten Gestaltungsaspekt bei der Lösung der angesprochenen Defizite soll die Betrachtung der Nutzerbedürfnisse bilden.[523] Als solche wurden vor allem die Kenntnisse über den Einfluss von Steuereffekten auf die künftigen Cashflows, die Nachhaltigkeit der Steuerquote, die Natur und das Ausmaß von Steuerrisiken und die Steuerstrategien des Managements identifiziert.[524] Explizit abgelehnt wurde ein künftiger Verzicht auf die Bilanzierung latenter Steuern.[525] Im Rahmen der Diskussion des Entwurfs der ersten vier Kapitel eines Diskussionspapiers[526] wurde zudem die Kritik an der comprehensive allocation deutlich be-

515 Vgl. DRSC (Hrsg.), Jahresbericht 2009, S. 24; zur konkreten Zusammensetzung des panel vgl. DRSC (Hrsg.), Jahresbericht 2010, S. 21.
516 Vgl. ABELA, M./DAVIDS, K./JEHLE, N., Frischer Wind für die Steuerbilanzierung, S. 69.
517 Vgl. DRSC (Hrsg.), Jahresbericht 2008, S. 25.
518 Vgl. DRSC (Hrsg.), Jahresbericht 2008, S. 23.
519 Vgl. ABELA, M./DAVIDS, K./JEHLE, N., Frischer Wind für die Steuerbilanzierung, S. 69.
520 Vgl. Abschnitt 243.2; DRSC (Hrsg.), Jahresbericht 2009, S. 23.
521 Vgl. DRSC (Hrsg.), Jahresbericht 2008, S. 25.
522 Vgl. DRSC (Hrsg.), Jahresbericht 2008, S. 24.
523 Vgl. DRSC (Hrsg.), Tax Advisory Panel, S. 7.
524 Vgl. DRSC (Hrsg.), Income Tax Schedule, S. 4.
525 Vgl. DRSC (Hrsg.), Tax Advisory Panel, S. 11.
526 Vgl. DRSC (Hrsg.), Update des gemeinsamen Projekts.

tont.[527] In seiner Sitzung im Februar 2011 diskutierte der DSR indes kritisch die aufkommende Tendenz einer Verwendung des Timing- im Gegensatz zum Temporary-Konzept als Grundlage für weitere Überlegungen der Experten.[528] Es ist derzeit geplant, den ersten Teil eines Diskussionspapiers im Sommer 2011 zu veröffentlichen.[529]

25 Zwischenfazit

In dieser Arbeit werden die für die Bilanzierung latenter Steuern nach § 274 HGB relevanten gesetzlichen Vorschriften ausgelegt. Diese Interpretationen basieren auf dem in diesem Kapitel vorgestellten Instrumentarium der hermeneutischen Methode, welche einen ganzheitlichen Ansatz bildet, der üblicherweise bei Gesetzesauslegungen angewendet wird.

Latente Steuern entstehen aufgrund von unterschiedlichen handels- und steuerrechtlichen Vorschriften. Es konnte gezeigt werden, dass diese Differenzen grundlegend auf verschiedene Zwecke und Grundsätze der beiden Rechnungslegungssysteme zurückzuführen sind und (damit) auch nach dem BilMoG bestehen. Als Bindeglied zwischen Handels- und Steuerbilanz fungierte in der Vergangenheit vor allem das Maßgeblichkeitsprinzip, nach welchem die Handelsbilanz maßgeblich für die Steuerbilanz ist. Der Gesetzgeber beabsichtigte, mit dem BilMoG die sog. umgekehrte Maßgeblichkeit abzuschaffen. Diese führte über Öffnungsklauseln dazu, dass GoB-widrige Wertansätze in der Handelsbilanz ausgewiesen wurden. Dazu wurde die Grundlage des Maßgeblichkeitsgrundsatzes, § 5 Abs. 1 EStG, modifiziert. Laut dem BMF-Schreiben vom 12.3.2010 führen diese Änderungen dazu, dass nunmehr sämtliche steuerliche Wahlrechte autonom, also unabhängig von den handelsrechtlichen Regelungen, auszuüben sind. Damit würde das vor dem BilMoG zu beachtende Maßgeblichkeitsprinzip nicht mehr einschlägig sein. Es konnte jedoch mithilfe der Auslegungskriterien der hermeneutischen Methode ermittelt werden, dass zwar die umgekehrte Maßgeblichkeit aufgehoben wurde, der Maßgeblichkeitsgrundsatz ansonsten aber auch nach dem BilMoG in seiner bisherigen Form zu beachten bleibt.

Eine Untersuchung ausgewählter, bedeutender steuer- bzw. handelsrechtlicher Bilanzierungsregeln verdeutlichte indes, dass viele Wertansätze trotz des Maßgeblichkeitsprinzips auch nach dem BilMoG voneinander abweichen werden. Die aus dem Abbau dieser Differenzen erwarteten Steuerbe- bzw. -entlastungen werden durch den Ansatz latenter Steuern in der Handelsbilanz antizipiert, so dass die Vermögens-, Finanz- und Ertragslage zutreffender dargestellt wird. Aufgrund der gesetzlichen Änderungen durch das BilMoG wurden die Ursachen abzugsfähiger Differenzen reduziert, wohingegen künftig regelmäßig vermehrt zu versteuern-

[527] Vgl. DRSC (Hrsg.), DSR/ASB zu Income Taxes, S. 1.
[528] Vgl. DRSC (Hrsg.), Ergebnisbericht der 153. DSR-Sitzung, S. 1.
[529] Vgl. DRSC (Hrsg.), Ergebnisbericht der 156. DSR-Sitzung, S. 4.

de Differenzen erwartet werden dürfen. Dies führt dazu, dass nicht mehr, wie nach dem BiRiLiG durchaus üblich, von einem Überhang aktiver Steuerlatenzen ausgegangen werden kann, weshalb die Bilanzierung latenter Steuern aufwendiger und bedeutender wird.

Der Abbildung latenter Steuern können unterschiedliche Konzeptionen zugrunde gelegt werden. In den USA wurde bspw. 1967 in der lange Zeit gültigen APB Opinion No. 11 das GuV-orientierte Timing-Konzept in Verbindung mit der Deferred-Methode vorgeschrieben. Dieser Vorgabe folgte das IASC im Jahr 1979 mit dem veröffentlichten IAS 12 (1979). Neben der Deferred-Methode gestattete der IASC indes auch die Verwendung der Liability-Methode. Auch in Deutschland basierte die Bilanzierung latenter Steuern, welche erstmals 1985 durch das BiRiLiG gesetzlich verankert wurde, auf dem Timing-Konzept. 1992 wurde die Konzeption der Bilanzierung latenter Steuern in den USA geändert. Seitdem ist nach SFAS 109 das bilanzorientierte Temporary-Konzept kombiniert mit der Liability-Methode zu verwenden. Auf diese Änderung reagierte 1996 auch der IASB, der die Vorschriften des IAS 12 an die Regelungen des SFAS 109 annäherte. Sowohl der IASB als auch der FASB intendieren aktuell keine konkreten Modifikationen ihrer Konzeptionen in absehbarer Zeit, wenngleich sie einen umfassenden Review der aktuellen Vorschriften planen. Eine vergleichbare Untersuchung wird gegenwärtig vom DRSC gemeinsam mit dem ASB durchgeführt. Dabei wird insbesondere die (Wieder-)Einführung des Timing-Konzepts kontrovers diskutiert. Der deutsche Gesetzgeber hat zeitlich verzögert auf die internationalen Entwicklungen reagiert und durch das BilMoG nunmehr eine mit IAS 12 und SFAS 109 vergleichbare bilanzorientierte Bilanzierung latenter Steuern geregelt. Diese gegenwärtigen Regelungen zur Bilanzierung latenter Steuern sowie die daraus resultierenden Konsequenzen für den Charakter latenter Steuern und für die konkrete Auslegung von § 274 HGB sind in dem folgenden Kapitel vorzustellen.

3 Der Charakter latenter Steuern und die Bedeutung deutscher und internationaler Rechnungslegungsstandards für die Auslegung der Vorschriften von § 274 HGB

31 Überblick

Nachdem im zweiten Kapitel aufgrund der dargestellten historischen Entwicklung latenter Steuern (Vergangenheit) sowie der erläuterten aktuellen Projekte zur künftigen Bilanzierung latenter Steuern (Zukunft) die Ausgangslage erörtert wurde, inmitten welcher die Vorschriften des BilMoG erarbeitet wurden, sind in diesem Kapitel die aktuellen Regelungen und Regelungszusammenhänge zur Bilanzierung latenter Steuern nach § 274 HGB (Gegenwart) vorzustellen. Auf Basis der gesetzlichen Grundlagen wird zunächst der Zweck des § 274 HGB herausgearbeitet, bevor der Charakter sowohl passiver als auch aktiver latenter Steuern konkretisiert wird. Darüber hinaus ist zu prüfen, welche Bedeutung der Charakter der Steuerlatenzen für die Verwendung der einzelnen Auslegungskriterien der im zweiten Kapitel dargestellten hermeneutischen Methode hat. Daran anschließend wird kritisch beleuchtet, inwieweit der DRS 18 und der mittlerweile aufgehobene IDW ERS HFA 27 sowie die internationalen Rechnungslegungsstandards bei der Auslegung der Vorschriften zur handelsrechtlichen Bilanzierung latenter Steuern herangezogen werden dürfen.

32 Überblick zu den gesetzlichen Grundlagen zur Bilanzierung latenter Steuern nach § 274 HGB

Die Abbildung latenter Steuern ist in § 274 HGB geregelt, der dem zweiten Abschnitt des dritten Buchs des Handelsgesetzes zuzuordnen ist und dementsprechend zu den ergänzenden Vorschriften für Aktiengesellschaften (AG), Kommanditgesellschaften auf Aktien (KGaA) und Gesellschaften mit beschränkter Haftung (GmbH) gehört. Gemäß § 264a HGB haben auch haftungsbeschränkte Personengesellschaften die Vorschriften des § 274 HGB zu erfüllen. Darüber hinaus sind Unternehmen bestimmter Rechtsformen (§ 3 PublG), die gewisse Schwellenwerte (§ 1 PublG) überschreiten, nach dem PublG verpflichtet, Rechnung zu legen und nach § 5 Abs. 1 Satz 2 PublG die Regelungen des § 274 HGB sinngemäß anzuwenden.

Nach dem BilMoG sind latente Steuern gemäß § 274 Abs. 1 Satz 1 HGB ausgehend von den Differenzen aus der Gegenüberstellung der handelsrechtlichen Wertansätze von Vermögensgegenständen, Schulden und Rechnungsabgrenzungsposten sowie der korrespondierenden steuerlichen Werte, also auf Basis des Temporary-Konzepts, zu ermitteln. Sofern sich diese Differenzen in späteren Geschäftsjahren voraussichtlich abbauen, ist „eine sich daraus insgesamt ergebende Steuerbelastung als passive latente Steuern […] in der Bilanz anzusetzen“ (§ 274 Abs. 1 Satz 1 HGB). Daneben erlaubt § 274 Abs. 1 Satz 2 HGB auch die Aktivierung einer sich insgesamt ergebenden Steuerentlastung. Voraussetzungen für den Ansatz latenter Steuern sind folglich:

- Differenzen zwischen den handelsrechtlichen und steuerlichen Wertansätzen,
- der voraussichtliche Abbau dieser Differenzen sowie
- ein sich daraus ergebender Steuereffekt.

Der deutsche Gesetzgeber ermöglicht den Unternehmen zudem mit § 274 Abs. 1 Satz 3 HGB „im Interesse einer besseren Information der Abschlussadressaten“[530] einen unsaldierten Ausweis sowohl aktiver als auch passiver latenter Steuern. Ferner sind nach dem BilMoG auch steuerliche Verlustvorträge bei der Ermittlung aktiver Steuerlatenzen zu berücksichtigen (§ 274 Abs. 1 Satz 4 HGB). Die Berücksichtigung von Verlustvorträgen ist indes lediglich in Höhe der innerhalb der nächsten fünf Jahre zu erwartenden Verlustverrechnung möglich.

Bei der Bewertung latenter Steuern sind unternehmensindividuelle Steuersätze zugrunde zu legen, die im Zeitpunkt des Abbaus der Differenzen gültig sind (§ 274 Abs. 2 Satz 1 HGB). Der Gesetzgeber sieht also auch nach dem BilMoG die Anwendung der Liability-Methode vor.[531] Eine Abzinsung der sich ergebenden Steuereffekte bleibt zumindest weiterhin für die Unternehmen ausgeschlossen, die dem Anwendungsbereich des § 274 HGB unterliegen. Die ausgewiesenen Steuerlatenzen sind bei Eintritt der Steuereffekte aufzulösen (§ 274 Abs. 2 Satz 2 HGB). Eine Auflösung ist darüber hinaus auch dann erforderlich, sobald mit einem Eintritt der Steuereffekte nicht mehr zu rechnen ist. § 274 Abs. 2 Satz 3 HGB schreibt zudem vor, dass Erfolge aus der Veränderung angesetzter latenter Steuern in der GuV gesondert unter dem Posten „Steuern vom Einkommen und vom Ertrag“ auszuweisen sind.

Der Überhang der aktiven über die passiven latenten Steuern unterliegt indes gemäß § 268 Abs. 8 HGB der Ausschüttungssperre, wie zuvor nach § 274 Abs. 2 Satz 3 HGB a. F.[532] Darüber hinaus haben die betroffenen Unternehmen umfangreiche Anhangangabenerfordernisse zur Abbildung latenter Steuern zu erfüllen.[533] So ist bspw. gemäß § 285 Nr. 29 HGB anzugeben, auf welchen Differenzen bzw. steuerlichen Verlustvorträgen die Steuerlatenzen beruhen und welche Steuersätze bei der Bewertung verwendet wurden.[534]

Kleine Kapitalgesellschaften im Sinne des § 267 Abs. 1 HGB und ihnen gleichgestellte Unternehmen sind von der Bilanzierung latenter Steuern nach § 274 HGB ebenso befreit (§ 274a Nr. 5 HGB) wie von den dazugehörigen Anhangangaben nach § 285 Nr. 29 HGB (§ 288 Abs. 1 HGB). Dennoch haben sie wie Nicht-Kapitalgesellschaften eine Rückstellung für la-

530 BT-Drucksache 16/12407, S. 87.
531 Vgl. KOZIKOWSKI, M./FISCHER, N., Beck Bilanzkomm., 7. Aufl., § 274 HGB, Rn. 61.
532 Vgl. zur Ausschüttungssperre ausführlicher Abschnitt 45.
533 Vgl. dazu vor allem Abschnitt 46.
534 Für Unternehmen, die nach dem PublG Rechnung legen, ergibt sich die sinngemäße Gültigkeit des § 285 Nr. 29 HGB aus § 5 Abs. 2 Satz 2 PublG.

tente Steuerverpflichtungen zu bilanzieren, sofern sie die Tatbestandsvoraussetzungen nach § 249 Abs. 1 Satz 1 HGB erfüllen.[535]

Im Gegensatz zu den angesprochenen kleinen Gesellschaften sind mittelgroße Kapitalgesellschaften im Sinne des § 267 Abs. 2 HGB (und ihnen gleichgestellte Unternehmen) zwar nicht von dem Anwendungsbereich des § 274 HGB ausgenommen. Nach § 288 Abs. 2 Satz 2 HGB können sie indes auf die in § 285 Nr. 29 HGB geforderten Angaben verzichten.

Mit dem vollzogenen Übergang auf die Anwendung des Temporary-Konzepts i. V. m. der Liability-Methode dient die Bilanzierung latenter Steuern nach § 274 HGB konzeptionell primär einer zutreffenden Darstellung der Vermögenslage eines Unternehmens,[536] was auch durch die Änderung des vor dem BilMoG eher an die dynamische Interpretation latenter Steuern angelehnten Titels „Steuerabgrenzung" in den Titel „Latente Steuern" berücksichtigt wurde.[537] Die konkrete Zwecksetzung der Abbildung latenter Steuern nach § 274 HGB soll im folgenden Abschnitt beleuchtet werden.

33 Zweck der Bilanzierung latenter Steuern nach § 274 HGB

Latente Steuern folgen aus abweichenden Bilanzierungsweisen nach Handels- und Steuerrecht. Die teilweise divergierenden Wertansätze wurden bereits in Abschnitt 224. über Unterschiede zwischen den Zweck- und Grundsatzsystemen begründet, bevor die Gegenüberstellung wesentlicher Regelungen in Abschnitt 225. den tendenziell bedeutenden Umfang an Differenzen andeutete. Aufgrund dieser Differenzen werden die Vermögenslage sowie die Ertragslage ohne die Bilanzierung latenter Steuern nicht zutreffend abgebildet. Die aus den Differenzen resultierenden, bereits (spätestens) im abgelaufenen Geschäftsjahr verursachten, künftigen Steuereffekte werden nicht antizipiert, wenn keine latenten Steuern ausgewiesen werden.[538] Der Zweck der Abbildung latenter Steuern kann daher in der zutreffenden Darstellung der Vermögens-, Finanz- und Ertragslage gesehen werden.[539] Vor dem Hintergrund der in § 274 HGB vorgeschriebenen Anwendung des Temporary-Konzepts sowie der Liability-Methode steht hierbei vor allem die zutreffende Darstellung der Vermögenslage bzw. des Nettovermögens im Vordergrund.[540] Mit der Bilanzierung latenter Steuern im Jahresabschluss sollen also primär künftige (ungewisse) Forderungen bzw. Verbindlichkeiten gegenüber dem Fiskus zum Ausdruck gebracht und sekundär eine angemessene Periodisierung der Ertrag-

535 Vgl. BT-Drucksache 16/10067, S. 68.

536 Vgl. KÜTING, K./SEEL, C., Ungereimtheiten der Regelungen zu latenten Steuern, S. 922.

537 Diese Änderung des Titels wurde bereits in Bezug auf den Referentenentwurf, in dem der Titel des § 274 HGB weiterhin „Steuerabgrenzung" lautete, von KARRENBROCK angeregt. Vgl. KARRENBROCK, H., Von der Steuerabgrenzung zur Bilanzierung latenter Steuern, S. 329.

538 Vgl. PRINZ, U./RUBERG, L., Latente Steuern nach dem BilMoG, S. 345.

539 Vgl. zur allgemeinen Bedeutung latenter Steuern Abschnitt 226.

540 Vgl. KESSLER, H./LEINEN, M./PAULUS, B., Das BilMoG und die latenten Steuern, Teil 1, S. 716.

steuern verwirklicht werden.[541] Dadurch können künftige Steuerbelastungs- bzw. Steuerentlastungseffekte ausgewiesen werden.[542] Hierin liegt der objektive Zweck der Abbildung latenter Steuern gemäß § 274 HGB bzw. die Natur der Sache der Erfassung latenter Steuern.

Zudem wird auch in der Begründung zum Referentenentwurf und zum Regierungsentwurf darauf hingewiesen, dass die vorgesehene Berücksichtigung der steuerlichen Verlustvorträge zu einer den tatsächlichen Verhältnissen entsprechenden Darstellung der Vermögens-, Finanz- und Ertragslage im handelsrechtlichen Jahresabschluss führen soll, um so den Informationsinteressen der Adressaten hinreichend Rechnung zu tragen.[543] Diese Begründung greift explizit die in § 264 Abs. 2 Satz 1 HGB geregelte Generalnorm auf, die ein „zentrales Element"[544] für den in Abschnitt 222.11 erläuterten Jahresabschlusszweck der Rechenschaft bildet. Die Bilanzierung latenter Steuern ist indes mit Unsicherheiten hinsichtlich des künftigen Eintritts der Steuereffekte verbunden. Dies führt dazu, dass mit dem Ansatz aktiver latenter Steuern noch nicht realisierte Erträge ausgewiesen werden. Mit der wahlweisen Aktivierung latenter Steuern wird also gegen das Realisationsprinzip verstoßen. Das Realisationsprinzip dient jedoch einer objektiven wie vorsichtigen Gewinnermittlung und damit sowohl dem Rechenschafts- als auch dem ebenfalls in Abschnitt 222.11 erläuterten Jahresabschlusszweck der Kapitalerhaltung.[545] Wenngleich der Gesetzgeber mit dem BilMoG die Informationsfunktion stärken wollte,[546] gilt es zu beachten, dass zumindest im Sinne der Rechenschaft gewisse **Objektivierungen** notwendig sind, da „Rechenschaft impliziert, dass der Jahresabschluss von mehr oder weniger willkürlichen bzw. intersubjektiv nicht nachprüfbaren Ansätzen und Bewertungen [...] frei bleibt"[547]. Solche Objektivierungsbestrebungen des Gesetzgebers sind bspw. daran zu erkennen, dass steuerliche Verlustvorträge bei der Bilanzierung latenter Steuern lediglich dann zu berücksichtigen sind, wenn sie voraussichtlich innerhalb der nächsten fünf Geschäftsjahre genutzt werden können.[548] Diese Begrenzung wurde laut der Begründung zum Regierungsentwurf eingefügt, um „die Aktivierung latenter Steuern auf Verlustvorträge nachprüfbar und praktikabel zu gestalten"[549]. Damit sollen die „zugrunde liegenden Wahrschein-

---

541 Vgl. VAN HALL, G./KESSLER, H., Latenzen, S. 464 f.; vgl. zur Bedeutung einer schwerpunktmäßigen Betrachtung der Erfolgslage Abschnitt 233.1 sowie der Vermögenslage Abschnitt 233.2.

542 Vgl. MAIER, M. T./WEIL, M., Auswirkungen des BilMoG, S. 2730.

543 Vgl. BMJ (Hrsg.), Referentenentwurf, S. 138; BT-Drucksache 16/10067, S. 67.

544 BAETGE, J./KIRSCH, H.-J./THIELE, S., Bilanzen, S. 95.

545 Vgl. BAETGE, J./ZÜLCH, H., in: HdJ, I/2, Rn. 78.

546 Vgl. BMJ (Hrsg.), Referentenentwurf, S. 61.

547 BAETGE, J./KIRSCH, H.-J./THIELE, S., Bilanzen, S. 102.

548 Diese Einschränkung des relevanten Verrechnungszeitraums wurde im Referentenentwurf des BilMoG noch nicht vorgeschrieben. Die Begrenzung des zu beachtenden Zeitraums der Verlustverrechnung ist wohl angelehnt an dementsprechende Diskussionen im Rahmen der Bildung latenter Steuern auf steuerliche Verlustvorträge nach IFRS. Vgl. BERGER, A./HAUCK, A./PRINZ, U., Streitiger Prognosezeitraum, S. 412-415.

549 BT-Drucksache 16/10067, S. 67.

lichkeitserwägungen für Dritte nachvollziehbar bleiben"[550]. In seiner Stellungnahme zum Regierungsentwurf bezweifelte der Bundesrat jedoch, dass der Zielsetzung latenter Steuern einer den tatsächlichen Verhältnissen entsprechenden Darstellung der Vermögens-, Finanz- und Ertragslage mit der eingeschränkten Verlustberücksichtigung entsprochen werden kann, da auch eine solche Begrenzung „die (Prognose-)Unsicherheiten bei der Ermittlung dieser Position nicht beseitigen kann"[551]. Hiermit betont der Bundesrat die notwendige Objektivität, die auch bei einer gesteigerten Beachtung der Informationsfunktion nicht vernachlässigt werden darf. Ähnlich zurückhaltend wie der Bundesrat, äußerte sich während der öffentlichen Anhörung des Rechtsausschusses am 17.12.2008 die überwiegende Mehrheit der Sachverständigen zur Aktivierung latenter Steuern, vor allem aufgrund steuerlicher Verlustvorträge.[552]

Insgesamt lässt sich im Sinne von KARRENBROCK ableiten, dass aus Sicht der Informationsfunktion latente Steuern immer dann zu bilanzieren sind, „wenn ihre Ermittlung hinreichend objektiviert werden kann und der Ausweis dem Bilanzleser einen besseren Einblick in die Vermögens-, Finanz- und Ertragslage vermittelt als die Unterlassensalternative"[553]. Der Zweck des § 274 HGB liegt also in einer hinreichend objektivierten Ermittlung künftiger Steuereffekte, die in einer zutreffenden Darstellung der Vermögens-, Finanz- und Ertragslage münden soll. Sollte die Ermittlung nicht hinreichend objektiv möglich sein, wäre die Zielsetzung der Norm nicht zu erfüllen, weshalb bspw. auf einen Ansatz aktiver latenter Steuern auf steuerliche Verlustvorträge zu verzichten wäre.

Der Jahresabschlusszweck der Kapitalerhaltung wird aufgrund der mit der Bilanzierung (aktiver) latenter Steuern verbundenen Unsicherheiten scheinbar in den Hintergrund gerückt. In den Begründungen zum Referenten- und Regierungsentwurf wird indes darauf hingewiesen, dass zur Konkretisierung der im vorherigen Abschnitt angesprochenen Ansatzvoraussetzung

---

550 BT-Drucksache 16/10067, S. 67.

551 BR-Drucksache 344/08, S. 8.

552 Dabei wiesen bspw. HOFFMANN-BECKING sowie Vertreter des ZENTRALEN KREDITAUSSCHUSSES und der BUNDESSTEUERBERATERKAMMER darauf hin, dass die Bilanzierung aktiver Steuerlatenzen auf Verlustvorträge mit großen Unsicherheiten verbunden ist. Vgl. HOFFMANN-BECKING, M., Stellungnahme zur Anhörung, S. 4; ZENTRALER KREDITAUSSCHUSS (Hrsg.), Entwurf eines Gesetzes, S. 9; BUNDESSTEUERBERATERKAMMER (Hrsg.), Regierungsentwurf, S. 4. Die Kritik wird dabei u. a. auf die Unsicherheit aufgrund der sich regelmäßig ändernden steuerlichen Regelungen zur Nutzung der steuerlichen Verlustvorträge bezogen. HOFFMANN-BECKING spricht ferner provokativ sogar von der Gefahr, dass durch „Kaffeesatzlesen in die Zukunft" (DEUTSCHER BUNDESTAG (RECHTSAUSSCHUSS) (Hrsg.), Protokoll Nr. 122, S. 6) umfangreiche Aktivierungen gerechtfertigt werden. Kritisch sieht auch HENNRICHS den Ansatz einer aktiven latenten Steuer, dennoch begrüßt er „aus Gründen der Objektivierung der Rechnungslegung" (HENNRICHS, J., Stellungnahme zum Regierungsentwurf, S. 10) grundsätzlich die im Rahmen des Regierungsentwurfs eingeführte Begrenzung des Einbezugs von steuerlichen Verlustvorträgen. Diese beispielhaft herausgegriffenen Aussagen der Sachverständigen illustrieren die Bedeutung einer auch für den Rechenschaftszweck immanent wichtigen objektiven, also intersubjektiv nachprüfbaren, Bilanzierung latenter Steuern.

553 Vgl. KARRENBROCK, H., Latente Steuern in Bilanz und Anhang, S. 38.

latenter Steuern eines „voraussichtlichen Abbaus" der Differenzen Wahrscheinlichkeitsüberlegungen unter Berücksichtigung des Vorsichtsprinzips erforderlich sind.[554] Zudem betont der Rechtsausschuss in der Begründung zur Beschlussempfehlung, dass bei der Berechnung latenter Steuern auf Verlustvorträge, wie „im HGB allgemein üblich"[555], das Vorsichtsprinzip zu berücksichtigen und der Ansatz latenter Steuern sorgfältig zu prüfen ist. Darüber hinaus sind gemäß § 268 Abs. 8 HGB Gewinne in Höhe eines Aktivüberhangs ausschüttungsgesperrt. Der Zweck der Kapitalerhaltung wird also an vielen Stellen aufgegriffen.

Nach der Betrachtung der Regelungen bzw. der grundsätzlichen Ansatzvoraussetzungen latenter Steuern im vorangegangenen Abschnitt und der Ermittlung des Zwecks des § 274 HGB in diesem Abschnitt, ist nun im nächsten Abschnitt der Charakter latenter Steuern zu bestimmen.

34 Konkretisierung des Charakters latenter Steuern

341. Konkretisierung des Charakters passiver latenter Steuern

341.1 Vorbemerkungen

Der Charakter passiver latenter Steuern wurde bereits vor dem BilMoG, wie in Abschnitt 242.3 dargelegt, kontrovers diskutiert. Verhältnismäßig leicht lassen sich die passiven Steuerlatenzen indes von passiven Rechnungsabgrenzungsposten und Verbindlichkeiten abgrenzen.

So ist zum einen ein **passiver Rechnungsabgrenzungsposten** lediglich für Einnahmen vor dem Abschlussstichtag zu bilden, die Erträge für eine bestimmte Zeit nach dem Stichtag darstellen (§ 250 Abs. 2 HGB). Passive latente Steuern sind dagegen darauf zurückzuführen, dass aus handelsrechtlicher Sicht die Steuerschuld des zu betrachtenden Geschäftsjahres zu gering ist bzw. zu wenig Steuern gezahlt wurden. Diese wirtschaftlich zu niedrige Zahlung führt nicht zu einer Einnahme des Unternehmens, da sie weder einen Zahlungsvorgang im Sinne einer Erhöhung von Bar- oder Buchgeld noch einen Ansatz einer Forderung oder eine Minderung von Verbindlichkeiten begründet.[556] Eine Klassifizierung passiver latenter Steuern als passiver Rechnungsabgrenzungsposten kommt somit nicht in Frage.[557]

Zum anderen besteht eine **Verbindlichkeit** lediglich dann, wenn eine Verpflichtung sowohl dem Grunde als auch der Höhe nach sicher ist.[558] Die durch die Bildung passiver latenter

554 Vgl. BMJ (Hrsg.), Referentenentwurf, S. 138; BT-Drucksache 16/10067, S. 67.
555 BT-Drucksache 16/12407, S. 87.
556 Vgl. zur Definition von Einnahmen im Sinne des § 250 Abs. 2 HGB ADS, 6. Aufl., § 250 HGB, Rn. 112.
557 Vgl. KARRENBROCK, H., Latente Steuern in Bilanz und Anhang, S. 118.
558 Vgl. BAETGE, J./KIRSCH, H.-J./THIELE, S., Bilanzen, S. 171 f.

Steuern dargestellte künftige steuerliche (Mehr-)Belastung begründet indes keinen Anspruch aus einem Steuerschuldverhältnis im Sinne von § 38 AO. Ein für die Steuerpflicht ursächlicher Tatbestand ist noch nicht erfüllt. Ferner ist die Höhe der künftigen Schuld noch abhängig von künftigen Ereignissen, bspw. von der Existenz ausreichender künftiger Gewinne in der Periode des Abbaus der Differenzen. In jedem Fall erfüllt eine passive latente Steuer daher nicht die Ansatzkriterien einer Verbindlichkeit.[559]

Die Bilanzierung bzw. der Ausweis passiver Steuerlatenzen war nach dem BiRiLiG insbesondere durch einen Verweis in § 274 Abs. 1 Satz 1 HGB a. F. auf § 249 Abs. 1 Satz 1 HGB, der die Bilanzierung von Rückstellungen für ungewisse Verbindlichkeiten regelt, gekennzeichnet. In der Literatur bestanden indes vor allem Unsicherheiten hinsichtlich des Einbezugs quasipermanenter Differenzen in die Ermittlung der latenten Steuerschuld bzw. der Rückstellung für latente Steuerverpflichtungen.[560] Daher ist im Folgenden zunächst allgemein zu klären, welche Differenzen bei der Bildung von Rückstellungen zu berücksichtigen sind. Erst darauf folgend kann erläutert werden, inwieweit passiven latenten Steuern nach dem BilMoG der Charakter einer Rückstellung nach § 249 Abs. 1 Satz 1 HGB zukommt.

341.2 Bei der Bildung von Rückstellungen nach § 249 Abs. 1 Satz 1 HGB zu berücksichtigende Differenzen

Eine Rückstellung ist allgemein dann zu bilden, wenn eine Verpflichtung dem Grunde nach und/oder der Höhe nach zwar unsicher, aber hinreichend wahrscheinlich bzw. vorhersehbar ist.[561] Damit passive latente Steuern (speziell) als Rückstellung für ungewisse Verbindlichkeiten gemäß § 249 Abs. 1 Satz 1 HGB eingeordnet werden können, muss zum einen eine **hinreichend konkrete Außenverpflichtung** bestehen, derer sich das Unternehmen nicht entziehen kann. Die Verpflichtung bzw. der Zwang zur Leistungserbringung kann zivilrechtlich, öffentlich-rechtlich oder wirtschaftlich faktisch begründet sein.[562] Dabei müssen zumindest mehr Gründe für als gegen den Eintritt der Verpflichtung sprechen, so dass die Verpflichtung vorhersehbar ist.[563] Nicht entscheidend ist dagegen, ob der betroffene Dritte bereits seine An-

[559] Vgl. auch KARRENBROCK, H., Latente Steuern in Bilanz und Anhang, S. 112 f.

[560] Diese Ungewissheit wird letztlich, wie KARRENBROCK feststellt, auch in der Begründung des Regierungsentwurfs des BilMoG deutlich. Zum einen erwähnen die Gesetzesverfasser, dass der Wortlaut des § 274 HGB „ebenso wie § 274 HGB in seiner bisherigen Fassung" (BT-Drucksache 16/10067, S. 67) keinen Anlass dafür bietet, die quasi-permanenten Differenzen nicht zu berücksichtigen. Zum anderen stellen sie fest, dass vor allem „für den Bereich der quasi-permanenten Differenzen [...] gerade nicht zweifelsfrei vom generellen Vorliegen der Tatbestandsvoraussetzungen nach § 249 Abs. 1 Satz 1 HGB [...] ausgegangen werden [kann; Ergänzung durch den Verfasser]" (BT-Drucksache 16/10067, S. 67). Vgl. KARRENBROCK, H., Ausweis- und Saldierungsproblematik, S. 637 f.

[561] Vgl. BAETGE, J./KIRSCH, H.-J./THIELE, S., Bilanzen, S. 172.

[562] Vgl. KOZIKOWSKI, M./SCHUBERT, W. J., in: Beck Bilanzkomm., 7. Aufl., § 249 HGB, Rn. 29-32.

[563] Vgl. MAYER-WEGELIN, E., in: Küting/Weber, HdR-E, 5. Aufl., § 249 HGB, Rn. 51; BAETGE, J./KIRSCH, H.-J./THIELE, S., Bilanzen, S. 173.

sprüche geltend gemacht hat.[564] Zum anderen müssen die Kriterien der **wirtschaftlichen Belastung** und der **hinreichenden Quantifizierbarkeit der Verpflichtung** erfüllt sein.[565]

Um beurteilen zu können, ob passive latente Steuern letztlich Rückstellungen für ungewisse Verbindlichkeiten sind, ist es hilfreich zunächst die den Steuerlatenzen zugrunde liegenden Differenzen zu identifizieren. Der gesetzlich vorgeschriebene Umfang von Differenzen, die bei der Bildung passiver latenter Steuern nach § 274 HGB zu berücksichtigen sind, wird zwar erst im folgenden Abschnitt ermittelt, theoretisch können passive Steuerlatenzen indes auf die drei folgenden Differenzenarten zurückgeführt werden:

- Temporäre Differenzen, die zeitlich begrenzte Ergebnisdifferenzen sind,
- temporäre Differenzen, die quasi-permanente Ergebnisdifferenzen sind und
- erfolgsneutral entstandene temporäre Differenzen.

Die in Abschnitt 232.1 erläuterten permanenten Ergebnisdifferenzen führen hingegen nicht zu künftigen Steuerbelastungen. Diese Differenzen sind daher auch nicht bei der Bilanzierung von Steuerlatenzen bzw. einer Rückstellung für latente Steuerverpflichtungen nach § 249 Abs. 1 Satz 1 HGB zu berücksichtigen. Neben den zuvor aufgelisteten Differenzenarten könnten indes auch steuerliche Verlustvorträge die Höhe der Rückstellung beeinflussen. Daher ist ferner zu beleuchten, ob steuerliche Verlustvorträge rückstellungsmindernd in die Berechnung der Verbindlichkeitsrückstellungen einzubeziehen sind. Zunächst ist jedoch zu klären, ob die angesprochenen unterschiedlichen Differenzenarten zur Bildung einer Rückstellung führen.

Zumindest in denjenigen Fällen, in denen passive latente Steuern auf temporären Differenzen basieren, die **zeitlich begrenzte Ergebnisdifferenzen** sind, kann eine künftige, öffentlich-rechtliche Verpflichtung erwartet werden. Aufgrund der handels- und steuerrechtlichen Bilanzierungsregeln ist der Abbau der Differenzen hinreichend wahrscheinlich. Sicher ist die Verpflichtung hingegen nicht, da sie von der künftigen Entwicklung (außerplanmäßige Effekte, Vorliegen ausreichender verrechnungsfähiger Gewinne in den Perioden des Differenzenabbaus) abhängig ist.[566] Die Umkehr der Ergebnisdifferenzen führt potenziell zu einer Bruttovermögensminderung und ist zudem quantifizierbar.

Fraglich ist hingegen, ob auch bei Vorliegen **quasi-permanenter Differenzen** die Voraussetzungen für den Ansatz einer Rückstellung erfüllt sind. Nach THIELE müssen zwar noch nicht alle Tatbestände für das Vorliegen einer Verpflichtung erfüllt sein, der Kaufmann darf indes

564 Vgl. KUẞMAUL, H., in: Küting/Weber, HdR-E, 5. Aufl., Kap. 6, Rn. 26.
565 Vgl. BAETGE, J./KIRSCH, H.-J./THIELE, S., Bilanzen, S. 412-416.
566 Vgl. auch KARRENBROCK, H., Latente Steuern in Bilanz und Anhang, S. 113 f.

keinen Einfluss mehr auf den Eintritt der noch nicht erfüllten Tatbestände haben.[567] Eine Schuld liegt dementsprechend dann nicht vor, wenn der Kaufmann über die Erfüllung frei entscheiden kann.[568] Unter den quasi-permanenten Differenzen sind jedoch gerade auch Unterschiede zwischen steuerlichen und handelsrechtlichen Wertansätzen zu subsumieren, die sich erst aufgrund einer unternehmerischen Disposition abbauen.[569] Das Unternehmen entscheidet folglich darüber, ob der Tatbestand einer Steuerschuld erfüllt wird.[570] Allerdings kann mehr oder weniger erwartet werden, dass bspw. ein handelsrechtlich im Vergleich zum Steuerrecht höher bewertetes, betriebsnotwendiges Grundstück spätestens zum Zeitpunkt der Unternehmensliquidation veräußert wird und Steuereffekte entstehen.[571] Die Annahme einer (nicht geplanten,) zeitlich nicht bestimmbaren Veräußerung reicht indes wohl nicht dafür aus, dass eine Verpflichtung besteht. In der Literatur findet sich zudem teilweise die weitergehende Forderung, dass der **Going-concern-Grundsatz** für die Beurteilung der hinreichenden Konkretisierung einer Verpflichtung zu beachten ist.[572] Da im angeführten Beispiel das Grundstück planmäßig nicht verkauft werden soll, wäre keine Rückstellung für ungewisse (Steuer-)Verbindlichkeiten zu bilden. Dagegen wendet KARRENBROCK indes ein, dass das in § 252 Abs. 1 Nr. 2 HGB geregelte Going-concern-Prinzip lediglich bei der Bewertung zu beachten ist.[573] Das Prinzip der Unternehmensfortführung wird hier jedoch als ein Systemgrundsatz verstanden, der als allgemeingültiger Basis-GoB ein einheitliches und zweckgerechtes GoB-System sicherstellen soll.[574] Daher stellt der Grundsatz auch eine allgemeine Regel für die anderen GoB und damit für die Ansatzgrundsätze bzw. den Passivierungsgrundsatz dar. Folgerichtig ist der Grundsatz der Unternehmensfortführung auch zu beachten, wenn bestimmt werden soll, ob eine Verpflichtung besteht. Dies gilt nicht nur für die Annahme eines Abbaus der Differenz erst bei Unternehmensliquidation, sondern ebenso bei einer potenziell vorherigen Fälligkeit der Steuerbelastung. Solange also Maßnahmen, die zu einem Abbau der quasi-permanenten Differenzen führen würden, vom Unternehmen nicht hinreichend konkretisiert bzw. dokumentiert sind, ist es abzulehnen, quasi-permanente Differenzen bei der Ermittlung der Rückstellungen zu berücksichtigen.[575]

567 Vgl. THIELE, S., in: Baetge/Kirsch/Thiele, § 246 HGB, Rn. 110.

568 Vgl. THIELE, S., in: Baetge/Kirsch/Thiele, § 246 HGB, Rn. 111.

569 Vgl. zur Definition von quasi-permanenten Differenzen Abschnitt 232.1.

570 Vgl. KESSLER, H./LEINEN, M./PAULUS, B., Das BilMoG und die latenten Steuern, Teil 1, S. 719; BT-Drucksache 16/10067, S. 67.

571 Vgl. KARRENBROCK, H., Ausweis- und Saldierungsproblematik, S. 637.

572 Vgl. beispielsweise KOZIKOWSKI, M./SCHUBERT, W. J., in: Beck Bilanzkomm., 7. Aufl., § 249 HGB, Rn. 33.

573 Vgl. KARRENBROCK, H., Latente Steuern in Bilanz und Anhang, S. 224 f.

574 Vgl. Abschnitt 222.12; BAETGE, J./KIRSCH, H.-J./THIELE, S., Bilanzen, S. 122.

575 Vgl. dazu auch HFA DES IDW, IDW ERS HFA 7, Rn. 24; HFA DES IDW, IDW ERS HFA 27, Rn. 20; KÜHNE, E./MELCHER, W./WESEMANN, M., Grundlagen und Zweifelsfragen, Teil 1, S. 1007; vgl. zum

Fraglich ist zudem, ob **erfolgsneutral entstandene Differenzen** die Voraussetzungen für den Ansatz einer Rückstellung nach § 249 Abs. 1 Satz 1 HGB erfüllen. Als Grundlage für die Bildung von Rückstellungen für ungewisse Verbindlichkeiten ist ein Zusammenhang der Verpflichtung mit vergangenen Erträgen bzw. realisierten Umsätzen zu verlangen.[576] Die künftigen Aufwendungen gelten dementsprechend Vergangenes ab.[577] Somit ist vor allem der Grundsatz der „Abgrenzung der Sache nach“ zu beachten.[578] Damit erfüllen passive Steuerlatenzen nicht den Charakter einer Verbindlichkeitsrückstellung nach § 249 Abs. 1 Satz 1 HGB, sofern sie auf temporären Differenzen beruhen, denen erfolgsneutrale Geschäftsvorfälle zugrunde liegen.[579]

Darüber hinaus ist, wie bereits erwähnt, zu untersuchen, ob bzw. inwieweit **abzugsfähige temporäre Differenzen** bzw. **steuerliche Verlustvorträge** bei der Berechnung von Rückstellungen für künftige Steuerbelastungen nach § 249 Abs. 1 Satz 1 HGB (rückstellungsmindernd) zu berücksichtigen sind. Ihr Einbezug ist in der Literatur umstritten.[580]

Im Falle der Bilanzierung passiver latenter Steuern werden in der Handelsbilanz steuerliche Belastungen aufgrund einer künftigen Außenverpflichtung gegenüber dem Fiskus zurückgestellt. Die Verpflichtung ergibt sich gemäß § 38 AO in dem Zeitpunkt der Verwirklichung des Tatbestands, an welchen die Leistungspflicht gesetzlich geknüpft ist. Die Körperschaftsteuer ist grundsätzlich gemäß § 7 Abs. 3 Satz 1 KStG ebenso wie die Gewerbesteuer gemäß § 14 Satz 2 GewStG eine Jahres- bzw. Kalenderjahrsteuer. Die Ermittlung der Körperschaftsteuer beruht auf dem zu versteuernden Einkommen (§ 7 Abs. 1 KStG), welches wiederum nach den Vorschriften des EStG und des KStG bestimmt wird (§ 8 Abs. 1 Satz 1 KStG). Ferner bildet der Gewerbeertrag die Besteuerungsgrundlage der Gewerbesteuer (§ 6 GewStG). Er basiert auf dem nach den körperschaft- bzw. einkommensteuerlichen Vorschriften ermittelten Ge-

---

Begriff der hinreichend konkretisierten Maßnahmen Abschnitt 423.22 sowie KOELEN, P., Investitionstheoretische Bewertungskalküle, S. 117-122.

576 Vgl. ADS, 6. Aufl., § 249 HGB, Rn. 67; HOMMEL, M., in: Baetge/Kirsch/Thiele, § 249 HGB, Rn. 22 und 78; BAETGE, J./KIRSCH, H.-J./THIELE, S., Bilanzen, S. 406.

577 Vgl. MOXTER, A., Rückstellungskriterien, S. 314; WOERNER, L., Zeitpunkt der Passivierung, S. 505.

578 Vgl. KARRENBROCK, H., Latente Steuern in Bilanz und Anhang, S. 115; vgl. zum Grundsatz der Abgrenzung der Sache nach Abschnitt 222.12. Dies gilt nach dem BFH-Urteil vom 27.06.2001 zumindest im Falle künftig erst entstehender Verpflichtungen, also solcher Verpflichtungen, die zum Abschlussstichtag rechtlich noch nicht bereits entstanden sind, womit auch passive latente Steuern angesprochen sind. Vgl. BFH, Urteil vom 27.06.2001 – I R 45/97; vgl. in diesem Zusammenhang auch BFH, Urteil vom 5.06.2002 – I R 96/00.

579 Vgl. dazu auch HERZIG, N., BilMoG und E-Bilanz, S. 1905; KÜHNE, E./MELCHER, W./WESEMANN, M., Grundlagen und Zweifelsfragen, Teil 1, S. 1007. In der Praxis wird die wirtschaftliche Verursachung indes teilweise auch in dem Zeitpunkt als gegeben angesehen, zu dem die „Ursachen gesetzt sind und die rechtliche Entstehung sich daraus als Folge entwickelt“ (MAYER-WEGELIN, E., in: Küting/Weber, HdR-E, 5. Aufl., § 249 HGB, Rn. 42). Es ist indes zu bezweifeln, dass diese weite Auslegung gesetzeskonform ist.

580 Vgl. beispielsweise SIEGEL, T., Zur Bilanzierung latenter Steuern, S. 590-592.

winn aus Gewerbebetrieb (§ 7 Abs. 1 Satz 1 GewStG). Die Unternehmen ermitteln ihren steuerpflichtigen Gewinn unter Berücksichtigung von sämtlichen steuerpflichtigen Betriebsausgaben und Betriebseinnahmen.[581] Darunter sind auch die Auswirkungen des Abbaus der zu versteuernden und abzugsfähigen temporären Differenzen zu subsumieren. Eine Steuerpflicht entsteht daher nicht für einen einzelnen Geschäftsvorfall, sondern periodenbezogen für den sich insgesamt ergebenden Gewinn.[582] Die mittels der Rückstellungsbildung zu antizipierende künftige Steuerzahlung basiert demnach zwar auf den zu versteuernden temporären Differenzen, rückstellungsmindernd sind jedoch darüber hinaus die mit ihnen „in zeitlichem Zusammenhang"[583] stehenden abzugsfähigen temporären Differenzen bzw. steuerlichen Verlustvorträge zu erfassen.[584] Zumindest insoweit sich die abzugsfähigen Differenzen bzw. Verlustvorträge in derselben Periode wie die zu versteuernden temporären Differenzen abbauen, ist es damit sachgerecht, sie in die Berechnung der Rückstellungen einzubeziehen.[585] Allerdings wird in der Literatur z. T. eingewendet, dass mit dieser Vorgehensweise zum einen gegen das Realisationsprinzip bzw. das Vorsichtsprinzip sowie zum anderen gegen das Saldierungsverbot des § 246 Abs. 2 Satz 1 HGB verstoßen wird.[586] Die Verrechnung von abzugsfähigen und zu versteuernden temporären Differenzen ergibt sich indes zwangsläufig aus der steuergesetzlichen Forderung einer Betrachtung des Saldos von Betriebseinnahmen und Betriebsausgaben einer Periode.[587] Aufgrund dieser Tatsache sind grundsätzlich auch künftige Entlastungen zu berücksichtigen.[588] Ihre Erfassung ist jedoch in Höhe der zu versteuernden

---

581 Vgl. KARRENBROCK, H., Latente Steuern in Bilanz und Anhang, S. 151.

582 Vgl. KARRENBROCK, H., Ausweis- und Saldierungsproblematik, S. 641.

583 BIENER, H./BERNECKE, W., Bilanzrichtlinien-Gesetz, S. 204.

584 Vgl. KÜHNE, E./MELCHER, W./WESEMANN, M., Grundlagen und Zweifelsfragen, Teil 2, S. 1061; OSER, P. ET AL., Änderungen des Bilanzrechts, S. 581; GELHAUSEN, H. F./FEY, G./KÄMPFER, G., Rechnungslegung und Prüfung, Rn. M 55; HFA DES IDW, IDW ERS HFA 27, Rn. 20; IDW (Hrsg.), Stellungnahme zu E-DRS 12, S. 1087.

585 Vgl. KESSLER, H./LEINEN, M./PAULUS, B., Das BilMoG und die latenten Steuern, Teil 1, S. 720; vgl. dazu auch HFA DES IDW, IDW ERS HFA 7, Rn. 24. KARRENBROCK spricht sich darüber hinaus für die Erfassung sämtlicher abzugsfähiger Differenzen aus, die sich vor oder in der selben Periode wie die zu versteuernden Differenzen abbauen. Dies begründet er vor allem damit, dass sich vor dem Abbau zu versteuernder Differenzen abbauende abzugsfähige Differenzen, selbst im Verlustfall durch den (entstehenden oder erhöhten) Verlustvortrag, spätestens mit den sich in den Folgeperioden abbauenden zu versteuernden Differenzen verrechnet werden können und eine Saldierung der Differenzen somit zu einem zutreffenden Ausweis des insgesamt erwarteten Steuereffekts führt. Vgl. KARRENBROCK, H., Ausweis- und Saldierungsproblematik, S. 641. Diese Einschätzung ist indes im Falle eines voraussichtlichen Abbaus einer solchen abzugsfähigen Differenz in einer Gewinnsituation kritisch zu beurteilen, da tatsächlich die steuerliche Bemessungsgrundlage einer anderen Periode beeinflusst wird.

586 Vgl. PANKOW, M./KILGERT, T./LIENAU, A., Beck Bilanzkomm., 1. Aufl., § 274 HGB, Rn. 48; SIEGEL, T., Konzeptionsprobleme, S. 160.

587 Vgl. KARRENBROCK, H., Latente Steuern in Bilanz und Anhang, S. 151.

588 In der Literatur wird in diesem Zusammenhang teilweise auf das BFH-Urteil vom 17.02.1993 (vgl. BFH, Urteil vom 17.02.1993 – X R 60/89) verwiesen, wonach bei der Bemessung von Rückstellungen wegen ungewisser Verbindlichkeiten unter bestimmten Bedingungen Rückgriffsansprüche rückstellungsmindernd zu berücksichtigen sind. Vgl. KESSLER, H./LEINEN, M./PAULUS, B., Das BilMoG und die latenten Steuern, Teil 1, S. 720 sowie generell zur Berücksichtigung von Rückgriffsansprüchen im Rahmen der

temporären Differenzen auch damit zu rechtfertigen, dass im Falle einer Gewinnsituation in der Periode des Abbaus der Differenzen sowohl eine Berücksichtigung von zu versteuernden als auch von abzugsfähigen Differenzen möglich wird, während im Verlustfall auch die zu versteuernden Differenzen zu keiner direkten Steuererhöhung führen, mithin im Zeitpunkt ihrer Bildung aus Sicht der Periode des geplanten Abbaus der zu versteuernden temporären Differenz quasi zuviel Vorsorge für künftige Belastungen getroffen wurde, welche durch die Berücksichtigung abzugsfähiger Differenzen korrigiert wird.[589] Dabei ist zu beachten, dass generell der Eintritt von künftigen Steuereffekten zu belegen ist.[590] Abzugsfähige Differenzen sind demgegenüber nicht zu berücksichtigen, sofern sie sich erst nach dem Abbau der zu versteuernden Differenzen abbauen.[591] Sie betreffen die steuerliche Bemessungsgrundlage einer späteren Periode und stehen daher grundsätzlich nicht im zeitlichen Zusammenhang mit den zu versteuernden Differenzen. Eine differenzierte(re) Analyse der Differenzen ist somit (auch) bei der Ermittlung latenter Steuern von nicht dem Anwendungsbereich des § 274 HGB unterliegenden Unternehmen notwendig.[592]

Insgesamt lässt sich festhalten, dass Rückstellungen für latente Steuerverpflichtungen nach § 249 Abs. 1 Satz 1 HGB lediglich dann zu bilden sind, wenn zu versteuernde temporäre Differenzen bestehen, die auch zeitliche Ergebnisdifferenzen sind. Ferner sind bei der Berechnung dieser Rückstellungen rückstellungsmindernd abzugsfähige Differenzen sowie steuerliche Verlustvorträge zu berücksichtigen, sofern sich diese im zeitlichen Zusammenhang mit den zu versteuernden Ergebnisdifferenzen abbauen. Quasi-permanente und erfolgsneutral entstandene Differenzen führen dagegen nicht dazu, dass eine Rückstellung im Sinne von § 249 Abs. 1 Satz 1 HGB zu bilden ist.

341.3 Der Charakter passiver latenter Steuern nach § 274 HGB

Nachdem im vorangegangenen Abschnitt geklärt werden konnte, dass passive latente Steuern unter den Rückstellungen für ungewisse Verbindlichkeiten zu subsumieren sind, sofern die Steuerlatenzen nicht auf permanenten, quasi-permanenten und/oder erfolgsneutral entstandenen temporären Differenzen basieren, ist in diesem Abschnitt nunmehr die Frage zu beant-

---

Bewertung von Verbindlichkeitsrückstellungen BAETGE, J./KIRSCH, H.-J./THIELE, S., Bilanzen, S. 420-422.

589 Vgl. KLEMM, U., Saldierung aktiver und passiver latenter Steuern, S. 268-270; vgl. dazu auch SIEGEL, T., Zur Bilanzierung latenter Steuern, S. 591.

590 Vgl. Abschnitt 421.2. Die zu versteuernden Differenzen vermindern im Verlustfall den entstehenden steuerlichen Verlustvortrag und dementsprechend den künftigen Abzug von der steuerlichen Bemessungsgrundlage. Die Unternehmen haben daher bspw. nachzuweisen, dass nach einer Verlustperiode des Abbaus der zu versteuernden Differenzen ausreichend steuerpflichtige Gewinne vorliegen werden, mit denen der (volle) Verlustvortrag verrechnet werden könnte.

591 Vgl. KARRENBROCK, H., Ausweis- und Saldierungsproblematik, S. 641 f.; VAN HALL, G./KESSLER, H., Latenzen, S. 484.

592 Vgl. KARRENBROCK, H., Ausweis- und Saldierungsproblematik, S. 644.

worten, welche Differenzen bei der Bilanzierung latenter Steuern gemäß § 274 HGB berücksichtigt werden dürfen, um sodann den Charakter passiver Steuerlatenzen bestimmen zu können.

Temporäre Differenzen, die auch **zeitliche Ergebnisdifferenzen** bilden, sind nach dem Wortlaut des § 274 HGB in die Bilanzierung latenter Steuern einzubeziehen. Ihrem Einbezug stehen auch nicht der Bedeutungszusammenhang, die Entstehungsgeschichte oder die teleologischen Auslegungskriterien der hermeneutischen Methode entgegen. Sie bilden den Grundfall der Bilanzierung passiver Steuerlatenzen. Im Folgenden ist indes zu untersuchen, ob quasi-permanente Differenzen sowie erfolgsneutral entstandene Differenzen bei der Ermittlung passiver latenter Steuern zu berücksichtigen sind.

Der Wortlaut des § 274 HGB gibt nach dem BilMoG, wie auch in der Regierungsbegründung erwähnt wird,[593] keinen Anhaltspunkt dafür, die **quasi-permanenten Differenzen** bei der Bilanzierung latenter Steuern nicht zu erfassen.[594] So setzt § 274 Abs. 1 Satz 1 HGB lediglich voraus, dass sich die Differenzen zwischen den steuerlichen und handelsrechtlichen Wertansätzen „in späteren Geschäftsjahren voraussichtlich abbauen“. In § 274 HGB des Referentenentwurfs des BilMoG war der Verweis auf die Regelungen zur Bilanzierung von Rückstellungen nach § 249 HGB, wie zuvor in § 274 HGB a. F., zwar noch enthalten. Dieser Verweis hätte so interpretiert werden können, dass passive latente Steuern nur zu bilden sind, sofern ihnen der Charakter einer Rückstellung zukommt. Allerdings wurde schon in der Begründung zum Referentenentwurf ein Einbezug der quasi-permanenten Differenzen bei der Berechnung latenter Steuern verlangt und der angesprochene Gesetzesverweis bereits im Regierungsentwurf des BilMoG gestrichen.[595] In der Begründung zum Regierungsentwurf wird in diesem Zusammenhang erläutert, dass den „passiven latenten Steuern zwar teilweise der Charakter von Rückstellungen zukommen mag, dies aber nicht für den Posten in seiner Gesamtheit gilt“[596]. Daraufhin werden Zweifel vor allem dahingehend geäußert, ob die quasi-permanenten Differenzen die Ansatzvoraussetzungen für Rückstellungen erfüllen. Im Ergebnis wird in der Begründung des Entwurfs klarstellend ausgeführt, dass quasi-permanente Differenzen in die Ermittlung latenter Steuern nach dem BilMoG einzubeziehen sind.[597] Die Absicht des Gesetzgebers, wie sie sich aus den Gesetzesmaterialien ergibt, spricht also eindeutig für den Einbezug der quasi-permanenten Differenzen. Auch der Zweck[598] der Vorschrift des

---

593 Vgl. BT-Drucksache 16/10067, S. 67.

594 Vgl. PRINZ, U./RUBERG, L., Latente Steuern nach dem BilMoG, S. 345; VAN HALL, G./KESSLER, H., Latenzen, S. 469.

595 Vgl. BMJ (Hrsg.), Referentenentwurf, S. 138.

596 BT-Drucksache 16/10067, S. 67.

597 Vgl. BT-Drucksache 16/10067, S. 67.

598 Vgl. Abschnitt 33.

§ 274 HGB, nach dem sämtliche erwartete Steuereffekte zu erfassen sind, unterstützt die Auffassung des Gesetzgebers.

Gegen den Einbezug quasi-permanenter Differenzen bei der Berechnung passiver Steuerlatenzen könnte indes sprechen, dass mit ihrer Berücksichtigung der Grundsatz der Unternehmensfortführung nicht eingehalten wird. Dieser vermeintliche Konflikt ist indes mithilfe des Grundsatzes „lex specialis derogat legi generali" zu lösen. Die Sondervorschrift, welche die Regelung des § 274 HGB zumindest hinsichtlich des Einbezugs quasi-permanenter Differenzen ist, geht den Generalvorschriften bzw. einzelnen GoB vor.[599] Ferner kann der Kritik, dass mit der Berücksichtigung quasi-permanenter Differenzen Beträge ausgewiesen werden, die erst in ferner Zukunft anfallen, aber dennoch nicht abgezinst werden,[600] erwidert werden, dass dieses Problem die Bilanzierung latenter Steuern im Allgemeinen und nicht nur den Ansatz latenter Steuern aufgrund quasi-permanenter Differenzen betrifft.

Im Ergebnis ist damit festzustellen, dass quasi-permanente Differenzen bei der Bilanzierung latenter Steuern nach § 274 HGB zu berücksichtigen sind. In der Literatur wird dieser Einbezug quasi-permanenter Differenzen vielfach mit dem Übergang auf das Temporary-Konzept begründet.[601] Dem kann indes nicht zugestimmt werden, da die Berücksichtigung quasi-permanenter Differenzen grundsätzlich auch mit dem Timing-Konzept zu vereinbaren ist.[602] Dies galt jedoch nicht für die Anwendung des Timing-Konzepts im Rahmen der Bilanzierung passiver latenter Steuern nach § 274 HGB a. F., da die Abbildung passiver Steuerlatenzen durch den Verweis auf § 249 Abs. 1 Satz 1 HGB geprägt wurde. Ein Einbezug quasi-permanenter Unterschiede in die Bilanzierung passiver latenter Steuer war daher verboten. Die passiven Latenzen hätten ansonsten nicht den Charakter einer Rückstellung erfüllt. Für die Bestimmung, ob quasi-permanente Differenzen in die Ermittlung latenter Steuern einzubeziehen sind, ist es also notwendig, den Charakter latenter Steuern vor dem Hintergrund der jeweiligen Rechnungslegungssysteme genau zu untersuchen.[603]

Ferner ist zu untersuchen, ob Differenzen, die aus **erfolgsneutral** abgebildeten Sachverhalten entstanden sind, bei der Bilanzierung latenter Steuern nach § 274 HGB zu erfassen sind. Nach dem Temporary-Konzept des § 274 HGB sind latente Steuern grundsätzlich auf sämtliche Bilanzierungsunterschiede zwischen Handels- und Steuerbilanz zu bilden, welche die Wertan-

---

599 Vgl. zum Kriterium des Bedeutungszusammenhangs Abschnitt 212.

600 Vgl. dazu auch SCHILDBACH, T., Latente Steuern auf permanente Differenzen, S. 944.

601 Vgl. beispielsweise PRINZ, U./RUBERG, L., Latente Steuern nach dem BilMoG, S. 345; KÜHNE, E./MELCHER, W./WESEMANN, M., Grundlagen und Zweifelsfragen, Teil 1, S. 1007.

602 Vgl. HOYOS, M./FISCHER, N., in: Beck Bilanzkomm., 6. Aufl., § 274 HGB, Rn. 9; KIRSCH, H., in: Hofbauer/Kupsch, § 274 HGB (BilMoG), Rn. 44; KARRENBROCK, H., in: HdJ, IIIa/1, Rn. 7.

603 Vgl. dazu auch Abschnitt 232.1, in dem bereits darauf hingewiesen wurde, dass die Berücksichtigung quasi-permanenter Differenzen grundsätzlich mit dem Timing-Konzept vereinbar ist.

sätze von Vermögensgegenständen, Schulden und Rechnungsabgrenzungsposten betreffen.[604] Lediglich solche Differenzen, die sich niemals steuerwirksam abbauen werden, sog. andere Differenzen, sind von dieser Vorgehensweise ausgenommen.[605] Damit sind latente Steuern auch auf Differenzen anzusetzen, die durch erfolgsneutral abzubildende Geschäftsvorfälle verursacht wurden.[606] Voraussetzung ist jedoch, dass sich die Differenzen erfolgswirksam abbauen werden.[607] Eine solche Erfassung latenter Steuern kann bspw. im Rahmen von Verschmelzungen, Einbringungen oder Einlagen notwendig werden.[608]

Die Bildung latenter Steuern nach HGB erfordert damit im Gegensatz zu den Vorgaben des IAS 12.22 (c) die Berücksichtigung von temporären Differenzen, die beim erstmaligen Ansatz von Vermögensgegenständen und Schulden entstehen, sofern sich der zugrunde liegende Sachverhalt weder auf das handelsrechtliche noch auf das steuerliche Ergebnis ausgewirkt hat und auch nicht im Zusammenhang mit einem Unternehmenszusammenschluss steht.[609] Dies war allerdings lange Zeit umstritten. Laut der Begründung zum Regierungsentwurf war die Bilanzierung latenter Steuern auf diese Differenzen bspw. noch nicht vorgesehen. Stattdessen sollte im Anhang gesondert über sie berichtet werden.[610] Der Wortlaut des § 274 HGB bietet jedoch ebenso wenig wie die objektiv-teleologischen Auslegungskriterien einen Anlass dafür, diese Differenzen nicht zu berücksichtigen. Dementsprechend wird schließlich in der Begründung zur Beschlussempfehlung des Rechtsausschusses „klarstellend“[611] darauf hingewiesen, dass eine der Vorschrift des IAS 12 entsprechende Ausnahmeregelung für die Berücksichtigung der angesprochenen Differenzen nach HGB nicht besteht.

Sowohl in der Begründung zum Referentenentwurf als auch in der Begründung zum Regierungsentwurf des BilMoG wird herausgestellt, dass es sich bei der Berücksichtigung erfolgsneutral entstandener temporärer Differenzen im Rahmen der Bilanzierung latenter Steuern um den „wesentliche[n; Ergänzung durch den Verfasser] Unterschied zum bisher angewandten GuV-orientierten Konzept“[612] handelt.[613] Je nach zugrunde liegendem Einzelfall kann die

---

604 Vgl. KÜHNE, E./MELCHER, W./WESEMANN, M., Grundlagen und Zweifelsfragen, Teil 1, S. 1007.

605 Vgl. THEILE, C., Latente Steuern im Jahresabschluss, S. 644.

606 Vgl. KÜHNE, E./MELCHER, W./WESEMANN, M., Grundlagen und Zweifelsfragen, Teil 1, S. 1009.

607 Vgl. THEILE, C., Latente Steuern im Jahresabschluss, S. 642.

608 Vgl. DRS 18.51; HFA DES IDW, IDW ERS HFA 27, Rn. 33.

609 Vgl. auch HFA DES IDW, IDW ERS HFA 27, Rn. 18; LOITZ, R., Wahlrecht als Mogelpackung, S. 915; KÜTING, K./SEEL, C., Ungereimtheiten der Regelungen zu latenten Steuern, S. 922 f.; HERZIG, N./VOSSEL, S., Paradigmenwechsel, S. 1175.

610 Vgl. BT-Drucksache 16/10067, S. 68; BAETGE, J./HAENELT, T./JONAS, M., Novellierte Bilanzierung latenter Steuern, S. 516.

611 BT-Drucksache 16/12407, S. 87.

612 BT-Drucksache 16/10067, S. 67; vgl. auch BMJ (Hrsg.), Referentenentwurf, S. 138.

613 Allerdings wurde z. T. schon vor dem BilMoG eine Bildung zumindest passiver latenter Steuern im Falle besonderer, erfolgsneutral abgebildeter Sachverhalte gefordert. Vgl. IDW (Hrsg.), WP-Handbuch 2006, Bd. I, Rn. F 342; FÖRSCHLE, G./KROPP, M./SCHELLHORN, M., in: Budde/Förschle/Winkeljohann, K 37,

bedeutendste Änderung im Vergleich zum vorherigen handelsrechtlichen Timing-Konzept indes auch darin gesehen werden, dass nunmehr quasi-permanente Differenzen bei der Ermittlung passiver latenter Steuern zu berücksichtigen sind.[614]

Im Ergebnis bleibt zu resümieren, dass in die Ermittlung passiver latenter Steuern nach dem BilMoG auch quasi-permanente und erfolgsneutral entstandene Differenzen einzubeziehen sind. Passive Steuerlatenzen, die auf eben diesen Differenzen basieren, erfüllen jedoch nicht den Charakter einer Rückstellung für ungewisse Verbindlichkeiten nach § 249 Abs. 1 Satz 1 HGB. Da passive latente Steuern allerdings, wie in Abschnitt 341.1 erläutert, auch keine Verbindlichkeiten oder passiven Rechnungsabgrenzungsposten bilden, sind diejenigen passiven Steuerlatenzen, denen quasi-permanente und/oder solche Differenzen zugrunde liegen, die erfolgsneutral entstanden sind, als **Sonderposten eigener Art** zu klassifizieren.[615] Im Gegensatz dazu sind diejenigen passiven latenten Steuern, welche auf zeitliche Ergebnisdifferenzen basieren, als **Rückstellung für ungewisse Verbindlichkeiten** nach § 249 Abs. 1 Satz 1 HGB einzustufen.[616] Sofern also den passiven Steuerlatenzen neben den temporären Differenzen, die zeitliche Ergebnisdifferenzen sind, quasi-permanente und/oder erfolgsneutral entstandene Unterschiede zugrunde liegen, besitzen sie einen binären Charakter.

342. Konkretisierung des Charakters aktiver latenter Steuern

Die Bilanzierung latenter Steuern diente **vor dem BilMoG** aufgrund des anzuwendenden Timing-Konzepts vor allem einer zutreffenden Darstellung der Ertragslage bzw. des Steueraufwands, wenngleich die Bilanzierung auch von Elementen der Liability-Methode geprägt war,

---

D 162, D 289; vgl. auch KÜHNE, E./MELCHER, W./WESEMANN, M., Grundlagen und Zweifelsfragen, Teil 1, S. 1009 (Fußnote 49). Angesprochen waren damit vor allem Umwandlungs- und Einlagevorgänge. Vgl. PRINZ, U./RUBERG, L., Latente Steuern nach dem BilMoG, S. 345; LOITZ, R., Nachbesserungen als Verbesserungen, S. 1390. Wurde bspw. eine Sacheinlage steuerlich mit dem, im Vergleich zum handelsrechtlich angesetzten Zeitwert, niedrigeren Buchwert erfasst, diente die erfolgsneutrale Abbildung passiver Steuerlatenzen dazu, eine Überbewertung dieser Sacheinlage zu vermeiden. Vgl. IDW (Hrsg.), WP-Handbuch 2006, Bd. I, Rn. F 342. LOITZ spricht daher relativierend von einer „klarstellende[n], auch weitreichende[n] Regelung“ [Ergänzungen durch den Verfasser] (LOITZ, R., Latente Steuern nach dem Bilanzrechtsmodernisierungsgesetz, S. 252 unter Bezugnahme auf den Referentenentwurf des BilMoG). Dieser Auffassung wird hier nicht gefolgt. Wie in Abschnitt 341. gezeigt, erfüllen passive latente Steuern auf Basis erfolgsneutral entstandener Differenzen nicht die Voraussetzungen einer Rückstellung nach § 249 Abs. 1 Satz 1 HGB. Sie waren demnach vor dem BilMoG nicht zu erfassen.

614 Vgl. LOITZ, R., Nachbesserungen als Verbesserungen, S. 1390.

615 Nach der Begründung des Regierungsentwurfs sind die passiven Steuerlatenzen „in ihrer Gesamtheit als Sonderposten eigener Art einzustufen“ (BT-Drucksache 16/10067, S. 67).

616 Allerdings könnte der Fall eintreten, dass neben den passiven Steuerlatenzen auch aktive latente Steuern bestehen und Letzteren abzugsfähige Differenzen oder steuerliche Verlustvorträge zugrunde liegen, die sich nicht im zeitlichen Zusammenhang mit den betrachteten zu versteuernden Differenzen abbauen. In diesem Falle entspricht ein ausgewiesener Passivüberhang latenter Steuern streng genommen nicht vollumfänglich einer nach § 249 Abs. 1 Satz 1 HGB zu bildenden Rückstellung, selbst wenn die zu versteuernden temporären Differenzen in ihrer Gänze zeitliche Ergebnisdifferenzen sind. Vgl. Abschnitt 341.2.

welche primär eine zutreffende Darstellung der Vermögenslage bezweckt.[617] Nach § 274 Abs. 2 Satz 1 HGB a. F. konnten Unternehmen für eine voraussichtliche künftige Steuerentlastung einen „Abgrenzungsposten als Bilanzierungshilfe“, also aktive latente Steuern, aktivieren. Ein solcher Ansatz aktiver Steuerlatenzen sollte laut der Begründung des Rechtsausschusses die mit dem BiRiLiG eingeführte, mögliche Passivierung von Aufwandsrückstellungen nach § 249 Abs. 2 HGB unterstützen.[618]

Nach dem BilMoG basiert die Bilanzierung latenter Steuern auf dem Temporary-Konzept, weshalb die zutreffende Darstellung der Vermögenslage in den Vordergrund gerückt wird. Für die Ermittlung latenter Steuern sind nunmehr, wie bereits in Abschnitt 32 erläutert, die unterschiedlichen Wertansätze in der Handels- bzw. Steuerbilanz gegenüberzustellen. Hinsichtlich des Umfangs von Differenzen, die bei der Bilanzierung latenter Steuern zu beachten sind, kann auf die Ergebnisse der Untersuchung in Abschnitt 341.3 zurückgegriffen werden. Demnach sprechen vor allem sowohl der Wortlaut als auch der Wille des Gesetzgebers sowie der objektive Zweck der Abbildung latenter Steuern nach § 274 HGB dafür, sämtliche erwartete künftige Steuereffekte zu berücksichtigen. Neben den erfolgswirksam entstandenen (temporären) Differenzen sind also auch erfolgsneutral entstandene sowie quasi-permanente Differenzen in die Bilanzierung von Steuerlatenzen einzubeziehen.[619] Da der gesetzliche Hinweis, dass aktive latente Steuern als Bilanzierungshilfe aktiviert werden können, mit dem BilMoG gestrichen wurde, ist im Folgenden der Charakter latenter Steuern kritisch zu untersuchen. Zunächst ist zu prüfen, ob aktiven latenten Steuern der Charakter eines Vermögensgegenstands zukommt, bevor anschließend beleuchtet wird, ob die Latenzen die Tatbestände eines aktiven Rechnungsabgrenzungspostens erfüllen. Auf Basis dieser Analysen soll dann schließlich der Charakter aktiver Steuerlatenzen nach dem BilMoG bestimmt werden.

Gemäß § 246 HGB hat ein Unternehmen grundsätzlich sämtliche **Vermögensgegenstände** im Jahresabschluss zu erfassen, sofern dem nicht gesetzliche Regelungen entgegenstehen. Eine Definition des Vermögensgegenstandsbegriffs ist indes nicht im Gesetz vorhanden.[620] Stattdessen bestimmt der in Abschnitt 222.12 erläuterte Aktivierungsgrundsatz, dass ein Vermögensgegenstand vorliegt, wenn ein Gut selbstständig verwertbar ist. Entscheidend ist also, dass ein wirtschaftlich verwertbares Potential zur Schuldendeckung des Unternehmens vorhanden ist.[621] Der wirtschaftliche Vorteil bzw. das Gut kann dabei durch Veräußerung, Ein-

---

617 Vgl. EBERHARTINGER, E., in: Baetge/Kirsch/Thiele, § 274 HGB, Rn. 33 f.

618 Vgl. Abschnitt 242.3.

619 Vor dem BilMoG war der Einbezug quasi-permanenter Differenzen in die Ermittlung latenter Steuern indes umstritten. Vgl. beispielsweise BAETGE, J., Latente Steuern im deutschen handelsrechtlichen Jahresabschluß, S. 32; KARRENBROCK, H., Latente Steuern in Bilanz und Anhang, S. 224 f. sowie für einen Überblick EBERHARTINGER, E., in: Baetge/Kirsch/Thiele, § 274 HGB, Rn. 44 f.

620 Vgl. THIELE, S., in: Baetge/Kirsch/Thiele, § 246 HGB, Rn. 31.

621 Vgl. BAETGE, J./KIRSCH, H.-J., in: Küting/Weber, HdR-E, 5. Aufl., Kap. 4, Rn. 96.

räumung eines Nutzungsrechts, bedingten Verzicht oder Zwangsvollstreckung gegenüber Dritten verwertet werden.[622]

Aktive latente Steuern entstehen nach § 274 HGB aus Differenzen zwischen den handelsrechtlichen und den korrespondierenden steuerlichen Wertansätzen, die sich voraussichtlich abbauen und zu künftigen Steuerentlastungen führen. Aus handelsrechtlicher Sicht handelt es sich in der Entstehungsperiode dieser Differenzen zwar durch die „zu hohe" Steuerbelastung um eine Art „Steuervorauszahlung"[623], da der Abbau der Differenzen bzw. ihr künftiger Abzug von der steuerlichen Bemessungsgrundlage voraussichtlich zu einer künftigen Minderbesteuerung (im Vergleich zur fiktiven Besteuerung des handelsrechtlichen (Mehr-)Gewinns) führt. Steuerlich ist indes kein Anspruch auf Steuererstattung nach § 38 AO i. V. m. § 37 AO entstanden. Der in Abschnitt 222.2 dargestellte Grundsatz der Tatbestandsmäßigkeit ist hinsichtlich der künftigen Steuerentlastung nicht erfüllt, während die in der Entstehungsperiode der Differenzen höhere Steuerbelastung steuerrechtlich im Sinne des § 38 AO mit dem Vorliegen der Tatbestandsvoraussetzungen zu begründen ist. Es ist zudem zu beachten, dass der Eintritt künftiger Steuerentlastungen nicht sicher ist, sondern von der künftigen Existenz ausreichender Gewinne abhängt.[624] Diese ungewissen Steuerforderungen[625] können auch nicht abgetreten werden.[626] Eine (einzelne) Veräußerung aktiver latenter Steuern kommt nicht in Betracht. Ferner ist mit aktiven latenten Steuern keine Einräumung eines Nutzungsrechts oder ein bedingter Verzicht verbunden. Da aktive latente Steuern auch im Falle einer Zwangsvollstreckung für sich genommen nicht selbstständig verwertet werden können, ist insgesamt festzuhalten, dass aktive latente Steuern nicht die Merkmale eines Vermögensgegenstands erfüllen.[627] Im nächsten Schritt ist zu prüfen, ob sie den Kriterien eines Rechnungsabgrenzungspostens genügen, welcher gemäß § 246 HGB ebenso im Jahresabschluss zu erfassen ist.

Der Ansatz von **aktiven Rechnungsabgrenzungsposten** dient der Periodisierung bestimmter Ausgaben des Geschäftsjahres.[628] Diese Ausgaben bilden (zeitraumbezogene) Aufwendungen für eine bestimmte, künftige Zeit und werden nach § 250 HGB auf der Aktivseite abgegrenzt. Voraussetzung für den Ansatz eines aktiven Rechnungsabgrenzungspostens ist also neben einer Ausgabe vor dem Stichtag, der zugehörige Aufwand nach dem Stichtag, der zudem innerhalb einer bestimmten Zeit anfällt. Damit werden vor allem Konsequenzen gegenseitiger Verträge erfasst, die sowohl eine Vorleistung als auch eine zeitraumbezogene Gegenleistung

[622] Vgl. BAETGE, J./KIRSCH, H.-J./THIELE, S., Bilanzen, S. 160 f.
[623] KARRENBROCK, H., Latente Steuern in Bilanz und Anhang, S. 118.
[624] Vgl. dazu Abschnitt 421.22.
[625] Vgl. auch EBERHARTINGER, E., in: Baetge/Kirsch/Thiele, § 274 HGB, Rn. 117.
[626] Vgl. dazu ausführlicher KARRENBROCK, H., Latente Steuern in Bilanz und Anhang, S. 117.
[627] Vgl. beispielsweise KÜHNE, E./MELCHER, W./WESEMANN, M., Grundlagen und Zweifelsfragen, Teil 1, S. 1008; BAETGE, J./KIRSCH, H.-J./THIELE, S., Bilanzen, S. 168.
[628] Vgl. BAETGE, J./KIRSCH, H.-J./THIELE, S., Bilanzen, S. 521.

bedingen.[629] Ein typisches Beispiel für die Bilanzierung von Rechnungsabgrenzungsposten bildet die Vorauszahlung von Versicherungsprämien für das kommende Geschäftsjahr.[630] Rechnungsabgrenzungsposten können ferner auf einer öffentlich-rechtlichen Grundlage basieren.[631]

Aktive latente Steuern antizipieren eine künftige Steuerentlastung, die damit zusammenhängt, dass der Steueraufwand bzw. die Steuerschuld in der zu betrachtenden Periode aus handelsrechtlicher Sicht zu hoch ist.[632] Die wirtschaftlich gesehen zu viel bezahlten Steuern können daher als Ausgabe vor dem Stichtag bezeichnet werden, die im Jahresabschluss verursachungsgerecht erst in künftigen Perioden als Steueraufwand zu erfassen wären. Steuern stellen indes keine Gegenleistung für eine besondere Leistung dar (§ 3 Abs. 1 AO), so dass der typische Fall für einen Rechnungsabgrenzungsposten nicht vorliegt.[633] Ferner sind unter § 250 HGB hinsichtlich des Ansatzes eines aktiven Rechnungsabgrenzungspostens grundsätzlich nur künftige Aufwendungen zu subsumieren, die einen konkreten Zeitraumbezug aufweisen.[634] Ein solcher bestimmter Zeitbezug ist indes regelmäßig nicht erkennbar, wie z. B. bei der Bilanzierung einer aktiven latenten Steuer aufgrund des Ansatzes einer Drohverlustrückstellung in der Handelsbilanz. Darüber hinaus wird in der Literatur z. T. gefordert, dass der bestimmte Zeitraum hinsichtlich seines Anfangs und Endes eindeutig feststehen bzw. bestimmbar sein muss,[635] während andere Literaturmeinungen auch Schätzungen (unter Berücksichtigung des Vorsichtsprinzips) für zulässig halten.[636] Eine konkrete Absicht zur Leistungserbringung innerhalb des Zeitraums ist indes grundsätzlich nicht ausreichend für die Bestimmung des Zeitraums.[637] Der zeitliche Anfall der künftigen Aufwendungen muss sich vielmehr quasi automatisch aus dem zugrunde liegenden Sachverhalt ergeben.[638] Ein Rechnungsabgrenzungsposten ist allgemein nicht anzusetzen, wenn das Ende des Zeitraums „durch ein künftiges, terminlich noch ungewisses Ereignis bestimmt wird“[639]. Es ist nur schwerlich vorstellbar, dass das Kriterium der „bestimmten Zeit“ im Falle quasi-permanenter Differenzen eingehalten wird. Problematisch ist zudem, dass eine Steuerentlastung lediglich dann zustande kommt, wenn in der Periode des Abbaus der Differenzen ausreichend steuerpflichtige Gewinne vorliegen. Insofern ist der künftige (Steuer-)Aufwand mit Unsicherheiten behaftet, die

629 Vgl. ELLROTT, H./KRÄMER, A., Beck Bilanzkomm., 7. Aufl., § 250 HGB, Rn. 6.
630 Vgl. BAETGE, J./KIRSCH, H.-J./THIELE, S., Bilanzen, S. 522.
631 Vgl. IDW (Hrsg.), WP-Handbuch 2006, Bd. I, Rn. E 214.
632 Vgl. Abschnitt 33.
633 Vgl. KARRENBROCK, H., Latente Steuern in Bilanz und Anhang, S. 120.
634 Vgl. ELLROTT, H./KRÄMER, A., Beck Bilanzkomm., 7. Aufl., § 250 HGB, Rn. 6; BAETGE, J./KIRSCH, H.-J./THIELE, S., Bilanzen, S. 526; a. A. beispielsweise ADS, 6. Aufl., § 250 HGB, Rn. 37.
635 Vgl. IDW (Hrsg.), WP-Handbuch 2006, Bd. I, Rn. E 207; ADS, 6. Aufl., § 250 HGB, Rn. 32.
636 Vgl. allgemein für einen Überblick BAETGE, J./KIRSCH, H.-J./THIELE, S., Bilanzen, S. 527.
637 Vgl. HÖMBERG, R./KÖNIG, M., Baetge/Kirsch/Thiele, § 250 HGB, Rn. 28.
638 Vgl. ADS, 6. Aufl., § 250 HGB, Rn. 31.
639 IDW (Hrsg.), WP-Handbuch 2006, Bd. I, Rn. E 207; vgl. auch ADS, 6. Aufl., § 250 HGB, Rn. 37.

teilweise, bspw. in Verlustfällen, eine hinreichende Bestimmung des Zeitraums für die Erfassung der Aufwendungen nur schwerlich möglich machen.

Aktive latente Steuern besitzen also weder den Charakter eines Vermögensgegenstands noch eines aktiven Rechnungsabgrenzungspostens. Eine Klassifizierung dieser Steuerlatenzen als aktiver Rechnungsabgrenzungsposten oder auch als Abgrenzungsposten im Sinne der Bilanzierungshilfe des § 274 HGB a. F. wäre zudem nicht mit dem (geänderten) Schwerpunkt der Bilanzierung latenter Steuern vereinbar. Im Gegensatz zur GuV-orientierten Regelung des § 274 HGB a. F. wird nach dem BilMoG mit dem Rückgriff auf das Temporary-Konzept in Verbindung mit der Liability-Methode ein bilanzorientierter Ansatz zur Ermittlung latenter Steuern verwendet.[640] Die Zielsetzung besteht in der zutreffenden Darstellung künftiger Steuerentlastungseffekte im Sinne ungewisser Steuerforderungen. In den Hintergrund tritt daher die Darstellung des richtigen Steueraufwands, die – ganz im Sinne der dynamischen Interpretation latenter Steuern – mit der Korrekturbuchung zur vordergründig notwendigen Anpassung des Steueraufwands zu einem Abgrenzungsposten in der Bilanz führt. Durch den Wechsel des Konzepts der Bilanzierung latenter Steuern wertet der Gesetzgeber den Bilanzposten der latenten Steuern auf. Eine Einordnung aktiver latenter Steuern als Bilanzierungs*hilfe*, wie es vor dem BilMoG in § 274 Abs. 2 Satz 1 HGB a. F. explizit vorgeschrieben war, kommt nicht mehr in Frage. Den dargestellten qualitativen Unterschied zum aktiven Rechnungsabgrenzungsposten illustriert der Gesetzgeber nicht nur durch seine Ablehnung einer solchen Qualifikation in den Begründungen der Gesetzesentwürfe,[641] sondern des Weiteren durch die Einführung des neuen Postens „Aktive latente Steuern“ in das Bilanzgliederungsschema nach § 266 Abs. 2 D HGB.[642] Daher ist der vom Gesetzgeber vorgenommenen Klassifikation aktiver latenter Steuern als **„Sonderposten eigener Art“**[643] zuzustimmen. Welche Konsequenzen der besondere Charakter aktiver latenter Steuern konkret für ihren Ansatz und ihre Bewertung hat, wird im Rahmen der Diskussion der unterschiedlichen Bilanzierungsfragen in Kapitel 4 geklärt. Die Basis dieser folgenden Analysen ist jedoch zunächst im folgenden Abschnitt zu bilden, in dem die Auswirkungen des Charakters latenter Steuern auf die Verwendung des dieser Arbeit zugrunde liegenden Auslegungsinstrumentariums darzulegen sind.

---

640 Vgl. Abschnitt 32.

641 Vgl. BMJ (Hrsg.), Referentenentwurf, S. 139; BT-Drucksache 16/10067, S. 67.

642 Vgl. auch TRÜTZSCHLER, K., in: Küting/Weber, HdR-E, 5. Aufl., § 250 HGB, Rn. 91, der darauf hinweist, dass sowohl eine Einordnung als auch ein Ausweis latenter Steuern als Rechnungsabgrenzungsposten nicht mehr möglich ist.

643 BMJ (Hrsg.), Referentenentwurf, S. 139; BT-Drucksache 16/10067, S. 67.

35 Der Einfluss des Charakters latenter Steuern auf die Verwendung der hermeneutischen Methode

Aktive und bestimmte passive latente Steuern sind als Sonderposten eigener Art zu klassifizieren. Ihr Ansatz kann daher lediglich durch die explizite gesetzliche Vorgabe in § 274 HGB gerechtfertigt werden. Fraglich ist, welchen Einfluss der besondere Charakter dieser Steuerlatenzen auf die Auslegungskriterien der hermeneutischen Methode hat. Es besteht zwar kein Anhaltspunkt dafür, dass sich der Postencharakter auf die Kriterien des Wortlauts bzw. Wortsinns der gesetzlichen Vorschriften sowie der Entstehungsgeschichte der Norm auswirkt.[644] Zu analysieren ist jedoch, welche Auswirkungen der Zweck des § 274 HGB bzw. der Charakter aktiver latenter Steuern bzw. passiver Steuerlatenzen, sofern diese nicht auf temporären Differenzen beruhen, die gleichzeitig zeitliche Ergebnisdifferenzen sind, auf die Betrachtung der teleologischen Kriterien und des Bedeutungszusammenhangs der gesetzlichen Regelungen haben.

Der Zweck des § 274 HGB liegt in einer hinreichend objektivierten, zutreffenden Darstellung der Vermögens-, Finanz- und Ertragslage des Unternehmens.[645] Durch die erfolgswirksame Erfassung von aktiven Steuerlatenzen wird indes, wie in Abschnitt 33 dargestellt, im ersten Schritt vor allem der Jahresabschlusszweck der Kapitalerhaltung nicht beachtet, wenngleich ein Aktivüberhang latenter Steuern nach § 268 Abs. 8 HGB im Sinne der Kapitalerhaltung quasi im zweiten Schritt ausschüttungsgesperrt wird. Der Kapitalerhaltungszweck wird zugunsten der Informationsfunktion in den Hintergrund gerückt. Es ist indes fraglich, ob der Ansatz aktiver Latenzen hinreichend objektiv im Sinne des Jahresabschlusszwecks der Rechenschaft begründet werden kann. Des Weiteren ist der Ansatz von Steuerlatenzen aufgrund quasi-permanenter Differenzen nur schwerlich mit dem Rechenschaftszweck vereinbar, da u. a. der Grundsatz der Unternehmensfortführung nicht berücksichtigt wird.[646] Im Falle des Ansatzes passiver latenter Steuern, die auf quasi-permanenten Differenzen basieren, scheint der Kapitalerhaltungszweck überbetont.[647] Für die teleologische Auslegung ist zu beachten, dass im *Konfliktfall* der Zweck des § 274 HGB den handelsrechtlichen Jahresabschlusszwecken der Kapitalerhaltung und der Rechenschaft vorzuziehen ist. Ansonsten dürfen die Jahresabschlusszwecke nicht missachtet bzw. konterkariert werden.[648] Vor diesem Hintergrund

644 Vgl. zu den Auslegungskriterien der hermeneutischen Methode Abschnitt 212.

645 Vgl. Abschnitt 33.

646 Vgl. zur Bedeutung der Going-concern-Prämisse für den Rechenschaftszweck auch BAETGE, J./KIRSCH, H.-J./THIELE, S., Bilanzen, S. 94 f.; zur Unvereinbarkeit der Berücksichtigung quasi-permanenter Differenzen bei der Bilanzierung passiver latenter Steuern mit dem handelsrechtlichen Schuldbegriff vgl. Abschnitt 341.2.

647 Vgl. KLEIN, O., Latente Steuern im Vergleich, S. 1452.

648 Vgl. COMMANDEUR, D., Ingangsetzung und Erweiterung des Geschäftsbetriebs, S. 42 f.

ist im nächsten Schritt zu klären, wie die spezielle Norm des § 274 HGB im Bedeutungszusammenhang mit den anderen handelsrechtlichen Regelungen auszulegen ist.

Die Regelungen des § 274 HGB gehören zu den ergänzenden Vorschriften für Kapital- und haftungsbeschränkte Personengesellschaften. Diese speziellen Regelungen gehen den Vorschriften für alle Kaufleute im Konfliktfall grundsätzlich vor.[649] Gemäß § 264 Abs. 2 Satz 1 HGB haben indes auch die haftungsbeschränkten Gesellschaften die rechtsformneutralen[650] GoB zu beachten. Explizite gesetzliche, GoB-widrige Regelungen (Spezialregelungen) können jedoch im Einzelfall gemäß dem Grundsatz „lex specialis derogat legi generali" GoB-konforme Regelungen bzw. einzelne GoB verdrängen.[651] Dies gilt allerdings erst, nachdem die Spezialvorschrift ausgelegt worden ist.[652] Bei der Auslegung sind indes die GoB zu berücksichtigen.[653] Daher ist soweit wie möglich eine GoB-konforme Auslegung vorzunehmen. Eine Abweichung von einzelnen GoB ist lediglich, wie SIEGEL bereits für die Auslegung der Regelungen des § 274 HGB a. F. nach dem BiRiLiG feststellte, für das „dezidiert Geregelte"[654] möglich. Sofern also eine relevante, d. h. nicht ausgeschlossene bzw. nach der hermeneutischen Methode nicht untersagte, Auslegungsalternative einen Normenkonflikt vermeiden kann, ist diese zu präferieren.[655] Ferner gilt, dass immer dann die kodifizierten und nichtkodifizierten GoB heranzuziehen sind, wenn Spezialregelungen fehlen.[656] Verursachen mehrere Auslegungsalternativen keinen Normenkonflikt, ist sodann diejenige zu wählen, welche die Zwecke des Jahresabschlusses am besten erfüllt.

36 Bedeutung des DRS 18 und des aufgehobenen IDW ERS HFA 27 für die Auslegung von § 274 HGB

Dem vom Deutschen Rechnungslegungs Standards Committee (DRSC) eingerichteten Deutschen Standardisierungrat (DSR) kommt gemäß § 342 Satz 1 HGB i. V. m. § 1 Satz 2 des Standardisierungsvertrags neben der Beratung des BMJ und der Vertretung deutscher Interessen in nationalen Standardisierungsgremien die Aufgabe der „Entwicklung von Empfehlungen zur Anwendung der Grundsätze über die Konzernrechnungslegung" (§ 342 Abs. 1 Satz 1 Nr. 1 HGB) zu. Sofern diese Empfehlungen vom BMJ bekannt gemacht werden, wird die Beachtung der Konzern-GoB vermutet (§ 342 Abs. 2 HGB). Die Rechnungslegungsstandards des DSR beziehen sich daher zwar auf den Konzernabschluss. Der DSR setzt sich indes auch

649 Vgl. BAETGE, J./KIRSCH, H.-J., in: Küting/Weber, HdR-E, 5. Aufl., Kap. 4, Rn. 113.
650 Vgl. BAETGE, J./ZÜLCH, H., in: HdJ, I/2, Rn. 3, 5 f. und 9.
651 Vgl. BAETGE, J./ZÜLCH, H., in: HdJ, I/2, Rn. 15.
652 Vgl. COMMANDEUR, D., Ingangsetzung und Erweiterung des Geschäftsbetriebs, S. 103.
653 Vgl. BAETGE, J./KIRSCH, H.-J., in: Küting/Weber, HdR-E, 5. Aufl., Kap. 4, Rn. 113.
654 SIEGEL, T., Konzeptionsprobleme, S. 156.
655 Vgl. COMMANDEUR, D., Ingangsetzung und Erweiterung des Geschäftsbetriebs, S. 45.
656 Vgl. BAETGE, J./KIRSCH, H.-J., in: Küting/Weber, HdR-E, 5. Aufl., Kap. 4, Rn. 113.

mit den GoB im Allgemeinen auseinander.[657] Daraus wird in der Literatur z. T. gefolgert, dass eine Ausstrahlungswirkung auf den Jahresabschluss besteht.[658] Die Bindungswirkung ist indes bis heute umstritten.[659]

Im Jahr 2002 wurde der Deutsche Rechnungslegungs Standard Nr. 10 (DRS 10) „Latente Steuern im Konzernabschluss" veröffentlicht, welcher aufgrund der Änderungen durch das BilMoG vom DSR überarbeitet wurde. Im September 2010 machte das BMJ schließlich den **DRS 18 „Latente Steuern"** bekannt.[660] DRS 18.7 empfiehlt im Gegensatz zu DRS 10 explizit die „entsprechende Anwendung dieses Standards für Jahresabschlüsse". Über § 298 HGB werden ferner zahlreiche Vorschriften zur Bilanzierung latenter Steuern auch auf Konzernebene berücksichtigt. Insgesamt liefert der DRS 18 einige hilfreiche Empfehlungen für den Jahresabschlussersteller. Diese Regelungen sind im Sinne einer gewissenhaften Berufsausübung auch von Wirtschaftsprüfern zu beachten (§ 4 der Berufssatzung für Wirtschaftsprüfer).[661] Im Rahmen dieser Arbeit werden die Regelungen des DRS 18 als durchaus bedeutende Auslegungshilfen bei der Interpretation der Vorschriften des § 274 HGB in vielen Fällen herangezogen und vor dem Hintergrund der Anwendung der hermeneutischen Methode kritisch beleuchtet.

Bereits am 29.05.2009 veröffentlichte das IDW den Entwurf einer Stellungnahme zur Rechnungslegung zu den „Einzelfragen zur Bilanzierung latenter Steuern nach den Vorschriften des HGB in der Fassung des Bilanzrechtsmodernisierungsgesetzes (**IDW ERS HFA 27**)". Die Regelungshinweise des IDW ERS HFA 27 wurden der IDW-Stellungnahme[662] zum Entwurf des DRS 18 (E-DRS 24) vom 18.11.2009 zugrunde gelegt. Da der DSR die Kritik des IDW im finalen DRS 18 größtenteils umsetzt hatte, hob das IDW den IDW ERS HFA 27 auf.[663] In seinem Aufhebungsschreiben[664] distanzierte sich das IDW jedoch explizit von den Regelungen des DRS 18 in Bezug auf die Forderung einer Überleitungsrechnung sowie den Umfang notwendiger Anhangangaben bei Nutzung des Aktivierungswahlrechts latenter Steuern im Sinne eines Ansatzverzichts, worauf in Abschnitt 46 ausführlich einzugehen ist. Die

657 Vgl. BAETGE, J./KRUMNOV, J./NOELLE, J., Das DRSC, S. 773.

658 Vgl. BAUMANN, K.-H./SPANHEIMER, J., in: Küting/Weber, HdR-E, 5. Aufl., § 274 HGB (2003), Rn. 3; BAETGE, J./KRUMNOV, J./NOELLE, J., Das DRSC, S. 773.

659 Vgl. PELLENS, B./CRASSELT, N./KEMPER, T., Evaluation der Arbeit des DRSC, S. 242. Mit Wirkung zum 31.12.2010 wurde der Standardisierungsvertrag vom DRSC aufgekündigt, weshalb aktuell über die künftige Organisation und Finanzierung des DRSC diskutiert wird. Vgl. DRSC (Hrsg.), Pressemitteilung vom 28.06.2010.

660 Der Titel des Standards wurde allgemeiner formuliert, der alleinige Bezug auf den Konzernabschluss zumindest also in der Standardbezeichnung aufgehoben.

661 Vgl. IDW (Hrsg.), WP-Handbuch 2006, Bd. I, Rn. A 364.

662 IDW (Hrsg.), Entwurf Deutscher Rechnungslegungs Standard Nr. 24.

663 In neuen Rechnungslegungsstellungnahmen bzw. -hinweisen verweist das IDW sogar auf die Regelungen des DRS 18. Vgl. beispielsweise HFA DES IDW, IDW ERS HFA 7; IFA DES IDW, IDW RH IFA 1.001.

664 IDW (Hrsg.), Aufhebung des IDW ERS HFA 27.

Regelungen des (aufgehobenen) IDW ERS HFA 27 bieten bedeutende Anhaltspunkte für die Auffassungen des IDW hinsichtlich der Bilanzierung latenter Steuern nach dem BilMoG. Aufgrund der angesprochenen inhaltlichen Parallelen dienen diese Hinweise zudem z. T. der Konkretisierung der Vorschriften des DRS 18. Daher werden die Regelungen des IDW ERS HFA 27 bei der Auslegung des § 274 HGB betrachtet bzw. herangezogen, sofern sie nach der Anwendung der hermeneutischen Methode geeignet erscheinen.

37 Die Berücksichtigung internationaler Regelungen bei der Auslegung der Regelungen des § 274 HGB

In der Literatur wird aufgrund der konzeptionellen Annäherung der Bilanzierung latenter Steuern nach HGB und nach den internationalen Regelungen bei der Auslegung des § 274 HGB vielfach auf die Vorschriften des IAS 12 und des SFAS 109 zurückgegriffen.[665] Dieser Abschnitt geht daher der Frage nach, inwieweit internationale Regelungen bei der Interpretation des § 274 HGB im Rahmen der Anwendung der hermeneutischen Methode berücksichtigt werden dürfen.

Das handelsrechtliche Zwecksystem besteht aus der Dokumentation, der Rechenschaft und der Kapitalerhaltung, wobei die letztgenannten Zwecke gleichgewichtig nebeneinanderstehen. Mit diesem System wird ein relativierter Adressatenschutz durch einen Interessenausgleich angestrebt.[666] Die internationale Rechnungslegung nach IFRS bezweckt dagegen vorrangig die Vermittlung entscheidungsnützlicher Informationen an die Abschlussadressaten (CF.OB2).[667] Die Zwecke der beiden Rechnungslegungssysteme unterscheiden sich daher bedeutend voneinander, was zudem darauf zurückgeführt werden kann, dass der Gewinnermittlung nach IFRS keine unmittelbare Ausschüttungsbemessungsfunktion zukommt.[668] Im Rahmen der Rechnungslegung nach IFRS rückt der Gläubigerschutzgedanke im Vergleich zum Handelsrecht in den Hintergrund.[669] Daraus resultiert bspw., dass dem Vorsichtsprinzip nach IFRS eine geringere Bedeutung als nach HGB zukommt.[670] Dies wirkt sich auch auf die Bilanzierung latenter Steuern aus, da z. B. die „Frage des voraussichtlichen Ausgleiches [temporärer Differenzen] [...] anhand von Wahrscheinlichkeitsüberlegungen zu klären [ist], bei denen das handelsrechtliche Vorsichtsprinzip zu beachten ist“[671] [Ergänzungen durch den Verfasser].

---

665 Vgl. zu dieser Feststellung auch WOLZ, C., Analyse der konzeptionellen Neuregelung, S. 2625.

666 Vgl. Abschnitt 222.11.

667 Analoges gilt für Rechnungslegung nach US-GAAP.

668 Vgl. KLEIN, O., Latente Steuern im Vergleich, S. 1452.

669 Vgl. BAETGE, J./KIRSCH, H.-J./SOLMECKE, H., Auswirkungen des BilMoG auf die Zwecke, S. 29 f.

670 Vgl. BAETGE, J./KIRSCH, H.-J./THIELE, S., Bilanzen, S. 146 und 152; MOXTER, A., IFRS als Auslegungshilfe, S. 10; PETERSEN, K./ZWIRNER, C., Annäherung an internationale Standards, S. 181.

671 BMJ (Hrsg.), Referentenentwurf, S. 138 sowie BT-Drucksache 16/10067, S. 67.

Eine Auslegung handelsrechtlicher Regelungen mittels der IFRS bzw. US-GAAP käme nur in Betracht, sofern sich Zwecke und Grundsätze der Rechnungslegungssysteme entsprächen.[672] Da dies nicht der Fall ist, können die internationalen Regelungen lediglich – aber zumindest – als **„induktive Informationsquelle“**[673] bzw. **„Ideenlieferant“**[674] herangezogen werden. Die handelsrechtlichen Vorschriften geben also den Rahmen vor. Aus diesem nationalen Kontext wird dann über die Reichweite der IFRS bzw. US-GAAP in einer Einzelfallbetrachtung entschieden.[675] Die internationalen Regelungen können somit als Auslegungsalternativen herangezogen werden, sofern sie mit dem Wortlaut des § 274 HGB, dem Bedeutungszusammenhang (und damit soweit wie möglich auch den GoB), der Entstehungsgeschichte sowie der teleologischen Auslegung unter besonderer Gewichtung des Zwecks des § 274 HGB vereinbar sind bzw. nach den hermeneutischen Auslegungskriterien geeignet erscheinen. Zudem kann bei einem explizit gesetzlich geforderten Verstoß gegen einzelne GoB auf die Erfahrungen bzw. Regelungen nach IFRS oder US-GAAP ggf. punktuell, im dennoch zu prüfenden Einzelfall, zurückgegriffen werden.

38 Zwischenfazit

Im Rahmen der Analyse des Charakters latenter Steuern konnte herausgearbeitet werden, dass aktive latente Steuern als Sonderposten eigener Art zu klassifizieren sind. Passive Steuerlatenzen erfüllen hingegen den Charakter einer Rückstellung für ungewisse Verbindlichkeiten nach § 249 Abs. 1 Satz 1 HGB, sofern ihnen temporäre Differenzen zugrunde liegen, die auch zeitliche Ergebnisdifferenzen sind. Derjenige Teil der passiven latenten Steuern, der auf erfolgsneutral entstandenen oder quasi-permanenten Differenzen basiert, ist indes als Sonderposten eigener Art einzustufen.

Die Bilanzierung aktiver bzw. passiver latenter Steuern nach § 274 HGB dient vor allem einer hinreichend objektivierten, zutreffenden Darstellung der Vermögenslage eines Unternehmens. Dieser Zweck entspricht indes (zumindest) nicht vollständig den Jahresabschlusszwecken der Rechenschaft bzw. der Kapitalerhaltung. Beispielsweise führt der mit dem Ansatz aktiver latenter Steuern verbundene Ausweis unrealisierter Erträge dazu, dass der Kapitalerhaltungs-

---

672 Vgl. BAETGE, J./KIRSCH, H.-J./SOLMECKE, H., Auswirkungen des BilMoG auf die Zwecke, S. 30; STIBI, B./FUCHS, M., Auslegung und Interpretation der GoB, S. 12.

673 BAETGE, J./KIRSCH, H.-J./SOLMECKE, H., Auswirkungen des BilMoG auf die Zwecke, S. 30; vgl. auch HAAKER, A., Sachgerechte Interpretation der BilMoG-Regelungen, S. 371.

674 SOLMECKE, H., Auswirkungen des BilMoG auf die GoB, S. 114.

675 Vgl. STIBI, B./FUCHS, M., Auslegung und Interpretation der GoB, S. 11 f. STIBI/FUCHS weisen in ihren Ausführungen zur Reichweite der IFRS auch kritisch auf ein Urteil des EuGH aus dem Jahr 2003 hin. In diesem wird festgestellt, dass gewisse Fragen bei der Auslegung der 4. EG-Richtlinie zwar mit der Betrachtung nationaler Regelungen zu lösen sind, die Auslegung indes „gegebenenfalls unter Berücksichtigung internationaler Rechnungslegungsstandards (IAS)“ (EuGH, Urteil vom 7.01.2003 – Rs. C-306/99, S. 361) vorzunehmen ist. Vgl. auch PRINZ, U., Maßgeblichkeit versus eigenständige Steuerbilanz, S. 288.

zweck in den Hintergrund gedrängt wird, während der Ansatz passiver latenter Steuern aufgrund quasi-permanenter Differenzen den Kapitalerhaltungszweck überbetont. Letzteres ist darauf zurückzuführen, dass die Bildung latenter Steuern auf temporäre Differenzen, die sich lediglich aufgrund einer (noch nicht geplanten) unternehmerischen Disposition oder bei Unternehmensliquidation abbauen, gegen den Going-concern-Grundsatz verstößt und damit nicht dem Rechenschaftszweck entspricht. In Konfliktfällen dominiert ausnahmsweise der Zweck der Norm die Jahresabschlusszwecke. Analog können einzelne explizite Regelungen des § 274 HGB einzelnen handelsrechtlichen GoB vorgehen. Die GoB sind indes generell im Rahmen der Auslegung soweit wie möglich zu beachten. Die Vorschriften des DRS 18, IDW ERS HFA 27 und IAS 12 bzw. SFAS 109 sind hingegen bei der Interpretation von § 274 HGB nicht per se zu berücksichtigen. Sie können indes als Auslegungsalternativen herangezogen und mithilfe der hermeneutischen Methode kritisch gewürdigt werden.

4 Auslegung der Vorschriften zur Bilanzierung latenter Steuern im handelsrechtlichen Jahresabschluss nach § 274 HGB

41 Vorbemerkungen

Latente Steuern sind, wie bereits in Abschnitt 32 erläutert, anzusetzen, wenn am Abschlussstichtag Differenzen bestehen, welche sich voraussichtlich steuerwirksam abbauen werden bzw. wenn das Unternehmen damit rechnet, dass steuerliche Verlustvorträge in den künftigen Perioden genutzt werden können. Um bspw. beurteilen zu können, ob aus dem Abbau einer temporären Differenz tatsächlich eine (verhinderte) Steuerzahlung resultiert (Ansatzfrage), ist indes die Kenntnis über den Betrag der Differenz erforderlich. Mit der Höhe der Differenz wird allerdings auch die Höhe der latenten Steuer beeinflusst (Bewertung). Daher wird im ersten Teil dieses Kapitels zwar insbesondere der Ansatz latenter Steuern geklärt. Jedoch wird dabei aus didaktischen Gründen auch erläutert, wie die den Ansatz latenter Steuern begründenden und daher relevanten temporären Differenzen und steuerlichen Verlustvorträge zu identifizieren sind. Die Interpretation der Vorschriften zum Ansatz latenter Steuern wird systematisch derart unterteilt, dass zunächst der Ansatz bzw. die Voraussetzungen für den Ansatz latenter Steuern aufgrund temporärer Differenzen und im Anschluss daran die besonderen Vorschriften zum Ansatz von Steuerlatenzen aufgrund steuerlicher Verlustvorträge beleuchtet werden. Da steuerliche Planungsrechnungen dazu dienen, sowohl die Realisierbarkeit temporärer Differenzen als auch steuerlicher Verlustvorträge zu beurteilen, sind sie daraufhin zu konkretisieren. Danach sind vor allem die Auslegungsfragen zum Ansatzwahlrecht eines Aktivüberhangs latenter Steuern zu beantworten.

Im zweiten Teil des Kapitels wird sodann kritisch beleuchtet, wie die latenten Steuern auf Basis der ermittelten, relevanten temporären Differenzen bzw. steuerlichen Verlustvorträge zu bewerten sind. Dazu wird zunächst konkretisiert, welche Steuersätze bei der Bewertung heranzuziehen sind. Darüber hinaus sind vor allem die Fortschreibung sowie das Abzinsungsverbot latenter Steuern zu diskutieren. Die darauf folgenden Abschnitte orientieren sich an den weiteren für die Bilanzierung latenter Steuern relevanten Schritten. So ist, nachdem die aktiven sowie passiven latenten Steuern ermittelt wurden, vor allem zu klären sowie kritisch zu beurteilen, wie das Ausweiswahlrecht latenter Steuern in der Bilanz genutzt werden kann. Danach sind die Regelungen zur Ausschüttungssperre, deren Aufbau und Funktionsweise eng mit der Bilanzierung latenter Steuern verbunden ist, sowie zu den Anhangangaben latenter Steuern auszulegen. Die speziellen Vorschriften sowie Effekte aus dem Übergang der Bilanzierung auf das BilMoG werden in diesem Kapitel indes nicht behandelt.

42 Ansatz latenter Steuern und Ermittlung relevanter Differenzen sowie steuerlicher Verlustvorträge

421. Ansatzvoraussetzungen latenter Steuern auf Basis von temporären Differenzen gemäß § 274 HGB

421.1 Unterschiede zwischen handels- und steuerrechtlichen Wertansätzen

421.11 Grundlegender Umfang auf Basis der Einzeldifferenzenbetrachtung einzubeziehender handels- und steuerlicher Wertansätze

Grundvoraussetzung für den Ansatz latenter Steuern sind temporäre Differenzen, die sich steuerwirksam abbauen werden. Daher stellt sich im ersten Schritt der Ermittlung von Steuerlatenzen aufgrund temporärer Differenzen die Frage, wie bzw. auf welcher Ermittlungsebene diese Differenzen zu identifizieren sind. Dazu bieten sich sowohl die Einzeldifferenzen- als auch die Gesamtdifferenzbetrachtung an, so dass zunächst zu klären ist, welcher dieser beiden in Abschnitt 234. erläuterten Ansätze nach dem BilMoG anzuwenden ist.

Vor dem BilMoG basierte die Ermittlung von Differenzen aufgrund des Vergleichs des handelsrechtlichen mit dem steuerlichen Ergebnis methodisch auf einer Gesamtdifferenzbetrachtung.[676] Gemäß § 274 Abs. 1 Satz 1 HGB sind nunmehr Differenz*en* zwischen den steuer- und handelsrechtlichen Wertansätz*en* zu betrachten, womit eine Einzeldifferenzenbetrachtung gefordert wird.[677] Zudem sind die temporären Differenzen nach § 274 Abs. 2 Satz 1 HGB mit den „unternehmensindividuellen Steuersätzen im Zeitpunkt des Abbaus der Differenzen zu bewerten“. Dafür ist es notwendig, den Abbauzeitpunkt jeder *einzelnen* Differenz zu betrachten. Nur so kann einer Differenz der sachgerechte Steuersatz zugeordnet werden.[678] In der Begründung der Beschlussempfehlung wird indes betont, dass die „Gesamtdifferenzenbetrachtung“[679] beizubehalten ist. Diese Aussage irritiert zunächst, da aus dem Wortlaut bzw.

---

[676] Vgl. KÜTING, K./SEEL, C., Ungereimtheiten der Regelungen zu latenten Steuern, S. 923.

[677] Vgl. auch LOITZ, R., Latente Steuern nach dem BilMoG, S. 713; KÜTING, K./SEEL, C., Latente Steuern, S. 516.

[678] Vgl. HERZIG, N./VOSSEL, S., Paradigmenwechsel, S. 1176. Bei Betrachtung der Entstehungsgeschichte des § 274 HGB nach dem BilMoG fällt auf, dass der Gesetzgeber im Referentenentwurf lediglich auf *eine* Differenz zwischen den Wertansätzen in der Handels- und der Steuerbilanz abstellte. Laut Begründung des Referentenentwurfs sollte damit verdeutlicht werden, dass „[e]ntsprechend der bisherigen Praxis“ (BMJ (Hrsg.), Referentenentwurf, S. 139) [Anpassung durch den Verfasser] lediglich der Saldo aktiver oder passiver latenter Steuern auszuweisen ist. Allerdings war es schon im Rahmen des Referentenentwurfs vorgesehen, die jeweils relevanten Steuersätze bei Abbau der (einzelnen) Differenzen zu betrachten, so dass trotz der beabsichtigten Zulassung eines saldierten Ausweises eine Einzeldifferenzenbetrachtung erforderlich gewesen wäre. Vgl. KARRENBROCK, H., Von der Steuerabgrenzung zur Bilanzierung latenter Steuern, S. 332 f. Im Regierungsentwurf wurde weiterhin Bezug auf *eine* Differenz zwischen den Wertansätzen genommen. An der erwähnten Bewertungsvorschrift änderte sich nichts. Allerdings wurde nunmehr ein unsaldierter Ausweis vorgeschrieben, welcher eine Gesamtdifferenzbetrachtung zwangsläufig ausgeschlossen hätte.

[679] BT-Drucksache 16/12407, S. 87.

aus dem Temporary-Konzept nach § 274 HGB, wie soeben gezeigt, eine Einzeldifferenzenbetrachtung zu folgern ist. Die vermeintliche Beibehaltung der Gesamtdifferenzbetrachtung wird in der Begründung vor allem unter Bezugnahme auf das Wahlrecht zum saldierten Ausweis erläutert (gemäß § 274 Abs. 1 Sätze 1 und 2 HGB besteht die Pflicht bzw. das Wahlrecht zum Ansatz des sich „insgesamt" ergebenden be- bzw. entlastenden Steuereffekts).[680] Damit relativiert sich indes die Aussage in der Gesetzesbegründung, dass die Gesamtdifferenzbetrachtung beibehalten wird. Sie scheint möglicherweise vor dem Hintergrund eines anderen Begriffsverständnisses verfasst worden zu sein. Vielmehr ist künftig weiterhin eine Gesamtbetrachtung – nicht Gesamt*differenz*betrachtung – möglich, nach der die zuvor ermittelten aktiven und passiven latenten Steuern grundsätzlich verrechnet betrachtet werden können.[681] Vor einem möglichen saldierten Ausweis ist daher eine (detaillierte) Gegenüberstellung der einzelnen handelsrechtlichen und steuerlichen Wertansätze notwendig.[682]

Laut § 274 Abs. 1 Satz 1 HGB sind für die Ermittlung von temporären Differenzen konkret die handelsrechtlichen und steuerlichen Wertansätze von Vermögensgegenständen, Schulden und Rechnungsabgrenzungsposten miteinander zu vergleichen.[683] Die Differenzen zwischen den Wertansätzen können also sowohl aus Ansatz- als auch aus Bewertungsunterschieden resultieren.[684] Die Entstehungsursachen temporärer Differenzen lassen sich, wie bereits in Abschnitt 225. dargestellt, in verschiedene Grundfälle untergliedern. **Zu versteuernde temporäre Differenzen** entstehen zum einen, wenn Vermögensgegenstände oder aktive Rechnungsabgrenzungsposten in der Handelsbilanz höher bewertet werden als in der Steuerbilanz oder wenn sie nur in der Handelsbilanz angesetzt werden. So führt bspw. ein Ansatz immaterieller Vermögensgegenstände bei Ausübung des Aktivierungswahlrechts nach § 248 Abs. 2 HGB aufgrund des steuerlichen Ansatzverbots von Immaterialgütern zu einer temporären Differenz, aus deren Abbau sich künftig Steuerbelastungen für das Unternehmen ergeben können. Zum anderen entstehen zu versteuernde temporäre Differenzen, sofern passive Rechnungsabgrenzungsposten oder Schulden in der Steuerbilanz höher bewertet oder nur in der

680 Vgl. BT-Drucksache 16/12407, S. 87. Im Regierungsentwurf des BilMoG wurde dagegen noch ein unsaldierter Ausweis latenter Steuern verpflichtend vorgeschrieben.

681 Vgl. DRS 18.38; KÜTING, K./SEEL, C., Ungereimtheiten der Regelungen zu latenten Steuern, S. 924; KARRENBROCK, H., Ausweis- und Saldierungsproblematik, S. 639.

682 Vgl. PRINZ, U./RUBERG, L., Latente Steuern nach dem BilMoG, S. 345.

683 Im Regierungsentwurf wurden die Rechnungsabgrenzungsposten indes noch nicht explizit erwähnt, was darauf zurückzuführen sein könnte, dass ihnen in der internationalen Rechnungslegung, an welche die handelsrechtliche Bilanzierung latenter Steuern nach dem BilMoG angenähert werden sollte, in der Regel die Qualität eines Vermögenswerts zukommt. Vgl. BT-Drucksache 16/10067, S. 67; vgl. zur „Rechnungsabgrenzung" nach IFRS BAETGE, J./KIRSCH, H.-J./THIELE, S., Bilanzen, S. 530 f. Der Abbau der Differenzen aus unterschiedlichen Wertansätzen der Rechnungsabgrenzungsposten in der Handels- bzw. Steuerbilanz führt grundsätzlich zu tatsächlichen Steuereffekten, so dass ihre Berücksichtigung bei der Ermittlung der Steuerlatenzen notwendig ist. Vgl. HERZIG, N./VOSSEL, S., Paradigmenwechsel, S. 1175.

684 Vgl. PÖLLER, R., Sonderprobleme und Umsetzung der Neuregelungen, S. 11.

Steuerbilanz angesetzt werden. Ist z. B. der bei der Rückstellungsbewertung handelsrechtlich zu verwendende Marktzinssatz höher als der steuerlich in § 6 Abs. 1 Nr. 3a lit. e EStG vorgegebene Diskontierungssatz von 5,5 %, übersteigt der steuerliche den handelsrechtlichen Wertansatz der Rückstellung, woraus zu versteuernde temporäre Differenzen resultieren. **Abzugsfähige temporäre Differenzen** ergeben sich dagegen zum einen, sofern Vermögensgegenstände oder aktive Rechnungsabgrenzungsposten steuerlich höher bewertet oder nur steuerlich angesetzt werden. Dies ist bspw. dann der Fall, wenn handelsrechtlich das Wahlrecht zum Ansatz eines Disagios nach § 250 Abs. 3 HGB nicht ausgeübt wird und das Disagio daher lediglich steuerlich angesetzt wird. Zum anderen resultieren abzugsfähige temporäre Differenzen, sofern passive Rechnungsabgrenzungsposten oder Schulden in der Handelsbilanz höher bewertet werden als in der Steuerbilanz oder sie nur in der Handelsbilanz angesetzt werden. Eine typische Ursache abzugsfähiger temporärer Differenzen ist die handelsrechtliche Bildung einer Drohverlustrückstellung, welche steuerlich nach § 5 Abs. 4a EStG untersagt ist.

§ 274 Abs. 1 Satz 1 HGB stellt auf einen Vergleich der handelsrechtlichen Wertansätze von Vermögensgegenständen, Schulden und Rechnungsabgrenzungsposten mit *ihren steuerlichen Wertansätzen* und daher nicht nur mit den Steuerbilanzwerten ab. Somit sind anstelle der ausschließlichen Betrachtung der Steuerbilanzwerte die mit den handelsrechtlichen Wertansätzen korrespondierenden, steuerlichen Posten unter Berücksichtigung der ggf. notwendigen, steuerlichen (außerbilanziellen) Korrekturen heranzuziehen.[685] Erst der korrigierte Wert bildet die Basis für die Ermittlung temporärer Differenzen. Ein Beispiel für eine zu berücksichtigende steuerliche Korrektur ergibt sich im Zusammenhang mit Beteiligungen an Kapitalgesellschaften, die von einer anderen Kapitalgesellschaft gehalten werden. Bei der steuerlichen Abbildung der Beteiligung ist zu beachten, dass eine Teilwertabschreibung nicht den steuerpflichtigen Gewinn mindert (§ 8b Abs. 3 Satz 3 KStG). Ferner werden grundsätzlich lediglich 5 % der Gewinne aus der Beteiligungsveräußerung bei der Ermittlung der Körperschaftsteuer berücksichtigt (§ 8b Abs. 3 Satz 1 KStG).[686] Dies gilt nach § 8b Abs. 2 Satz 4 KStG indes wiederum nicht, sofern der steuerliche Beteiligungsbuchwert zuvor auf seinen niedrigeren Teilwert abgeschrieben wurde. Die besonderen steuerlichen Regelungen sind daher jederzeit zu beachten. So sind auch Differenzen, die (künftig) nicht abzugsfähige Betriebsausgaben oder steuerfreie Betriebseinnahmen bilden, bei der Bilanzierung latenter Steuern nicht zu berücksichtigen. Solche Unterschiede sind sog. andere Differenzen.

---

685 Vgl. PETERSEN, K., Anwendungsfragen der Steuerabgrenzung, S. 256; HFA DES IDW, IDW ERS HFA 27, Rn. 10; KÜHNE, E./MELCHER, W./WESEMANN, M., Grundlagen und Zweifelsfragen, Teil 1, S. 1010. KÜHNE/MELCHER/WESEMANN weisen ferner darauf hin, dass bei ausländischen Unternehmen die dort einschlägigen steuerlichen Regelungen zu berücksichtigen sind.

686 Vgl. HERZIG, N./VOSSEL, S., Paradigmenwechsel, S. 1175; KÜHNE, E./MELCHER, W./WESEMANN, M., Grundlagen und Zweifelsfragen, Teil 1, S. 1010.

Sofern Unternehmen keine Steuerbilanz erstellen, sind sie steuerrechtlich gemäß § 60 Abs. 2 EStDV dazu verpflichtet, die handelsrechtlichen Wertansätze durch Zusätze und Anmerkungen an die steuerlichen Vorschriften anzupassen. In diesem Falle kann diese Anpassungsrechnung dazu verwendet werden, um die temporären Differenzen zu ermitteln.[687] Ferner müssen Unternehmen nach dem BilMoG Verzeichnisse führen, sofern die steuerlichen und handelsrechtlichen Wertansätze aufgrund der Ausübung eines steuerlichen Wahlrechts im Sinne des § 5 Abs. 1 Satz 1 EStG abweichen.[688] In diese laufend zu führenden Verzeichnisse sind nach § 5 Abs. 1 Satz 2 EStG die betroffenen Wirtschaftsgüter aufzunehmen. Neben den Angaben des Tags der Anschaffung bzw. Herstellung und der Vorschrift des ausgeübten steuerlichen Wahlrechts sind gemäß § 5 Abs. 1 Satz 3 EStG zum einen die AK/HK sowie zum anderen die vorgenommenen Abschreibungen nachzuweisen. Eine besondere Form des Verzeichnisses ist indes nicht geregelt. Der Dokumentationspflicht kommen die Unternehmen vielmehr bspw. durch das ggf. zu ergänzende Anlagenverzeichnis bzw. durch das ggf. anzupassende Verzeichnis für geringwertige Wirtschaftsgüter nach.[689] Die ordnungsmäßige Dokumentation beginnt im Ausübungsjahr des Wahlrechts und endet mit dem Gleichlauf der handelsrechtlichen und steuerlichen Wertansätze.[690] Daher könnte dieses Verzeichnis auch ein geeignetes, zu vereinheitlichendes Fundament für die Ermittlung temporärer Differenzen bilden.[691] Allerdings umfasst es lediglich durch die Ausübung steuerlicher Wahlrechte bedingte Abweichungen zwischen den Wertansätzen in der Steuer- und in der Handelsbilanz. Somit sind zwingende Divergenzen aufgrund expliziter steuerlicher Vorschriften, wie z. B. das steuerliche Verbot des Ansatzes von Drohverlustrückstellungen im Unterschied zur handelsrechtlichen Ansatzpflicht, nicht zwangsläufig in dem Verzeichnis zu erfassen.

Abschließend ist noch zu klären, ob künftig tatsächlich jeder Geschäftsvorfall einzeln für die Ermittlung latenter Steuern zu erfassen und zu verfolgen ist, aus dem eine temporäre Diffe-

---

687 Die Überleitungsrechnung bzw. separate Steuerbilanz im Sinne des § 60 EStDV ist für Geschäftsjahre, die nach dem 31.12.2011 beginnen, gemäß § 5b EStG grundsätzlich elektronisch an die Finanzverwaltung zu übermitteln. Der umstrittene Mindestumfang der sog. E-Bilanz wurde im Sinne von § 51 Abs. 4 Nr. 1 lit. b EStG vom BMF mit dem BMF-Schreiben vom 16.12.2010 veröffentlicht. Vgl. dazu BMF, Schreiben vom 16.12.2010 – IV C 6 – S 2133-b/10/10001; RUST, H./HÜLSHOFF, M./KOLBE, S., Anforderungen der Finanzverwaltung, S. 747; BMF, Entwurf eines Schreibens vom 31.08.2010 – IV C 6 – S 2133-b/10/10001; HERZIG, N./BRIESEMEISTER, S./SCHÄPERCLAUS, J., E-Bilanz und Steuer-Taxonomie, S. 1-24; LOITZ, R., E-Bilanz, S. M1. Das BMF verlangt über die Vorgaben von §§ 266, 275 HGB hinausgehende Meldungen. Vgl. WENK, M. O./JAGOSCH, C./STRAßER, F., Ein Projekt mit Fallstricken, S. 589; HERZIG, N., BilMoG und E-Bilanz, S. 1907. Im Rahmen einer Pilotphase wird gegenwärtig die Eignung und Angemessenheit der vorgesehenen Datenübertragung bzw. der E-Bilanz geprüft. Vgl. dazu auch HERZIG, N./BRIESEMEISTER, S./SCHÄPERCLAUS, J., Von der Einheitsbilanz zur E-Bilanz, S. 6.

688 Wird das Verzeichnis nicht ordnungsmäßig geführt, hat die zuständige Finanzbehörde den Gewinn hinsichtlich des betreffenden Wirtschaftsguts so zu ermitteln, als wenn das Wahlrecht nicht ausgeübt worden wäre. Vgl. BMF, Schreiben vom 12.03.2010 – IV C 6 – S 2133/09/10001, Rn. 21.

689 Vgl. BMF, Schreiben vom 12.03.2010 – IV C 6 – S 2133/09/10001, Rn. 20.

690 Vgl. PRINZ, U., Materielle Maßgeblichkeit, S. 2072.

691 Vgl. MAIER, M. T./WEIL, M., Auswirkungen des BilMoG, S. 2735.

renz entsteht. Dies scheint im Regelfall nur wenig praktikabel zu sein. Der HFA DES IDW hat daher in seinem mittlerweile aufgehobenen Entwurf einer Stellungnahme vorgeschlagen, die temporären Differenzen auf Bilanzpostenebene zu erfassen und insofern eine Saldierung aktiver und passiver latenter Steuern innerhalb des einzelnen Bilanzpostens zuzulassen.[692] Dieser Vorschlag ist im Sinne des Grundsatzes der Wirtschaftlichkeit zu begrüßen.[693] Sofern jedoch in Ausnahmefällen die Bewertung eines wesentlichen Sachverhalts signifikant von der Bewertung der anderen Geschäftsvorfälle abweichen würde, die innerhalb desselben Bilanzpostens zu erfassen sind, sollte dieser Geschäftsvorfall separat betrachtet werden.

Trotz der Vereinfachung bei der Einzeldifferenzenbetrachtung wird die Ermittlung temporärer Differenzen und damit latenter Steuern regelmäßig aufwendiger als vor dem BilMoG ausfallen.[694] Nach dem BiRiLiG führte die Anwendung der Gesamtdifferenzbetrachtung nämlich im Regelfall ohne großen Ermittlungsaufwand, überschlägig, zu einem Aktivüberhang von Steuerlatenzen verbunden mit einem Verzicht des Bilanzierenden auf den Ansatz latenter Steuern.[695]

Nachdem die Identifikation temporärer Differenzen sowie der grundlegende Umfang der bei ihrer Ermittlung gegenüberzustellenden handels- und steuerrechtlichen Wertansätze erläutert wurden, sind in den folgenden Abschnitten besondere Wertansätze in der Handels- bzw. Steuerbilanz darauf hin zu prüfen, ob sie bei der Ermittlung temporärer Differenzen berücksichtigt werden dürfen und daher auch für die Bilanzierung latenter Steuern relevant sind. Angesprochen sind damit die Besonderheiten der Berücksichtigung eines GoF, die Auswirkungen eines Ansatzes bestimmter nach § 253 Abs. 1 Satz 3 HGB zum beizulegenden Zeitwert bewerteter Vermögensgegenstände, die gemäß § 246 Abs. 2 Satz 3 HGB ggf. in einem Sonderposten (verrechnet) berücksichtigt werden, und die bilanzielle Behandlung von steuerfreien Investitionszulagen in der Handelsbilanz auf der einen Seite sowie der Ansatz einer steuerfreien Rücklage in der Steuerbilanz und die steuerliche Nutzung des Investitionsabzugsbetrags nach § 7g EStG auf der anderen Seite.

---

692 Vgl. HFA DES IDW, IDW ERS HFA 27, Rn. 30; vgl. dazu auch LOITZ, R., Latente Steuern nach dem BilMoG, S. 713.

693 Vgl. dazu auch KÜHNE, E./MELCHER, W./WESEMANN, M., Grundlagen und Zweifelsfragen, Teil 1, S. 1014.

694 Vgl. BAETGE, J./HAENELT, T./JONAS, M., Novellierte Bilanzierung latenter Steuern, S. 522; vgl. zu dem nach dem BilMoG notwendigen Umfang der Anhangangaben Abschnitt 46.

695 Vgl. LOITZ, R., Wahlrecht als Mogelpackung, S. 919.

421.12 Besondere handelsrechtliche Wertansätze

421.121. Besonderheiten bei der Berücksichtigung eines Geschäfts- oder Firmenwerts aus einem Unternehmenserwerb

Erwirbt ein Unternehmen ein anderes Unternehmen auf Basis eines asset deal kann daraus gemäß § 246 Abs. 1 Satz 4 HGB ein Ansatz eines GoF im handelsrechtlichen Jahresabschluss folgen.[696] Fraglich ist indes, ob aus der (erstmaligen) Erfassung eines GoF auf Ebene der erwerbenden Gesellschaft im Jahresabschluss latente Steuern entstehen können.

Ein Ansatz latenter Steuern kommt gemäß § 274 HGB lediglich in Frage, sofern es sich um unterschiedliche Wertansätze von Vermögensgegenständen, Schulden oder Rechnungsabgrenzungsposten in der Handels- bzw. Steuerbilanz handelt, die sich in späteren Geschäftsjahren steuerwirksam abbauen.[697] Während der GoF vor dem BilMoG noch als Wert eigener Art klassifiziert wurde,[698] ist er nunmehr nach dem BilMoG mittels einer **gesetzlichen Fiktion zu einem Vermögensgegenstand** erhoben worden.[699] Falls eine Differenz zum steuerlich angesetzten GoF besteht, könnte daher die Grundvoraussetzung der Bilanzierung latenter Steuern vorliegen: Ein Unterschied zwischen einem Vermögensgegenstand und seinem steuerlichen Pendant. Dies spricht für eine Abbildung latenter Steuern.[700] Es ist allerdings fraglich, ob der Gesetzgeber in § 274 HGB nicht auf tatsächliche Vermögensgegenstände abstellt.

In der Begründung zur Beschlussempfehlung des Rechtsausschusses wird jedoch betont, dass im Unterschied zu den Regelungen des IAS 12 für im Zugangszeitpunkt entstehende temporäre Differenzen grundsätzlich kein gesetzliches Verbot der Bilanzierung latenter Steuern besteht,[701] was für eine Abbildung latenter Steuern auf den GoF im Jahresabschluss spricht.[702] Da in der Begründung zum Regierungsentwurf ein Verzicht auf den Ansatz latenter Steuern auf diese Differenzen bekundet wurde, können die Erläuterungen der Beschlussempfehlung indes nicht als Wille des Gesetzgebers verstanden werden. Voraussetzung für die Annahme

696 Nach deutschem Recht wird steuerlich zudem ein Erwerb von Mitunternehmeranteilen wie ein asset deal behandelt. Vgl. PAWELZIK, K. U., IFRS Handbuch, 4. Aufl., Rn. 2627.

697 Vgl. Abschnitt 421.2.

698 Vgl. BAETGE, J./KIRSCH, H.-J./THIELE, S., Bilanzen, 9. Aufl., S. 304-306.

699 Vgl. BT-Drucksache 16/10067, S. 47; BAETGE, J./KIRSCH, H.-J./THIELE, S., Bilanzen, S. 243.

700 Vgl. GELHAUSEN, H. F./FEY, G./KÄMPFER, G., Rechnungslegung und Prüfung, Rn. M 21; KÜTING, K./SEEL, C., Ungereimtheiten der Regelungen zur Bilanzierung latenter Steuern, S. 923; KÜHNE, E./MELCHER, W./WESEMANN, M., Grundlagen und Zweifelsfragen, Teil 2, S. 1060; KOZIKOWSKI, M./FISCHER, N., Beck Bilanzkomm., 7. Aufl., § 274 HGB, Rn. 11.

701 Vgl. BT-Drucksache 16/12407, S. 87.

702 Vgl. KÜHNE, E./MELCHER, W./WESEMANN, M., Grundlagen und Zweifelsfragen, Teil 2, S. 1060.

des Willens des Gesetzgebers ist nämlich, dass die Grundabsicht während des Gesetzesentstehungsprozesses ohne Widerspruch geblieben ist.[703]

Eine Abbildung latenter Steuern aufgrund des erstmaligen Ansatzes eines GoF im Jahresabschluss müsste ferner dem Zweck des § 274 HGB dienen, der bereits in Abschnitt 33 abgeleitet wurde und in einer hinreichend objektivierten Darstellung der wirtschaftlichen Lage des Unternehmens liegt. Fraglich ist also, ob der GoF als Residualwert auch künftige Steuereffekte umfasst, so dass ein Ansatzverzicht latenter Steuern auf den Unterschiedsbetrag dazu führen würde, dass die wirtschaftliche Lage nicht verzerrt dargestellt wird. Daher ist der Charakter des GoF genauer zu untersuchen.

Der derivative GoF wird auch nach dem BilMoG als **Residualwert** ermittelt.[704] Er ergibt sich gemäß § 246 Abs. 1 Satz 4 HGB als Unterschiedsbetrag zwischen der für den Unternehmenserwerb bewirkten Gegenleistung und dem Wert der einzelnen Vermögensgegenstände abzüglich der Schulden im Übernahmezeitpunkt. Zur Ermittlung des GoF sind sämtliche bilanzierungsfähigen bzw. -pflichtigen Vor- und Nachteile des Unternehmens anzusetzen und unter Berücksichtigung des § 274 HGB zu bewerten.[705] Der Residualwert umfasst daher saldiert sämtliche nicht bilanzierungsfähige Vor- und Nachteile des Unternehmens,[706] worunter auch die künftigen steuerlichen Effekte zu subsumieren sind, die aus dem Abbau der temporären Differenzen folgen, welche wiederum aufgrund der nicht separat abgebildeten Vor- und Nachteile bestehen.[707] Die wirtschaftliche Lage des Unternehmens wird daher nicht verzerrt dargestellt, sofern im Zugangszeitpunkt des GoF auf einen Ansatz latenter Steuern nach § 274 HGB verzichtet wird.[708] Dafür spricht zudem der Wortlaut des § 246 Abs. 1 Satz 4 HGB, der den anzusetzenden Unterschiedsbetrag explizit als entgeltlich erworbenen GoF bezeichnet. Eine Anwendung des § 274 HGB auf den GoF würde dagegen seine Höhe verändern, was zu einer erneuten Bildung latenter Steuern und aus Gründen der Vereinfachung zur GoF-Berechnung mittels eines Iterationsverfahrens führen würde.[709] Aus vergleichbaren Gründen wird auch in § 306 Satz 3 HGB ein Verbot der Bilanzierung latenter Steuern aufgrund von Differenzen aus dem erstmaligen Ansatz eines Unterschiedsbetrags aus

---

703 Vgl. Abschnitt 212.

704 Vgl. KÜHNE, E./MELCHER, W./WESEMANN, M., Grundlagen und Zweifelsfragen, Teil 2, S. 1060.

705 Vgl. KÜHNE, E./MELCHER, W./WESEMANN, M., Grundlagen und Zweifelsfragen, Teil 2, S. 1060.

706 Vgl. GELHAUSEN, H. F./FEY, G./KÄMPFER, G., Rechnungslegung und Prüfung, Rn. M 21.

707 Vgl. GELHAUSEN, H. F./FEY, G./KÄMPFER, G., Rechnungslegung und Prüfung, Rn. M 21 sowie Rn. Q 307.

708 KARRENBROCK kritisiert indes, dass das Verbot der Bildung latenter Steuern aufgrund von abweichenden Ansätzen des GoF in der Steuer- bzw. Handelsbilanz nach § 306 HGB den Einblick in die Vermögenslage des Konzerns verzerrt, da der GoF damit, seiner Meinung nach, lediglich „Net-of-Tax" abgebildet wird. Daraus würden sich weitere Herausforderungen bei der Folgebilanzierung ergeben. Vgl. KARRENBROCK, H., Von der Steuerabgrenzung zur Bilanzierung latenter Steuern, S. 335.

709 Vgl. KÜTING, K./SEEL, C., Ungereimtheiten der Regelungen zur Bilanzierung latenter Steuern, S. 923.

der Kapitalkonsolidierung vorgeschrieben.[710] Ein Verzicht auf die Anwendung des § 274 HGB im Zugangszeitpunkt des GoF würde daher zu einem **Gleichklang mit der Regelung des § 306 Satz 3 HGB** führen. Ferner kann eine konzeptionelle Ungleichbehandlung des GoF auf Einzelgesellschafts- bzw. Konzernebene wohl nur kaum gerechtfertigt werden.[711]

Vor diesem Hintergrund kann § 246 Abs. 1 Satz 4 HGB als **lex specialis** beurteilt werden, der im Zugangszeitpunkt (!) eine Ausnahme des GoF von den sonstigen Bewertungsvorschriften bzw. von den Vorschriften des § 274 HGB zulässt.[712] De lege ferenda wäre eine dementsprechende Klarstellung in § 274 HGB empfehlenswert.[713] Sofern im Rahmen der Folgebilanzierung neue temporäre Differenzen zwischen den handels- und steuerlichen Wertansätzen des GoF entstehen, bspw. aufgrund von unterschiedlichen Nutzungsdauern oder außerplanmäßigen Abschreibungen, sind die aus dem Abbau dieser neuen Differenzen resultierenden künftigen Steuereffekte dagegen noch nicht im Residualwert antizipiert worden. Aufgrund dieser erwarteten Steuereffekte sind daher latente Steuern nach § 274 HGB zu bilden.[714] Dies gilt jedoch lediglich insofern, als dass die Differenzen auf einen steuerlich abzugsfähigen GoF zurückzuführen sind.[715]

421.122. Ansatz eines Verrechnungspostens nach § 246 Abs. 2 Satz 3 HGB

Nach dem BilMoG ist gemäß § 246 Abs. 2 Sätze 2 und 3 HGB der Ansatz eines Aktivüberhangs aus der Verrechnung von Schulden aus Altersversorgungspflichtungen oder vergleichbaren langfristig fälligen Verpflichtungen mit „Vermögensgegenständen, die dem Zugriff aller übrigen Gläubiger entzogen sind und ausschließlich der Erfüllung [dieser; Ergänzung durch den Verfasser] Schulden [...] dienen" (Planvermögen) verpflichtend. Gemäß § 253 Abs. 1 Satz 3 HGB sind die Vermögensgegenstände dabei mit ihrem beizulegenden Zeitwert zu bewerten. Übersteigt der beizulegende Zeitwert der Vermögensgegenstände die sie begründenden Schulden, ist der Überhang in einem gesonderten Posten unterhalb der Rech-

---

710 Vgl. BT-Drucksache 16/10067, S. 83.

711 Vgl. KÜTING, K./SEEL, C., Latente Steuern, S. 513. § 306 HGB betrifft zwar einen aus einem share deal folgenden GoF, der share deal wird dem asset deal im Konzernabschluss indes gleichgestellt. Vgl. LÜDENBACH, N., Steuerlatenz auf den goodwill, S. 856.

712 Vgl. KÜHNE, E./MELCHER, W./WESEMANN, M., Grundlagen und Zweifelsfragen, Teil 2, S. 1060 f.; KOZIKOWSKI, M./FISCHER, N., Beck Bilanzkomm., 7. Aufl., § 274 HGB, Rn. 11.

713 Das Fehlen einer solchen klarstellenden Vorschrift in § 274 HGB unterstützt indes die Forderung nach einer Berücksichtigung latenter Steuern gemäß § 274 HGB aufgrund der GoF-Differenz. Vgl. KÜHNE, E./MELCHER, W./WESEMANN, M., Grundlagen und Zweifelsfragen, Teil 2, S. 1060; KOZIKOWSKI, M./FISCHER, N., Beck Bilanzkomm., 7. Aufl., § 274 HGB, Rn. 11, die sich im Ergebnis indes auch gegen eine Erfassung latenter Steuern aufgrund des erstmaligen Ansatzes eines GoF im Jahresabschluss aussprechen.

714 Vgl. WENDHOLT, W./WESEMANN, M., Zur Umsetzung der HGB-Modernisierung, S. 72; GELHAUSEN, H. F./FEY, G./KÄMPFER, G., Rechnungslegung und Prüfung, Rn. M 23.

715 Vgl. dazu auch DRS 18.25; LÜDENBACH, N./FREIBERG, J., Fragen der Steuerlatenzierung, S. 1973.

nungsabgrenzungsposten (und der aktiven latenten Steuern) zu erfassen (§ 246 Abs. 2 Satz 3 HGB i. V. m. § 266 Abs. 2 E. HGB). Dem auszuweisenden Posten liegen folglich Vermögensgegenstände und Schulden zugrunde. Steuerlich ist weder eine Zeitwertbewertung noch eine Verrechnung erlaubt. Die AK/HK stellen gemäß § 6 Abs. 1 Nr. 1 und 2 EStG die Bewertungsobergrenze dar. Dadurch entsteht eine Differenz zwischen dem handelsrechtlichen und steuerlichen Wertansatz des Planvermögens, aus deren Abbau künftige Steuereffekte erwartet werden können.[716] Daher sind latente Steuern auf diese temporären Differenzen zu bilden. Ferner können Steuerlatenzen aufgrund abweichender Wertansätze der handelsrechtlich mit dem Planvermögen verrechneten Schulden entstehen. Der (positive) Unterschied zwischen dem Zeitwertansatz der zu betrachtenden Vermögensgegenstände und ihren Anschaffungskosten ist zudem nach § 268 Abs. 8 Satz 3 HGB ausschüttungsgesperrt, wobei die dafür gebildeten passiven latenten Steuern die Ausschüttungssperre mindern. Die explizite Forderung der Berücksichtigung passiver latenter Steuern im Rahmen der Anwendung der Ausschüttungssperre in Bezug auf die hier betrachteten Differenzen bestätigt damit die zuvor getroffene Einschätzung einer Notwendigkeit der Bildung latenter Steuern aufgrund dieser Differenzen.[717]

421.123. Besonderheiten bei der Berücksichtigung steuerfreier Investitionszulagen

Investitionszulagen werden sofort steuerfrei vereinnahmt, während handelsrechtlich die Möglichkeiten bestehen, die AK/HK des der Zulage zugrunde liegenden Investitionsgegenstands erfolgsneutral zu mindern oder einen Passivposten für die Zulage zu bilden.[718] Werden handelsrechtlich die AK/HK durch die Zulage gemindert, folgt daraus ein steuerlich höherer Wertansatz des Guts und damit – bei Annahme der steuerlichen Abzugsfähigkeit des angesetzten Werts – eine abzugsfähige temporäre Differenz.[719] Die Bildung aktiver latenter Steuern ist in diesem Falle vom Wortlaut sowie vom Zweck des § 274 HGB gedeckt. Es liegt zwar eine permanente (Ergebnis-)Differenz im Sinne des Timing-Konzepts vor,[720] eine nicht berücksichtigungsfähige, sog. andere Differenz im Sinne des Temporary-Konzepts ist indes aufgrund der erwarteten künftigen Steuerentlastung bei Abbau der Differenz nicht vorhanden. Aufgrund der künftig geringeren Abschreibungen bzw. bei Verkauf des Guts aufgrund des niedrigeren handelsrechtlichen Buchwerts fällt das handelsrechtliche Ergebnis in der Zukunft c. p. höher aus als das steuerliche Pendant. Sofern ein Unternehmen anstelle der AK/HK-Minderung des Investitionsguts nach § 265 Abs. 5 Satz 2 HGB in Höhe der Zulage einen Pas-

---

716 Vgl. GELHAUSEN, H. F./FEY, G./KÄMPFER, G., Rechnungslegung und Prüfung, Rn. N 40.

717 Vgl. KIRSCH, H., Latente Steuern im Jahres- und Konzernabschluss, S. 512.

718 Vgl. IDW (Hrsg.), WP-Handbuch 2006, Bd. I, Rn. E 253 f.

719 Vgl. KÜHNE, E./MELCHER, W./WESEMANN, M., Grundlagen und Zweifelsfragen, Teil 1, S. 1009; vgl. zudem KÜTING, K./SEEL, C., Latente Steuern, S. 507 f.

720 Vgl. KÜTING, K./SEEL, C., Latente Steuern, S. 502.

sivposten bildet, bspw. unter der Bezeichnung „Sonderposten für Investitionszulagen zum Anlagevermögen“,[721] wird dieser bei enger Auslegung des § 274 HGB nicht vom Wortlaut dieser Regelung erfasst. Schließlich sind nach § 274 Abs. 1 Satz 1 HGB lediglich Differenzen bei der Bildung latenter Steuern zu berücksichtigen, die aufgrund von unterschiedlichen Wertansätzen von Vermögensgegenständen, Rechnungsabgrenzungsposten und Schulden entstehen. Allerdings folgt auch aus dem Abbau dieser aufgrund des steuerlichen Ansatzverbots eines solchen Passivpostens entstehenden Differenz eine künftige Steuerentlastung. Es entspricht somit dem Zweck des § 274 HGB, diese künftigen Steuereffekte in der Handelsbilanz zu antizipieren.[722] Für die Bilanzierung latenter Steuern spricht zudem, dass die beiden handelrechtlichen Abbildungsmöglichkeiten der steuerfreien Investitionszulage gleichgestellt werden. Die Differenz ist daher bei Ansatz eines passiven Sonderpostens in Analogie zur Behandlung der Differenzen aufgrund der Gegenüberstellung von Vermögensgegenständen, Rechnungsabgrenzungsposten und Schulden bei der Bildung latenter Steuern zu berücksichtigen.

421.13 Besondere steuerliche Wertansätze

421.131. Ansatz einer steuerfreien Rücklage

Nach § 6b Abs. 3 EStG darf ein Steuerpflichtiger den Gewinn aus der Veräußerung bestimmter Wirtschaftsgüter des Anlagevermögens in „eine den steuerlichen Gewinn mindernde Rücklage“ einstellen, sofern das Unternehmen nicht im Wirtschaftsjahr der Veräußerung oder im vorangegangenen Jahr ein Ersatzwirtschaftsgut beschafft bzw. erstellt hat. Im Jahr der Anschaffung bzw. Herstellung eines neuen Wirtschaftsguts im Sinne von § 6b EStG können die AK/HK des neuen Guts (maximal) um die Höhe der Rücklage reduziert werden (§ 6b Abs. 3 Satz 2 EStG). Handelsrechtlich ist nach dem BilMoG die Bildung eines Sonderpostens mit Rücklageanteil künftig aufgrund der Streichung des § 247 Abs. 3 HGB a. F. sowie des § 273 HGB a. F., nach der Übergangsphase, nicht mehr möglich. Damit könnte eine temporäre Differenz bestehen. Nach dem Wortlaut des § 274 Abs. 1 Satz 1 HGB sind allerdings lediglich Unterschiede zwischen den handelsrechtlichen Wertansätzen von Schulden und ihren steuerlichen Wertansätzen zu ermitteln. Die steuerfreie Rücklage bildet indes einen besonderen Posten.[723] Somit ist es fraglich, ob Steuereffekte aufgrund des steuerlichen Ansatzes einer „steuerfreien“ Rücklage gemäß § 6b Abs. 3 EStG zur Abbildung latenter Steuern führen.

---

721 Vgl. dazu vor allem HFA DES IDW, HFA 1/1984, Abschnitt 2 d1).

722 Im Ergebnis ebenso KÜHNE, E./MELCHER, W./WESEMANN, M., Grundlagen und Zweifelsfragen, Teil 1, S. 1009.

723 Vgl. BAETGE, J./KIRSCH, H.-J./THIELE, S., Bilanzen, 9. Aufl., S. 594; SCHEFFLER, W., Besteuerung von Unternehmen II, S. 322; KIRSCH, H., Latente Steuern im Jahres- und Konzernabschluss, S. 512.

Zweifelsohne entspricht es dem Zweck des § 274 HGB, die mit hinreichender Sicherheit erwarteten, künftigen Steuereffekte zu berücksichtigen. Durch die Bildung der Rücklage werden Steuerzahlungen lediglich aufgeschoben. Letztere fallen durch die verpflichtende Auflösung der Rücklage an, sofern diese im vierten Jahr nach ihrer Bildung immer noch besteht, oder folgen aus dem Abbau der im Zeitpunkt der Anschaffung bzw. Herstellung des neuen Guts entstehenden temporären Differenzen zwischen den AK/HK des neuen Guts in der Handels- bzw. in der Steuerbilanz. In den Jahren der Nutzung des Ersatzguts fallen die Abschreibungen aufgrund der AK/HK-Minderung steuerlich geringer aus, was zu (künftig) höheren Steuerbelastungen führen wird. Diese Steuereffekte werden mit der Bildung passiver latenter Steuern in der Handelsbilanz zeitgleich mit dem Ansatz der Rücklage in der Steuerbilanz antizipiert.[724] Darüber hinaus wird sowohl in der Begründung zum Referentenentwurf als auch in jener zum Regierungsentwurf verdeutlicht, dass es notwendig ist, passive Steuerlatenzen anzusetzen. So wird darauf hingewiesen, dass nur aufgrund der latenten Steuern die aus der Rücklagenbildung künftig folgende Steuerbelastung ausschüttungsgesperrt wird.[725] Von einem gesonderten Ausweis der Steuerbelastung als (Steuer-)Rückstellung nach § 249 Abs. 1 Satz 1 HGB ist damit abzusehen, wenngleich die Voraussetzungen dafür vorliegen.[726] Im Ergebnis ist festzuhalten, dass im Falle des steuerlichen Ansatzes einer steuerfreien Rücklage latente Steuern zu bilden sind.

421.132. Besonderheiten aufgrund der Nutzung eines Investitionsabzugsbetrags

In der Literatur wird der Ansatz latenter Steuern nach § 274 HGB im Falle der Nutzung des Investitionsabzugsbetrags gemäß § 7g EStG kontrovers diskutiert.[727] Der Anwendungsbereich ist allerdings auf kleinere Betriebe begrenzt ist, die § 274 HGB nicht verpflichtend anwenden müssen.[728] So erlaubt § 7g Abs. 1 Satz 1 EStG z. B. lediglich Gewerbebetrieben mit einem Betriebsvermögen von weniger als 235.000 Euro unter gewissen Voraussetzungen (§ 7g Abs. 1 Satz 2 Nr. 2 und 3 EStG) die gewinnmindernde Erfassung von bis zu 40 % der voraus-

[724] Vgl. KESSLER, H./LEINEN, M./PAULUS, B., Das BilMoG und die latenten Steuern, Teil 1, S. 720.

[725] Vgl. BMJ (Hrsg.), Referentenentwurf, S. 224; BT-Drucksache 16/10067, S. 49; vgl. auch KIRSCH, H., in: Hofbauer/Kupsch, § 274 HGB (BilMoG), Rn. 43. Der DSR hat darüber hinaus klarstellend in DRS 18.8 bei der Definition von „steuerlichen Wertansätzen" geregelt, dass hierunter neben den mit den handelsrechtlichen Vermögensgegenständen, Schulden und Rechnungsabgrenzungsposten korrespondierenden steuerlichen Wertansätzen auch die „in der Steuerbilanz gebildete[n; Ergänzung durch den Verfasser] Sonderposten" zu verstehen sind.

[726] Die Verpflichtung zur Steuerzahlung ist zwar noch unsicher, allerdings hinreichend konkretisiert, da die Rücklage spätestens nach dem gesetzlich vorgegebenen Zeitraum von grundsätzlich vier Jahren erfolgswirksam aufzulösen ist. Ferner führt sie zu einer künftigen wirtschaftlichen Belastung und ist auch quantifizierbar.

[727] Vgl. beispielsweise KÜHNE, E./MELCHER, W./WESEMANN, M., Grundlagen und Zweifelsfragen, Teil 1, S. 1010.

[728] Unternehmen, die nicht dem Anwendungsbereich von § 274 HGB unterliegen und § 274 HGB auch nicht freiwillig anwenden, sind nach § 249 Abs. 1 Satz 1 HGB dazu verpflichtet, eine Rückstellung für latente Steuerverpflichtungen zu bilden, sofern die Tatbestandsvoraussetzungen erfüllt sind.

sichtlichen AK/HK eines abnutzbaren beweglichen Wirtschaftsguts, maximal indes – unter Berücksichtigung sämtlicher Investitionsabzüge – in Höhe von 200.000 Euro (§ 7g Abs. 1 Satz 4 EStG). Das Wirtschaftsgut ist innerhalb der nächsten drei Jahre nach Inanspruchnahme des Abzugsbetrags anzuschaffen bzw. herzustellen (§ 7g Abs. 1 Nr. 2 lit. a EStG). In der Periode der Anschaffung bzw. Herstellung des Wirtschaftsguts ist das Ergebnis in Höhe des zuvor erfassten Investitionsabzugsbetrags zu erhöhen (§ 7g Abs. 2 Satz 1 EStG). Daneben besteht die Möglichkeit, (maximal) diesen Betrag von den AK/HK des neuen Guts abzuziehen (§ 7g Abs. 2 Satz 2 EStG), so dass der Vorgang im Beschaffungs- bzw. Herstellungsjahr erfolgsneutral abgebildet werden würde.[729] Spätestens durch die geringeren Abschreibungen während der Nutzungszeit des neuen Wirtschaftsguts kommt es in späteren Geschäftsjahren zu einer höheren Steuerbelastung des Unternehmens durch den Investitionsabzugsbetrag. Im Folgenden ist die Frage zu beantworten, ob Unternehmen, welche den Investitionsabzugsbetrag nach § 7g EStG nutzen und § 274 HGB (freiwillig) anwenden, latente Steuern entsprechend der Regelungen des § 274 HGB zu bilanzieren haben.

Im Zeitpunkt der gewinnmindernden Erfassung des Abzugsbetrags besteht keine Differenz zwischen den Wertansätzen in der Handels- bzw. Steuerbilanz. Bei enger Auslegung des Wortlauts ist daher der Einbezug des künftigen Steuereffekts in die Bilanzierung latenter Steuern nach § 274 HGB abzulehnen. Stattdessen wird in der Literatur teilweise die Bildung einer Rückstellung nach § 249 Abs. 1 Satz 1 HGB gefordert.[730] Es wäre indes paradox, wenn der Gesetzgeber auf der einen Seite mit einer gesonderten Regelung – § 274 HGB – künftige Steuereffekte antizipieren möchte, aber auf der anderen Seite die steuerlichen Konsequenzen aus der Inanspruchnahme des Investitionsabzugsbetrags nicht in dem dafür vorgesehenen Posten abbilden lässt. Es entspricht zudem der Zwecksetzung des § 274 HGB einer zutreffenden Darstellung der Vermögenslage, die skizzierten steuerlichen Effekte mit dem Ansatz latenter Steuern zu berücksichtigen.[731] Durch die Gewährleistung einer späteren Besteuerung der Erträge, zumindest bei künftig ausreichenden steuerpflichtigen Gewinnen, wäre der Eintritt des Steuereffekts auch hinreichend wahrscheinlich. Zudem kann argumentiert werden, dass mit Anschaffung bzw. Herstellung des neuen Guts dessen AK/HK um den Abzugsbetrag gemin-

729 Vgl. SCHEFFLER, W., Besteuerung von Unternehmen II, S. 359.

730 Vgl. KESSLER, H./LEINEN, M./PAULUS, B., Das BilMoG und die latenten Steuern, Teil 1, S. 720; BANTLEON, U./SCHORR, G., Beurteilung der Kapitaldienstfähigkeit, S. 1494. Durch den Investitionsabzugsbetrag wird lediglich eine Steuerstundung möglich, also eine Verlagerung der an sich schon verursachten Steuerlast in spätere Geschäftsjahre. Wird das Gut nicht innerhalb der nächsten drei Jahre angeschafft, ist der Abzug rückgängig zu machen (§ 7g Abs. 3 EStG). Ansonsten erhöht sich das steuerliche Ergebnis über die Nutzungsdauer des erworbenen bzw. erstellten Guts. Dementsprechend ist die (künftige) Verpflichtung hinreichend konkretisiert. Sie führt auch zu einer wirtschaftlichen Belastung und ist zudem quantifizierbar. Da der zu versteuernde Gewinn schon entstanden ist und lediglich verlagert wird, ist auch der Grundsatz der Abgrenzung der Sache nach erfüllt, so dass die Voraussetzungen einer Rückstellung für ungewisse Verbindlichkeiten erfüllt sind. Vgl. Abschnitt 341.2.

731 Vgl. ZIMMERT, P., Inanspruchnahme des § 7g EStG, S. 826 f.

dert werden können. Daher werden im Rahmen der Ermittlung latenter Steuern lediglich die für die betroffene Periode der Anschaffung bzw. Herstellung des Guts erwarteten Ansatzunterschiede antizipiert.[732] In der Literatur wird ferner sachgerecht darauf hingewiesen, dass der Investitionsabzugsbetrag „die gleiche Wirkung wie eine in der Steuerbilanz gebildete steuerfreie Rücklage“[733] hat und daher latente Steuern zu bilden sind. Diesem Ergebnis ist zuzustimmen. In der Konsequenz sind auch (tatsächliche) Steuereffekte aus den steuerspezifischen „Korrekturen“ im Sinne des § 7g EStG in die Steuerlatenzierung nach § 274 HGB einzubeziehen, sofern die in den Anwendungsbereich des § 7g EStG fallenden Unternehmen die Regelungen des § 274 HGB anwenden.[734]

421.14 Besonderheiten bei Personengesellschaften

Die Ermittlung des Gewinns eines Mitunternehmers einer gewerblichen Personengesellschaft verläuft im Sinne des § 15 Abs. 1 Satz 1 Nr. 2 EStG zweistufig.[735] Auf der ersten Stufe ist zunächst der Gewinn der **Gesamthand** zu ermitteln. Dieser ergibt sich aus der Gesamthandsbilanz der Personengesellschaft.[736] Daneben sind ebenfalls innerhalb der ersten Stufe die in den **Ergänzungsbilanzen** festgehaltenen Mehr- oder Minderwerte der Wirtschaftsgüter bzw. die daraus resultierenden erfolgswirtschaftlichen Konsequenzen zu berücksichtigen.[737] Ergänzungsbilanzen sind aufzustellen, sofern einzelnen Mitunternehmern andere Anteilswerte an den in der Gesamthandsbilanz ausgewiesenen und mit dem jeweiligen Kapitalkonto korrespondierenden (anteiligen) Wertansätzen zustehen, z. B. aufgrund ihrer Anschaffungskosten für die Beteiligung am Gesellschaftsvermögen.[738] Die erste Stufe der steuerlichen Gewinnermittlung betrifft also allein die Gesellschaftsebene. Die Wertansätze in der Handelsbilanz werden ggf. – bei Vorrang steuerlicher Vorschriften – korrigiert sowie auf Basis der Ergänzungsbilanzen angepasst.[739]

Auf der zweiten Stufe der Gewinnermittlung werden schließlich nach § 15 Abs. 1 Satz 1 Nr. 2 EStG „Vergütungen [berücksichtigt; Ergänzung durch den Verfasser], die der Gesellschafter von der Gesellschaft für seine Tätigkeit im Dienst der Gesellschaft oder für die Hingabe von Darlehen oder für die Überlassung von Wirtschaftsgütern bezogen hat“. Damit ist

---

732 Für eine ähnliche Überlegung hinsichtlich des Einbezugs unversteuerter Rücklagen in die Bilanzierung latenter Steuern vgl. KESSLER, H./LEINEN, M./PAULUS, B., Das BilMoG und die latenten Steuern, Teil 1, S. 720.

733 KÜHNE, E./MELCHER, W./WESEMANN, M., Grundlagen und Zweifelsfragen, Teil 1, S. 1010; vgl. dazu auch PÖLLER, R., Sonderprobleme und Umsetzung der Neuregelungen, S. 11.

734 Vgl. HFA DES IDW, IDW ERS HFA 7, Rn. 23; IFA DES IDW, IDW RH IFA 1.001, Rn. 13; HFA DES IDW, IDW ERS HFA 27, Rn. 10; a. A. LÜDENBACH, N./FREIBERG, J., Steuerlatenzrechnung, S. 1580.

735 Vgl. HEY, J., in: Tipke/Lang, § 18, Rn. 54.

736 Vgl. NIEHUS, U./WILKE, H., Besteuerung der Personengesellschaften, S. 56.

737 Vgl. WATRIN, C., Ertragsteuern, S. 119; WACKER, R., in: Schmidt, § 15 EStG, Rn. 401.

738 Vgl. NIEHUS, U./WILKE, H., Besteuerung der Personengesellschaften, S. 84.

739 Vgl. KASTRUP, B./MIDDENDORF, O., Latente Steuern bei Personengesellschaften, S. 815.

das **Sonderbetriebsvermögen** angesprochen.[740] Dieses umfasst Wirtschaftsgüter, die zivilrechtlich zwar den einzelnen Mitunternehmern zuzurechnen sind, die indes betrieblich durch das Unternehmen genutzt werden.[741] Hierbei wird zum einen das sog. „Sonderbetriebsvermögen I", worunter Wirtschaftsgüter zu subsumieren sind, die unmittelbar vom Betrieb verwendet werden sowie zum anderen das sog. „Sonderbetriebsvermögen II" unterschieden. Dem Sonderbetriebsvermögen II sind Wirtschaftsgüter zuzuordnen, welche dazu dienen, die Beteiligung des Gesellschafters an der Personengesellschaft zu begründen bzw. zu stärken.[742] Das Sonderbetriebsvermögen betrifft folglich allein den jeweiligen Gesellschafter und bezieht sich somit ausschließlich auf die Gesellschafterebene.[743]

Das steuer- und handelsrechtliche Vermögen von Personengesellschaften wird nicht identisch abgegrenzt. Für die Abgrenzung des Vermögens ist eine Unterscheidung zwischen Betriebs- und Privatvermögen notwendig.[744] Steuerlich kommt es auf die betriebliche Nutzung der Wirtschaftsgüter an, so dass neben dem Gesamthandsvermögen auch das Sonderbetriebsvermögen zum Betriebsvermögen der Personengesellschaft gezählt wird.[745] Demgegenüber ist es handelsrechtlich nicht entscheidend, ob die Wirtschaftsgüter betrieblich genutzt werden. Vielmehr ist ein Gut dem Betriebsvermögen zuzuordnen, sofern es der gesamten Hand des Unternehmens gehört, also sämtlichen Mitunternehmern.[746] Da das Sonderbetriebsvermögen zivilrechtlich dem jeweiligen Mitunternehmer zuzuordnen ist, gehört es nicht zum handelsrechtlich relevanten Betriebsvermögen.[747]

Fraglich ist nun, ob bzw. inwiefern Ergänzungsbilanzen und Sonderbilanzen bei der Bilanzierung latenter Steuern zu berücksichtigen sind.

Die handelsrechtlichen Wertansätze, die bei der Ermittlung temporärer Differenzen zu betrachten sind, basieren ausschließlich auf Gütern, die dem Gesamthandsvermögen der Gesellschaft zuzuordnen sind. Durch die Beachtung der Korrekturen gemäß der **Ergänzungsbilanzen** ergeben sich die mit den handelsrechtlichen Wertansätzen im Sinne des § 274 Abs. 1 Satz 1 HGB korrespondierenden, steuerlichen Wertansätze der Gesamthandsbilanz.[748] Die in den Ergänzungsbilanzen ausgewiesenen Wertzusätze bzw. -verringerungen der in der Ge-

---

740 Vgl. HEY, J., in: Tipke/Lang, § 18, Rn. 67.

741 Vgl. NIEHUS, U./WILKE, H., Besteuerung der Personengesellschaften, S. 56; HEY, J., in: Tipke/Lang, § 18, Rn. 68.

742 Vgl. WATRIN, C., Ertragsteuern, S. 121; SCHEFFLER, W., Besteuerung von Unternehmen II, S. 404; WACKER, R., in: Schmidt, § 15 EStG, Rn. 506.

743 Vgl. LOITZ, R., Latente Steuern nach dem BilMoG, S. 709.

744 Vgl. NIEHUS, U./WILKE, H., Besteuerung der Personengesellschaften, S. 61-63.

745 Vgl. NIEHUS, U./WILKE, H., Besteuerung der Personengesellschaften, S. 60 f.

746 Vgl. KIRSCH, H.-J./HARMS, S./SIEGEL, D., in: Baetge/Kirsch/Thiele, § 242 HGB, Rn. 47.

747 Vgl. KASTRUP, B./MIDDENDORF, O., Latente Steuern bei Personengesellschaften, S. 818.

748 Vgl. PETERSEN, K., Anwendungsfragen der Steuerabgrenzung, S. 259.

samthandsbilanz angesetzten Werte sind daher bei der Gegenüberstellung mit den handelsrechtlichen Wertansätzen zu berücksichtigen.[749] Damit werden sämtliche Güter betrachtet, die im Eigentum der Personengesellschaft stehen.[750]

Ferner führen bspw. die künftigen Abschreibungen einer Maschine im **Sonderbetriebsvermögen** zu künftigen steuerlichen Entlastungen für die Personengesellschaft, da Letztere nach § 2 Abs. 1 Satz 1 GewStG selbstständiges Steuerobjekt sowie nach § 5 Abs. 1 GewStG Steuerschuldner der Gewerbesteuer ist. Für die Ermittlung der Gewerbesteuer sind also auch die Sonderbetriebsausgaben und Sonderbetriebseinnahmen zu berücksichtigen.[751] Das Sonderbetriebsvermögen gehört jedoch, wie geschildert, nicht zum handelsrechtlichen Vermögen, da es zivilrechtlich den Mitunternehmern zuzurechnen ist. Der Wortlaut des § 274 Abs. 1 Satz 1 HGB stellt indes auf die Unterschiede zwischen den handelsrechtlichen Wertansätzen und *ihren* steuerlichen Wertansätzen ab. Sowohl der Zugang als auch der Abgang der Wirtschaftsgüter aus dem Sonderbetriebsvermögen berührt jedoch nicht die Handelsbilanz der Personengesellschaft.[752] Da die Wirtschaftsgüter des Sonderbetriebsvermögens also weder in der Handelsbilanz noch in der Steuerbilanz i. e. S. (Gesamthandsbilanz) berücksichtigt werden, ist ein Einbezug dieser Wirtschaftsgüter in die Ermittlung latenter Steuern auf Einzelgesellschaftsebene nicht gerechtfertigt.[753] Es handelt sich bei diesen Wirtschaftsgütern nicht um das Eigentum der Personengesellschaft.[754] Ein Vergleich mit dem handelsrechtlichen Nicht-Ansatz ist damit nicht zulässig, wenngleich die Personengesellschaft Steuerschuldner der Gewerbesteuer ist.[755] KÜHNE/MELCHER/WESEMANN sowie auch LOITZ weisen zudem darauf hin, dass es sich bei Vorgängen, die das Sonderbetriebsvermögen betreffen, handelsrechtlich um schwebende Geschäfte handelt bzw. plädieren für eine Erweiterung des Begriffs eines schwebenden Geschäfts auf seine künftigen steuerlichen Konsequenzen.[756] Auch daraus ist zu

---

749 Vgl. HFA DES IDW, IDW ERS HFA 7, Rn. 23; HFA DES IDW, IDW ERS HFA 27, Rn. 10; DRS 18.39; KÜHNE, E./MELCHER, W./WESEMANN, M., Grundlagen und Zweifelsfragen, Teil 2, S. 1059; KASTRUP, B./MIDDENDORF, O., Latente Steuern bei Personengesellschaften, S. 817;. LOITZ, R., Latente Steuern nach dem BilMoG, S. 709; HERZIG, N./VOSSEL, S., Paradigmenwechsel, S. 1175.

750 Vgl. ADS, 6. Aufl., § 246 HGB, Rn. 432.

751 Vgl. FÜLBIER, R. U./MAGES, M. K., Überlegungen zur Bilanzierung latenter Steuern, S. 74.

752 Vgl. KÜHNE, E./MELCHER, W./WESEMANN, M., Grundlagen und Zweifelsfragen, Teil 2, S. 1059.

753 Vgl. HFA DES IDW, IDW ERS HFA 27, Rn. 10; DRS 18.39; KASTRUP, B./MIDDENDORF, O., Latente Steuern bei Personengesellschaften, S. 818; HERZIG, N./VOSSEL, S., Paradigmenwechsel, S. 1175; KÜHNE, E./MELCHER, W./WESEMANN, M., Grundlagen und Zweifelsfragen, Teil 2, S. 1059; LOITZ, R., Latente Steuern nach dem BilMoG, S. 709.

754 Vgl. HEY, J., in: Tipke/Lang, § 18, Rn. 67.

755 Die h. M. betrachtet auch nach IFRS den Einbezug von Sonderbilanzen im Rahmen der Ermittlung latenter Steuern als unzulässig. Vgl. beispielsweise SCHULZ-DASO, M., in: Beck IFRS HB, 3. Aufl., § 25, Rn. 86; PAWELZIK, K. U., in: IFRS Handbuch, 4. Aufl., Rn. 2661.

756 Vgl. KÜHNE, E./MELCHER, W./WESEMANN, M., Grundlagen und Zweifelsfragen, Teil 2, S. 1059; LOITZ, R., Wahlrecht als Mogelpackung, S. 916.

folgern, dass das Sonderbetriebsvermögen bei der Ermittlung temporärer Differenzen nicht zu berücksichtigen ist.

Zudem sind die weiteren (besonderen) steuerlichen Regelungen in Bezug auf Mitunternehmerschaften bei der Bilanzierung latenter Steuern zu berücksichtigen. So ist bspw. zu beachten, dass gemäß § 7 Satz 2 GewStG der Gewinn aus der Veräußerung bzw. Aufgabe eines Betriebs oder Teilbetriebs einer Mitunternehmerschaft genauso wie die Veräußerung eines Gesellschafteranteils an der Personengesellschaft durch eine natürliche Person als unmittelbar beteiligten Mitunternehmer nicht der Gewerbesteuerpflicht unterliegt. Latente Steuern sind in diesem Falle lediglich insoweit zu bilden, als sie sich aus temporären Differenzen ergeben, die sich vor der Unternehmensliquidation – und nicht erst mit ihr – bzw. vor dem Ausscheiden des Gesellschafters abbauen.[757]

421.2 Steuereffekte aus dem Abbau der Differenzen

421.21 Zahlungswirksamkeit der künftigen Steuereffekte

Der Gesetzgeber definiert nicht, was er konkret unter einer künftigen Steuerbe- bzw. -entlastung versteht, die mit der Abbildung latenter Steuern nach § 274 HGB antizipiert werden muss bzw. kann. Da im handelsrechtlichen Jahresabschluss aufgrund des **Grundsatzes der Pagatorik** lediglich solche Sachverhalte zu berücksichtigen sind, denen tatsächliche Zahlungen zugrunde liegen,[758] sind latente Steuern indes nur dann zu bilanzieren, wenn die ermittelten Wertansatzdifferenzen voraussichtlich tatsächliche Steuerzahlungen auslösen bzw. verhindern werden.[759] KÜHNE/MELCHER/WESEMANN betonen dazu sachgerecht, dass latente Steuern keine rein kalkulatorischen bzw. fiktiven, sondern ausschließlich tatsächliche, künftige Steuereffekte abbilden.[760] Generell sind „sämtliche Steuerwirkungen zu erfassen, die bei der Realisierung der handelsrechtlichen Buchwerte eintreten"[761]. Ob der Abbau der Differen-

757 Vgl. KASTRUP, B./MIDDENDORF, O., Latente Steuern bei Personengesellschaften, S. 816; HFA DES IDW, IDW ERS HFA 7, Rn. 22; SKOLUDA, S./JANITSCHKE, M., Personenhandelsgesellschaften, S. 364.

758 Vgl. zum Grundsatz der Pagatorik Abschnitt 222.12.

759 Vgl. dazu auch KÜHNE, E./MELCHER, W./WESEMANN, M., Grundlagen und Zweifelsfragen, Teil 1, S. 1007; DEBUS, C., in: Beck HdR, C 440, Rn. 5. Die Bilanzierung latenter Steuern nach § 274 HGB ist mit der Annahme verbunden, dass in Höhe des in der Handelsbilanz angesetzten Betrags eines Vermögensgegenstands ein finanzieller Zufluss bzw. im Falle einer Schuld ein finanzieller Abfluss erwartet werden darf. Vgl. THEILE, C., Latente Steuern im Jahresabschluss, S. 646. ORDELHEIDE spricht im Zusammenhang mit dem Ansatz von Vermögensgegenständen auch von einer „Mindesteinzahlungserwartung" (ORDELHEIDE, D., Kapital und Gewinn, S. 27). Vgl. dazu auch KIRSCH, H.-J., Objektivierung künftiger Zahlungsströme, S. 364.

760 Vgl. KÜHNE, E./MELCHER, W./WESEMANN, M., Grundlagen und Zweifelsfragen, Teil 1, S. 1007; vgl. auch DRS 18.9.

761 KÜHNE, E./MELCHER, W./WESEMANN, M., Grundlagen und Zweifelsfragen, Teil 1, S. 1010.

zen tatsächlich das zu versteuernde Einkommen beeinflusst, ist anhand der einschlägigen steuerlichen Vorschriften zu bestimmen.[762]

421.22 Wahrscheinlichkeitsüberlegungen zum Eintritt künftiger Steuereffekte

Grundvoraussetzung für den Ansatz sowohl aktiver als auch passiver latenter Steuern ist nach § 274 Abs. 1 Satz 1 HGB der *voraussichtliche*, steuerwirksame Abbau der Differenzen.[763] Der Bilanzierende muss also mit einem künftigen Steuereffekt aus dem Abbau der Differenzen rechnen.[764] Für diese Beurteilung sind Wahrscheinlichkeitsüberlegungen erforderlich, wobei „wie im HGB allgemein üblich“[765] das **Vorsichtsprinzip** zu berücksichtigen ist.[766] Der DSR vertritt in DRS 18.9 die Auffassung, dass „gewichtigere Gründe dafür als dagegen sprechen [müssen; Ergänzung durch den Verfasser], dass die künftige Steuerbe- oder -entlastung erwartet werden kann“ und orientiert sich damit bewusst an dem internationalen Verständnis von „wahrscheinlich“ im Sinne von „more probable than not“ (SFAS 109.17e).[767] Allerdings verlangt DRS 18.17 für den Ansatz aktiver latenter Steuern explizit eine noch ausführlicher zu diskutierende Planungsrechnung. Problematisch ist, dass sich der Wahrscheinlichkeitsbegriff nur schwerlich operationalisieren lässt.[768] Es kann jedoch davon ausgegangen werden, dass aufgrund der größeren Bedeutung des Vorsichtsprinzips im Handelsrecht im Vergleich zur internationalen Rechnungslegung bei der Bilanzierung aktiver latenter Steuern eine höhere „Wahrscheinlichkeitsschwelle hinsichtlich der Realisierbarkeit der erwarteten Steuervorteile“[769] besteht.[770] Vor dem Hintergrund des Kapitalerhaltungszwecks des handelsrechtlichen

---

762 Unter Umständen sind auch die steuerlichen Regelungen eines anderen Staats bei der Ermittlung der künftigen Steuereffekte mit einzubeziehen. So können bspw. im Zusammenhang mit der Berücksichtigung ausländischer Betriebsstätten Anpassungen der steuerlichen Wertansätze notwendig werden. Vgl. dazu WASSERMEYER, F., Betriebsstätten-Handbuch, Rn. 1.15; LÖWENSTEIN, U., Betriebsstättenbesteuerung, Rn. 342.

763 Der *voraussichtliche* Abbau bezieht sich dabei auf die (erwarteten) Steuereffekte, denn schließlich werden sich jegliche bilanzielle Differenzen spätestens bei Unternehmensliquidation abbauen. Dieser Bezug ergibt sich auch aus dem Bedeutungszusammenhang mit § 274 Abs. 2 Satz 2 HGB, der eine Auflösung der gebildeten latenten Steuern verlangt, „sobald die Steuerbe- oder -entlastung eintritt oder mit ihr nicht mehr zu rechnen ist“.

764 Vgl. auch § 274 Abs. 2 Satz 2 HGB; THEILE, C., Latente Steuern im Jahresabschluss, S. 645.

765 BT-Drucksache 16/12407, S. 87.

766 Vgl. BT-Drucksache 16/10067, S. 67.

767 Vgl. DRS 18.A3 sowie dazu ZWIRNER, C., Latente Steuern (DRS 18), S. 573. Die Wahrscheinlichkeitsüberlegungen im Sinne von „more likely than not“ (mehr als 50 %) beziehen sich in SFAS 109.17e auf die Prüfung der Notwendigkeit einer valuation allowance der deferred tax assets.

768 Vgl. KESSLER, H./LEINEN, M./PAULUS, B., Das BilMoG und die latenten Steuern, Teil 1, S. 722.

769 KESSLER, H./LEINEN, M., Abbau temporärer Auffassungsdivergenzen, S. 276.

770 Vgl. auch KASTRUP, B./MIDDENDORF, O., Latente Steuern bei Personengesellschaften, S. 815. Daher forderte auch der HFA DES IDW in Rn. 6 seines mittlerweile aufgehobenen Entwurfs einer Stellungnahme zur Rechnungslegung zur Bilanzierung latenter Steuern, dass an die „Untermauerung einer hinreichenden Wahrscheinlichkeit für künftige steuerpflichtige Einkünfte zur Realisierung aktiver latenter Steuern […] hohe Anforderungen zu stellen [sind; Ergänzung durch den Verfasser]“.

Jahresabschlusses folgt ferner, dass die Ansatzvoraussetzung für passive latente Steuern weniger restriktiv als beim Ansatz aktiver latenter Steuern auszulegen ist.[771]

Die tatsächliche Realisierbarkeit der Steuereffekte hängt davon ab, ob künftig genügend Gewinne vorliegen werden, die mit den sich abbauenden temporären Differenzen verrechnet werden können.[772] Sofern künftig **ausreichend** hohe (verrechnungsfähige) **Gewinne** in der Periode des Differenzenabbaus vorhanden sind, führen sämtliche temporäre Differenzen zu einem (direkten) Steuereffekt, wenn dem nicht steuerliche Regelungen entgegenstehen.[773] Liegen lediglich zu versteuernde temporäre Differenzen vor, sind also keine Verlustvorträge und abzugsfähigen temporären Differenzen vorhanden, begründen diese die Bildung passiver latenter Steuern. Ansatzvoraussetzung passiver Steuerlatenzen ist daher grundsätzlich die Existenz eines nicht negativen Jahreserfolgs. Sind lediglich abzugsfähiger Differenzen vorhanden, bedarf es für den Ansatz aktiver latenter Steuern dagegen zumindest eines Gewinns in Höhe der abzugsfähigen temporären Differenzen.

Anders ist die Situation zu beurteilen, wenn sich die abzugsfähigen oder zu versteuernden temporären Differenzen in einer steuerlichen **Verlustphase** abbauen. Im Verlustfall erhöhen die abzugsfähigen Differenzen – unter Vernachlässigung eines Verlustrücktrags – den steuerlichen Verlustvortrag. Sie mindern zwar grundsätzlich das zu versteuernde Einkommen, zu einer direkten Verhinderung einer Steuer*zahlung*, wie es für den Ansatz aktiver Steuerlatenzen notwendig ist,[774] führen sie indes nicht. Aktive latente Steuern sind in diesem Falle nur anzusetzen, wenn der resultierende (erhöhte) Verlustvortrag werthaltig ist, also in den auf die Abbauperiode folgenden Geschäftsjahren mit steuerpflichtigen Gewinnen verrechnet werden kann.[775] Vergleichbares gilt auch im Falle eines Abbaus zu versteuernder temporärer Differenzen während einer Verlustphase. Diese temporären Differenzen mindern einen steuerlichen Verlustvortrag. Eine direkte Steuerzahlung resultiert daraus indes nicht. Der Steuereffekt kann sich vielmehr (indirekt) dadurch ergeben, dass der Betrag, um den der Verlustvortrag gemindert wurde, nutzbar gewesen wäre.[776] Voraussetzung dafür ist die potenzielle Nutzbarkeit des

---

771 Vgl. PRINZ, U./RUBERG, L., Latente Steuern nach dem BilMoG, S. 347. Gemäß Rn. 8 der aufgehobenen Stellungnahme des HFA DES IDW sind passive Steuerlatenzen auf steuerpflichtige vorübergehende Differenzen grundsätzlich anzusetzen. Lediglich „ausnahmsweise“, wenn „Besonderheiten des Unternehmens die Entstehung künftiger Steuerbelastungen ausschließen“, ist demnach auf die Bilanzierung passiver latenter Steuern zu verzichten.

772 Vgl. PRINZ, U./RUBERG, L., Latente Steuern nach dem BilMoG, S. 347; MEYER, M./RUBERG, L., Erstellung von Planungsrechnungen, S. 1539.

773 Vgl. MEYER, M./RUBERG, L., Erstellung von Planungsrechnungen, S. 1539.

774 Vgl. Abschnitt 421.21.

775 Vgl. MEYER, M./RUBERG, L., Erstellung von Planungsrechnungen, S. 1539; MEYER, M./RUBERG, L., Begrenzung des Prognosehorizonts, S. 2096.

776 Vgl. MEYER, M./RUBERG, L., Leitlinien für die Erstellung, S. 432; MEYER, M./RUBERG, L., Begrenzung des Prognosehorizonts, S. 2097.

(gesamten) Verlustvortrags. Der Verlustabzug von der künftigen steuerlichen Bemessungsgrundlage ist durch den aufgrund der zu versteuernden Differenzen verringerten Verlustvortrag reduziert, weshalb künftig (zusätzliche) Steuern zu zahlen sind.

Für den Ansatz latenter Steuern ist es erforderlich, dass eine hinreichend hohe Wahrscheinlichkeit dafür besteht, dass künftig entweder in oder nach der Periode des Abbaus der temporären Differenz ausreichend hohe steuerpflichtige Gewinne vorliegen werden. Die folgenden Anhaltspunkte aus der mittlerweile aufgehobenen Stellungnahme zur Bilanzierung latenter Steuern des HFA DES IDW könnten bspw. auf den Eintritt künftiger tatsächlicher Steuereffekte hindeuten:

- „Eingang von profitablen, in Folgejahren abzuwickelnden Aufträgen,
- Veräußerung oder Aufgabe von defizitären Geschäftsbereichen oder Standorten,
- Abschluss von Restrukturierungsmaßnahmen als Grundlage für nachhaltige Kosteneinsparungen und Effizienzsteigerungen,
- Verlust in Vorjahren aufgrund von Einmaleffekten, die für die Zukunft nicht mehr zu erwarten sind“[777].

Da sich die Unternehmen im Rahmen der Bilanzierung von latenten Steuern mit dem voraussichtlichen Abbau temporärer Differenzen bzw. mit künftigen Steuereffekten auseinandersetzen müssen, ist eine „zukunftsorientierte Betrachtung“[778] unumgänglich. Die künftige wirtschaftliche Lage des Unternehmens ist regelmäßig fundiert bzw. umfassend zu analysieren.[779] Dies gilt insbesondere in Fällen, in denen die zuvor genannten Indikatoren nicht ergiebig genug sind. Vor allem bei der „Untermauerung einer hinreichenden Wahrscheinlichkeit für künftige steuerpflichtige Einkünfte zur Realisierung aktiver latenter Steuern“[780] wird das bilanzierende Unternehmen kaum die Erstellung einer steuerlichen Planungsrechnung vermeiden können. DRS 18.17 fordert hinsichtlich der Aktivierung latenter Steuern, neben der Berücksichtigung des Vorsichtsprinzips, sogar explizit die Zugrundelegung „einer aus der Unternehmensplanung abgeleiteten und unter Einbeziehung beabsichtigter und realisierbarer Steuerstrategien nachvollziehbaren **steuerlichen Planungsrechnung**“ [Hervorhebungen durch den Verfasser].[781] Mit dieser „integrierten Gesamtbetrachtung“[782] kann plausibel einge-

[777] HFA DES IDW, IDW ERS HFA 27, Rn. 7. Die Indikatoren ähneln dabei z. T. den Beispielen in SFAS 109.24, die für ein künftig ausreichendes Ergebnis und damit für eine Verhinderung einer valuation allowance aktiver latenter Steuern sprechen. Inwiefern zu versteuernde temporäre Differenzen als Werthaltigkeitsindikator für abzugsfähige temporäre Differenzen verwendet werden dürfen, wird ausführlich in Abschnitt 421.23 diskutiert.

[778] THEILE, C., Latente Steuern im Jahresabschluss, S. 645.

[779] Vgl. MEYER, M./RUBERG, L., Erstellung von Planungsrechnungen, S. 1538.

[780] HFA DES IDW, IDW ERS HFA 27, Rn. 6.

[781] Vgl. zum Umfang und zur Angemessenheit der Planungsrechnung Abschnitt 423.

[782] MEYER, M./RUBERG, L., Erstellung von Planungsrechnungen, S. 1539.

schätzt werden, ob aus den temporären Differenzen in den künftigen Geschäftsjahren voraussichtlich Steuereffekte resultieren werden. Allgemein ist für jedes Unternehmen im Einzelfall zu entscheiden, ob aufgrund der aktuellen Planungen, basierend auf den Erfahrungen der Vergangenheit, objektive bzw. nachvollziehbare Gründe für die Annahme künftig hinreichend hoher zu versteuernder Einkünfte vorliegen.[783]

Besondere Unsicherheiten und damit Anforderungen an die Wahrscheinlichkeitsüberlegungen und Planungsrechnungen bestehen bei Verlustgefahr, also bspw. beim Ansatz latenter Steuern in Verlustjahren bzw. bei Existenz steuerlicher Verlustvorträge, da diese darauf hindeuten, dass das Unternehmen künftig möglicherweise nicht ausreichend steuerpflichtige Einkünfte erzielen wird.[784] Nach dem BilMoG sind auch aktive latente Steuern auf ungenutzte steuerliche Verluste zu bilden, sofern eine Verrechnung dieser Verlustvorträge innerhalb der nächsten fünf Jahre erwartet werden kann (§ 274 Abs. 1 Satz 4 HGB). Diese Verlustvorträge sind in den Planungsrechnungen mit zu berücksichtigen.[785] Ihr Einbezug in die Bilanzierung latenter Steuern wird in Abschnitt 422. diskutiert.

421.23 Zu versteuernde temporäre Differenzen als Indikator für die Nutzbarkeit abzugsfähiger temporärer Differenzen

Der DSR geht in Anlehnung an IAS 12.28 f. davon aus, dass aktive latente Steuern voraussichtlich realisiert werden können, sofern am Bilanzstichtag ausreichend hohe zu versteuernde temporäre Differenzen vorhanden sind, die sich voraussichtlich zeitgleich mit den abzugsfähigen temporären Differenzen abbauen werden, welche den aktiven Steuerlatenzen zugrunde liegen.[786] DRS 18.23 a) fordert dazu explizit die Existenz zu versteuernder temporärer Differenzen „einer verrechnungsfähigen Steuerart mindestens in einer den aktiven latenten Steuern entsprechenden Höhe gegenüber demselben Steuergläubiger".[787] Es ist indes klarstellend darauf hinzuweisen, dass die zu versteuernden temporären Differenzen generell nicht nur in Höhe der bewerteten abzugsfähigen Differenzen, also in Höhe der aktiven Steuerlatenz, vorhanden sein sollten, sondern in Höhe der den aktiven latenten Steuern zugrunde liegenden abzugsfähigen Differenzen. Im Folgenden ist zu untersuchen, inwieweit zu versteuernde temporäre Differenzen überhaupt als Indikator für die Realisierbarkeit aktiver Steuerlatenzen aufgrund von abzugsfähigen temporären Differenzen verwendet werden können.

783 Vgl. KESSLER, H./LEINEN, M., Abbau temporärer Auffassungsdivergenzen, S. 276.
784 Vgl. HFA DES IDW, IDW ERS HFA 27, Rn. 6; IAS 12.35.
785 Vgl. THEILE, C., Latente Steuern im Jahresabschluss, S. 647.
786 Vgl. DRS 18.23.
787 Zur Diskussion der Verrechnungsfähigkeit der verschiedenen temporären Differenzen vgl. Abschnitt 442.1.

Im **Gewinnfall** wird das Ergebnis durch die zu versteuernden Differenzen erhöht, was die Einschätzung einer vorhandenen Werthaltigkeit aktiver Steuerlatenzen unterstützt. Liegt lediglich ein **Ergebnis von null** vor, würde in Höhe der zu versteuernden Differenzen eine Steuerzahlung resultieren. Diese kann durch die abzugsfähigen temporären Differenzen zumindest reduziert werden.[788] Grundsätzliche Voraussetzung dafür ist jedoch, dass der Abbau der abzugsfähigen bzw. zu versteuernden Differenzen in derselben Periode die steuerliche Bemessungsgrundlage beeinflusst.[789] Baut sich die abzugsfähige temporäre Differenz **vor** der zu versteuernden temporären Differenz ab, führt sie entweder zu einer direkten Steuerentlastung oder sie bildet bzw. erhöht einen steuerlichen Verlustvortrag. Im ersten Fall können aktive latente Steuern für die direkte Steuerentlastung bilanziert werden. Im zweiten Fall sind die zu versteuernden Differenzen, die sich in den unmittelbaren Folgeperioden abbauen, zur Verlustverrechnung heranzuziehen. Nicht nur vor dem Hintergrund der Mindestbesteuerung wird die Existenz zu versteuernder Differenzen in vielen Fällen jedoch nicht ausreichen, um die abzugsfähigen Differenzen (vollständig) steuerwirksam nutzen zu können. Für die Realisierbarkeit der Steuerentlastungseffekte sind dann vielmehr ausreichend hohe steuerpflichtige Gewinne in den Folgeperioden nachzuweisen.[790] Wenn die abzugsfähigen temporären Differenzen in der Periode des Abbaus der zu versteuernden temporären Differenzen nicht nutzbar werden, ist indes davon auszugehen, dass auch die zu versteuernden temporären Differenzen nicht (vollständig) zu direkten Steuerzahlungen führen. Sie mindern dementsprechend lediglich den Verlustvortrag. Auch ihre Realisierbarkeit hängt damit von künftig ausreichend hohen Gewinnen ab. Sofern diese nicht erwirtschaftet werden, kommt es grundsätzlich weder zu einer tatsächlichen Steuerbelastung noch zu einer Steuerentlastung des Unternehmens.[791]

Damit kann Folgendes festgehalten werden: Werden auf Basis der notwendigen Wahrscheinlichkeitsüberlegungen passive Steuerlatenzen angesetzt, sind auch die sich **vor** den zu versteuernden Differenzen abbauenden abzugsfähigen Differenzen bei der Bildung aktiver Steuerlatenzen zu berücksichtigen. Bauen sich abzugsfähige temporäre Differenzen indes erst **nach** den zu versteuernden temporären Differenzen ab, können Letztere nicht generell als Indikator für die Werthaltigkeit der abzugsfähigen Differenzen bzw. der durch diese begründeten aktiven latenten Steuern verwendet werden.[792] Lediglich wenn sich die zu versteuernden Differenzen in einem Verlustfall abbauen und dadurch die Werthaltigkeit ggf. zu bildender passiver Steuerlatenzen von ausreichenden Gewinnen der Folgeperioden abhängig wird,

788 Vgl. MEYER, M./RUBERG, L., Begrenzung des Prognosehorizonts, S. 2097.

789 Vgl. HERZIG, N./BOHN, A./GÖTSCH, A., Latente Steuern im HGB-Einzelabschluss, S. 2617.

790 Vgl. MEYER, M./RUBERG, L., Erstellung von Planungsrechnungen, S. 1539.

791 Vgl. zu ähnlichen Überlegungen hinsichtlich der möglichen Verwendung passiver latenter Steuern als Werthaltigkeitsindikator für aktive latente Steuern aufgrund steuerlicher Verlustvorträge MEYER, M./RUBERG, L., Begrenzung des Prognosehorizonts, S. 2097 f.

792 Vgl. MEYER, M./RUBERG, L., Begrenzung des Prognosehorizonts, S. 2100.

in denen sich auch die abzugsfähigen temporären Differenzen abbauen, ist die Bildung passiver latenter Steuern im unmittelbaren Zusammenhang mit der Einschätzung der Nutzbarkeit der abzugsfähigen temporären Differenzen zu beurteilen.

422. Aktivierung latenter Steuern aufgrund von Verlust- und Zinsvorträgen

422.1 Zweck und Bedeutung der Berücksichtigung von Verlust- und Zinsvorträgen

Steuerliche Verlustvorträge sind keine temporären Differenzen.[793] Sie bilden daher, wie schon in Abschnitt 232.3 angesprochen, einen „Sonderfall“[794] der Bilanzierung latenter Steuern. Dennoch können aufgrund von steuerlichen Verlustvorträgen, ebenso wie aufgrund abzugsfähiger temporärer Differenzen, künftig Steuerentlastungen folgen, sofern ein ausreichend hohes zu versteuerndes Einkommen in den Folgeperioden vorhanden ist, mit dem die Verlustvorträge verrechnet werden können. Damit umfassen Verlustvorträge potenziell einen „ökonomischen Vorteil“[795], dessen Existenz auch den Adressaten des handelsrechtlichen Jahresabschlusses interessieren dürfte. Nach dem BilMoG schreibt der deutsche Gesetzgeber in § 274 Abs. 1 Satz 4 HGB vor, bei der Berechnung aktiver latenter Steuern auch steuerliche Verlustvorträge[796] zu berücksichtigen. Damit wird die Bilanzierung latenter Steuern auf steuerliche Verlustvorträge erstmals „gesetzlich verankert“[797]. Zwar forderte bspw. der DSR in DRS 10.11 bereits vor dem BilMoG die Aktivierung von Steuerlatenzen aufgrund von steuerlichen Verlustvorträgen zumindest für den Konzernabschluss,[798] in der Literatur wurde ihre Bilanzierung im handelsrechtlichen Jahresabschluss indes überwiegend abgelehnt.[799] Dies wurde bspw. damit begründet, dass eine Aktivierung latenter Steuern aufgrund ungenutzter steuerlicher Verluste nicht mit dem Wortlaut des § 274 Abs. 2 HGB a. F. vereinbar sei.[800]

Die Abbildung latenter Steuern auf steuerliche Verlustvorträge ist sehr zwiespältig zu beurteilen. Verlustvorträge umfassen auf der einen Seite regelmäßig ein u. U. bedeutendes Steuerent-

793 Vgl. THEILE, C., Latente Steuern im Jahresabschluss, S. 647; DRS 18.12.

794 KÜTING, K./ZWIRNER, C., Dominanz steuerlicher Verlustvorträge, S. 557.

795 THEILE, C., Latente Steuern im Jahresabschluss, S. 647.

796 Im Referentenentwurf war indes noch von „ungenutzte[n] Verlustvorträge[n]“ die Rede, was KARRENBROCK sowohl inhaltlich (Verlustvorträge sind per definitionem ungenutzt) als auch sprachästhetisch kritisierte. Vgl. KARRENBROCK, H., Von der Steuerabgrenzung zur Bilanzierung latenter Steuern, S. 330.

797 LOITZ, R., Latente Steuern nach dem Bilanzrechtsmodernisierungsgesetz, S. 252.

798 LOITZ weist ferner darauf hin, dass auch vor dem BilMoG eine Berücksichtigung steuerlicher Verlustvorträge im Falle eines sich insgesamt ergebenden Passivüberhangs möglich war. Vgl. LOITZ, R., Latente Steuern nach dem BilMoG, S. 710. Steuerliche Verlustvorträge waren demnach in die Ermittlung der Rückstellungen für latente Steuerverpflichtungen nach § 249 Abs. 1 Satz 1 HGB einzubeziehen. Vgl. IDW (Hrsg.), Stellungnahme zu E-DRS 12, S. 1087 sowie zur Diskussion grundsätzlich Abschnitt 341.

799 Vgl. MARTEN, K.-U./WEISER, F./KÖHLER, A. G., Zunehmende Tendenz zur Aktivierung, S. 2337 f. und 2341; BERGER, A./HAUCK, A./PRINZ, U., Streitiger Prognosezeitraum, S. 414; KÜTING, K./SEEL, C., Latente Steuern, S. 508.

800 Vgl. IDW (Hrsg.), Stellungnahme zu E-DRS 12, S. 1087.

lastungspotenzial, das für die zutreffende Darstellung der wirtschaftlichen Lage relevant sein dürfte.[801] Auf der anderen Seite deuten aktuelle Verlustsituationen an, dass die künftige Existenz ausreichend verrechnungsfähiger Gewinne nicht sicher ist.[802] Diese zwei Seiten einer Medaille finden sich auch in der Entstehungsgeschichte des § 274 HGB nach dem BilMoG wieder. Nach dem Referentenentwurf sollten die steuerlichen Verlustvorträge ohne zeitliche Restriktionen in die Ermittlung latenter Steuern einbezogen werden (§ 274 Abs. 1 Satz 1 HGB-RefE). Mit der Begründung, die Aktivierung latenter Steuern auf Verlustvorträge „nachprüfbar und praktikabel" sowie die zugrunde liegenden Wahrscheinlichkeitsüberlegungen des Unternehmens „für Dritte nachvollziehbar" zu gestalten, wurde der Einbezug latenter Steuern mit dem Regierungsentwurf sowie entsprechend im finalen BilMoG derart begrenzt, dass nur diejenigen Verlustvorträge zu erfassen sind, deren Verrechnung mit künftigen Gewinnen innerhalb der nächsten fünf Jahre erwartet wird.[803] § 274 Abs. 1 Satz 4 HGB ist indes nicht nur auf steuerliche Verlustvorträge, sondern ebenso auf vergleichbare Sachverhalte anzuwenden.[804] Hiermit angesprochen sind vor allem Zinsvorträge, die aus der Anwendung der Zinsschranke gemäß § 4h EStG i. V. m. § 8a KStG resultieren.[805] Ein Abzug von Zinsvorträgen in künftigen Perioden führt zu Steuerentlastungseffekten, die vergleichbar mit den Effekten verrechenbarer Verlustvorträge sind. In Analogie zu den steuerlichen Verlustvorträgen sowie entsprechend dem Zweck des § 274 HGB[806] sind daher die Zinsvorträge bei der Bilanzierung latenter Steuern zu berücksichtigen. Zu den mit der Berücksichtigung von steuerlichen Verlustvorträgen vergleichbaren Sachverhalten gehört auch die Bilanzierung latenter Steuern aufgrund von Steuergutschriften. Sie wurde im Referentenentwurf des BilMoG noch explizit in § 274 Abs. 1 Satz 4 HGB-RefE gefordert, während im Regierungsentwurf lediglich in der Begründung auf ihre Abbildung hingewiesen wird.[807] Steuergutschriften sind indes zumindest in Deutschland nicht üblich.[808]

Im folgenden Abschnitt sollen die gesetzlichen Vorschriften zum Verlust- und Zinsvortrag erläutert werden, um darauf folgend ihren Einbezug bei der Bilanzierung latenter Steuern herauszuarbeiten bzw. zu diskutieren. Auf die Steuergutschriften wird aufgrund ihrer eher gerin-

---

801 Vgl. HERZIG, N./BOHN, A./GÖTSCH, A., Latente Steuern im HGB-Einzelabschluss, S. 2617; BT-Drucksache 16/10067, S. 67.

802 Vgl. SCHILDBACH, T., Latente Steuern auf permanente Differenzen, S. 945; KARRENBROCK, H., Von der Steuerabgrenzung zur Bilanzierung latenter Steuern, S. 330 f.

803 Vgl. BT-Drucksache 16/10067, S. 67.

804 Vgl. BT-Drucksache 16/10067, S. 67.

805 LOITZ/NEUKAMM ordnen den Zinsvortrag nicht als Verlustvortrag ein, da neben der Existenz von künftigen Gewinnen weitere Voraussetzungen für die Nutzung des Zinsvortrags zu erfüllen sind. Sie klassifizieren den Zinsvortrag vielmehr als temporäre Differenz. Vgl. LOITZ, R./NEUKAMM, M., Zinsvortrag, S. 198.

806 Vgl. zum Zweck des § 274 HGB Abschnitt 33.

807 Vgl. LOITZ, R., Nachbesserungen als Verbesserungen, S. 1390 f.

808 Vgl. LOITZ, R., Nachbesserungen als Verbesserungen, S. 1391.

geren Bedeutung für deutsche Unternehmen im Folgenden nicht explizit eingegangen. Die zu gewinnenden Erkenntnisse gelten indes grundsätzlich auch analog für die Berücksichtigung latenter Steuern aufgrund von Steuergutschriften.

422.2 Steuerrechtliche Regelungen zu den Verlust- und Zinsvorträgen

422.21 Regelungen zu den Verlustvorträgen nach § 10d EStG und § 10a GewStG

Bemessungsgrundlage für die **Körperschaftsteuer** ist gemäß § 7 Abs. 1 KStG das zu versteuernde Einkommen. Dieses bestimmt sich im Sinne des § 8 Abs. 1 Satz 1 KStG sowohl nach den Regelungen des Körperschaftsteuergesetzes als auch nach den Vorschriften des Einkommensteuergesetzes. Gemäß § 10d Abs. 1 Satz 1 EStG dürfen Verluste bis zu einem Betrag von 511.500 Euro von den Einkünften des unmittelbar vorangegangenen Veranlagungszeitraums abgezogen werden (Verlustrücktrag). Das Unternehmen kann gemäß § 10d Abs. 1 Satz 5 EStG indes auch einen Antrag dahingehend stellen, dass auf einen Verlustrücktrag vollständig oder teilweise verzichtet wird. Verluste, die nicht nach § 10d Abs. 1 EStG mit Gewinnen vergangener Veranlagungszeiträume verrechnet wurden, werden gemäß § 10d Abs. 2 EStG in den folgenden Veranlagungszeiträumen bis zu einem Gesamtbetrag der Einkünfte von 1 Mio. Euro unbeschränkt und darüber hinaus bis zu 60 % des 1 Mio. Euro übersteigenden Gesamtbetrag der Einkünfte abgezogen (Verlustvortrag).

Die Besteuerungsgrundlage für die **Gewerbesteuer** ist hingegen laut § 6 GewStG der Gewerbeertrag. Dieser basiert gemäß § 7 Satz 1 GewStG auf dem nach den Vorschriften des Einkommensteuergesetzes bzw. des Körperschaftsteuergesetzes zu ermittelnden Gewinn aus Gewerbebetrieb, vor allem unter Berücksichtigung der Hinzurechnungen und Kürzungen nach §§ 8 und 9 GewStG. Der maßgebende Gewerbeertrag ergibt sich schließlich aus dem im Erhebungszeitraum bezogenen Gewerbeertrag, auf den sich der festgesetzte Steuermessbetrag nach § 14 GewStG bezieht (§ 10 Abs. 1 GewStG). Er wird nach § 10a Satz 1 GewStG bis zu einem Betrag von 1 Mio. Euro um die vorangegangenen, noch nicht berücksichtigten Verluste vermindert. Der 1 Mio. Euro übersteigende maßgebende Gewerbeertrag ist nach § 10a Satz 2 GewStG analog der Regelung nach § 10d EStG um bis zu 60 % durch den noch nicht genutzten gewerbesteuerlichen Verlust zu reduzieren.

Durch die Beschränkung des körperschaft- bzw. gewerbesteuerlichen Verlustabzugs auf 1 Mio. Euro zzgl. 60 % der restlichen maßgebenden Gewinngröße stellt der Fiskus eine **Mindestbesteuerung** sicher, sofern die Besteuerungsgrundlage 1 Mio. Euro überschreitet.[809]

---

[809] Vgl. SCHEFFLER, W., Besteuerung von Unternehmen I, S. 196; vgl. dazu kritisch WITTKOWSKI, A., Grenzüberschreitende Verlustverrechnung, S. 53-55; WATRIN, C./WITTKOWSKI, A./ULLMANN, R., Deutsche Mindestbesteuerung, S. 239 f.; vgl. dazu auch BFH, Urteil vom 26.08.2010 – I B 49/10.

Im Rahmen der Bilanzierung latenter Steuern bei **Personengesellschaften** sind weitere Besonderheiten zu beachten. So wird der Verlust aus Gewerbebetrieb gemäß der einheitlichen und gesonderten Gewinnfeststellung nach §§ 179 Abs. 2, 180 Abs. 1 Nr. 2 lit. a AO den einzelnen Mitunternehmern zugeordnet. Die Personengesellschaft ist lediglich Steuerschuldner der Gewerbesteuer, nicht hingegen der Einkommen- oder Körperschaftsteuer.[810] Bei der Abbildung latenter Steuern wird lediglich die Gesellschaftsebene betrachtet, so dass sowohl der horizontale als auch vertikale Verlustausgleich auf Gesellschafterebene außer Betracht bleibt.[811] So ist bspw. auch § 15a EStG, der die Verlustabzugsmöglichkeiten für Kommanditisten weiter beschränkt, sofern für diese durch ihren Verlustanteil ein negatives Kapitalkonto entsteht oder erhöht wird, nicht von Bedeutung für die Bildung latenter Steuern auf Gesellschaftsebene.[812]

422.22 Regelungen zur Zinsschranke nach § 4h EStG und § 8a KStG

Die Zinsschranke wurde im Rahmen des Unternehmensteuerreformgesetzes 2008 vom 14.08.2007 in § 4h EStG bzw. § 8a KStG eingeführt. Seitdem wurden die Regelungen zur Zinsschranke einige Male angepasst.[813] Ihre Grundgesetz- und Europarechtskonformität wird dennoch bis heute in Frage gestellt.[814]

Gemäß § 4h Abs. 1 Satz 1 EStG sind die Zinsaufwendungen eines Unternehmens zumindest in Höhe der angefallenen Zinserträge abziehbar.[815] Darüber hinaus ist nach § 4h Abs. 1 Satz 2 EStG ein Abzug der Zinsaufwendungen lediglich bis zu einem Betrag von 30 % des EBITDA (**verrechenbares EBITDA**) möglich, welcher sich aus dem maßgeblichen Gewinn abzüglich der Zinserträge und zuzüglich der Zinsaufwendungen sowie Abschreibungen nach § 6 Abs. 2 Satz 1 EStG, § 6 Abs. 2a Satz 2 EStG und § 7 EStG ergibt. Der maßgebliche Gewinn betrifft dabei den nach den Vorschriften des Einkommensteuergesetzes mit Ausnahme des ersten Absatzes des § 4h EStG ermittelten steuerpflichtigen Gewinn (§ 4h Abs. 3 Satz 1 EStG). Anstelle des maßgeblichen Gewinns tritt nach § 8a Abs. 1 Satz 1 KStG bei Körperschaften das maßgebliche Einkommen, das sich auf Grundlage der Vorschriften des Einkommensteuer- und Körperschaftsteuergesetzes u. a. unter Vernachlässigung der Rege-

---

810 Vgl. NIEHUS, U./WILKE, H., Besteuerung der Personengesellschaften, S. 18.

811 Vgl. zum Verlustausgleich SCHEFFLER, W., Besteuerung von Unternehmen I, S. 130-133.

812 Vgl. dazu auch FÜLBIER, R. U./MAGES, M. K., Überlegungen zur Bilanzierung latenter Steuern, S. 75.

813 Für einen Überblick vgl. GOEBEL, S./EILINGHOFF, K., (Nicht-)Konformität der Zinsschranke, S. 550-552.

814 GOEBEL/EILINGHOFF weisen u. a. darauf hin, dass die Zinsschranke nur schwerlich mit dem objektiven Nettoprinzip bzw. dem steuerlichen Leistungsfähigkeitsprinzip vereinbar ist. Vgl. GOEBEL, S./EILINGHOFF, K., (Nicht-)Konformität der Zinsschranke, S. 554-560; vgl. auch KESSLER, W./DIETRICH, M.-L., Die Zinsschranke nach dem WaBeschG, S. 240.

815 Gemäß § 4h Abs. 3 Satz 2 EStG werden unter den Zinsaufwendungen vor allem sämtliche Vergütungen für Fremdkapital verstanden, die den maßgeblichen Gewinn reduziert haben, während Zinserträge nach § 4h Abs. 3 Satz 3 EStG Erträge aus Kapitalforderungen jeder Art darstellen, welche den maßgeblichen Gewinn erhöht haben.

lungen der §§ 4h und 10d EStG ergibt (§ 8a Abs. 1 Satz 2 KStG). Sofern der Saldo aus Zinsaufwendungen und Zinserträgen das verrechenbare EBITDA unterschreitet, ist nach § 4h Abs. 1 Satz 3 Halbsatz 1 EStG in Höhe der Differenz grundsätzlich ein Vortrag in die folgenden fünf Wirtschaftsjahre vorzunehmen (**EBITDA-Vortrag**). Überschreiten die Zinsaufwendungen trotz Verrechnung mit den Zinserträgen das verrechenbare EBITDA, sind sie hinsichtlich der zeitlichen Reihenfolge im Sinne des FiFo-Verfahrens mit den EBITDA-Vorträgen zu verrechnen (§ 4h Abs. 1 Satz 4 EStG). Die Möglichkeit eines EBITDA-Vortrags wurde im Rahmen des Wachstumsbeschleunigungsgesetzes (WaBeschG) vom 22.12.2009 eingerichtet. Die erstmalige Einstellung dieses Vortrags ist für Wirtschaftsjahre vorgeschrieben, die nach dem 31.12.2009 enden (§ 52 Abs. 12d Satz 4 EStG). Gemäß § 52 Abs. 12d Satz 5 EStG besteht auf Antrag die Möglichkeit der Ermittlung fiktiver EBITDA-Vorträge für die Wirtschaftsjahre 2007, 2008 und 2009. Diese dürfen dann einmalig im ersten Wirtschaftsjahr, welches nach dem 31.12.2009 endet, dem verrechenbaren EBITDA des betroffenen Wirtschaftsjahres zugeschlagen werden. Wird der fiktive EBITDA-Vortrag nicht genutzt, fließt er in den regulären EBITDA-Vortrag des Wirtschaftsjahres ein.[816]

Verbleiben auch nach dem Abzug der Zinsaufwendungen von den EBITDA-Vorträgen Zinsaufwandsüberschüsse, sind diese als sog. **Zinsvortrag** in die folgenden Wirtschaftsjahre zu übertragen (§ 4h Abs. 1 Satz 5 EStG). Die Zinsvorträge erhöhen nach § 4h Abs. 1 Satz 6 EStG den Zinsaufwand der bzw. des folgenden Wirtschaftsjahre(s), wenngleich sie nicht bei der Ermittlung des maßgeblichen Gewinns der späteren Wirtschaftsjahre berücksichtigt werden und daher nicht für die Berechnung des verrechenbaren EBITDA relevant sind. Somit erhöhen sie auch nicht erneut das potenzielle Abzugsvolumen der künftigen Wirtschaftsjahre.[817]

Der Gesetzgeber hat auch Ausnahmen von der Zinsschranke zugelassen. So dürfen gemäß § 4h Abs. 2 Satz 1 lit. a - c EStG sämtliche Zinsaufwendungen abgezogen werden, sofern

- der Saldo aus Zinsaufwendungen und Zinserträgen die **Freigrenze** von 3 Mio. Euro nicht überschreitet,[818]

816 Vgl. HERZIG, N./LIEKENBROCK, B., EBITDA-Vortrag der Zinsschranke, S. 691; KESSLER, W./LINDEMER, J., Fiktiver EBITDA-Vortrag, S. 473; BOHN, A./LOOSE, T., Anwendung des EBITDA-Vortrags, S. 245.

817 Vgl. LOSCHELDER, F., in: Schmidt, § 4h EStG, Rn. 13; vgl. zum Einfluss der Zinsschranke auf die steuerliche Bemessungsgrundlage WATRIN, C./POTT, C./RICHTER, F., Auswirkungen der Zinsschranke, S. 259-267, welche die Auswirkungen der Zinsschranke empirisch untersucht haben.

818 Bei Einführung der Zinsschranke hat die Freigrenze noch 1 Mio. Euro betragen. Sie wurde mit dem Bürgerentlastungsgesetz Krankenversicherung vom 22.07.2009 auf 3 Mio. Euro für einen begrenzten Zeithorizont erhöht, bevor diese zeitliche Begrenzung mit dem WaBeschG vom 22.12.2009 aufgehoben wurde.

- das Unternehmen nicht oder nur anteilsmäßig einem Konzern angehört (**Konzern-Klausel**) oder
- das Unternehmen einem Konzern angehört,[819] seine Eigenkapitalquote am Schluss des vorangegangenen Abschlussstichtags indes mindestens der Konzern-Eigenkapitalquote entspricht (**Escape-Klausel**).

Wenn zumindest ein Befreiungstatbestand erfüllt wird, entsteht gemäß § 4h Abs. 1 Satz 3 Halbsatz 2 EStG in diesen Wirtschaftsjahren auch kein EBITDA-Vortrag. Es ist zudem durchaus vorstellbar, dass durch die Erhöhung der Zinsaufwendungen der folgenden Wirtschaftsjahre aufgrund des Zinsvortrags, die Freigrenze überschritten wird und daher die Zinsaufwendungen (wiederholt) nicht in ihrer Gänze abgezogen werden können.[820]

Hinsichtlich der Escape-Klausel gestattet der Gesetzgeber dem zu betrachtenden Konzernunternehmen ein Unterschreiten der Konzern-Eigenkapitalquote von maximal zwei Prozentpunkten.[821] Grundlage für den Eigenkapitalvergleich stellt in erster Linie ein IFRS-Abschluss dar (§ 4h Abs. 2 Satz 1 lit. c Satz 8 EStG). Sofern der Konzernabschluss indes nicht nach IFRS aufgestellt wird bzw. in den letzten fünf Jahren nicht nach IFRS aufgestellt wurde, ist stattdessen ein Abschluss nach HGB bzw. gegebenenfalls ein Abschluss nach US-GAAP zu verwenden (§ 4h Abs. 2 Satz 1 lit. c Satz 9 EStG). Bei der Ermittlung der Eigenkapitalquoten sind diverse Anpassungen vorzunehmen.[822] So muss das Konzernunternehmen bspw. das Eigenkapital laut seines Jahres- oder Einzelabschlusses um einen im Konzernabschluss angesetzten GoF erhöhen, der das Unternehmen betrifft (§ 4h Abs. 2 Satz 1 lit. c Satz 5 EStG).

Der EBITDA-Vortrag sowie der Zinsvortrag gehen bei Aufgabe oder Übertragung eines Betriebs vollständig (§ 4h Abs. 5 Satz 1 EStG) bzw. bei Ausscheiden eines Mitunternehmers anteilig entsprechend seiner Beteiligungsquote an der Gesellschaft unter (§ 4h Abs. 5 Satz 2 EStG).

Körperschaften haben verschärfte Bedingungen zu erfüllen, um von der Zinsschranke befreit werden zu können. Diese Gesellschaften müssen gemäß § 8a Abs. 2 und 3 KStG nachweisen,

---

819 Die Konzernzugehörigkeit ergibt sich aus dem jeweils angewandten Rechnungslegungsstandard (§ 4h Abs. 3 Satz 5 EStG) bzw. der Tatsache, dass die Finanz- und Geschäftspolitik des Unternehmens einheitlich bestimmt werden kann (§ 4h Abs. 3 Satz 6 EStG).

820 Vgl. HERZIG, N./BOHN, A./GÖTSCH, A., Latente Steuern im HGB-Einzelabschluss, S. 2615; BMF, Schreiben vom 4.07.2008 – IV C 7 S 2742 a/07/1001, Rn. 46.

821 Nach dem UntStRefG 2008 war zunächst eine Unterschreitung der Konzern-Eigenkapitalquote in Höhe von nur einem Prozentpunkt zulässig. Im Rahmen des WaBeschG wurde der Toleranzbereich auf zwei Prozentpunkte erhöht.

822 Vgl. STFA DES IDW, IDW Steuerhinweis 1/2010; WATRIN, C., Ertragsteuern, S. 96.

dass keine schädliche Gesellschafterfremdfinanzierung besteht.[823] Konkret können sie die Konzern-Klausel laut § 8a Abs. 2 KStG lediglich dann nutzen, wenn maximal 10 % des Betrags, um den die Zinsaufwendungen die Zinserträge übersteigen, an einen Anteilseigner im Rahmen von Vergütungen für Fremdkapital geleistet wurden, der zu mehr als einem Viertel am Kapital des Unternehmens beteiligt ist. Entsprechendes gilt für Fremdkapitalvergütungen an eine diesem Anteilseigner nahe stehende Person oder an einen Dritten, der auf den Anteilseigner oder eine diesem nahe stehende Person zurückgreifen kann. Vergleichbares gilt gemäß § 8a Abs. 3 KStG auch für die Möglichkeit der Inanspruchnahme der Escape-Klausel durch eine Körperschaft. Diese restriktiveren Vorschriften für die Nutzung der Konzern- bzw. Escape-Klausel gelten im Übrigen gemäß § 4h Abs. 2 Satz 2 EStG auch für Mitunternehmerschaften, die einer Körperschaft entweder als Tochterpersonengesellschaft oder als Enkelpersonengesellschaft nachgeordnet sind.[824]

422.23 Einschränkungen der Nutzbarkeit von Verlust- und Zinsvorträgen

Der Abzug steuerlicher Verlust- bzw. Zinsvorträge wird z. T. durch gesetzliche Vorschriften beschränkt. Dabei sollen im Folgenden insbesondere die Vorgaben von § 8c KStG vorgestellt werden, der den Verlustabzug von Körperschaften im Falle eines „schädlichen Beteiligungserwerbs" regelt.

Ein **schädlicher Beteiligungserwerb** liegt nach § 8c Abs. 1 Satz 1 KStG vor, sofern „innerhalb von fünf Jahren mehr als 25 % des gezeichneten Kapitals, der Mitgliedschaftsrechte, Beteiligungsrechte oder der Stimmrechte an einer Körperschaft an einen Erwerber oder diesem nahe stehende Personen übertragen" werden oder ein vergleichbarer Sachverhalt eingetreten ist. Der Beteiligungserwerb kann dabei sukzessiv vollzogen werden.[825] Wird eine Beteiligung von mehr als 25 %, aber höchstens 50 %, schädlich im Sinne des § 8c Abs. 1 Satz 1 KStG erworben, sind die bis zum Zeitpunkt des Erwerbs noch nicht genutzten Verluste in Höhe des entsprechenden erworbenen Anteils nicht mehr abziehbar (§ 8c Abs. 1 Satz 1 Halbsatz 2 KStG). Im Falle eines Beteiligungserwerbs von mehr als 50 % gehen grundsätzlich sogar sämtliche Verluste unter (§ 8c Abs. 1 Satz 2 KStG).

Mit § 8c Abs. 1 Satz 5 KStG fügte der Gesetzgeber indes im Rahmen des WaBeschG eine sog. **Konzernklausel** als Ausnahmeregel ein, um konzerninterne Umgliederungen vor dem Verlustuntergang zu schützen.[826] Demnach gehen die Verluste nicht unter, wenn dieselbe Per-

---

823 Vgl. KESSLER, W./LINDEMER, J., Fiktiver EBITDA-Vortrag, S. 474; HEUERMANN, B., in: Blümich, § 8a KStG, Rn. 1.

824 Vgl. LOSCHELDER, F., in: Schmidt, § 4h EStG, Rn. 18.

825 Vgl. FRANZ, E. B., Auslegung der Konzernklausel, S. 992.

826 Vgl. HAßA, G./GOSMANN, M., Konzernklausel und Verschonungsregel, S. 1198.

son sowohl an dem übertragenden als auch an dem übernehmenden Unternehmen zu 100 % beteiligt ist.

Ferner wurde § 8c KStG durch das WaBeschG um eine sog. „**Verschonungsregel**“[827] erweitert. Danach sind die Sätze 1 und 2 des § 8c Abs. 1 KStG nicht anzuwenden, wenn der (anteilig) nicht genutzte Verlust die (anteiligen) im Inland steuerpflichtigen stillen Reserven des Betriebsvermögens der Körperschaft zum Zeitpunkt des schädlichen Beteiligungserwerbs nicht überschreitet (§ 8c Abs. 1 Satz 6 KStG). Dies kann damit begründet werden, dass der Beteiligungserwerber aufgrund der übernommenen stillen Reserven künftig steuerlich belastet wird und er dementsprechend die steuerlichen Vorteile durch die Verlustvorträge des Betriebs geltend machen darf.[828] Die stillen Reserven sind im Falle eines nicht negativen Eigenkapitals durch die Gegenüberstellung des (anteiligen) gemeinen Werts der Anteile an der Körperschaft, soweit diese im Inland steuerpflichtig sind, und des korrespondierenden (anteiligen) Eigenkapitals laut Steuerbilanz zu berechnen (§ 8c Abs. 1 Satz 7 KStG), wobei der gemeine Wert der Anteile bestenfalls durch einen fremdüblichen Veräußerungspreis respektive mittels einer Unternehmensbewertung zu ermitteln ist.[829]

Darüber hinaus wurde mit dem WaBeschG die zeitliche Befristung der Anwendbarkeit der sog. **Sanierungsklausel** aufgehoben, die durch das Bürgerentlastungsgesetz Krankenversicherung eingeführt wurde. Die Nutzung der Sanierungsklausel, die ebenfalls zu einer Verhinderung eines Verlustuntergangs führt(e), setzt gemäß § 8c Abs. 1a KStG voraus, dass der Beteiligungserwerb einer Sanierung des Geschäftsbetriebs der Körperschaft im Sinne des § 8c Abs. 1a Satz 2 KStG dient. Allerdings hat die Europäische Kommission mittlerweile die Unvereinbarkeit der Regelung mit den EU-Beihilferegelungen festgestellt.[830] Dies ist darauf zurückzuführen, dass gesetzlich zugelassene Vorteile, welche die Belastung von bestimmten Unternehmen mindern, nur in Ausnahmefällen, bspw. aus Gründen der Sozial- oder Regionalpolitik, gewährt werden dürfen.[831] Das BMF hatte indes bereits im April 2010 die Aussetzung der Sanierungsklausel angeordnet.[832]

Die Regelungen des § 8c KStG gelten nach § 8a Abs. 1 Satz 3 KStG entsprechend für Zinsvorträge nach § 4h Abs. 1 Satz 5 EStG. Dies gilt mit Blick auf die Verschonungsklausel aller-

---

827 HAẞA, G./GOSMANN, M., Konzernklausel und Verschonungsregel, S. 1201.
828 Vgl. WITTKOWSKI, A./HIELSCHER, S., Änderungen des § 8c KStG, S. 15.
829 Vgl. WITTKOWSKI, A./HIELSCHER, S., Änderungen des § 8c KStG, S. 16; zur Anwendung der Verschonungsregel im Falle eines negativen Eigenkapitals nach den Regelungen des Jahressteuergesetzes 2010 vgl. CHUCHRA, M./DRÄGER, J., JStG 2010, S. 19 f.
830 Vgl. KOMMISSION DER EUROPÄISCHEN GEMEINSCHAFTEN (Hrsg.), Beihilfe - IP/11/65; vgl. dazu DRÜEN, K.-D., Europarechtswidrige Beihilfe, S. 289-292; DORFMUELLER, P., EU-Beihilferegeln, S. 147 f.
831 Vgl. DE WEERTH, J., Sanierungsklausel des § 8c KStG, S. 1205 f.
832 Vgl. BMF, Schreiben vom 30.04.2010 – IV C 2 – S 2745-a/08/10005:002.

dings mit der Einschränkung, dass Zinsvorträge nur dann nicht untergehen, wenn sie die (anteiligen) stillen Reserven übersteigen, die nach der Verrechnung mit den (anteiligen) nicht genutzten Verlusten verbleiben.[833] § 8c KStG ist des Weiteren gemäß § 4h Absatz 5 Satz 3 EStG auf den Zinsvortrag einer Mitunternehmerschaft mit einer Körperschaft als Mitunternehmer anzuwenden. Damit werden steuerliche Gestaltungen von Körperschaften, bspw. durch Umhängen einer Beteiligung an einer Körperschaft vor einem schädlichen Beteiligungserwerb auf eine Personengesellschaft, eingedämmt.[834] Auf die Existenz von EBITDA-Vorträgen hat § 8c KStG indes keinen Einfluss.[835]

Zwar bezieht sich § 8c KStG primär auf körperschaftsteuerliche Verlustvorträge, der Anwendungsbereich wird indes nach § 10a Satz 10 GewStG auf den gewerbesteuerlichen Verlustvortrag ausgedehnt. Dies gilt sowohl für den gewerbesteuerlichen Verlust einer Körperschaft als auch einer Mitunternehmerschaft, an der eine Körperschaft direkt oder indirekt über weitere Personengesellschaften beteiligt ist.[836] Bei Mitunternehmerschaften richtet sich die Beurteilung der Nutzungsmöglichkeit eines Verlustvortrags im Falle von Gesellschafterwechsel ansonsten allgemein nach den Grundsätzen der Unternehmens- und Unternehmeridentität.[837]

Neben den Beschränkungen des Abzugs von Verlust- und Zinsvorträgen nach § 8c KStG ergeben sich weitere Abzugseinschränkungen im Rahmen von (konzerninternen) Umwandlungsvorgängen nach dem Umwandlungsteuergesetz.[838] So gehen nach § 4 Abs. 2 Satz 2 UmwStG im Falle von Verschmelzungen einer Kapitalgesellschaft auf eine Personengesellschaft die Verlustvorträge ebenso wie die Zins- und EBITDA-Vorträge nicht über. Analoges gilt gemäß § 12 Abs. 3 Halbsatz 2 UmwStG für eine Verschmelzung von Kapitalgesellschaften. Bei einer Abspaltung mindern sich die Vorträge entsprechend des Verhältnisses, in dem unter Betrachtung des gemeinen Werts Vermögen auf eine andere Körperschaft übertragen wird (§ 15 Abs. 3 UmwStG). Des Weiteren gehen gemäß § 20 Abs. 9 UmwStG bzw. § 24 Abs. 6 UmwStG Zins- sowie EBITDA-Vorträge eines in eine Kapitalgesellschaft, Genossenschaft bzw. Personengesellschaft eingebrachten Betriebs nicht auf den übernehmenden Gesellschafter über.

Bei der Bilanzierung aktiver latenter Steuern aufgrund von steuerlichen Verlust- und Zinsvorträgen sind die dargestellten Einschränkungen ihrer steuerlichen Nutzungsmöglichkeiten (in-

833 Vgl. GOEBEL, S./EILINGHOFF, K., (Nicht-)Konformität der Zinsschranke, S. 551.
834 Vgl. LORENZ, A./PRINZ, M., Steueränderungen für Unternehmen 2009, S. 144.
835 Vgl. GOEBEL, S./EILINGHOFF, K., (Nicht-)Konformität der Zinsschranke, S. 552.
836 Vgl. BIEN, R./WAGNER, T., Konzernklausel bei § 8c KStG, S. 923.
837 Vgl. PRINZ, U., Nutzung gewerbesteuerlicher Verlustabzüge, S. 470 f.; KUTT, F./MÖLLMANN, P., Rechtsformabhängige Verlustnutzungsmöglichkeiten, S. 1150.
838 Vgl. dazu WITTKOWSKI, A./HIELSCHER, S., Änderungen des § 8c KStG, S. 13 (Fußnote 18); BIEN, R./WAGNER, T., Konzernklausel bei § 8c KStG, S. 923; LOSCHELDER, F., in: Schmidt, § 4h EStG, Rn. 32.

nerhalb der Planungsrechnung) zu berücksichtigen. Die erläuterten Regelungen machen deutlich, dass eine Nutzung der Vorträge künftig u. a. entfallen kann, obwohl – möglicherweise wegen der Umstrukturierungen – ausreichend verrechnungsfähige Gewinne erwartet werden.

422.3 Das Zusammenspiel von Verlust-, Zins- und EBITDA-Vorträgen

Der Zinsvortrag nach § 4h Abs. 1 Satz 5 EStG wirkt sich, sofern er abzugsfähig ist, unmittelbar auf die Höhe des zu versteuernden Einkommens aus.[839] Steuerliche Verlustvorträge im Sinne von § 10d EStG bzw. § 10a GewStG können das Ergebnis dagegen erst nachgelagert vermindern oder sich erhöhen, sofern ein negatives Einkommen vorliegt. Die Nutzung bzw. Höhe des steuerlichen Verlustvortrags ist dementsprechend abhängig von der Abzugsfähigkeit der Zinsaufwendungen bzw. Zinsvorträge.[840] Wird ein Zinsvortrag berücksichtigt, reduziert sich das zu versteuernde Einkommen und damit die Möglichkeit der Nutzung der Verlustvorträge und vice versa. Des Weiteren besteht die Möglichkeit, dass durch den Abzug eines Zinsvortrags ein negatives Einkommen entsteht oder erhöht wird. In diesem Falle wird der Zinsvortrag durch einen Verlustvortrag substituiert.[841] Umgekehrt ist ein Verlustvortrag jedoch grundsätzlich nicht relevant für die Ermittlung eines Zinsvortrags.[842] Rückwirkungen ergeben sich indes bspw. im Zusammenhang mit der in Abschnitt 422.23 erläuterten Verschonungsregelung des § 8c KStG. Der Zinsvortrag ist ferner abhängig von der Höhe des verrechenbaren EBITDA bzw. von den EBITDA-Vorträgen, wenn keine Ausnahmevorschrift greift, die von der Zinsschranke befreit. Ein EBITDA-Vortrag wirkt sich über seine Beeinflussung des Zinsabzugs zudem auf die Höhe bzw. das Entstehen eines Verlustvortrags aus.

422.4 Kritische Betrachtung des Ansatzes latenter Steuern aufgrund von Verlust-, Zins- und EBITDA-Vorträgen

422.41 Bilanzierung latenter Steuern aufgrund von EBITDA-Vorträgen

Steuerliche Verlust- und Zinsvorträge sind bei der Bilanzierung latenter Steuern, wie bereits in Abschnitt 422.1 erläutert wurde, zu berücksichtigen. In Frage steht indes, ob der in Abschnitt 422.22 dargestellte, im Zusammenhang mit dem Zinsabzug nach § 4h EStG stehende EBITDA-Vortrag ebenfalls zum Ansatz aktiver Steuerlatenzen führt. Der EBITDA-Vortrag bildet, wie die steuerlichen Verlust- und Zinsvorträge, keine temporäre Differenz.[843] Er ergibt sich vielmehr außerbilanziell aus der positiven Differenz zwischen dem verrechenbaren E-BITDA und dem Nettozinsaufwand unter Berücksichtigung von Zinsvorträgen, sofern kein

[839] Vgl. BRÄHLER, G./BRUNE, P./HEERDT, T., Auswirkungen der Zinsschranke, S. 294.
[840] Vgl. auch LOITZ, R./NEUKAMM, M., Zinsvortrag, S. 199.
[841] Vgl. HERZIG, N./BOHN, A./GÖTSCH, A., Latente Steuern im HGB-Einzelabschluss, S. 2616; HERZIG, N./LIEKENBROCK, B., EBITDA-Vortrag der Zinsschranke, S. 694.
[842] Vgl. BRÄHLER, G./BRUNE, P./HEERDT, T., Auswirkungen der Zinsschranke, S. 294.
[843] Vgl. HERZIG, N./LIEKENBROCK, B., EBITDA-Vortrag der Zinsschranke, S. 693.

Ausnahmetatbestand nach § 4h Abs. 2 EStG vorliegt. Der Wortlaut des § 274 HGB geht ebenso wenig wie die Begründungen der BilMoG-Entwürfe explizit auf die Behandlung von EBITDA-Vorträgen bei der Bilanzierung latenter Steuern ein. Fraglich ist indes, ob ihre Berücksichtigung in Analogie zur Ermittlung latenter Steuern aufgrund eines steuerlichen Verlustvortrags bzw. der Zinsvorträge gerechtfertigt werden kann.

EBITDA-Vorträge verkörpern zweifelsfrei einen wirtschaftlichen Vorteil, wenn Zinsaufwendungen ansonsten (künftig) nicht abzugsfähig wären.[844] So führen bspw. ein Nettozinsaufwand von 40 GE sowie ein verrechenbares EBITDA von 100 GE eines Wirtschaftsjahres „W1" zu einem EBITDA-Vortrag von 60 GE unter der Annahme, dass eine Befreiungsvorschrift von der Zinsschranke nicht greift. Sofern im Folgejahr „W2" Nettozinsaufwendungen von 60 GE und ein verrechenbares EBITDA von 0 GE vorliegen, kann durch den EBITDA-Vortrag ein Zinsvortrag verhindert werden. Könnte dieser Zinsvortrag indes in den Folgejahren auch ohne EBITDA-Vorträge genutzt werden, führt der EBITDA-Vortrag lediglich zur Verhinderung einer zeitlichen Streckung des Zinsabzugs, also zur Vermeidung eines Zinsnachteils.[845] Nach § 274 Abs. 2 Satz 1 HGB besteht indes bei der Bilanzierung latenter Steuern ein Abzinsungsverbot, so dass solcherlei Zinseffekte für die Abbildung latenter Steuern nicht relevant sind. Vor dem Hintergrund dieses Diskontierungsverbots der zu antizipierenden, künftigen Steuereffekte nach § 274 Abs. 2 Satz 1 HGB kann also in dem beschriebenen Fall keine Bilanzierung aktiver latenter Steuern aufgrund des EBITDA-Vortrags gefordert werden. Allerdings ist es möglich, dass ein ohne Vorliegen eines EBITDA-Vortrags entstehender Zinsvortrag untergehen würde, da z. B. schädliche Anteilsveräußerungen im Sinne des § 8c KStG geplant sind. HERZIG/LIEKENBROCK halten die Bilanzierung latenter Steuern auf den EBITDA-Vortrag in diesem speziellen Falle für theoretisch ableitbar, wenngleich sie aufgrund bedeutender Prognoseunsicherheiten davon abraten.[846] Bei der Beurteilung dieses Sachverhalts ist jedoch zu beachten, dass EBITDA-Vorträge nicht per se einen Steuervorteil umfassen, sie mitunter im Gegensatz zu steuerlichen Verlust- bzw. Zinsvorträgen nicht eigenständig nutzbar sind.[847] Schließlich geht es auch im gerade geschilderten Fall vorrangig um die Abzugsfähigkeit von Zinsaufwendungen. Ein EBITDA-Vortrag deutet dabei die Wahrscheinlichkeit eines künftigen Zinsabzugs an und ist daher vielmehr im Rahmen der Bilanzierung latenter Steuern auf Zinsvorträge zu berücksichtigen, welche durch EBITDA-Vorträge verhindert werden können. Aufgrund der Interdependenzen zwischen Zins- und Verlustvor-

[844] Vgl. BOLIK, A./LINZBACH, M., Verlust und Zinsschranke, S. 1589 f.

[845] Vgl. HERZIG, N./LIEKENBROCK, B., EBITDA-Vortrag der Zinsschranke, S. 693.

[846] Vgl. HERZIG, N./LIEKENBROCK, B., EBITDA-Vortrag der Zinsschranke, S. 693. EPPINGER/SEEBACHER halten eine Aktivierung latenter Steuern auf (fiktive) EBITDA-Vorträge nach IAS 12 für möglich. Vgl. EPPINGER, C./SEEBACHER, K., EBITDA-Vortrag nach IFRS, S. 482.

[847] Vgl. BOLIK, A./LINZBACH, M., Verlust und Zinsschranke, S. 1590.

trägen ist der EBITDA-Vortrag zudem für die Abbildung latenter Steuern auf steuerliche Verlustvorträge relevant.[848]

422.42 Ansatzvoraussetzungen von Steuerlatenzen aufgrund von Verlust- und Zinsvorträgen

Die Berücksichtigung latenter Steuern aufgrund von steuerlichen Verlustvorträgen bzw. – analog – von Zinsvorträgen wird in § 274 Abs. 1 Satz 4 HGB grundsätzlich auf diejenigen Verlustvorträge beschränkt, die innerhalb der nächsten fünf Jahre voraussichtlich zur Verlustverrechnung herangezogen werden. Dies dient der Objektivierung des Wertansatzes.[849] Darüber hinaus finden sich weder im Wortlaut des § 274 HGB noch in den Gesetzesmaterialien explizite Vorschriften hinsichtlich besonderer Ansatzvoraussetzungen bei der Bilanzierung von Steuerlatenzen im Zusammenhang mit ungenutzten Verlusten bzw. Zinsaufwendungen.[850] § 274 Abs. 1 Satz 4 HGB fordert lediglich, dass die Verlustverrechnung *zu erwarten* ist. Im Gegensatz dazu schreibt § 274 Abs. 1 Satz 1 HGB für temporäre Differenzen als Ansatzvoraussetzung vor, dass der Steuereffekt bzw. der Abbau der Differenz *voraussichtlich* eintreten wird. Aus den verschiedenen Worten „voraussichtlich" bzw. „zu erwartenden" ist kein qualitativer Unterschied hinsichtlich der Wahrscheinlichkeitsüberlegungen bzgl. des Ansatzes aktiver latenter Steuern auf abzugsfähige temporäre Differenzen bzw. auf Verlustvorträge abzuleiten. Insofern gelten im ersten Schritt auch für die Einschätzung der Wahrscheinlichkeit einer künftigen Verlustverrechnung die allgemeinen Überlegungen, inwiefern mit einem tatsächlichen Steuereffekt zu rechnen ist.[851] Dabei ist vor dem Hintergrund des Auslegungskriteriums des Bedeutungszusammenhangs auch das Vorsichtsprinzip zu berücksichtigen.[852] Dem Vorsichtsprinzip ist indes bei Vorliegen von Verlustvorträgen allein schon deshalb ein besonderes Gewicht zuzurechnen, weil die eingetretenen Verluste darauf hindeuten können, dass künftige verrechnungsfähige Gewinne alles andere als sicher sind.[853] Dies gilt vor allem im Falle einer unternehmerischen Verlusthistorie.[854]

Es bedarf substanzieller Hinweise bzw. überzeugender, plausibler Argumente, die eine Aktivierung latenter Steuern auf steuerliche Verlustvorträge rechtfertigen.[855] Eine Prognose der

---

848 Vgl. LENZ, M./DÖRFLER, O./ADRIAN, G., Änderungen bei der Zinsschranke, S. 6; HERZIG, N./BOHN, A./GÖTSCH, A., Latente Steuern im HGB-Einzelabschluss, S. 2619; BOLIK, A./LINZBACH, M., Verlust und Zinsschranke, S. 1590; HERZIG, N./LIEKENBROCK, B., EBITDA-Vortrag der Zinsschranke, S. 693.

849 Vgl. BT-Drucksache 16/10067, S. 67.

850 Vgl. MAIER, M. T./WEIL, M., Auswirkungen des BilMoG, S. 2732.

851 Vgl. KÜTING, K./SEEL, C., Latente Steuern, S. 508; DRS 18.12.

852 Vgl. BT-Drucksache 16/10067, S. 67; BT-Drucksache 16/12407, S. 87.

853 Vgl. HERZIG, N./BOHN, A./GÖTSCH, A., Latente Steuern im HGB-Einzelabschluss, S. 2617.

854 Vgl. HFA DES IDW, IDW ERS HFA 27, Rn. 6.

855 Vgl. LÜDENBACH, N./FREIBERG, J., Fragen der Steuerlatenzierung, S. 1974; MEYER, M. ET AL., Bewertung, Bilanzierung, Beratung, S. 114 f.

künftigen steuerlichen Gewinnsituation wird regelmäßig unumgänglich sein.[856] Zunächst ist indes zu prüfen, ob lediglich ein erklärbarer Einmaleffekt ursächlich für einen Verlust ist.[857] Daneben können zu versteuernde temporäre Differenzen auf die Möglichkeit ggf. ausreichender steuerpflichtiger Gewinne hindeuten, wenngleich zwingend zu beachten ist, dass ein Abbau zu versteuernder temporärer Differenzen auch lediglich einen Verlust verringern kann.[858] Insofern ist also auch an dieser Stelle eine ausreichende Gewinnsituation des Unternehmens nachzuweisen.[859] In die Betrachtung ist des Weiteren der Abbau der anderen abzugsfähigen temporären Differenzen mit einzubeziehen. Darüber hinaus sind auch die in Abschnitt 422.3 dargestellten Interdependenzen zwischen dem Verlust- und Zins- sowie EBITDA-Vorträgen zu berücksichtigen. Zunächst einmal ist dazu die Nutzung bzw. Nutzbarkeit eines Zinsvortrags zu untersuchen. Bei ausreichend hohem Gewinn (verrechenbarem EBITDA) wird ein schneller Betriebsausgabenabzug der Zinsvorträge möglich, da im Unterschied zur Verlustvortragsverrechnung nach § 10d EStG keine Mindestbesteuerung zu beachten ist.[860] Vor dem Hintergrund des begrenzten Prognosezeitraums ist der zeitnahe Zinsabzug vorteilhaft. Allerdings reicht es für die Möglichkeit der Nutzung eines Zinsvortrags regelmäßig nicht aus, wenn ein steuerpflichtiger Gewinn vorliegt. Vielmehr muss ein ausreichend hohes verrechenbares EBITDA vorhanden sein, während für die Verrechnung von steuerlichen Verlustvorträgen „lediglich" ein ausreichend hoher Gewinn erforderlich ist.[861] Daher kann sich die Realisierung des Zinsvortrags schwieriger gestalten als die Nutzung eines Verlustvortrags. In Extremfällen können sogar permanente Zinsvorträge entstehen.[862] Darüber hinaus gilt es zu beachten, dass der Betriebsausgabenabzug von Zinsaufwendungen eines Zinsvortrags nicht unbedingt unmittelbar steuerentlastend wirkt, sondern dass im Falle negativer Einkünfte ein Verlust entstehen oder erhöht werden könnte und folglich der Zinsvortrag lediglich durch einen Verlustvortrag substituiert wird.[863] Diese Effekte werden durch eine integrierte Planungsrechnung deutlich, in welcher auch der Abbau der temporären Differenzen zu berücksichtigen ist.[864] Ferner kann das Unternehmen die unterschiedlichen Nachteile eines steuerlichen Verlustvortrags, wie z. B. der Mindestbesteuerung, und eines Zinsvortrags, wie z. B. der höheren Gewinnschwelle für eine Abzugsmöglichkeit, antizipieren und vor dem Hintergrund der Interdependenzen und des eingeschränkten Prognosehorizonts innerhalb des gesetzlichen

---

856 Vgl. MEYER, M./RUBERG, L., Erstellung von Planungsrechnungen, S. 1539.

857 Vgl. HOFFMANN, W.-D./LÜDENBACH, N., Irrungen und Wirrungen, S. 1480.

858 Vgl. MEYER, M./RUBERG, L., Erstellung von Planungsrechnungen, S. 1539; HERZIG, N./BOHN, A./GÖTSCH, A., Latente Steuern im HGB-Einzelabschluss, S. 2618.

859 Vgl. dazu ausführlicher Abschnitt 422.432.

860 Vgl. BRÄHLER, G./BRUNE, P./HEERDT, T., Auswirkungen der Zinsschranke, S. 294 f.

861 Vgl. BOLIK, A./LINZBACH, M., Verlust und Zinsschranke, S. 1588.

862 Vgl. BRÄHLER, G./BRUNE, P./HEERDT, T., Auswirkungen der Zinsschranke, S. 293 f.

863 Vgl. HERZIG, N./LIEKENBROCK, B., EBITDA-Vortrag der Zinsschranke, S. 693 f.

864 Vgl. LOITZ, R./NEUKAMM, M., Zinsvortrag, S. 201.

Rahmens gestalterisch tätig werden.[865] So könnte der Bilanzierende bspw. dafür sorgen, dass Tatbestände erfüllt werden, die eine Inanspruchnahme der Ausnahmeklausel nach § 4h Abs. 2 EStG zur Folge haben.[866] Damit könnte sich zwar u. U. im Jahr des Zinsabzugs ein höherer Verlustvortrag ergeben, dieser könnte indes im Gegensatz zum Zinsvortrag in späteren Wirtschaftsjahren besser genutzt werden, sofern zwar ausreichend steuerpflichtige Gewinne, jedoch kein ausreichendes, verrechenbares EBITDA vorliegen würde. Die hinreichend konkretisierten steuerlichen Gestaltungsmaßnahmen sind in die Gesamtbetrachtung zu integrieren.[867]

Die Bilanzierung latenter Steuern aufgrund steuerlicher Verlust- und Zinsvorträge erfordert in der Regel eine Prognose der künftigen steuerlichen Ergebnisentwicklung. Wie bereits in Abschnitt 422.1 erläutert, wird der relevante Zeitraum für die Verrechnung der Verlust- bzw. für den Abzug der Zinsvorträge in § 274 Abs. 1 Satz 4 HGB derart begrenzt, dass diese Vorträge bei der Berechnung aktiver Steuerlatenzen nur in dem Umfang zu berücksichtigen sind, wie sie in den nächsten fünf Jahren genutzt werden können. Diese Begrenzung des Verrechnungszeitraums wird in den folgenden Abschnitten kritisch untersucht.

422.43 Die gesetzliche Vorgabe des für die Ermittlung latenter Steuern relevanten Zeitraums der Verlustvortragsverrechnung

422.431. Relevanter Verrechnungszeitraum im Falle abweichender unternehmerischer Planungshorizonte

Mit der Betrachtung eines zunehmenden Zeitraums für die Verrechnung der steuerlichen Verlust- bzw. Zinsvorträge sinkt die Prognosesicherheit.[868] Damit verbunden sind die Erhöhung des unternehmerischen Ermessensspielraums sowie die Gefahr einer unangemessen hohen Aktivierung latenter Steuern.[869] Letztere besteht u. a. aufgrund des (Aktivierungs-)Drucks der Adressaten, die potenziell aus dem Verzicht des Ansatzes latenter Steuern auf Verlustvorträge eine künftig negative wirtschaftliche Lage des Unternehmens folgern und dementsprechend das Unternehmen der Versuchung aussetzen, die Verlustvorträge möglichst umfassend zu berücksichtigen.[870] Vor diesem Hintergrund ist es sinnvoll, den relevanten Prognosezeitraum gesetzlich zu beschränken. Eine Einschränkung des Verrechnungszeitraums war indes im Referentenentwurf des BilMoG noch nicht geregelt worden, sie wurde allerdings mit dem Regierungsentwurf vorgeschrieben. Nunmehr sind steuerliche Verlustvorträge gemäß § 274 Abs. 1

---

[865] Vgl. HERZIG, N./BOHN, A./GÖTSCH, A., Latente Steuern im HGB-Einzelabschluss, S. 2616 f.
[866] Vgl. zu den Ausnahmeklauseln Abschnitt 422.22.
[867] Vgl. Abschnitt 423.22.
[868] Vgl. zum Spannungsverhältnis zwischen Zukunftsorientierung und Prognosesicherheit BAETGE, J., Möglichkeiten der Objektivierung, S. 169; TINZ, O., Abbildung von Wachstum, S. 12.
[869] Vgl. KESSLER, H./LEINEN, M., Abbau temporärer Auffassungsdivergenzen, S. 276.
[870] Vgl. VAN HALL, G./KESSLER, H., Latenzen, S. 488.

Satz 4 HGB „bei der Berechnung aktiver latenter Steuern in Höhe der innerhalb der nächsten fünf Jahre zu erwartenden Verlustverrechnung zu berücksichtigen“. Entsprechendes gilt auch für die Berücksichtigung der Zinsvorträge.[871] Dies dient der Objektivität des Ansatzes aktiver latenter Steuern auf steuerliche Verlustvorträge bzw. der Nachvollziehbarkeit der Wahrscheinlichkeitsüberlegungen.[872] Damit verringert der Gesetzgeber die unternehmerischen Ermessensspielräume.[873] Zudem erhöht er im Sinne des entsprechenden GoB die zwischenunternehmerische und intertemporale Vergleichbarkeit der angesetzten Steuerlatenzen.[874]

Das Objektivierungsbestreben des Gesetzgebers ist grundsätzlich zu begrüßen. Sofern die unternehmerischen Planungen üblicherweise auf einem Fünf-Jahres-Horizont basieren, scheint die Zeitraumvorgabe auch vergleichsweise wenig problembehaftet zu sein. Es ist indes zu diskutieren, inwiefern der angegebene Verrechnungszeitraum tatsächlich als fix zu betrachten ist und ob dementsprechend sowohl Planungsrechnungen mit kürzeren als auch mit längeren Planungshorizonten de facto aus der Betrachtung auszuschließen sind.[875]

Laut dem aufgehobenen IDW ERS HFA 27, Rn. 13 sowie dem primär für den Konzernabschluss relevanten DRS 18.19 sind latente Steuern auf steuerliche Verlustvorträge generell auf Basis eines fünfjährigen Planungshorizonts zu ermitteln. Dies gilt demnach selbst in denjenigen Fällen, in denen einer unternehmerischen Planungsrechnung ein Zeitraum von weniger als fünf Jahren zugrunde liegt. Für die nicht geplanten Restjahre wäre den Standards zufolge eine „sachgerechte und plausible Schätzung“ vorzunehmen. Die Fortschreibung der Planung ist weder im Gesetz noch in den Gesetzesmaterialien geregelt worden.[876] Denkbar wären der Ansatz des erwarteten Ergebnisses des letzten Planjahres (unter Berücksichtigung eines Abschlags) oder die Ermittlung und der Ansatz von Durchschnittswerten aus den Plandaten.[877] Bei der Genese der fortgeführten Ergebnisse sollte generell der Stetigkeitsgrundsatz sowie der Grundsatz der Willkürfreiheit berücksichtigt werden.[878] Zu beachten ist jedoch, dass Unternehmen mit kürzeren Planungszeiträumen durch diese Auslegungsalternative dazu gezwungen wären, ihre Planungsrechnungen fortzuschreiben, ohne dass eine detaillierte steuerliche Planung vorliegen würde.[879] Je nach Unternehmen oder Branche könnte dies zu unfundierten,

871 Vgl. BT-Drucksache 12/160067, S. 67.

872 Vgl. BT-Drucksache 12/160067, S. 67.

873 Vgl. MAIER, M. T./WEIL, M., Auswirkungen des BilMoG, S. 2732.

874 Vgl. KÜHNE, E./MELCHER, W./WESEMANN, M., Grundlagen und Zweifelsfragen, Teil 2, S. 1058.

875 Vgl. MEYER, M./RUBERG, L., Erstellung von Planungsrechnungen, S. 1540.

876 Vgl. LOITZ, R., Wahlrecht als Mogelpackung, S. 920.

877 Vgl. LOITZ, R., Latente Steuern nach dem BilMoG, S. 711.

878 Vgl. HFA DES IDW, IDW ERS HFA 27, Rn. 13; KÜHNE, E./MELCHER, W./WESEMANN, M., Grundlagen und Zweifelsfragen, Teil 2, S. 1058.

879 Vgl. BAETGE, J./HAENELT, T./JONAS, M., Novellierte Bilanzierung latenter Steuern, S. 522. Laut einer Studie arbeitet die überwiegende Anzahl von Unternehmen mit einer mittelfristigen Planung von drei bis fünf Jahren bei der Bilanzierung latenter Steuern auf steuerliche Verlustvorträge nach IAS 12. Vgl. MEY-

spekulativen und wenig objektivierten Planungsergebnissen führen.[880] Dieser Objektivitätsverlust steht dem durch die Zeitraumeingrenzung bekundeten Objektivierungsbestreben des Gesetzgebers diametral entgegen. Daher wird in der Literatur vorgeschlagen, die gesetzliche Regelung vielmehr als maximal möglichen Verrechnungszeitraum zu interpretieren.[881]

Der Wortlaut der Vorschrift des § 274 Abs. 1 Satz 4 HGB fordert als Voraussetzung für die Bilanzierung aktiver latenter Steuern auf Verlustvorträge eine „innerhalb der nächsten fünf Jahre zu erwartende [...] Verlustverrechnung". Der Gesetzgeber geht daher allgemein von einer Fünf-Jahres-Betrachtung aus. Allerdings ist auch der gesetzliche Bedeutungszusammenhang zu betrachten, nach dem bei der Bilanzierung insbesondere das Vorsichtsprinzip zu berücksichtigen ist. Demnach sind bei der Bewertung eher pessimistischere Werte einer Bandbreite zu erfassen. Liegen den Unternehmen bspw. wegen der Branchengegebenheiten lediglich kürzere Planungsrechnungen vor, könnte der Verzicht auf die Annahme einer Verlustverrechnung in den restlichen Perioden vor dem Hintergrund des Vorsichtsprinzips aufgrund der besonderen Prognoseunsicherheiten sachgerecht sein. Es wird schwierig, einen objektivierten, vorsichtigen Wert zu ermitteln.

Entstehungsgeschichtlich hat der Gesetzgeber, wie schon erwähnt, mit der Begrenzung des Prognosezeitraums im Regierungsentwurf, die im Referentenentwurf noch nicht vorgesehen war, sein Objektivierungsbestreben untermauert. Ferner ist der Zweck des § 274 HGB in einer *hinreichend objektiven* Ermittlung künftiger Steuereffekte zu sehen, die in einer zutreffenden Darstellung der Vermögens-, Finanz- und Ertragslage mündet.[882] Vor diesem Hintergrund dürfte im Ausnahmefall auch ein kürzerer Planungszeitraum zugrunde zu legen sein. Dies gilt indes lediglich insoweit, als dass dieser Zeitraum den üblichen bzw. tatsächlichen Planungshorizont des Unternehmens widerspiegelt und eine hinreichende Planungssicherheit und -fähigkeit sichergestellt wurde.[883] Nur mit einer solchen stabilen Planung lassen sich verlässliche bzw. hinreichend objektivierte Aussagen treffen, so dass auf diesem Wege branchenübliche Besonderheiten berücksichtigt werden können. Die Planungsrechnungen sind dabei nach bestem Wissen und Gewissen im Sinne des Grundsatzes der Willkürfreiheit zu erstellen und stetig in den Folgejahren fortzuentwickeln. Durch die Begrenzung des Prognosezeitraums auf maximal fünf Jahre wird zudem ein Mindestmaß an Vergleichbarkeit sichergestellt. Der Grundsatz der Vergleichbarkeit wird aber an dieser Stelle vor allem aufgrund des Zwecks des

---

ER, M. ET AL., Bewertung, Bilanzierung, Beratung, S. 109; LOITZ, R., Steuerliche Verluste nach IFRS, S. 781.

880 Vgl. LOITZ, R., Nachbesserungen als Verbesserungen, S. 1391.

881 Vgl. KÜTING, K./SEEL, C., Latente Steuern, S. 509; LANGENBUCHER, G./BLAUM, U., Latente Steuern im Wandel, S. 40 f.

882 Vgl. Abschnitt 33.

883 Vgl. BAETGE, J./HAENELT, T./JONAS, M., Novellierte Bilanzierung latenter Steuern, S. 523; LANGENBUCHER, G./BLAUM, U., Latente Steuern im Wandel, S. 40; KÜTING, K./SEEL, C., Latente Steuern, S. 509.

§ 274 HGB etwas in den Hintergrund gerückt. Wünschenswert wäre daher die Angabe des verwendeten Planungszeitraums im Anhang.

Einigen (wenigen) Unternehmen liegen indes Planungsrechnungen über einen Zeitraum von mehr als fünf Jahren vor.[884] In diesen Fällen ist zu hinterfragen, ob es tatsächlich gerechtfertigt ist, steuerliche Verlustvorträge bei der Ermittlung latenter Steuern auszuschließen, die erst nach fünf Jahren zu einer Verlustverrechnung führen. Schließlich sind bspw. zumindest keine Praktikabilitätsprobleme zu erwarten, wenn entsprechende, langfristige Planungen erstellt werden sollten.[885] Dennoch sind Planungen über einen Zeitraum von fünf Jahren hinaus nur in Ausnahmefällen hinreichend verlässlich,[886] so dass die Begrenzung des relevanten Verrechnungszeitraums durch den Gesetzgeber grundsätzlich zu befürworten ist. Aus Objektivierungsgründen hat der Gesetzgeber durch die Fünf-Jahres-Frist den Grundsatz der Vollständigkeit an dieser Stelle zurückgestellt, nach dem sämtliche relevante interne und externe Informationen auszuwerten sind.[887] Die Frist dient ferner dem Grundsatz der Vergleichbarkeit. Die bilanziellen Informationsmängel könnten durch zusätzliche Anhangangaben, z. B. zum Umfang werthaltiger Verlustvorträge, die erst nach dem Fünf-Jahres-Zeitraum nutzbar sind, kompensiert werden. Lediglich in Ausnahmefällen, in denen nachweislich stabile, fundierte Planungsrechnungen hinreichend verlässlich die Werthaltigkeit und Abzugsfähigkeit der steuerlichen Verlustvorträge belegen, wäre eine solche Eingrenzung nicht wünschenswert. Schlussendlich würde die Ausschüttungssperre, die dem Grundgedanken des Kapitalerhaltungszwecks Rechnung trägt, eine Ausschüttung der unrealisierten Erträge verhindern.[888]

Insgesamt ist also die gesetzliche Vorgabe eines relevanten Verlustverrechnungszeitraums von fünf Jahren als maximaler Prognosezeitraum zu verstehen. In der Literatur wird indes kontrovers diskutiert, ob diese Begrenzung im Falle eines Überhangs passiver latenter Steuern aufgrund temporärer Differenzen aufzuweichen ist. Dieser Diskussion widmet sich der folgende Abschnitt.

422.432. Einschränkung des Verrechnungszeitraums im Falle von nach dem Fünf-Jahres-Zeitraum nutzbaren Verlustvorträgen

§ 274 Abs. 1 Satz 4 HGB fordert konkret die Berücksichtigung steuerlicher Verlustvorträge „bei der Berechnung aktiver latenter Steuern in Höhe der innerhalb der nächsten fünf Jahre zu erwartenden Verlustverrechnung“. Diese Vorschrift wird in der Literatur teilweise dahingehend ausgelegt, dass mit „der Berechnung aktiver latenter Steuern“ nur der die passiven laten-

884 Vgl. Loitz, R., Nachbesserungen als Verbesserungen, S. 1391.
885 Vgl. Engels, W., Aktive latente Steuern auf Verlustvorträge, S. 1558.
886 Vgl. Bolik, A./Linzbach, M., Verlust und Zinsschranke, S. 1588.
887 Vgl. Abschnitt 222.12.
888 Vgl. Prinz, U./Ruberg, L., Latente Steuern nach dem BilMoG, S. 348.

ten Steuern übersteigende Betrag der aktiven latenten Steuern, der Aktivüberhang, angesprochen ist. Nur derjenige Teil der aktiven latenten Steuern auf steuerliche Verlustvorträge, der auf die Netto-Steuerentlastung entfällt, unterliegt nach dieser Auffassung also der Verrechnungszeitraumbeschränkung.[889] Schließlich würde es sich bei der Berücksichtigung steuerlicher Verlustvorträge bis zur Höhe eines Überhangs passiver über aktive latente Steuern aufgrund von temporären Differenzen um die Berechnung passiver Steuerlatenzen und eben nicht um die „Berechnung aktiver latenter Steuern“ handeln.[890] Insofern wird also eine saldierte Betrachtung unterstellt.[891] Nach **Ansicht des IDW**, der sich auch der **DSR** in DRS 18 im Gegensatz zum Standardentwurf (E-DRS 24) angeschlossen hat,[892] sind daher zunächst die aktiven und passiven latenten Steuern aus temporären Differenzen gegenüberzustellen. Verbleibt daraufhin ein Passivüberhang, sind zur Reduktion dieses Überhangs sämtliche Verlustvorträge unabhängig vom Zeitpunkt ihrer Nutzung zu berücksichtigen. Ergibt sich schließlich ein Aktivüberhang, darf dieser nur insoweit angesetzt werden, als dass die zugrunde liegenden Verlustvorträge voraussichtlich innerhalb der nächsten fünf Jahre zur Verrechnung herangezogen werden.[893]

Um die Diskussion einer Berücksichtigung erst nach dem Fünf-Jahres-Zeitraum nutzbarer steuerlicher Verlustvorträge im Rahmen der Ermittlung latenter Steuern zu systematisieren und damit zu vereinfachen, ist die Bilanzierungsfrage auf zwei Ebenen zu beurteilen. Zunächst soll im Folgenden unabhängig von der konkreten Regelung des § 274 Abs. 1 Satz 4 HGB geprüft werden, ob das Vorgehen des IDW bzw. des DSR aufgrund der steuerrechtlichen Vorschriften als sachgerecht beurteilt werden kann. Daraufhin ist auf Basis der hermeneutischen Methode zu beurteilen, ob der Vorschlag mit dem Gesetz vereinbar ist, wobei die Erkenntnisse aus der ersten (Teil-)Untersuchung berücksichtigt werden.

Das Verhältnis zwischen steuerlichem Verlustvortrag und zu versteuernden temporären Differenzen kann in zwei alternative Beziehungen unterteilt werden: Der Verlustvortrag kann vor dem Abbau der zu versteuernden temporären Differenzen genutzt werden oder er wird frühestens mit dem Abbau der zu versteuernden Differenzen verrechenbar.[894] Im ersten Fall können aktive latente Steuern aufgrund des steuerlichen Verlustvortrags gebildet werden, da ausreichend steuerpflichtige Gewinne für die Verlustverrechnung vorliegen. Im zweiten Fall kommt es im Abbauzeitpunkt entweder zu einer steuerlichen Gewinnsituation (vor der Berücksichti-

889 Vgl. KESSLER, H./LEINEN, M., Abbau temporärer Auffassungsdivergenzen, S. 276 f.

890 Vgl. MEYER, M./RUBERG, L., Begrenzung des Prognosehorizonts, S. 2095 und 2098.

891 Vgl. KÜHNE, E./MELCHER, W./WESEMANN, M., Grundlagen und Zweifelsfragen, Teil 2, S. 1058.

892 Vgl. zum E-DRS 24 ZWIRNER, C., Neue Regelungen, S. 8.

893 Vgl. zu den Ermittlungsschritten vor allem DRS 18.A5 sowie DRS 18.21 f. und HFA DES IDW, IDW ERS HFA 27, Rn. 14.

894 Vgl. KÜHNE, E./MELCHER, W./WESEMANN, M., Grundlagen und Zweifelsfragen, Teil 2, S. 1058.

gung zu versteuernder temporärer Differenzen)[895] (Fall 2a) oder verrechenbare Gewinne bestehen zumindest in Höhe der zu versteuernden temporären Differenzen (Fall 2b) oder es liegt eine steuerliche Verlustsituation vor (Fall 2c). **Fall 2a** ist unkritisch. Sowohl die Verlustvorträge als auch die temporären Differenzen wirken sich bei Abbau steuerwirksam aus, weshalb die durch sie begründbaren aktiven bzw. passiven latenten Steuern werthaltig wären. **Fall 2b** führt dazu, dass der Verlustvortrag unter Berücksichtigung der Mindestbesteuerung mit den temporären Differenzen verrechnet werden kann.[896] Für den Ansatz passiver latenter Steuern ist ferner zu prüfen, inwiefern die reduzierten Beträge des steuerlichen Verlustvortrags in künftigen Perioden zur Verlustverrechnung herangezogen worden wären.[897] Sofern passive Steuerlatenzen angesetzt werden, sind auch die aktiven Steuerlatenzen aufgrund der Verlustvorträge werthaltig, welche die zu versteuernden temporären Differenzen übersteigen. Liegt **Fall 2c** vor, führen auch die zu versteuernden temporären Differenzen nicht zu direkten Steuerzahlungen. Sie vermindern lediglich den zu betrachtenden Verlustvortrag. Sofern unterstellt wird, dass die zu versteuernden Differenzen werthaltig sind und dementsprechend passive latente Steuern angesetzt werden, muss daher auch der steuerliche Verlustvortrag werthaltig sein. Denn wird eine spätere zusätzliche Steuerzahlung aufgrund eines verringerten Verlustabzugs erwartet, ist auch mit einer späteren (vollständigen) Steuerentlastung zu rechnen.[898] Relevant für die Beurteilung der Nutzbarkeit steuerlicher Verlustvorträge ist letztlich einzig die Wahrscheinlichkeit des Vorliegens ausreichend hoher verrechnungsfähiger Gewinne.[899]

Die Untersuchung unterstützt den Vorschlag des DSR bzw. des HFA DES IDW. Im nächsten Schritt soll im Rahmen der Auslegung der Regelung zum Verrechnungszeitraum des § 274 Abs. 1 Satz 4 HGB bestimmt werden, ob dieser Vorschlag nach der hermeneutischen Methode gesetzeskonform ist.

Der Wortlaut des § 274 Abs. 1 Satz 4 HGB ist nicht eindeutig. Im Falle eines saldierten Ausweises latenter Steuern könnte er entsprechend des zuvor geschilderten Vorschlags des DSR bzw. HFA DES IDW verstanden werden. Es ist indes zu beachten, dass der Gesetzgeber dem Bilanzierenden ein Ausweiswahlrecht zugesteht. So kann das Unternehmen gemäß § 274 Abs. 1 Satz 3 HGB, anstatt des saldierten Ansatzes latenter Steuern, die sich ergebende Steuerentlastung und die sich ergebende Steuerbelastung separiert ausweisen. Der unsaldierte Ausweis latenter Steuern würde bei konsequenter Umsetzung des § 274 Abs. 1 Satz 4 HGB

---

895 Aus Vereinfachungsgründen wird von der Existenz abzugsfähiger temporärer Differenzen abstrahiert.

896 Vgl. zur Bedeutung der Mindestbesteuerung im Rahmen des Werthaltigkeitsnachweises aktiver Steuerlatenzen auf Basis von passiven latenten Steuern RUBERG, L., Werthaltigkeitsnachweis aktiver latenter Steuern, S. 207-209.

897 Vgl. MEYER, M./RUBERG, L., Leitlinien für die Erstellung, S. 432; MEYER, M./RUBERG, L., Begrenzung des Prognosehorizonts, S. 2097.

898 Vgl. MEYER, M./RUBERG, L., Begrenzung des Prognosehorizonts, S. 2097.

899 Vgl. MEYER, M./RUBERG, L., Erstellung von Planungsrechnungen, S. 1539.

zu einer generellen Beschränkung des Einbezugs steuerlicher Verlustvorträge auf diejenigen Vorträge führen, die voraussichtlich in den nächsten fünf Jahren verrechnet werden können. Ein von der Auswahl der Ausweisvariante abhängiger Umfang der Berücksichtigung steuerlicher Verlustvorträge wäre indes nur wenig nachvollziehbar.[900] Zur Lösung dieses Konflikts ist auch auf die Tatsache zu verweisen, dass die latenten Steuern nach dem BilMoG auf Basis einer Einzeldifferenzenbetrachtung zu ermitteln sind.[901] Aktive latente Steuern sind demnach unabhängig vom konkreten Ausweis zu berechnen und, wenn überhaupt, erst im Anschluss daran mit passiven Steuerlatenzen zu saldieren.[902] Dies gilt nicht nur für aktive Steuerlatenzen aufgrund temporärer Differenzen, sondern ebenso für die Bildung aktiver latenter Steuern auf steuerliche Verlustvorträge. KARRENBROCK ist indes der Meinung, dass aufgrund des Wortlauts des § 274 Abs. 2 Satz 2 HGB sämtliche aktive Steuerlatenzen auf Verlustvorträge bis zur Höhe eines Passivüberhangs zwingend zu erfassen sind.[903] Schließlich seien die ausgewiesenen Posten aufzulösen, sobald die Steuereffekte einträten oder mit ihnen nicht mehr zu rechnen sei. Würde also lediglich ein Passivüberhang ohne Berücksichtigung des Steuervorteils aus den später zu verrechnenden steuerlichen Verlustvorträgen ausgewiesen werden, wäre dieser bei enger Auslegung des § 274 HGB sofort wieder aufzulösen, da in dieser Höhe nicht mit einer Steuerbelastung gerechnet werden würde.[904] Allerdings ist zu beachten, dass § 274 Abs. 2 Satz 2 HGB im Zusammenhang mit § 274 Abs. 1 Satz 4 HGB zu interpretieren ist, der die Berücksichtigung der angesprochenen steuerlichen Verlustvorträge als lex specialis explizit ausschließt. Zudem erscheint es fraglich, ob auch im Falle eines unsaldierten Ausweises latenter Steuern eine Auflösung passiver Steuerlatenzen nach § 274 Abs. 2 Satz 2 HGB erforderlich werden würde. Schließlich wird mit dem Eintritt dieser künftigen Steuerbelastungen gerechnet. Auch diese Auslegung KARRENBROCKs könnte demnach ausweisabhängig und insofern inkonsequent sein. § 274 Abs. 2 Satz 2 HGB wurde anscheinend mit der Änderung des Regierungsentwurfs nicht adäquat angepasst. Im Regierungsentwurf war noch ein unsaldierter Ausweis latenter Steuern vorgeschrieben, so dass § 274 Abs. 2 Satz 3 HGB-RegE, der im Übrigen ohne Abweichung in § 274 Abs. 2 Satz 2 HGB übernommen wurde, insofern eindeutig gewesen ist. Mit der Beschlussempfehlung des Rechtsausschusses wurde zwar ein Ausweiswahlrecht latenter Steuern eingeführt, die notwendige, klarstellende Folgeanpassung in § 274 Abs. 2 Satz 2 HGB unterblieb indes. Insgesamt ist allerdings festzustellen, dass die Betrachtung des Wortlauts der Regelung des § 274 HGB tendenziell für eine restriktive Auslegung des Verrechnungszeitraums spricht. Demnach dürf-

900 Vgl. HERZIG, N./BOHN, A./GÖTSCH, A., Latente Steuern im HGB-Einzelabschluss, S. 2618.

901 Vgl. Abschnitt 421.11.

902 Vgl. MEYER, M./RUBERG, L., Begrenzung des Prognosehorizonts, S. 2098.

903 Vgl. KARRENBROCK, H., Zweifelsfragen der Berücksichtigung aktiver latenter Steuern, S. 684 f.; KARRENBROCK, H., Stellungnahme zu E-DRS 24, S. 1.

904 Vgl. KARRENBROCK, H., Zweifelsfragen der Berücksichtigung aktiver latenter Steuern, S. 684 f.

ten erst nach dem Fünf-Jahres-Zeitraum nutzbare steuerliche Verlustvorträge also nicht bei der Bilanzierung latenter Steuern berücksichtigt werden.

Ferner wurde der Einschub, dass die steuerlichen Verlustvorträge „bei der Berechnung aktiver latenter Steuern“ lediglich eingeschränkt zu berücksichtigen sind, erst mit der Beschlussempfehlung des Rechtsausschusses in das BilMoG eingefügt. Die Regelung des § 274 Abs. 1 Satz 4 HGB im Regierungsentwurfs war bis auf diesen Zusatz wortgleich und aufgrund der Forderung eines unsaldierten Ausweises eindeutig. Der vorgenommene Einschub trägt nicht zur Klarheit der Regelung bei. De lege ferenda wäre es somit empfehlenswert den Einschub zu streichen, zumal in der Begründung der Beschlussempfehlung des Rechtsausschusses explizit darauf hingewiesen wird, dass Verlustvorträge bei Erwartung einer Verlustverrechnung nach dem vorgeschriebenen Fünf-Jahres-Zeitraum „nicht – auch nicht bloß zur Verrechnung mit passiven latenten Steuern –“[905] heranzuziehen sind. Da sowohl im Regierungsentwurf als auch in der Begründung zur Beschlussempfehlung anscheinend die einheitliche Auffassung bestand, den Verrechnungszeitraum bei der Ermittlung (aktiver) latenter Steuern generell zu beschränken, kann daraus für die Anwendung der hermeneutischen Methode abgeleitet werden, dass diese Auffassung den Willen des Gesetzgebers widerspiegelt.[906] Allerdings liegt der Zweck des § 274 HGB in der hinreichend objektivierten, zutreffenden Darstellung der wirtschaftlichen Lage eines Unternehmens. Diese wird indes nicht erreicht, wenn steuerliche Verlustvorträge nicht den Betrag eines Passivüberhangs latenter Steuern reduzieren dürfen. Stattdessen würde – saldiert betrachtet – eine Steuerbelastung ausgewiesen werden, welche in dieser Höhe nicht erwartet wird und nicht plausibel ist. Dennoch steht neben dem Willen des Gesetzgebers vor allem der Wortlaut des § 274 HGB einer extensiven Auslegung des Umfangs des Verrechnungszeitraums eindeutig entgegen,[907] so sinnvoll bzw. sachgerecht sie auch sein mag. Der Fünf-Jahres-Zeitraum ist daher verbindlich zu beachten, unabhängig davon, ob die Verlustvorträge lediglich mit einem Überhang zu versteuernder temporärer Differenzen verrechnet werden sollen.[908] Aufgrund der zwingenden wirtschaftlichen Argumente ist de lege ferenda eine Anpassung des § 274 HGB zu empfehlen, nach der eine Verrechnung bewerteter, steuerlicher Verlustvorträge mit einem vorhandenen Passivüberhang latenter Steuern unabhängig von den Realisationszeitpunkten gestattet wird.[909]

---

905 BT-Drucksache 16/12407, S. 87.

906 KESSLER/LEINEN sind dagegen der Meinung, dass die Begründung des Rechtsausschusses lediglich eine Teilmeinung der am Entstehungsprozess des BilMoG involvierten Personen widerspiegelt. Vgl. KESSLER, H./LEINEN, M., Abbau temporärer Auffassungsdivergenzen, S. 277.

907 Vgl. MEYER, M./RUBERG, L., Begrenzung des Prognosehorizonts, S. 2094 und 2098; WOLZ, C., Analyse der konzeptionellen Neuregelung, S. 2626 f.

908 Vgl. BAETGE, J./KIRSCH, H.-J./SOLMECKE, H., Auswirkungen des BilMoG auf die Zwecke, S. 19 f.

909 MEYER/RUBERG fordern generell eine Klarstellung des Gesetzgebers. Vgl. MEYER, M./RUBERG, L., Begrenzung des Prognosehorizonts, S. 2099.

422.433. Relevanter Verrechnungszeitraum im Falle von künftig aufgrund des Abbaus abzugsfähiger temporärer Differenzen entstehenden steuerlichen Verlustvorträgen

In der Literatur wird die Ungleichbehandlung von steuerlichen Verlustvorträgen und temporären Differenzen kritisiert.[910] Zwar verlangen Verlustvorträge ein besonderes Maß an Vorsicht bei ihrer Berücksichtigung im Rahmen der Bilanzierung latenter Steuern, da Verluste an künftig ausreichend vorliegenden Gewinnen zweifeln lassen. Dies gilt indes im Verlustfall auch für temporäre Differenzen. Der Abbau einer abzugsfähigen temporären Differenz in einem Jahr, in dem kein Gewinn erzielt wird, führt unter Vernachlässigung eines möglichen Verlustrücktrags zu einem Verlustvortrag. Zu diskutieren ist daher, inwiefern für diese abzugsfähigen temporären Differenzen der Fünf-Jahres-Zeitraum gemäß § 274 Abs. 1 Satz 4 HGB zu beachten ist.

Der Gesetzeswortlaut geht nicht explizit auf diesen Sachverhalt ein. Allerdings wird generell zwischen dem Einbezug temporärer Differenzen (§ 274 Abs. 1 Satz 1 HGB) und steuerlicher Verlustvorträge (§ 274 Abs. 1 Satz 4 HGB) bei der Bilanzierung latenter Steuern unterschieden. Für die Berücksichtigung temporärer Differenzen ist grundsätzlich keine zeitliche Beschränkung vorgesehen, während steuerliche Verlustvorträge „bei der Berechnung aktiver latenter Steuern" bekanntermaßen lediglich insoweit berücksichtigt werden dürfen, wie sie innerhalb der nächsten fünf Jahre erwartungsgemäß zur Verlustverrechnung herangezogen werden können. Diese Unterscheidung spricht grundsätzlich dafür, dass darauf verzichtet wird, die zu betrachtende Verrechnung von abzugsfähigen temporären Differenzen zeitlich zu beschränken.[911] Allerdings spricht der Wortlaut nicht von (rechtlich) bereits am Bilanzstichtag bestehenden Verlustvorträgen, so dass § 274 Abs. 1 Satz 4 HGB auch als Konkretisierung des Einbezugs von temporären Differenzen gemäß § 274 Abs. 1 Satz 1 HGB interpretiert werden kann. Ein beschränkter Betrachtungszeitraum dient darüber hinaus der Objektivierung und verhindert, dass aktive latente Steuern überbewertet werden, deren Realisierung von unsicheren künftigen steuerpflichtigen Erträgen abhängig ist. Dies trifft sowohl auf latente Steuern, die auf steuerlichen Verlustvorträgen basieren, als auch auf Steuerlatenzen zu, denen die angesprochenen abzugsfähigen temporären Differenzen zugrunde liegen. Die Einschätzung der Nutzbarkeit künftig erst entstehender steuerlicher Verlustvorträge (aufgrund sich abbauender abzugsfähiger temporärer Differenzen) ist wegen der zu betrachtenden, ferneren Zukunft im Regelfall sogar mit noch größeren Ungewissheiten verbunden sein. Zudem würde der Sinn und Zweck der gesetzlichen Regelung einer beschränkten Verlustverrechnung umgangen werden, wenn die Einschränkung nicht für die abzugsfähigen temporären Differenzen

---

910 Vgl. LOITZ, R., Nachbesserungen als Verbesserungen, S. 1391.

911 Vgl. SIMLACHER, A./SPANHEIMER, J., in: Küting/Weber, HdR-E, 5. Aufl., § 274 HGB, Rn. 42.

gilt, die faktisch einen steuerlichen Verlustvortrag inkorporieren.[912] Der begrenzte Betrachtungszeitraum ist daher auch für die abzugsfähigen temporären Differenzen zu beachten, die sich in Verlustjahren abbauen.[913] Der zu beachtende Fünf-Jahres-Zeitraum beginnt, analog der Regelungen für die am Abschlussstichtags (rechtlich) bereits bestehenden Verlustvorträgen, mit dem auf den Bilanzstichtag folgenden Geschäftsjahr.[914]

Im Unterschied zu abzugsfähigen führen zu versteuernde temporäre Differenzen im Verlustfall zu einer Minderung eines Verlustvortrags. Die Passivierung hängt zwar von der (theoretischen) Nutzbarkeit des geminderten Betrags ab. Da zu versteuernde Differenzen indes nicht zu einem Verlustvortrag führen, gestattet der Wortlaut des § 274 HGB, dass diese temporären Differenzen unabhängig von ihrem Abbauzeitraum in die Ermittlung passiver latenter Steuern bzw. -punkt einbezogen werden.

Ob abzugsfähige temporäre Differenzen bei ihrem Abbau in der Zukunft zu einem steuerlichen Verlustvortrag führen werden, kann mithilfe einer steuerlichen Planung eingeschätzt werden. Darüber hinaus basiert die Bilanzierung latenter Steuern aufgrund temporärer Differenzen sowie auch aufgrund von steuerlichen Verlustvorträgen in vielen Fällen auf einer steuerlichen Planungsrechnung, welche daher in den folgenden Abschnitten konkretisiert werden soll.

423. Steuerliche Planungsrechnungen im Rahmen der Ermittlung latenter Steuern

423.1 Die Notwendigkeit einer steuerlichen Planungsrechnung

Nach DRS 18.17 hat der Ansatz aktiver Steuerlatenzen „auf einer aus der Unternehmensplanung abgeleiteten [...] steuerlichen Planungsrechnung“ zu basieren. DRS 18 gilt indes vor allem für den Konzernabschluss, fraglich ist daher, inwieweit die Regelungen auch für den Jahresabschluss relevant sind.[915]

In den vorangegangenen Abschnitten zur Bilanzierung latenter Steuern aufgrund temporärer Differenzen wurde festgestellt, dass ein Ansatz lediglich dann infrage kommt, wenn sich aus

---

912 Vgl. SIMLACHER, A./SPANHEIMER, J., in: Küting/Weber, HdR-E, 5. Aufl., § 274 HGB, Rn. 42.

913 Im Ergebnis ebenso MEYER, M./RUBERG, L., Erstellung von Planungsrechnungen, S. 1541; so wohl auch KOZIKOWSKI, M./FISCHER, N., Beck Bilanzkomm., 7. Aufl., § 274 HGB, Rn. 68. LOITZ weist zudem auf die aufwendige Trennung der Betrachtung temporärer Differenzen und Verlustvorträge hin. Vgl. LOITZ, R., Latente Steuern nach dem BilMoG, S. 711. In der Literatur wurde bereits vor dem BilMoG die Meinung vertreten, dass ein Ansatz aktiver latenter Steuern auf abzugsfähige zeitliche Ergebnisdifferenzen, die sich in Verlustjahren umkehren, nicht in Frage kommt, da sie einen Verlustvortrag verkörpern und die Bildung aktiver Steuerlatenzen auf steuerliche Verlustvorträge vor dem BilMoG untersagt war. Vgl. KARRENBROCK, H., in: HdJ, IIIa/1, Rn. 60.

914 Vgl. MEYER, M./RUBERG, L., Begrenzung des Prognosehorizonts, S. 2096.

915 Vgl. zur Relevanz von DRS für den Jahresabschluss Abschnitt 36.

dem Abbau dieser Differenzen tatsächlich ein Steuereffekt ergibt. Für diese Einschätzung sind Wahrscheinlichkeitsüberlegungen erforderlich.[916] Es ist insbesondere zu beurteilen, ob künftig hinreichend steuerpflichtige Einkünfte erwirtschaftet werden. Eine solche Prognose kann mithilfe einer steuerlichen Planungsrechnung plausibilisiert werden. Des Weiteren ist es in vielen Fällen, bspw. wenn künftig Verlustphasen nicht ausgeschlossen werden können, erst aufgrund einer solchen steuerlichen Planung möglich, die Realisierbarkeit der Steuereffekte einzuschätzen. Ferner sollten die vorangehenden Abschnitte dieses Kapitels deutlich gemacht haben, dass sich die Komplexität der Bilanzierung latenter Steuern durch die Berücksichtigung von steuerlichen Verlust- und Zinsvorträgen enorm vergrößert.[917] Dass diese Komplexität zu einer höheren Fehleranfälligkeit führt, ist nicht nur intuitiv nachvollziehbar, sondern wurde bereits für die internationale Rechnungslegung nach IFRS empirisch belegt.[918] Mithin besteht nunmehr auch handelsrechtlich die nicht zu unterschätzende Gefahr der Bilanzierung sog. „Nonvaleurs“[919] bzw. „Hoffnungswerte“[920], welche durch eine fundierte, integrierte Planungsrechnung eingedämmt werden kann. Gerade bei der erforderlichen Berücksichtigung etwaiger Interdependenzen, bspw. im Zusammenhang mit der Erfassung latenter Steuern aufgrund von steuerlichen Verlust- und Zinsvorträgen, sind verlässliche bzw. plausible Folgerungen im Regelfall lediglich über die Unternehmensplanung abzuleiten. In den meisten Fällen werden die Unternehmen daher nicht darauf verzichten können, eine entsprechende steuerliche Planungsrechnung zu erstellen.[921]

Vor dem Hintergrund des in § 274 Abs. 1 Satz 4 HGB auf fünf Jahre beschränkten Zeitraums, der für den Einbezug steuerlicher Verlustvorträge in die Ermittlung latenter Steuern zwingend zu beachten ist, dürfte regelmäßig eine steuerliche Planungsrechnung für den Fünf-Jahres-Zeitraum vonnöten sein.[922] Eine solche steuerliche Planungsrechnung dient ferner als fundierte Ausgangsbasis dazu, die Gewinnsituation nach dem fünfjährigen Betrachtungszeitraum

916 Vgl. hierzu vor allem Abschnitt 421.2.

917 Vgl. ZWIRNER, C., Abgrenzung latenter Steuern, S. 116; vgl. auch LOITZ, R., Nachbesserungen als Verbesserungen, S. 1391; PRINZ, U./RUBERG, L., Latente Steuern nach dem BilMoG, S. 348.

918 VON KEITZ/WENK untersuchten bspw. die von der DPR festgestellten Fehler bei der IFRS-Anwendung für die Geschäftsjahre 2004-2008. Es stellte sich heraus, dass die Anwendung des IAS 12 nach dem fehlerhaften Umgang mit den Regelungen des IAS 1 zu den meisten Fehlermitteilungen führte. 24 der 37 Fehler bei der Anwendung des IAS 12 bezogen sich auf die Abbildung vor allem von latenten Steuern in der Bilanz und GuV. In 13 Fällen wurde bemängelt, dass die aktiven latenten Steuern auf steuerliche Verlustvorträge zu hoch angesetzt worden waren. Vgl. VON KEITZ, I./WENK, M. O., Festgestellte Fehler, S. 515 und 519 f.

919 SCHILDBACH, T., Latente Steuern auf permanente Differenzen, S. 945.

920 HOFFMANN, W.-D./LÜDENBACH, N., Irrungen und Wirrungen, S. 1476.

921 Der DSR fordert bspw. die Verwendung einer steuerlichen Planungsrechnung als Grundlage für den Ansatz aktiver latenter Steuern in DRS 18.17 und DRS 18.22. Vgl. auch LOITZ, R., Wahlrecht als Mogelpackung, S. 920.

922 Vgl. PÖLLER, R., Sonderprobleme und Umsetzung der Neuregelungen, S. 12; LOITZ, R., Wahlrecht als Mogelpackung, S. 920.

einzuschätzen.[923] Dies ist für die erforderliche Tendenzaussage zur Realisationswahrscheinlichkeit sich erst später abbauender temporärer Differenzen relevant. Sofern Unternehmen den steuerlichen Gewinn über einen kürzeren Planungshorizont planen, ist dieser Planungszeitraum maßgebend,[924] wenngleich dies dazu führen kann, dass weniger latente Steuern angesetzt werden.

Ein Verzicht auf eine solche Planungsrechnung kann nicht mit der generellen Unterstellung der Unternehmensfortführung (Going-concern-Annahme) gerechtfertigt werden. Dies ist u. a. damit zu begründen, dass sich die Beurteilung der Going-concern-Annahme durch die Unternehmensvertreter zumeist auf kürzere Zeiträume bezieht.[925] Zudem können die gesetzlichen Vorschriften zu einer nur eingeschränkten Nutzung des Verlust- bzw. Zinsvortrags in einem absehbaren Zeitraum führen, selbst wenn das Unternehmen Gewinne generieren sollte.[926] Nachdem die Notwendigkeit steuerlicher Planungsrechnungen in diesem Abschnitt verdeutlicht wurde, soll eine solche Planung in den folgenden Abschnitten konkretisiert werden.

423.2 Aufbau und Umfang der steuerlichen Planungsrechnung

423.21 Grundlegende Anforderungen an eine steuerliche Planungsrechnung

Ein Unternehmen erstellt idealerweise sowohl strategische als auch operative Planungen, bspw. in Form von Finanzplänen.[927] In der Regel wird die strategische Planung indes kaum hinreichend genaue Zahlenwerte vorgeben und damit nur schwerlich unmittelbar einer steuerlichen Planungsrechnung dienen können.[928] Dagegen berücksichtigt eine operative Planung auch die strategischen Zielvorstellungen und kann regelmäßig zumindest für mittelfristige Planungshorizonte eine ergiebige und valide Datengrundlage bieten.[929] Die operativen Planungen scheinen für die Ermittlung der steuerlichen Planungsrechnung geeignet zu sein, sofern diese nicht schon separat erstellt wird.[930] Die Prämissen und Parameter der steuerlichen Planungsrechnung werden daher auf der operativen Planung basieren.[931]

---

923 Vgl. MEYER, M./RUBERG, L., Erstellung von Planungsrechnungen, S. 1541.

924 Vgl. Abschnitt 422.431.

925 Vgl. IDW (Hrsg.), IDW PS 270, Rn. 8. Dieser Prüfungsstandard sieht bspw. einen Mindestprognosezeitraum von zwölf Monaten vor.

926 Vgl. BÖSSER, J./PILHOFER, J., Latente Steuern auf steuerliche Verlustvorträge, S. 302; vgl. dazu auch MEYER, M. ET AL., Bewertung, Bilanzierung, Beratung, S. 11; BAETGE, J./LIENAU, A., Praxis der Bilanzierung latenter Steuern, S. 20.

927 Vgl. EGGER, A./WINTERHELLER, M., Kurzfristige Unternehmensplanung, S. 39 f.

928 Vgl. auch KOELEN, P., Investitionstheoretische Bewertungskalküle, S. 119.

929 Vgl. KOELEN, P., Investitionstheoretische Bewertungskalküle, S. 120.

930 Im Entwurf des DRS 18 war im Übrigen noch vorgeschrieben, die Planungsrechnung aus einer „operativen Unternehmensplanung“ (E-DRS 24.17) abzuleiten. Letztlich entschied sich der DSR jedoch dazu, den Begriff „operativ“ zu streichen. Damit verdeutlicht der Rat, dass grundsätzlich auf die vorliegenden

Bei der Erstellung der steuerlichen Planungsrechnung sind die allgemeinen sowie branchen- bzw. marktspezifischen Rahmendaten zu beachten.[932] Das Unternehmen hat dafür unternehmensindividuelle, betriebswirtschaftliche Analysen durchzuführen.[933] Die steuerliche Planungsrechnung dient allerdings dazu, den Ansatz sowie die Höhe der latenten Steuern, also eines Wertansatzes in der Handelsbilanz, zu rechtfertigen. Daher ist die steuerliche Beurteilungsgrundlage unter Beachtung der handelsrechtlichen GoB zu ermitteln. Dies kann dazu führen, dass die steuerliche Ausgangsrechnung anzupassen ist.

Die eingehenden Daten sind möglichst verlässlich bzw. objektiviert zu ermitteln.[934] Zudem besteht das unbedingte Erfordernis des Willkürverbots.[935] Es sollten lediglich sachgerecht und fundiert ermittelte Daten in die steuerliche Planungsrechnung eingehen.[936] Ferner dürften regelmäßig Modifikationen der bspw. aus dem Controlling (nach einer Abstimmung mit den Steuer- und Marketing- sowie M&A-Abteilungen)[937] stammenden operativen Planungsrechnungen aufgrund der zwingenden Beachtung des Vorsichtsprinzips erforderlich sein.[938] Folglich sind aus einer Bandbreite möglicher Werte eher pessimistischere Werte zu wählen.[939] Darüber hinaus ist auch der Grundsatz der Stetigkeit zu beachten, nach dem die berücksichtigten Sachverhalte in den Folgeperioden fortzuentwickeln und dieselben oder ähnliche Sachverhalte entsprechend bzw. vergleichbar zu behandeln sind.

Des Weiteren ist zu beachten, dass eine doppelte Erfassung temporärer Differenzen nicht zulässig ist.[940] Somit ist grundsätzlich zwischen den (Ergebnis-)Effekten der temporären Differenzen und dem sonstigen Ergebnis zu differenzieren. Bei der Beurteilung des Steuereffekts aus dem Abbau einer temporären Differenz ist das zu versteuernde Ergebnis vor dem Abbau dieser Differenz heranzuziehen.

Unternehmensplanungen zurückzugreifen ist. Vgl. DRSC (Hrsg.), Ergebnisbericht der 140. DSR-Sitzung, S. 4. Im Regelfall dürften indes operative Planungen vorliegen, die dann auch zu verwenden sind.

931 Vgl. BÖSSER, J./PILHOFER, J., Latente Steuern auf steuerliche Verlustvorträge, S. 302; DRSC (Hrsg.), Ergebnisbericht der 140. DSR-Sitzung, S. 4.

932 Vgl. BERGER, A./HAUCK, A./PRINZ, U., Streitiger Prognosezeitraum, S. 414.

933 Vgl. MEYER, M. ET AL., Bewertung, Bilanzierung, Beratung, S. 105.

934 Vgl. dazu kritisch MAIER, M. T./WEIL, M., Auswirkungen des BilMoG, S. 2732.

935 Vgl. BERGER, A./HAUCK, A./PRINZ, U., Streitiger Prognosezeitraum, S. 414.

936 Vgl. BERGER, A./HAUCK, A./PRINZ, U., Streitiger Prognosezeitraum, S. 414.

937 Vgl. MAIER, M. T./WEIL, M., Auswirkungen des BilMoG, S. 2732; LOITZ, R., Steuerliche Verluste nach IFRS, S. 779.

938 Vgl. MEYER, M./RUBERG, L., Erstellung von Planungsrechnungen, S. 1542.

939 Vgl. HERZIG, N./VOSSEL, S., Paradigmenwechsel, S. 1176.

940 Vgl. dazu auch LOITZ, R., Steuerliche Verluste nach IFRS, S. 783, der sich indes auf den „mehrstufigen Ansatztest" aktiver latenter Steuern nach IFRS bezieht, nach dem zunächst auf das Vorliegen ausreichender zu versteuernder Differenzen und erst im zweiten Schritt auf sonstige steuerliche Ergebnisse abgestellt wird.

423.22 Hinreichender Konkretisierungsgrad einzubeziehender Maßnahmen

In die steuerliche Planungsrechnung sind sämtliche **hinreichend konkretisierte Maßnahmen** zu integrieren. Dies betrifft bspw. künftige Umstrukturierungen und Steuergestaltungsstrategien.[941] Zu diskutieren ist indes, welcher Konkretisierungsgrad der Maßnahmen erforderlich ist, damit diese in die Rechnung einzubeziehen sind.

Bei der Erstellung der steuerlichen Planungsrechnung hat das Unternehmen, wie im vorangegangenen Abschnitt erläutert, den Grundsatz der Willkürfreiheit zu beachten.[942] Der Bilanzierende darf (künftige) Maßnahmen nur berücksichtigen, sofern er ihre Umsetzung nach bestem Wissen und Gewissen erwartet.[943] Zudem hat er hinsichtlich des Einbezugs von Steuerstrategien realistische Hypothesen zu treffen. Dieser Grundsatz gibt indes lediglich einen groben Rahmen für den Umfang der einbezugswürdigen Sachverhalte vor. Weitergehend bestimmt werden könnte der hinreichende Konkretisierungsgrad über die Berücksichtigung lediglich **eingeleiteter Geschäfte.**[944] Demnach sollten grundsätzlich nur diejenigen Maßnahmen in die steuerliche Planungsrechnung einbezogen werden, deren (künftige) Umsetzung bis zum Bilanzstichtag initiiert wurde und daher erwartet werden kann.[945] Nach dem Stichtag gewonnene, neuere Erkenntnisse wären lediglich zu berücksichtigen, soweit sie wertaufhellend sind. Problematisch könnte es indes sein, dass unter Verwendung des Abgrenzungskriteriums nach den eingeleiteten Geschäften zahlreiche aller Voraussicht nach umzusetzende Maßnahmen nicht berücksichtigt werden würden, obwohl diese innerhalb der stabilen operativen Planungen der Unternehmen mit einem längeren Planungshorizont berücksichtigt und zudem hinreichend dokumentiert sind. Daher sind gerade vor dem Hintergrund der gesetzlichen Forderung nach einer Betrachtung eines Verlustverrechnungszeitraums von (maximal) fünf Jahren, über die künftigen Maßnahmen hinaus, die sich aus eingeleiteten Geschäften ergeben, auch dieje-

---

941 Vgl. beispielsweise ENGELS, W., Aktive latente Steuern auf Verlustvorträge, S. 1556.

942 Vgl. zu den GoB Abschnitt 222.12.

943 Vgl. BERGER, A./HAUCK, A./PRINZ, U., Streitiger Prognosezeitraum, S. 414.

944 Vgl. LEFFSON, U., GoB, S. 393-397; vgl. dazu auch KIRSCH, H.-J., Objektivierung künftiger Zahlungsströme, S. 370-377, der das Kriterium des eingeleiteten Geschäfts zum Zwecke der Objektivierung von künftigen Zahlungsströmen bei einer Bewertung nach IFRS untersucht. Das Kriterium des eingeleiteten Geschäfts sollte auch vereinbar mit der generell zu fordernden Stichtagsbetrachtung sein. Vgl. KOELEN, P., Investitionstheoretische Bewertungskalküle, S. 117, der es (umgekehrt) infrage stellt, ob bei einer Berücksichtigung noch nicht eingeleiteter Maßnahmen der von ihm näher bestimmte Grundsatz der Stichtagsbezogenheit erfüllt wird.

945 Vgl. dazu auch LEFFSON, U., GoB, S. 395. Ferner sieht auch IDW S 1 eine Ermittlung objektivierter Unternehmenswerte unter Berücksichtigung eingeleiteter Maßnahmen oder hinreichend konkretisierter Maßnahmen vor. Vgl. IDW (Hrsg.), IDW S 1, Rn. 32. Vergleichbares geht auch aus dem Leitfaden der Oberfinanzdirektionen Münster und Rheinland vom 7.01.2007 hervor. In Bezug auf die Bewertung von (Anteilen an) Kapitalgesellschaften für ertragsteuerliche Zwecke sind danach eingeleitete Maßnahmen zu berücksichtigen, soweit sie nicht von Ereignissen abhängen, deren Eintritt nicht hinreichend wahrscheinlich ist. Vgl. OFD Münster und Rheinland, Leitfaden zur Bewertung von Kapitalgesellschaften, S. 9 f.

nigen Vorhaben des Unternehmens zu berücksichtigen, mit deren Umsetzung aufgrund einer **substantiierten Dokumentation** gerechnet werden kann.[946]

Der Einbezug bspw. von **Steuergestaltungen** ist zudem vor dem Hintergrund der tatsächlichen Realisierbarkeit und ökonomischen Sinnhaftigkeit zu beurteilen und unterliegt insofern einer grundsätzlichen kaufmännischen Einschätzung.[947] Durch die regelmäßige Kontrolle der Planung ist darüber hinaus eine gewisse Planungsqualität sicherzustellen.[948] Schließlich hat das Unternehmen im Sinne des Grundsatzes der Stetigkeit die berücksichtigten Maßnahmen fortlaufend (in den Folgejahren) in die Planung einzubeziehen bzw. deren Umsetzung zu prüfen. Sollten sich signifikante Planabweichungen ergeben, ist der Planungsprozess kritisch zu hinterfragen und entsprechend anzupassen. Maßnahmen sind indes nicht in der Planungsrechnung zu berücksichtigen, sofern sich die Auswirkungen der Vorhaben nicht hinreichend genau und verlässlich quantifizieren lassen. Davon ist auszugehen, wenn die Werte innerhalb einer Bandbreite signifikant voneinander abweichen und eine verlässliche Gewichtung der Werte nach Eintrittswahrscheinlichkeiten unmöglich ist.[949] Ansonsten ist bei der Ermittlung der aus den Maßnahmen folgenden Wertansätze generell das Vorsichtsprinzip zu beachten, nach dem eher pessimistischere Werte einer Bandbreite in der steuerlichen Planungsrechnung berücksichtigt werden.[950]

423.23 Berücksichtigung steuerrechtlicher Besonderheiten

Nachdem die für die steuerliche Planungsrechnung relevanten Sachverhalte bzw. Maßnahmen identifiziert bzw. unter Berücksichtigung der allgemeinen Anforderungen angesetzt wurden, sind sie im zweiten Schritt steuerrechtlich zu beurteilen, sofern dies noch nicht im Rahmen des ersten Schritts geschehen ist.[951] So sind bspw. die in die Rechnung einbezogenen Auswirkungen von Maßnahmen zu korrigieren, die zu steuerfreien Betriebseinnahmen bzw. steuer-

---

[946] Vgl. DRS 18.23 b), der eine Erfassung hinreichend wahrscheinlicher Sachverhaltsgestaltungen zulässt, sofern die erwartete Gewinnrealisierung „durch eine substantiierte Dokumentation belegt" wird. Auch der HFA DES IDW erlaubt den Einbezug noch nicht eingeleiteter, aber geplanter Maßnahmen bei der Bewertung von Beteiligungen im handelsrechtlichen Jahresabschluss. Vgl. HFA DES IDW, IDW RS HFA 10, Rn. 5; vgl. zur Bedeutung der Dokumentation von Maßnahmen im Unternehmenskonzept für die Bestimmung von Zahlungsüberschüssen im Detailplanungszeitraum in einem Bewertungskalkül nach IFRS KOELEN, P., Investitionstheoretische Bewertungskalküle, S. 117-122.

[947] Vgl. LOITZ, R., Steuerliche Verluste nach IFRS, S. 785 f.; vgl. dazu auch SFAS 109.22; IFA DES IDW, IDW RH IFA 1.001, Rn. 10.

[948] Vgl. BÖSSER, J./PILHOFER, J., Latente Steuern auf steuerliche Verlustvorträge, S. 301.

[949] In der Begründung zum Regierungsentwurf des BilMoG werden diese Argumente im Zusammenhang mit der Erläuterung, in welchen Fällen eine Ermittlung von Marktwerten bei einer Bewertung zum beizulegenden Zeitwert im Sinne des § 255 Abs. 4 HGB nicht verlässlich ist, genannt. Vgl. BT-Drucksache 16/10067, S. 61.

[950] Vgl. HERZIG, N./VOSSEL, S., Paradigmenwechsel, S. 1176.

[951] Vgl. LOITZ, R., Steuerliche Verluste nach IFRS, S. 778.

lich nicht abzugsfähigen Betriebsausgaben führen.[952] Zudem sind die Auswirkungen der Zinsschranke gemäß § 4h EStG bzw. § 8a KStG innerhalb der nächsten fünf Jahre innerhalb der steuerlichen Planungsrechnung zu berücksichtigen.[953] Die Zinsvorträge können gemäß § 4h Abs. 1 Satz 6 EStG die Zinsaufwendungen des folgenden Wirtschaftsjahres erhöhen. Sie beeinflussen allerdings nicht die Höhe des verrechenbaren EBITDA der Periode. Für die Beurteilung, ob ein Zinsvortrag genutzt werden kann, sind ausreichend hohe Gewinne nachzuweisen. Dabei ist zu beachten, dass es für die Realisierung des Zinsvortrags u. U. nicht ausreicht, die Gewinnschwelle zu überschreiten, vielmehr ist der vollständige Zinsabzug nur insoweit möglich, als die Nettozinsaufwendungen 30 % des steuerlichen EBITDA nicht überschreiten.[954] In der steuerlichen Planungsrechnung respektive in einer anliegenden Nebenrechnung ist dementsprechend die Entwicklung des steuerlichen EBITDA zu berücksichtigen.[955] Ein Zinsabzug ist ferner in seiner Gänze zulässig, sofern eine der Ausnahmeklauseln des § 4h Abs. 2 EStG greift. So ist bspw. in einer Nebenrechnung festzuhalten bzw. zu prüfen, ob das betrachtete Unternehmen die Freigrenze von 3 Mio. Euro unterschreitet, ob sich der Status der Konzernzugehörigkeit verändert hat (Konzern-Klausel) bzw., sofern das Unternehmen ein Konzernunternehmen im Sinne des § 4h Abs. 2 Satz 1 lit. c EStG ist, ob die Eigenkapitalquote des Unternehmens maximal um zwei Prozentpunkte von der Eigenkapitalquote des Konzerns abweicht (Escape-Klausel).[956] Dazu wäre dann in der Nebenrechnung bspw. das gemäß § 4h Abs. 2 Satz 1 lit. c Satz 5 EStG anzupassende Eigenkapital zu ermitteln und fortzuführen. Liegt eine Körperschaft vor, ist zudem zu berücksichtigen, dass die Konzern- bzw. die Escape-Klausel lediglich unter gewissen Bedingungen angewendet werden können.[957] So dürfen gemäß § 8a Abs. 2 und 3 KStG z. B. maximal 10 % der Nettozinsaufwendungen an einen zu mehr als 25 % beteiligten Anteilseigner bzw. Gesellschafter geleistet worden sein. Darüber hinaus sind die Vorschriften des § 8c KStG von Körperschaften und Personengesellschaften mit Körperschaften als Mitunternehmer zwingend zu beachten (§ 8a Abs. 1 Satz 3 KStG und § 4h Abs. 5 Satz 3 EStG), da Zinsvorträge im Falle eines schädlichen Beteiligungserwerbs quotal oder sogar vollständig untergehen können.[958] In einer Nebenrechnung könnte also bspw. die Entwicklung der Anteilsverhältnisse in den nächsten fünf Jahren festgehalten werden.[959] Daneben sind auch die Vorschriften zur Befreiung von den Rechtsfolgen des

---

952 Vgl. MEYER, M./RUBERG, L., Leitlinien für die Erstellung, S. 437; SCHÄFER, H./SUERMANN, H., Ansatz aktiver latenter Steuern, S. 2743.

953 Vgl. BOLIK, A./LINZBACH, M., Verlust und Zinsschranke, S. 1588; vgl. zur Zinsschranke Abschnitt 422.22.

954 Vgl. BOLIK, A./LINZBACH, M., Verlust und Zinsschranke, S. 1588.

955 Vgl. LOITZ, R./NEUKAMM, M., Zinsvortrag, S. 200.

956 Vgl. HERZIG, N./BOHN, A./GÖTSCH, A., Latente Steuern im HGB-Einzelabschluss, S. 2619.

957 Vgl. dazu auch BOLIK, A./LINZBACH, M., Verlust und Zinsschranke, S. 1589; LOITZ, R./NEUKAMM, M., Zinsvortrag, S. 201.

958 Vgl. zu den Vorschriften des § 8c KStG vor allem Abschnitt 422.23.

959 Vgl. KIRSCH, H., Latente Steuern aus Zins- und Verlustvorträgen, S. 240-242.

§ 8c KStG zu berücksichtigen. Dies betrifft vor allem die Beachtung der Konzernverhältnisse für die Prüfung, ob die Konzernklausel erfüllt ist, sowie die Erfassung und Fortentwicklung der stillen Reserven, um die Anwendbarkeit der Verschonungsregel zu untersuchen.[960] Ferner sind bestehende und entstehende EBITDA-Vorträge in der Planungsrechnung zu berücksichtigen.[961] Sie können zu einem erhöhten Zinsabzug in den Folgeperioden führen und daher einen Zinsvortrag verhindern oder zumindest vermindern. Des Weiteren sind auch die steuerlichen Auswirkungen hinreichend konkret geplanter Umwandlungen zu berücksichtigen, die u. U. zu einem Untergang des Zinsvortrags führen können.[962] Bereits an dieser Stelle wird die enorme Komplexität der Beurteilung der künftigen Realisierbarkeit von Zinsvorträgen deutlich. Es ist fraglich, inwiefern Unternehmen ohne fundierte Planungsrechnung eine sachgerechte Einschätzung der Realisierbarkeit von Zinsvorträgen treffen können.

Nachdem das steuerpflichtige Einkommen unter Berücksichtigung der Zinsschranke ermittelt wurde, sind für die Ermittlung der Gewerbesteuer die Hinzurechnungen und Kürzungen nach §§ 8 und 9 GewStG in der Planungsrechnung zu erfassen.[963] Darauf folgend hat sich das bilanzierende Unternehmen dem Verlustabzug nach § 10d EStG i. V. m. § 8 Abs. 1 KStG und § 10a GewStG zu widmen. Hierzu ist vor allem die Mindestbesteuerung in der Prognoserechnung zu erfassen.[964] Ebenso wie die Zinsvorträge – ganz im Gegensatz zu den EBITDA-Vorträgen – gehen Verlustvorträge gemäß § 8c KStG bei einem schädlichen Beteiligungserwerb von mehr als 25 % quotal bzw. sogar vollständig unter, sofern mindestens 50 % der Anteile an einer Kapitalgesellschaft übertragen werden. Dies ist zwingend im Rahmen der Prognoserechnung zu berücksichtigen.[965] Auch die Befreiungsvorschriften des § 8c KStG sind auf ihre Anwendbarkeit zu prüfen. Bei Personengesellschaften ohne Kapitalgesellschaften als Mitunternehmer ist dagegen zu untersuchen, ob weiterhin sowohl eine Unternehmens- als auch eine Unternehmeridentität besteht. Sofern diese Identitätsfrage negiert werden sollte, führt dies ebenso zu einem Untergang der Verlustvorträge.[966]

Die vorangegangenen Ausführungen veranschaulichen die bereits erwähnte enorme Komplexität der Beurteilung eines Ansatzes von latenten Steuern. Die nach dem BilMoG zugelassene Möglichkeit der Berücksichtigung latenter Steuern aufgrund von Verlust- und Zinsvorträgen

---

960 Vgl. LOITZ, R./NEUKAMM, M., Zinsvortrag, S. 201. Die Verschonungsregel greift im Falle von Zinsvorträgen gemäß § 8a Abs. 1 Satz 3 KStG indes lediglich dann, wenn die stillen Reserven die Verlustvorträge in ausreichender Höhe übersteigen. Vgl. Abschnitt 422.23.

961 Vgl. HERZIG, N./LIEKENBROCK, B., EBITDA-Vortrag der Zinsschranke, S. 693 f.

962 Vgl. Abschnitt 422.23.

963 Vgl. MEYER, M. ET AL., Bewertung, Bilanzierung, Beratung, S. 126-128.

964 Vgl. LOITZ, R., Wahlrecht als Mogelpackung, S. 920.

965 Vgl. KIRSCH, H., Latente Steuern aus Zins- und Verlustvorträgen, S. 242.

966 Vgl. Abschnitt 422.23.

dürfte für die betroffenen Unternehmen daher regelmäßig zu einem Anstieg der Aufwendungen für die Erfüllung der Nachweispflichten führen.[967]

Nachdem in den vorangegangenen Abschnitten dieses Kapitels zunächst die Ansatzfrage beantwortet wurde, ob latente Steuern entstehen bzw. wie zu ermitteln ist, ob den Ansatz latenter Steuern begründende temporäre Differenzen bzw. steuerliche Verlustvorträge bestehen, ist in den folgenden Abschnitten das vom Gesetzgeber geregelte Ansatzwahlrecht eines Aktivüberhangs latenter Steuern kritisch zu untersuchen. Dieses kann dazu führen, dass an sich aktivierungsfähige latente Steuern konkret nicht angesetzt werden.

424. Kritische Betrachtung des Aktivierungswahlrechts

424.1 Vorbemerkungen

Quasi in letzter Minute wurde im Gesetzgebungsverfahren mit der Beschlussempfehlung des Rechtsausschusses anstelle einer Pflicht ein Wahlrecht zur Aktivierung latenter Steuern in § 274 HGB zugelassen. Vor dem Hintergrund der Zielsetzung der Bilanzierung latenter Steuern, nämlich der Vermittlung einer hinreichend objektivierten, zutreffenden Darstellung der Vermögens-, Finanz- und Ertragslage des bilanzierenden Unternehmens, ist das Wahlrecht nur wenig plausibel. Daher soll zunächst untersucht werden, worin die Zielsetzung des Aktivierungswahlrechts zu sehen ist, um gleichzeitig zu prüfen, welche Bedeutung dem Wahlrecht beigemessen werden kann. Darauf folgend ist zu klären, wie weit das Aktivierungswahlrecht unter Beachtung der Ausweismöglichkeiten des § 274 HGB reicht und wie flexibel es ist. Hinsichtlich der Flexibilität des Aktivierungswahlrechts sind die Möglichkeiten von Teilaktivierungen, Nachaktivierungen und willkürlichen Auflösungen in Folgejahren zu betrachten.

424.2 Zweck und Bedeutung des Aktivierungswahlrechts

Sowohl im Referenten- als auch im Regierungsentwurf war eine Pflicht zur Aktivierung latenter Steuern vorgesehen. Damit sollte dem Ziel eines verbesserten Informationsniveaus des handelsrechtlichen Jahresabschlusses entsprochen werden.[968] Der Bundesrat plädierte in seiner Stellungnahme zum Regierungsentwurf indes für die (Wieder-)Einführung eines Aktivierungswahlrechts. Dies begründete er zum einen mit den zusätzlichen Ermittlungs- und Dokumentationsaufwendungen, die aus den hohen Nachweiserfordernissen hinsichtlich der Unterlegung der Wahrscheinlichkeitsüberlegungen bei der Bilanzierung latenter Steuern folgen und vor allem mittelständische Unternehmen betreffen.[969] Zum anderen führte der Rat aus, dass die Aufhebung der Aktivierungspflicht aufgrund der nicht zu beseitigenden Progno-

---

967 Vgl. beispielsweise auch BAETGE, J./HAENELT, T./JONAS, M., Novellierte Bilanzierung latenter Steuern, S. 522; BOLIK, A./LINZBACH, M., Verlust und Zinsschranke, S. 1589.

968 Vgl. BMJ (Hrsg.), Referentenentwurf, S. 69.

969 Vgl. BR-Drucksache 344/08, S. 8.

seunsicherheiten bei der Ermittlung latenter Steuern – vor allem im Hinblick auf die Abbildung latenter Steuern auf Verlustvorträge – der Zielsetzung des § 274 HGB dient.[970] Die Bundesregierung lehnte den Vorschlag des Bundesrats in ihrer Gegenäußerung unter dem Hinweis ab, dass es das Ziel des BilMoG ist, Wahlrechte abzuschaffen, um damit einhergehend die Vergleichbarkeit der Abschlüsse zu verbessern und darüber hinaus bilanzpolitische Maßnahmen zu verringern.[971] Allerdings sprachen sich sechs der acht Experten, die sich in der öffentlichen Anhörung des Rechtsausschusses zum BilMoG-Entwurf zu den Regelungen zur Bilanzierung latenter Steuern äußerten, für die Einrichtung eines Aktivierungswahlrechts oder sogar eines Aktivierungsverbots aktiver latenter Steuern aus.[972] In ihren Einschätzungen wiesen die Experten bspw. auf den mit der Bilanzierung aktiver latenter Steuern einhergehenden Verstoß gegen das Realisationsprinzip,[973] das zu hinterfragende Kosten-Nutzen-Verhältnis[974] sowie die Unsicherheit der Abbildung (aktiver) latenter Steuern hin.[975] In der Beschlussempfehlung des Rechtsausschusses wurde schließlich ein Aktivierungswahlrecht eingerichtet.

In der Literatur wird zwar oft bemängelt, dass eine Aktivierung latenter Steuern zu einem Verstoß gegen das **Realisationsprinzip** führt. Allerdings kann auch das Wahlrecht derart ausgeübt werden, dass aktive Latenzen angesetzt werden und folglich das Realisationsprinzip weiterhin nicht eingehalten wird.[976] Eine Beachtung des Realisationsprinzips wäre daher lediglich mit einem Aktivierungsverbot von Steuerlatenzen umzusetzen gewesen. Analoges gilt für das im Zusammenhang mit der Einführung des Wahlrechts angeführte Argument der **Unsicherheit** einer Abbildung latenter Steuern. Nur wenn sich das Unternehmen dazu entscheiden sollte, dass Ansatzwahlrecht so auszuüben, dass keine latenten Steuern ausgewiesen werden, dient dies grundsätzlich einer vorsichtigeren Bilanzierung, tendenziell zu Lasten der Informationsfunktion.[977] Ferner ist zu beachten, dass ein Ansatz latenter Steuern lediglich bei plausibel nachgewiesener, hinreichender Wahrscheinlichkeit des Eintritts künftiger Steuereffekte möglich ist. Die Unsicherheit ist daher bspw. im Rahmen der Überlegungen zur Wahr-

[970] Vgl. BR-Drucksache 344/08, S. 8.

[971] Vgl. BT-Drucksache 16/10067, S. 123.

[972] Zu den Stellungnahmen von HENNRICHS, KÜTING und der BUNDESSTEUERBERATERKAMMER vgl. DEUTSCHER BUNDESTAG (RECHTSAUSSCHUSS) (Hrsg.), Protokoll der 122. Sitzung, S. 3, 13 und 28; vgl. ferner HOFFMANN-BECKING, M., Stellungnahme zur Anhörung, S. 4; ZENTRALER KREDITAUSSCHUSS (Hrsg.), Entwurf eines Gesetzes, S. 10; BDI/DIHK (Hrsg.), Stellungnahme des BDI und des DIHK, S. 10.

[973] Vgl. beispielsweise KÜTING, K., Statement vor dem Rechtsausschuss, S. 3.

[974] Vgl. beispielsweise HENNRICHS, J., Stellungnahme zum Regierungsentwurf, S. 9.

[975] Vgl. beispielsweise ZENTRALER KREDITAUSSCHUSS (Hrsg.), Entwurf eines Gesetzes, S. 9.

[976] Vgl. Abschnitt 342.

[977] Vgl. BT-Drucksache 16/12407, S. 82; LOITZ, R., Wahlrecht als Mogelpackung, S. 914. In den genannten Quellen wird erwähnt, dass mit dem Wahlrecht auch die Möglichkeit verbunden ist, auf den Ansatz nicht hinreichend sicherer Steuererstattungen vor dem Hintergrund des Vorsichtsprinzips zu verzichten. Hier wird dagegen die Meinung vertreten, dass solche Wahrscheinlichkeitsüberlegungen bereits im Rahmen der Prüfung der Ansatzvoraussetzungen erforderlich sind.

scheinlichkeit künftiger Steuereffekte bei Abbau der Differenzen zu berücksichtigen.[978] Im Folgenden ist des Weiteren das Argument des Bundesrats für die (Wieder-)Einführung des Aktivierungswahlrechts kritisch zu untersuchen und daher zu prüfen, ob bzw. inwieweit Ermittlungs- und Dokumentationsaufwendungen durch das Wahlrecht tatsächlich verhindert werden können und das Ansatzwahlrecht daher zu einer **Erleichterung** für die Unternehmen führen kann.[979]

Vor dem BilMoG sahen die Regelungen des § 274 HGB a. F. neben der grundsätzlichen Gesamtdifferenzbetrachtung ein Aktivierungswahlrecht vor. In vielen Fällen entstand ein schon überschlägig plausibel zu ermittelnder Aktivüberhang, der nicht angesetzt wurde.[980] Die Bilanzierung latenter Steuern nach dem BiRiLiG war daher im Regelfall nicht sonderlich bedeutend und aufwendig.[981] Nach dem BilMoG ist indes eine Einzeldifferenzenbetrachtung erforderlich, die grundsätzlich eine detaillierte Gegenüberstellung der handels- und steuerrechtlichen Wertansätze von Vermögensgegenständen, Schulden und Rechnungsabgrenzungsposten verlangt.[982] Über die Ausübung des Aktivierungswahlrechts wird erst nach der aufwendigeren Ermittlung des Aktivierungsüberhangs entschieden.[983] Lediglich in begründeten Ausnahmefällen ist es möglich, auf die vollständige Gegenüberstellung der steuerlichen und handelsrechtlichen Wertansätze zu verzichten. Dies ist jedoch allgemein nur denkbar, wenn eine künftig stabile Gewinnsituation angenommen werden kann. Ein solcher Ausnahmefall könnte bspw. vorliegen, wenn einzelne wesentliche abzugsfähige temporäre Differenzen vorhanden sind und überschlägig, aber plausibel, abgeschätzt werden kann, dass diesen Differenzen eher unwesentliche zu versteuernde temporäre Differenzen gegenüberstehen werden. Darüber hinaus könnte in den Fällen einer hinreichend wahrscheinlichen, stabilen künftigen Gewinnsituation auf weitere detaillierte Analysen hinsichtlich der Wahrscheinlichkeit der Verrechnung steuerlicher Verlustvorträge verzichtet werden, wenn das Aktivierungswahlrecht so ausgeübt werden soll, dass latente Steuern nicht angesetzt werden und schon bei der (detaillierten) Gegenüberstellung der aktiven und passiven latenten Steuern aufgrund von temporären Differenzen ein Aktivüberhang ermittelt wurde.[984] Es ist allerdings zu beachten, dass die Verlustvortragsverrechnung schon bei der Beurteilung der künftigen Steuereffekte der temporären Differenzen zu berücksichtigen ist.

---

978 Vgl. Abschnitt 421.22, Abschnitt 422.42 und Abschnitt 423.1.

979 Vgl. zum Zweck des Wahlrechts auch KARRENBROCK, H., Zweifelsfragen der Berücksichtigung aktiver latenter Steuern, S. 685 f.

980 Vgl. KÜHNE, E./MELCHER, W./WESEMANN, M., Grundlagen und Zweifelsfragen, Teil 1, S. 1009.

981 Vgl. KÜTING, K./SEEL, C., Ungereimtheiten der Regelungen zu latenten Steuern, S. 923.

982 Vgl. Abschnitt 421.11.

983 Vgl. KÜHNE, E./MELCHER, W./WESEMANN, M., Grundlagen und Zweifelsfragen, Teil 1, S. 1009.

984 Vgl. KIRSCH, H., Wachstumsbeschleunigungsgesetz und latente Steuern, S. 480.

Darüber hinaus ist zu untersuchen, inwiefern das Aktivierungswahlrecht **bilanzpolitisch** genutzt werden kann. So wies die Bundesregierung im Rahmen ihrer Gegenstellungnahme zum Regierungsentwurf, wie schon erwähnt, darauf hin, dass mit einer Aktivierungspflicht bilanzpolitische Maßnahmen eingedämmt werden können. Da trotz dieses Hinweises ein Wahlrecht eingeführt wurde, könnte dies so interpretiert werden, dass nunmehr ein bilanzpolitischer Spielraum besteht oder das Wahlrecht sogar willkürlich ausgeübt werden kann. Allerdings belegt die angesprochene Aussage der Regierung eindeutig das Bestreben, diesen Spielraum so weit wie möglich zu begrenzen.

Zunächst ist klarzustellen, dass „Wahlrechte [...] prinzipiell mit dem Grundsatz der Willkürfreiheit zu vereinbaren [sind; Ergänzung durch den Verfasser], solange der Bilanzierende die Wahlrechte entsprechend seiner inneren Überzeugung ausübt“[985]. Nach LEFFSON ist zudem zu betonen, dass die „Freiheit zu einem eigenen Urteil, die beispielsweise gegeben ist, falls gesetzliche Wahlrechte bestehen, [...] nicht als ein Recht, willkürlich zu wählen und die Erfolgsrechnung willkürlich zu gestalten, angesehen werden [kann; Ergänzung durch den Verfasser]. Willkür hebt Rechenschaft auf.“[986] § 274 HGB soll einer hinreichend objektivierten zutreffenden Abbildung der wirtschaftlichen Lage eines Unternehmens dienen.[987] Dementsprechend verbietet sich ein willkürlicher Umgang mit dem Wahlrecht. Der Bilanzpolitik wird daher nicht Tür und Tor geöffnet.[988] KROPFF erwähnt zudem, dass Bilanzierungsfragen mit einem gewissen Bewertungsspielraum „nicht nach Belieben entschieden werden dürfen, sondern das kaufmännische Ermessen bei ihrer Entscheidung an den Sinn und Zweck des gesetzlichen Spielraums gebunden ist“[989]. Mit dem Aktivierungswahlrecht besteht für die Unternehmen in begründeten Einzelfällen die Möglichkeit einer Erleichterung bei der Bilanzierung latenter Steuern. Eine generelle Nutzung des Wahlrechts, um den u. U. sehr aufwendigen Nachweispflichten bzw. Berechnungen zu entgehen, ist indes aufgrund der künftig vermehrt entstehenden zu versteuernden Differenzen sowie der Anwendung der Einzeldifferenzenbetrachtung nicht (mehr) möglich.[990] Das Wahlrecht erlaubt den Bilanzierenden jedoch auf einen Ausweis latenter Steuern zu verzichten, wenn sie keinen Informationsvermittlungsbedarf sehen.[991] Zu beachten ist allerdings, dass bei „gegebenen Wahlrechten [...] nur durch die Befolgung des Stetigkeitsgebots Rechenschaft gelegt werden kann“[992]. Das Unternehmen hat bei der Ausübung des Wahlrechts folglich das Stetigkeitsgebot zu beachten.[993] Wird das Ak-

985 SOLMECKE, H., Auswirkungen des BilMoG auf die GoB, S. 126.
986 LEFFSON, U., GoB, S. 203.
987 Vgl. Abschnitt 33.
988 Vgl. KARRENBROCK, H., Zweifelsfragen der Berücksichtigung aktiver latenter Steuern, S. 685.
989 KROPFF, B., Bilanzwahrheit und Ermessensspielraum, S. 373.
990 Vgl. Abschnitt 226.
991 Vgl. dazu auch BDI/DIHK (Hrsg.), Stellungnahme des BDI und des DIHK, S. 10.
992 LEFFSON, U., Gebot der Stetigkeit, S. 443, der sich indes auf die Bewertungsstetigkeit bezieht.
993 Vgl. LOITZ, R., Wahlrecht als Mogelpackung, S. 914.

tivierungswahlrecht also am Bilanzstichtag so ausgeübt, dass aktive Steuerlatenzen angesetzt werden, ist es gemäß § 246 Abs. 3 HGB grundsätzlich auch künftig dementsprechend auszuüben.[994] Lediglich in begründeten Ausnahmefällen darf das Ansatzwahlrecht gemäß § 246 Abs. 3 Satz 2 HGB i. V. m. § 252 Abs. 2 HGB neu ausgeübt werden. Fraglich ist indes, in welchen Fällen eine solche Ausnahme im Zusammenhang mit der Bilanzierung latenter Steuern vorliegen könnte.

Abweichungen von den bisherigen Ansatz- und Bewertungsmethoden bzw. Durchbrechungen des Stetigkeitsgebots werden allgemein damit begründet, dass die neuen Methoden die Jahresabschlusszwecke besser erfüllen bzw. zu einer zutreffende(re)n Darstellung der Vermögens-, Finanz- und Ertragslage unter Beachtung der GoB führen.[995] Die Bilanzierung latenter Steuern nach § 274 HGB dient, wie in Abschnitt 33 herausgearbeitet, einer zutreffenden Darstellung der wirtschaftlichen Lage. Sofern ein Unternehmen also bislang latente Steuern aktiviert, würde ein späterer Verzicht auf die Aktivierung grundsätzlich zu einer verschlechterten Darstellung der Unternehmenslage führen. Daher ist ein späterer Verzicht auf die Aktivierung grundsätzlich nicht zulässig. Lediglich sofern sich die strukturellen[996] Ansatzbedingungen nachhaltig[997] signifikant verändern und bspw. Erleichterungen bei der Beurteilung, ob ein Aktivüberhang vorliegt, möglich sein sollten, könnte im Einzelfall der Verzicht auf die Aktivierung zu Lasten der zutreffenden Darstellung der wirtschaftlichen Lage möglich werden. Dies könnte bspw. dann der Fall sein, wenn Unternehmen unerwartet in eine andauernde Verlustphase geraten sind und daher wesentliche steuerliche Verlustvorträge die Bilanzierung latenter Steuern prägen könnten. Ein Unternehmen, welches dagegen bislang auf eine Aktivierung latenter Steuern verzichtet, würde mit der Nutzung des Wahlrechts zur Aktivierung ein zutreffenderes Bild der Vermögens-, Finanz- und Ertragslage vermitteln.[998] Der Ansatz aktiver latenter Steuern wäre daher zu befürworten, wenngleich zu berücksichtigen ist, dass

---

994 Vgl. dazu auch KARRENBROCK, H., Zweifelsfragen der Berücksichtigung aktiver latenter Steuern, S. 686; PETERSEN, K., Anwendungsfragen der Steuerabgrenzung, S. 257. HOFFMANN/LÜDENBACH weisen indes darauf hin, dass im Falle eines erstmaligen größeren Verlusts ein neuer Sachverhalt auftritt. Dieser führt ihrer Meinung nach zu der Möglichkeit einer Neuausübung des Aktivierungswahlrechts. Vgl. HOFFMANN, W.-D./LÜDENBACH, N., Irrungen und Wirrungen, S. 1479.

995 Vgl. BAETGE, J./ZIESEMER, S., in: Baetge/Kirsch/Thiele, § 252 HGB, Rn. 271; ADS, 6. Aufl., § 252 HGB, Rn. 119; HFA DES IDW, IDW ERS HFA 38, Rn. 14. Es kann ferner davon ausgegangen werden, dass eine Anpassung an (geänderte) konzerninterne Bilanzierungsrichtlinien zu einer entsprechenden Durchbrechung des Stetigkeitsgebots führen wird. Vgl. GELHAUSEN, H. F./FEY, G./KÄMPFER, G., Rechnungslegung und Prüfung, Rn. M 17; HFA DES IDW, IDW ERS HFA 38, Rn. 14.

996 Vgl. BAETGE, J./ZIESEMER, S., in: Baetge/Kirsch/Thiele, § 252 HGB, Rn. 256.

997 Vgl. BAETGE, J./ZIESEMER, S., in: Baetge/Kirsch/Thiele, § 252 HGB, Rn. 255.

998 Vgl. auch KARRENBROCK, H., Zweifelsfragen der Berücksichtigung aktiver latenter Steuern, S. 686.

ein erneuter Verzicht auf die Nutzung des Wahlrechts im Regelfall nicht möglich sein wird. Ein mehrfacher Wechsel zwischen Ansatz und Nicht-Ansatz ist verboten.[999]

Insgesamt bleibt festzuhalten, dass das quasi in letzter Minute eingeführte Aktivierungswahlrecht latenter Steuern nicht regelmäßig dazu führen wird, dass die Aufwendungen für die Ermittlung latenter Steuern reduziert werden. Im Vergleich zu einer Aktivierungspflicht wird mit der (Wieder-)Einführung des Wahlrechts zudem die zwischenbetriebliche Vergleichbarkeit geschwächt.[1000] Indem das Stetigkeitsgebot beachtet wird, kann indes zumindest die Vergleichbarkeit der Jahresabschlüsse eines Unternehmens im Zeitablauf sichergestellt und damit der Rechenschaftszweck wiederum gestärkt werden.[1001] Sofern aktive latente Steuern trotz hinreichend objektivierter Datengrundlage nicht angesetzt werden, erhalten die Adressaten jedoch in der Bilanz keine zutreffenden Informationen über die Vermögenslage des Unternehmens.[1002] Es ist allerdings erforderlich, die mit der Ausübung des Aktivierungswahlrechts verbundenen Berichterstattungspflichten im Anhang nach § 285 Nr. 29 HGB zu beachten, die an späterer Stelle diskutiert werden.[1003]

424.3 Umfang des Aktivierungswahlrechts

Nach dem BilMoG können latente Steuern nach § 274 Abs. 1 Sätze 1 und 2 HGB saldiert ausgewiesen werden. Im Falle eines Aktivüberhangs latenter Steuern kann das Unternehmen gemäß § 274 Abs. 1 Satz 2 HGB auf den Ansatz latenter Steuern in der Bilanz verzichten. Mit § 274 Abs. 1 Satz 3 HGB ermöglicht der Gesetzgeber den Unternehmen allerdings auch, latente Steuern „im Interesse einer besseren Information der Abschlussadressaten"[1004] unsaldiert auszuweisen. Fraglich ist indes, ob bzw. inwieweit das Aktivierungswahlrecht latenter Steuern im Falle eines unsaldierten Ausweises gilt. Beispielsweise soll davon ausgegangen werden, dass aktive latente Steuern in Höhe von 150 GE und passive Steuerlatenzen in Höhe von 100 GE ermittelt wurden. Theoretisch, also unabhängig von der Vorschrift des § 274 HGB, sind die in der folgenden Übersicht 4-1 dargestellten Ausweismöglichkeiten latenter Steuern denkbar, wenn latente Steuern unsaldiert ausgewiesen werden sollen:[1005]

---

999 Vgl. BAETGE, J./ZIESEMER, S., in: Baetge/Kirsch/Thiele, § 252 HGB, Rn. 271; ADS, 6. Aufl., § 252 HGB, Rn. 119.

1000 Vgl. PRINZ, U./RUBERG, L., Latente Steuern nach dem BilMoG, S. 354.

1001 Vgl. LEFFSON, U., Gebot der Stetigkeit, S. 443 in Bezug auf die Bewertungsstetigkeit.

1002 Vgl. BAETGE, J./HAENELT, T./JONAS, M., Novellierte Bilanzierung latenter Steuern, S. 521.

1003 Vgl. Abschnitt 462.52.

1004 BT-Drucksache 16/12407, S. 87.

1005 Es sei indes angemerkt, dass in diesem Abschnitt lediglich die Konsequenzen des Aktivierungswahlrechts aufgrund der unterschiedlichen Ausweisoptionen und daher primär *Ansatz*fragen zu klären sind. Der konkrete Ausweis latenter Steuern soll dagegen erst in Abschnitt 44 umfassend beleuchtet und gewürdigt. Für die folgenden Untersuchungen reicht allein die Kenntnis, dass sowohl ein saldierter als auch ein unsaldierter Ausweis latenter Steuern nach § 274 HGB möglich ist.

Fall	Aktive latente Steuern	Passive latente Steuern
(1)	150	100
(2)	0	100
(3)	100	100

Übersicht 4-1: Theoretisch denkbare Ausweismöglichkeiten latenter Steuern beim unsaldierten Ausweis

Fall (1) bildet den Grundfall des unsaldierten Ausweises latenter Steuern. Die aktiven latenten Steuern werden vollständig ausgewiesen. Im Folgenden soll zunächst Fall (2) untersucht und daher bestimmt werden, ob das Aktivierungswahlrecht unter der Annahme eines Bruttoausweises für die gesamten aktiven latenten Steuern ausgeübt werden kann, bevor darauf folgend Fall (3) betrachtet wird und daher zu diskutieren ist, ob das Wahlrecht für den (fiktiven) Aktivüberhang gilt.

Auf Basis der Einzeldifferenzenbetrachtung sind zunächst sowohl die aktiven als auch die passiven latenten Steuern zu ermitteln. Erst im zweiten Schritt wird über den Ansatz und den Ausweis des ggf. vorliegenden Aktivüberhangs entschieden.[1006] Der Wortlaut („insgesamt") des § 274 Abs. 1 Satz 2 HGB bezieht sich auf eine saldierte Betrachtung der zuvor ermittelten aktiven und passiven latenten Steuern.[1007] Lediglich auf den Aktivüberhang kann demnach das Wahlrecht angewendet werden.[1008] § 274 Abs. 1 Satz 3 HGB spricht dagegen explizit von der „sich ergebende[n] Steuerbe- **und** [der] sich ergebende[n] Steuerentlastung" [Anpassungen und Hervorhebung durch den Verfasser]. Diese wurden zuvor ermittelt und können nunmehr unverrechnet abgebildet werden. Ein bloßer Ansatz passiver latenter Steuern im Rahmen des unsaldierten Ausweises dürfte dem Wortlaut widersprechen und ist zudem nur schwerlich mit der Zielsetzung des § 274 HGB, der Unterstützung einer zutreffenden Darstellung der wirtschaftlichen Lage, zu vereinbaren. Dementsprechend könnte auch der Zweck des unsaldierten Ausweises, welcher in einer besseren Information der Abschlussadressaten besteht, mit einer solchen Vorgehensweise wohl kaum erfüllt werden.[1009] Darüber hinaus war es grundsätzlich die Intention des BilMoG, Wahlrechte abzuschaffen.[1010] Mit der Ausdehnung des Wahlrechts auf die gesamten aktiven latenten Steuern würde indes dieses Ziel des BilMoG konterkariert werden.[1011] Damit bleibt festzuhalten, dass das Aktivierungswahlrecht

1006 Vgl. LOITZ, R., Wahlrecht als Mogelpackung, S. 918.
1007 Vgl. BT-Drucksache 16/12407, S. 87.
1008 Vgl. KÜTING, K./SEEL, C., Latente Steuern, S. 518.
1009 Vgl. KÜTING, K./SEEL, C., Latente Steuern, S. 518.
1010 Vgl. BT-Drucksache 16/10067, S. 34.
1011 Vgl. dazu auch HERZIG, N./VOSSEL, S., Paradigmenwechsel, S. 1177.

beim unsaldierten Ausweis nicht auf den Gesamtbetrag der aktiven Steuerlatenzen ausgedehnt werden darf.[1012] Fall (2) ist also nicht relevant.

Fraglich ist indes, ob auch bei einem unsaldierten Ausweis in Höhe des (fiktiven) Aktivüberhangs latenter Steuern ein Aktivierungswahlrecht besteht und Fall (3) daher möglich wäre. Eine solche Interpretation orientiert sich strikt am Wortlaut des § 274 Abs. 1 Satz 2 HGB, wonach lediglich der Aktivüberhang zur Ansatzdisposition steht (Ansatzregel). Die Vorschrift des § 274 Abs. 1 Satz 3 HGB würde dagegen eine reine Ausweisregel bilden.[1013] Bei der nach BilMoG anzuwendenden Einzeldifferenzenbetrachtung sind indes grundsätzlich keine Sachverhalte auszuschließen.[1014] So sei bspw. angenommen, dass den aktiven Steuerlatenzen in Höhe von 150 GE fünf Sachverhalte zugrunde liegen, die jeweils zu abzugsfähigen temporären Differenzen in Höhe von 100 GE bzw. zur Bildung einer latenten Steuer in Höhe von 30 GE führten. Durch eine Deckelung der zu berücksichtigenden aktiven latenten Steuern auf die Höhe der passiven latenten Steuern, in dem Beispiel in Höhe von 100 GE, wäre daher die Unterstellung eines quotalen Beitrags der einzelnen abzugsfähigen temporären Differenzen bzw. Sachverhalte zum ausgewiesenen Bestand aktiver Steuerlatenzen notwendig.[1015] Dies würde jedoch nicht nur schwierig (bspw. im Anhang) zu vermitteln sein.[1016] Darüber hinaus könnten sich Schwierigkeiten bzw. Inkonsistenzen bei der Bilanzierung aktiver latenter Steuern in den Folgejahren ergeben. Gemäß § 274 Abs. 2 Satz 2 HGB sind die „ausgewiesenen Posten" nämlich dann aufzulösen, „sobald die Steuerbe- oder -entlastung eintritt oder mit ihr nicht mehr zu rechnen ist". Wenn also aktive latente Steuern aufgrund der Deckelung zum Bilanzstichtag lediglich in Höhe der passiven latenten Steuern ausgewiesen werden, dürften diese im Folgejahr bspw. nicht nur deshalb aufgelöst werden, weil sich die zu versteuernden temporären Differenzen im Vergleich zu den abzugsfähigen temporären Differenzen schneller abgebaut haben. Diese Vorgehensweise würde dem eindeutigen Wortlaut des § 274 Abs. 2 Satz 2 HGB („Die **ausgewiesenen Posten** sind aufzulösen, sobald […]" [Hervorhebungen durch den Verfasser]) widersprechen. Wie schon erwähnt, spricht § 274 Abs. 1 Satz 3 HGB zudem von der „sich ergebende[n] Steuerbe- und [der] sich ergebende[n] Steuerentlastung" [Anpassungen durch den Verfasser], die „unverrechnet angesetzt werden [können; Ergänzung durch den Verfasser]". Insofern bezieht sich Satz 3 explizit auf den unsaldierten „Ansatz" der (gesamten) steuerlichen Be- und Entlastung. Entstehungsgeschichtlich kann die Möglichkeit des unsaldierten Ausweises als „Überbleibsel" des ursprünglich im Regierungsentwurf vorgesehenen Saldierungsverbots einhergehend mit dem Ziel einer gesteigerten Aussagefähigkeit

1012 Vgl. zum selben Ergebnis gelangend KESSLER, H./LEINEN, M./PAULUS, B., Das BilMoG und die latenten Steuern, Teil 1, S. 718; KARRENBROCK, H., Ausweis- und Saldierungsproblematik, S. 640.

1013 Vgl. HERZIG, N./VOSSEL, S., Paradigmenwechsel, S. 1177.

1014 Vgl. VAN HALL, G./KESSLER, H., Latenzen, S. 478.

1015 Vgl. HERZIG, N./VOSSEL, S., Paradigmenwechsel, S. 1177.

1016 Vgl. HERZIG, N./VOSSEL, S., Paradigmenwechsel, S. 1177.

des Jahresabschlusses angesehen werden. Auch vor dem Hintergrund des Zwecks eines unsaldierten Ausweises latenter Steuern wäre die Möglichkeit eines Aktivierungswahlrechts beim Bruttoausweis abzulehnen.[1017] Auch Fall (3) ist damit nicht relevant. Insgesamt bleibt festzuhalten, dass das Aktivierungswahlrecht im Falle des unsaldierten Ausweises nicht ausgeübt werden darf.[1018] Der Gesetzgeber gestattet daher lediglich den Ausweis latenter Steuern entsprechend des Falls (1), wenn sich der Bilanzierende für einen unsaldierten Ausweis latenter Steuern entscheiden sollte.

Es ist abschließend klarzustellen, dass das Aktivierungswahlrecht des § 274 HGB lediglich im Falle eines saldierten Ausweises ausgeübt werden kann. Dabei ist indes zu beachten, dass der Ermittlungsaufwand latenter Steuern aufgrund der erforderlichen Einzeldifferenzenbetrachtung unabhängig von der Ausübung des Ausweiswahlrechts ist.[1019]

424.4 Flexibilität des Aktivierungswahlrechts

424.41 Möglichkeit von Teilaktivierungen

§ 274 HGB regelt nicht explizit, ob der teilweise Ansatz aktiver latenter Steuern zugelassen ist. Entstehungsgeschichtlich lassen sich aber – noch zu relativierende – Gründe für eine Teilaktivierung finden.[1020] So war im Regierungsentwurf des BilMoG noch eine Aktivierungspflicht neben einem unsaldierten Ausweis latenter Steuern vorgeschrieben, während mit der Beschlussempfehlung des Rechtsausschusses das Aktivierungswahlrecht (wieder) eingeführt und zudem eine Gesamtbetrachtung ermöglicht wurde. Damit lassen sich Parallelen zu den Regelungen des § 274 HGB vor dem BilMoG finden, die laut z. T. in der Literatur vorzufindender Meinung eine teilweise Aktivierung latenter Steuern als Bilanzierungshilfe erlaubten.[1021] Gemäß § 274 Abs. 1 Satz 2 HGB bezieht sich das Wahlrecht zur Aktivierung indes lediglich auf die sich „insgesamt ergebende Steuerentlastung". Eine Teilaktivierung latenter Steuern scheint daher nicht zulässig zu sein.[1022] Darüber hinaus wurde der Begriff der Bilanzierungshilfe aus § 274 HGB gestrichen, vielmehr ist nun von einem Sonderposten eigener

---

1017 Vgl. OSER, P. ET AL., Änderungen des Bilanzrechts, S. 580.

1018 Vgl. im Ergebnis ebenso KÜTING, K./SEEL, C., Latente Steuern, S. 518 f.; OSER, P. ET AL., Änderungen des Bilanzrechts, S. 580; KESSLER, H./LEINEN, M./PAULUS, B., Das BilMoG und die latenten Steuern, Teil 1, S. 718; a. A. LOITZ, R., Wahlrecht als Mogelpackung, S. 918; KÜHNE, E./MELCHER, W./WESEMANN, M., Grundlagen und Zweifelsfragen, Teil 1, S. 1009; PRINZ, U./RUBERG, L., Latente Steuern nach dem BilMoG, S. 346; KOZIKOWSKI, M./FISCHER, N., Beck Bilanzkomm., 7. Aufl., § 274 HGB, Rn. 15.

1019 Vgl. HERZIG, N./VOSSEL, S., Paradigmenwechsel, S. 1177.

1020 Vgl. in diesem Zusammenhang abwägend GELHAUSEN, H. F./FEY, G./KÄMPFER, G., Rechnungslegung und Prüfung, Rn. M 15; LOITZ, R., Wahlrecht als Mogelpackung, S. 914.

1021 Vgl. beispielsweise KARRENBROCK, H., Latente Steuern in Bilanz und Anhang, S. 279-281; a. A. SIEGEL, T., Zur Bilanzierung latenter Steuern, S. 591 f.

1022 Vgl. BAETGE, J./HAENELT, T./JONAS, M., Novellierte Bilanzierung latenter Steuern, S. 515; KÜTING, K./SEEL, C., Latente Steuern, S. 518; KOZIKOWSKI, M./FISCHER, N., Beck Bilanzkomm., § 274 HGB, Rn. 14; GELHAUSEN, H. F./FEY, G./KÄMPFER, G., Rechnungslegung und Prüfung, Rn. M 15.

Art die Rede.[1023] Der Ansatz von Zwischenwerten ist zudem nur schwerlich mit dem Zweck des § 274 HGB vereinbar. Dieser besteht in der Unterstützung einer hinreichend objektivierten, zutreffenden Darstellung der Vermögens-, Finanz- und Ertragslage.[1024] Auf den ersten Blick könnte allerdings argumentiert werden, dass eine Teilaktivierung zu einer aussagekräftigeren Jahresabschlussaussage als ein vollständiger Verzicht auf den Ansatz des Aktivüberhangs latenter Steuern führen würde. Es ist indes zu beachten, dass aufgrund der nach dem BilMoG durchzuführenden Einzeldifferenzenbetrachtung eine Aktivierung von Zwischenwerten zu einer willkürlichen Auswahl oder Ausgrenzung von Sachverhalten bzw. zu einer willkürlich quotalen Berücksichtigung von Geschäftsvorfällen führen würde, die künftig Steuerentlastungseffekten verursachen.[1025] Willkür hebt indes Rechenschaft auf.[1026] Die willkürliche Erfassung von einzelnen Sachverhalten kommt daher grundsätzlich nicht in Frage.[1027] Außerdem sind nach § 274 Abs. 1 Satz 4 HGB Verlustvorträge (zwingend) bei der Berechnung aktiver latenter Steuern zu berücksichtigen, so dass ihre willkürliche Außerachtlassung nicht in Erwägung zu ziehen ist. Vor diesem Hintergrund kann auch kaum ein Ausschluss von abzugsfähigen temporären Differenzen im Rahmen der Ermittlung aktiver latenter Steuern gerechtfertigt werden.[1028] Zudem ist generell der Grundsatz der Ansatzstetigkeit zu beachten, so dass in einer aufwendigeren Nebenrechnung festzuhalten wäre, welche Differenzen beim Ansatz latenter Steuern berücksichtigt bzw. außer Acht gelassen wurden.[1029] Die angesetzten Teilwerte dürfen gemäß § 274 Abs. 2 Satz 2 HGB ferner erst aufgelöst werden, sobald der Steuereffekt eintritt oder mit ihm nicht mehr zu rechnen ist, so dass der Ansatz von Zwischenwerten in den Folgeperioden in gewissen Maßen vorbestimmt sein könnte. Eine solche Vorgehensweise könnte den Abschlussadressaten wohl nur schwierig vermittelt werden.[1030] Ferner würde die Zulassung von Teilaktivierungen der generellen Zwecksetzung des BilMoG zuwiderlaufen, Wahlrechte abzuschaffen, da mit dem Ansatz von Zwischenwerten faktisch weitere Wahlrechte vorliegen würden. Zudem würde mit der Möglichkeit zum Ansatz von Teilwerten das „Tor zur Bilanzpolitik“ weit geöffnet werden, was nicht dem in der Gegenstellungnahme zum Regierungsentwurf zum Ausdruck kommenden Ansinnen der Bundesregierung entspre-

1023 Vgl. BT-Drucksache 16/10067, S. 67; vgl. auch Abschnitt 342. LOITZ weist indes darauf hin, dass allein aus der Klassifizierung aktiver latenter Steuern als Sonderposten eigener Art nicht zwingend eine vollständige Bilanzierung dieses Postens folgt. Vgl. LOITZ, R., Wahlrecht als Mogelpackung, S. 914.

1024 Vgl. Abschnitt 33.

1025 Vgl. zu den damit verbundenen Problemen auch LOITZ, R., Wahlrecht als Mogelpackung, S. 914 f.; HERZIG, N./VOSSEL, S., Paradigmenwechsel, S. 1177.

1026 Vgl. LEFFSON, U., GoB, S. 203.

1027 Vgl. ZWIRNER, C., Latente Steuern (DRS 18), S. 573.

1028 Vgl. dazu auch HERZIG, N./VOSSEL, S., Paradigmenwechsel, S. 1177, die betonen, dass aufgrund der Einzeldifferenzenbetrachtung bei der Bilanzierung latenter Steuern ein Ausschluss von Sachverhalten, die zu steuerlichen Effekten führen, nicht in Betracht kommt.

1029 Vgl. LOITZ, R., Wahlrecht als Mogelpackung, S. 915.

1030 Vgl. dazu auch HERZIG, N./VOSSEL, S., Paradigmenwechsel, S. 1177.

chen würde.[1031] Insgesamt kann also festgehalten werden, dass eine Teilaktivierung latenter Steuern nicht in Frage kommt.[1032]

424.42 Möglichkeit einer nachträglichen Aktivierung

Die Ausübung des Aktivierungswahlrechts ermöglicht dem Unternehmen auf den Ansatz einer aktiven Steuerlatenz im Geschäftsjahr der Entstehung einer abzugsfähigen temporären Differenz zu verzichten. Fraglich ist indes, ob aktive latente Steuern aufgrund dieser Differenz in Folgejahren (nachträglich) aktiviert werden dürfen. Der Wortlaut des § 274 HGB äußert sich nicht explizit zu dieser Fragestellung. Bei der Bilanzierung latenter Steuern sind im Sinne des § 274 Abs. 1 Satz 1 HGB grundsätzlich sämtliche Wertansatzunterschiede zwischen Handels- und Steuerbilanz zu erfassen. Über ihren Abbauzeitraum wird die temporäre Differenz also jährlich weiterhin vorliegen und grundsätzlich in den Anwendungsbereich von § 274 HGB fallen. Wie bereits in Abschnitt 424.2 diskutiert, ist das Aktivierungswahlrecht latenter Steuern indes stetig auszuüben. Eine Abweichung von der erstmaligen Ansatzentscheidung ist daher nach § 246 Abs. 3 HGB i. V. m. § 252 Abs. 2 HGB lediglich in begründeten Ausnahmefällen zulässig. Ein solcher Ausnahmefall liegt mit der Bilanzierung aktiver latenter Steuern allerdings grundsätzlich vor, da der Zweck des § 274 HGB, wie in Abschnitt 33 abgeleitet, in der Vermittlung eines hinreichend objektivierten, zutreffenden Einblicks in die wirtschaftliche Lage des Unternehmens besteht und eine Unterstützung des Rechenschaftszwecks generell eine Abweichung von den bisherigen Bilanzierungsmethoden rechtfertigt.[1033] Es ist indes zwingend zu beachten, dass ein willkürlicher Wechsel zwischen den Ansatzmöglichkeiten nicht gestattet ist.

Sofern das Wahlrecht zur Aktivierung in Folgejahren erstmalig ausgeübt wird, würde eine Berücksichtigung lediglich neu entstandener, also zuvor noch nicht berücksichtigter, abzugsfähiger temporärer Differenzen nur schwerlich ein zutreffendes Bild der wirtschaftlichen Lage vermitteln können.[1034] Die Ermittlung und separate Fortführung dieser Differenzen wäre zwar auf Basis der Einzeldifferenzenbetrachtung möglich, aber nicht zielführend. Ein solches Vorgehen dürfte den Abschlussadressaten nur schwierig zu vermitteln sein. Insgesamt ist bei Inanspruchnahme des Aktivierungswahlrechts also eine nachträgliche Aktivierung von in Folgejahren noch vorliegenden, ursprünglich indes aufgrund des Wahlrechts nicht aktivierten Beträgen möglich. Der Grundsatz der Stetigkeit rückt also in den Hintergrund und der Zweck des § 274 HGB dagegen in den Vordergrund. Die Umstellung der Ansatzmethode ist gemäß

1031 Vgl. BT-Drucksache 16/10067, S. 123.

1032 Vgl. PRINZ, U./RUBERG, L., Latente Steuern nach dem BilMoG, S. 347; DRS 18.15; HFA DES IDW, IDW ERS HFA 27, Rn. 11.

1033 Vgl. Abschnitt 424.2.

1034 Vgl. dazu auch KARRENBROCK, H., Zweifelsfragen der Berücksichtigung aktiver latenter Steuern, S. 686.

§ 284 Abs. 2 Nr. 3 HGB zwingend im Anhang zu erläutern.[1035] Ferner ist zu berücksichtigen, dass die nachträgliche Aktivierung sämtliche am Bilanzstichtag vorliegende, abzugsfähige temporäre Differenzen betrifft. Eine nachträgliche Aktivierung lediglich von Teilbeträgen ist nicht möglich.[1036]

424.43 Auflösung aktiver latenter Steuern in Folgejahren

Am Bilanzstichtag aktivierte latente Steuern sind in den folgenden Geschäftsjahren aufzulösen. Im Folgenden ist zu erläutern, inwiefern ihre Auflösung an Bedingungen geknüpft ist. Gemäß § 274 Abs. 2 Satz 2 HGB sind ausgewiesene latente Steuern aufzulösen, sobald der zuvor erwartete Steuereffekt eingetreten ist oder mit seinem Eintritt nicht mehr zu rechnen ist. Eine willkürliche Auflösung der aktiven latenten Steuern widerspricht damit der restriktiven Auslegung des Wortlauts.[1037] Zudem würde eine willkürliche Auflösung der aktiven latenten Steuern dem Zweck des § 274 HGB eklatant zuwiderlaufen. Die wirtschaftliche Lage des Unternehmens würde bewusst verzerrt dargestellt werden, sofern mit dem Abbau der Differenz erst in späteren Perioden gerechnet wird. Eine Auflösung nach Belieben wäre ferner nur schwerlich mit den Informationsinteressen der Abschlussadressaten vereinbar. Schließlich schränkt Willkür die Erfüllung des Rechenschaftszwecks ein.[1038] Daher ist von einem Verbot willkürlicher Auflösungen aktiver latenter Steuern (in den Folgeperioden) auszugehen. Lediglich in begründeten Ausnahmefällen dürfte das Wahlrecht zur Aktivierung latenter Steuern nach § 246 Abs. 3 HGB i. V. m. § 252 Abs. 2 HGB auch in dem Sinne neu ausgeübt werden, dass ein Ansatz eines Aktivüberhangs unterbleibt.[1039] In diesen Fällen liegen indes fundierte Begründungen vor, die zudem im Anhang gemäß § 284 Abs. 2 Nr. 3 HGB zu erläutern sind.[1040]

1035 Vgl. Abschnitt 462.2.

1036 Vgl. Abschnitt 424.41.

1037 Vor dem BilMoG wurde der vergleichbare Wortlaut des § 274 Abs. 2 Satz 4 HGB a. F. indes bspw. von KARRENBROCK dahingehend ausgelegt, dass er lediglich den spätmöglichsten Auflösungszeitpunkt kennzeichnete. Das Aktivierungswahlrecht latenter Steuern stufte KARRENBROCK als manipulationsspezifisch ein, so dass die Unternehmen die aktiven latenten Steuern als Bilanzierungshilfe vollkommen flexibel zur „Gewinnmanipulation" einsetzen konnten. Vgl. KARRENBROCK, H., Latente Steuern in Bilanz und Anhang, S. 280 und 284 f. Eine solche Vorgehensweise ist zumindest nach dem BilMoG nicht zulässig. Während aktive latente Steuern nach dem BiRiLiG laut der Gesetzesbegründung vor allem der Bildung von Aufwandsrückstellungen dienen sollten, steht nunmehr explizit die zutreffende Darstellung der wirtschaftlichen Lage im Vordergrund. Vgl. zum Zweck aktiver latenter Steuern nach dem BiRiLiG Abschnitt 242.3 sowie nach dem BilMoG Abschnitt 33.

1038 Vgl. LEFFSON, U., GoB, S. 203.

1039 Vgl. dazu Abschnitt 424.2.

1040 Vgl. Abschnitt 462.2.

425. Erfolgswirksamkeit des Ansatzes latenter Steuern

Latente Steuern sind **erfolgswirksam** zu bilanzieren, wenn der sie begründende Sachverhalt erfolgswirksam abgebildet wurde.[1041] Dazu wird in § 274 Abs. 2 Satz 3 HGB vorgeschrieben, dass Erträge bzw. Aufwendungen aus der Veränderung der erfassten latenten Steuern in der GuV unter einem gesonderten Posten auszuweisen sind. Sofern die den Steuerlatenzen zugrunde liegenden Geschäftsvorfälle indes erfolgsneutral erfasst wurden, ist auch der Ansatz von Steuerlatenzen **erfolgsneutral** abzubilden.[1042] Eine solche erfolgsneutrale Abbildung der Steuerlatenzen ist in diesen Fällen konsequent bzw. abbildungskonsistent.[1043] Als Gegenposten zu den ohne Berührung der GuV angesetzten aktiven bzw. passiven latenten Steuern werden grundsätzlich das Eigenkapital bzw. speziell die Gewinnrücklagen verwendet, während mit der Bildung latenter Steuern im Falle eines Unternehmenserwerbs im Rahmen eines asset deal der GoF erhöht bzw. vermindert wird.

Eine erfolgsneutrale Bildung latenter Steuern ist bspw. im Zusammenhang mit der Bilanzierung **steuerfreier Investitionszulagen** zu befürworten. Diese werden zwar direkt steuerfrei vereinnahmt, handelsrechtlich bestehen dagegen die Möglichkeiten, entweder die AK/HK des der Zulage zugrunde liegenden Investitionsgegenstands erfolgsneutral zu mindern oder, ebenso erfolgsneutral, einen Passivposten für die Zulage zu bilden.[1044] Da die den latenten Steuern zugrunde liegende temporäre Differenz erfolgsneutral entstanden ist, sollten auch die latenten Steuern erfolgsneutral abgebildet werden. Diese Vorgehensweise wahrt zum einen die Erfolgsneutralität der Erfassung des Sachverhalts und führt zum anderen zu keiner Verzerrung des Steueraufwands.[1045]

1041 Vgl. DRS 18.50; HFA DES IDW, IDW ERS HFA 27, Rn. 33.

1042 Vgl. BAETGE, J./KIRSCH, H.-J./THIELE, S., Konzernbilanzen, S. 400; vgl. zur Berücksichtigung sowohl erfolgswirksam als auch erfolgsneutral entstandener temporärer Differenzen im Rahmen der Nutzung des Saldierungs- und Aktivierungswahlrechts JÖDICKE, D./JÖDICKE, R., Anwendung des Aktivierungs- und Saldierungswahlrechts, S. 153-160.

1043 Vgl. KÜTING, K./SEEL, C., Ungereimtheiten der Regelungen zu latenten Steuern, S. 923, die zudem darauf hinweisen, dass mit der erfolgsneutralen Bilanzierung latenter Steuern das Kongruenzprinzip verletzt wird. Vgl. zum Kongruenzprinzip COENENBERG, A. G./HALLER, A./SCHULTZE, W., Jahresabschluss, S. 498.

1044 Vgl. Abschnitt 421.123; IDW (Hrsg.), WP-Handbuch 2006, Bd. I, Rn. E 253 f.

1045 Vgl. KÜTING, K./SEEL, C., Ungereimtheiten der Regelungen zu latenten Steuern, S. 923. KÜHNE/MELCHER/WESEMANN sprechen sich indes für eine erfolgswirksame Erfassung der Steuerlatenzen aus. Vgl. KÜHNE, E./MELCHER, W./WESEMANN, M., Grundlagen und Zweifelsfragen, Teil 1, S. 1009; so auch KOZIKOWSKI, M./FISCHER, N., Beck Bilanzkomm., 7. Aufl., § 274 HGB, Rn. 12. Sie führen dies zum einen darauf zurück, dass steuerlich die sofortige steuerfreie Vereinnahmung der Zulage die Ursache für die künftigen Steuerminderungen bildet. Vgl. KÜHNE, E./MELCHER, W./WESEMANN, M., Grundlagen und Zweifelsfragen, Teil 1, S. 1009. Fraglich ist indes, ob nicht, tendenziell eher im Sinne des Temporary-Konzepts, die bspw. steuerlich im Gegensatz zum Handelsrecht nicht vorgesehene Minderung der AK/HK als ursächlich für die künftigen Steuerminderzahlungen angesehen werden sollte. Ferner weisen die Autoren darauf hin, dass nicht rückzahlbare Zuwendungen von Dritten gemäß HFA 1/1984 nicht als

Personengesellschaften haben auch die Wertunterschiede zwischen handelsrechtlichen und steuerlichen Wertansätzen bei der Bilanzierung latenter Steuern zu erfassen, die sich unter Berücksichtigung der **Ergänzungsbilanzen** ergeben.[1046] Die mit dem Einbezug der Ergänzungsbilanzen zu berücksichtigenden Wertansätze werden erfolgsneutral angesetzt. Dies spricht für eine ebenfalls erfolgsneutrale Bilanzierung der darauf zu bildenden latenten Steuern.[1047] Dies gilt indes nicht generell, z. B. unterliegt der Gewinn aus der Veräußerung eines Mitunternehmeranteils durch eine nicht natürliche Person als unmittelbar beteiligter Mitunternehmer der Gewerbesteuer gemäß § 7 Satz 2 GewStG. Zwar werden hier die zusätzlichen Werte in der Ergänzungsbilanz erfolgsneutral gebucht, dennoch entsteht in Höhe des Mehrkapitals ein c. p. erhöhter, zu versteuernder Gewerbeertrag auf Ebene der Personengesellschaft. Daher ist der erfolgswirksame Ansatz latenter Steuern in diesem Falle als sachgerecht anzusehen.[1048]

426. Zwischenfazit

Die den Ansatz latenter Steuern begründenden, also die relevanten temporären Differenzen sind auf Basis einer Einzeldifferenzenbetrachtung zu ermitteln. Diese Unterschiede können aus Vereinfachungsgründen derart bestimmt werden, dass die steuer- bzw. handelsrechtlichen Wertansätze von Vermögensgegenständen, Schulden und Rechnungsabgrenzungsposten auf Ebene der Bilanzposten gemäß § 266 HGB gegenübergestellt werden und daher nicht jeder einzelne Sachverhalt betrachtet werden muss. Ferner konnte festgestellt werden, dass temporäre Differenzen auch im Zusammenhang mit der bilanziellen Abbildung handels- bzw. steuerrechtlicher Sonderfälle entstehen, z. B. steuerfreier Investitionszulagen oder steuerfreier Rücklagen, die bei enger Auslegung nicht vom Wortlaut des § 274 HGB erfasst werden. Aufgrund abweichender Wertansätze eines erstmalig angesetzten GoF in der Handels- bzw. Steuerbilanz entstehen dagegen keine temporären Differenzen. Analoges gilt für Wertunterschiede, die durch das Sonderbetriebsvermögen bedingt sind, wohingegen Abweichungen aufgrund der Wertansätze in den Ergänzungsbilanzen in die Ermittlung latenter Steuern einzubeziehen sind, da Letztere im Gegensatz zu den Sonderbilanzen Wirtschaftsgüter umfassen, die dem

Eigenkapital einzuordnen sind, sondern Erfolgsbeiträge darstellen. Vgl. KÜHNE, E./MELCHER, W./WESEMANN, M., Grundlagen und Zweifelsfragen, Teil 1, S. 1009. Damit bestünde auch für die Investitionszulage „kein Raum für eine Erfassung im Eigenkapital“ (KÜHNE, E./MELCHER, W./WESEMANN, M., Grundlagen und Zweifelsfragen, Teil 1, S. 1009 (Fußnote 54)). HFA 1/1984 führt indes auch aus, dass „[die] sofortige vollständige Vereinnahmung von nicht rückzahlbaren Zuwendungen im Zeitpunkt, in dem sie gewährt werden, [...] grundsätzlich nicht sachgerecht [ist]“ [Ergänzungen durch den Verfasser] (HFA DES IDW, HFA 1/1984, Abschnitt 2 a)). Der HFA DES IDW fordert mit seiner Stellungnahme stattdessen eine Verknüpfung der Zuwendungen mit den Aufwendungen, die sich aus der Erfüllung der Zuwendungsvoraussetzungen ergeben. Vgl. TJADEN, W., Zuwendungen der öffentlichen Hand, S. 36.

1046 Vgl. Abschnitt 421.14.

1047 Vgl. dazu KIRSCH, H., Temporäre Differenzen bei Personengesellschaften, S. 1118.

1048 Vgl. sehr anschaulich KASTRUP, B./MIDDENDORF, O., Latente Steuern bei Personengesellschaften, S. 817 f.; PETERSEN, K., Anwendungsfragen der Steuerabgrenzung, S. 260.

Gesamthandsvermögen zuzurechnen und daher auch in der Handelsbilanz zu berücksichtigen sind. Latente Steuern sind indes lediglich dann zu bilden, wenn sich bei Abbau der temporären Differenzen eine tatsächliche Steuerzahlung ergibt bzw. eine solche Zahlung verhindert werden kann. Dazu sind Wahrscheinlichkeitsüberlegungen erforderlich, wobei das Vorsichtprinzip zu beachten ist. Zu versteuernde temporäre Differenzen können dabei als Indikator für die Werthaltigkeit abzugsfähiger temporärer Differenzen dienen, sofern sich die abzugsfähigen nicht erst nach den zu versteuernden Differenzen abbauen.

Die nach dem BilMoG mögliche Bilanzierung latenter Steuern aufgrund steuerlicher Verlustvorträge ist mit besonderen Anforderungen bzw. Nachweispflichten verbunden, da gerade die (vergangenen) Verluste darauf hindeuten, dass künftig hinreichend hohe verrechnungsfähige Gewinne nicht sicher sind. In Analogie zu den steuerlichen Verlustvorträgen sind künftig auch Zinsvorträge bei der Abbildung von Steuerlatenzen zu berücksichtigen. EBITDA-Vorträge können dagegen nicht direkt dazu führen, dass latente Steuern gebildet werden. Steuerliche Verlustvorträge sind indes lediglich in Höhe der innerhalb der nächsten fünf Jahre erwarteten Verlustverrechnung bei der Ermittlung latenter Steuern zu berücksichtigen. Verwenden Unternehmen jedoch üblicherweise Planungen mit kürzeren Zeithorizonten und können sie daher die künftige Verrechnung steuerlicher Verluste in den nächsten fünf Jahren nicht hinreichend verlässlich einschätzen, sind die kürzeren Planungszeiträume maßgebend für den Umfang einzubeziehender Verlustvorträge. Dagegen darf der gesetzlich vorgegebene fünfjährige Betrachtungszeitraum nicht überschritten werden. Dies gilt selbst dann, wenn die aktiven Latenzen aufgrund der steuerlichen Verlustvorträge lediglich mit einem ggf. entstehenden Passivüberhang verrechnet werden würden. Die Begrenzung des zu betrachtenden Verrechnungszeitraums gilt ferner für abzugsfähige temporäre Differenzen, die sich in einem Verlustjahr abbauen und daher künftig einen Verlustvortrag bilden. Sie ist vor dem Hintergrund der damit einhergehenden Objektivierung des Wertansatzes zu begrüßen. De lege ferenda wird indes befürwortet, dass steuerliche Verlustvorträge bis zur Höhe der einem bestehenden Passivüberhang zugrunde liegenden, die abzugsfähigen Differenzen übersteigenden zu versteuernden temporären Differenzen unabhängig von ihrem tatsächlichen Realisationszeitpunkt(en) verrechnet werden dürfen, da damit die wirtschaftliche Lage eines Unternehmens zutreffend(er) dargestellt werden würde.

Durch den Einbezug steuerlicher Verlust- und Zinsvorträge wird die Komplexität der Abbildung latenter Steuern deutlich erhöht.[1049] Hinsichtlich der Bildung von Steuerlatenzen aufgrund von Verlustvorträgen spricht LOITZ daher auch von einer „der schwierigsten Regelun-

[1049] Vgl. MAIER, M. T./WEIL, M., Auswirkungen des BilMoG, S. 2732; ENGELS, W., Aktive latente Steuern auf Verlustvorträge, S. 1557.

gen der Rechnungslegung“[1050]. Um den Eintritt künftiger Steuereffekte aufgrund des Abbaus temporärer Differenzen bzw. des Abzugs steuerlicher Zins- und Verlustvorträge (trotz der damit verbundenen Komplexität) plausibel einschätzen zu können, werden regelmäßig steuerliche Planungsrechnungen zu verwenden sein. In diese (steuerlichen) Planungen sind sämtliche aufgrund einer substantiierten Dokumentation hinreichend konkretisierte Maßnahmen einzubeziehen sowie die Konsequenzen der für die (steuerliche) Gewinnprognose relevanten steuerrechtlichen Vorgaben zu berücksichtigen.

Übersteigen die aktiven latenten Steuern am Abschlussstichtag die passiven Steuerlatenzen, kann das Unternehmen das Ansatzwahlrecht nach § 274 HGB im Falle eines saldierten Ausweises von Steuerlatenzen derart ausüben, dass ein Ansatz des Aktivüberhangs latenter Steuern unterbleibt. Ein lediglich teilweiser Ansatz aktiver Steuerlatenzen ist indes verboten. Entscheidet sich der Bilanzierende dagegen für einen unsaldierten Ausweis latenter Steuern, besteht das stetig auszuübende Aktivierungswahlrecht weder für den gesamten Betrag aktiver Latenzen noch für den (fiktiven) Aktivüberhang latenter Steuern.

Nachdem in diesem Abschnitt primär Ansatzfragen beantwortet wurden und damit verbunden herausgearbeitet wurde, welche Differenzen und steuerlichen Verlustvorträge den Ansatz latenter Steuern begründen, ist in den folgenden Abschnitten die auf Basis der ermittelten Differenzen und steuerlichen Verlustvorträge erforderliche Bewertung (latenter Steuern) zu erläutern.

43 Bewertung latenter Steuern auf Basis der relevanten Differenzen und steuerlichen Verlustvorträge

431. Vorbemerkungen

Nachdem die temporären Differenzen und steuerlichen Verlustvorträge identifiziert wurden, die einen Ansatz latenter Steuern begründen, stellt sich die Frage, welcher Steuersatz der Bewertung latenter Steuern zugrunde zu legen ist. Um diese Frage beantworten zu können, ist zunächst zu erläutern, welche konkrete Methode der Bilanzierung latenter Steuern und welche Bewertungsverfahren zu verwenden sind. Daraufhin wird der relevante Steuersatz konkretisiert, wobei insbesondere die steuerrechtlichen Besonderheiten bspw. im Hinblick auf die unterschiedlichen Rechtsformen und Ertragsteuerarten berücksichtigt werden. Im Anschluss daran ist zu diskutieren, wie die latenten Steuern in den Folgeperioden fortzuschreiben sind. Im Rahmen dieser Diskussion ist der in Abschnitt 34 erläuterte, z. T. besondere Charakter latenter Steuern zu berücksichtigen. In diesem Zusammenhang wird auch beleuchtet, inwieweit die allgemeinen handelsrechtlichen Bewertungsgrundsätze bei der Bewertung latenter

[1050] LOITZ, R., Nachbesserungen als Verbesserungen, S. 1391.

Steuern heranzuziehen sind.[1051] Abschließend wird das in § 274 HGB vorgeschriebene Verbot der Abzinsung der sich ergebenden Steuereffekte kritisch betrachtet.

432. Anzuwendende Methode und Bewertungsverfahren nach § 274 HGB

Latente Steuern ergeben sich durch die Multiplikation der den Ansatz latenter Steuern begründenden temporären Differenzen mit dem relevanten (künftigen) Steuersatz.[1052] Sie sind gemäß § 274 Abs. 2 Satz 1 HGB nicht abzuzinsen und werden in den Folgejahren fortgeschrieben. Wie in Abschnitt 42 ausführlich dargelegt wurde, werden die Steuerlatenzen gemäß § 274 Abs. 1 Sätze 1 und 2 HGB für solche Steuereffekte gebildet, die auf Basis von Differenzen zwischen handels- und steuerrechtlichen Wertansätzen entstehen, welche sich in späteren Geschäftsjahren wieder abbauen, sofern sich die Steuereffekte „daraus", d. h. also aus dem Abbau der Differenzen, ergeben. Steuerlatenzen spiegeln daher die erwartete Steuerbe- oder -entlastung im Zeitpunkt des Differenzenabbaus wider.[1053] Dies folgt explizit aus § 274 Abs. 2 Satz 1 HGB, wonach die Beträge der sich ergebenden Steuereffekte „mit den unternehmensindividuellen Steuersätzen im Zeitpunkt des Abbaus der Differenzen zu bewerten" sind. Demnach sind die im Abbauzeitraum gültigen, hinreichend konkretisierten künftigen Steuersätze im Rahmen der Bewertung latenter Steuern zu verwenden.[1054] Auch nach dem BilMoG ist damit die **Liability-Methode** anzuwenden.[1055] § 274 HGB verbindet daher die Liability-Methode mit dem Temporary-Konzept. Dies ist aus konzeptioneller Sicht sachgerecht, da die bilanzorientierte Ermittlung der temporären Differenzen ebenso wie die Liability-Methode einer zutreffenden Darstellung der Vermögenslage dient.[1056] Diese Kombination unterstützt den Zweck des § 274 HGB.[1057]

Die Komplexität der Ermittlung latenter Steuern hängt maßgeblich von den bereits am Abschlussstichtag hinreichend konkretisierten (künftigen) Änderungen der steuerrechtlichen Regelungen bzw. im Speziellen des relevanten Steuersatzes ab.

Sofern der aktuelle Steuersatz unverändert bleibt oder die Änderung des Steuersatzes unmittelbar eintritt und keine weitere, spätere Tarifänderung von der maßgebenden Körperschaft verabschiedet wurde, ist die Bewertung latenter Steuern unter Anwendung der Liability-

---

1051 Vgl. zur Bedeutung der allgemeinen handelsrechtlichen Bewertungsgrundsätze bei der Bewertung von Steuerlatenzen LÜDENBACH, N./HOFFMANN, W.-D., HGB-Rechnungslegung, S. 305; LOITZ, R., Nachbesserungen als Verbesserungen, S. 1390.

1052 Vgl. LIENAU, A., Latente Steuern im Konzernabschluss, S. 50.

1053 Vgl. SIMLACHER, A./SPANHEIMER, J., in: Küting/Weber, HdR-E, 5. Aufl., § 274 HGB, Rn. 52.

1054 Vgl. beispielsweise DRS 18.41; vgl. zur Konkretisierung des anzuwendenden Steuersatzes Abschnitt 433.

1055 Vgl. KOZIKOWSKI, M./FISCHER, N., Beck Bilanzkomm., 7. Aufl., § 274 HGB, Rn. 61; vgl. ausführlich zur Liability-Methode Abschnitt 233.2.

1056 Vgl. zum Temporary-Konzept Abschnitt 232.2.

1057 Vgl. zur Zwecksetzung des § 274 HGB Abschnitt 33.

Methode verhältnismäßig einfach. Die unmittelbar geltenden Steuersatzänderungen führen zu einer Anpassung des gesamten Bestands an latenten Steuern.[1058] Neubildungen und Auflösungen latenter Steuern basieren dementsprechend auf den (künftig) gültigen Steuersätzen. Die Einzelbewertung würde zu denselben Ergebnissen führen wie die, bspw. aus Vereinfachungsgründen verwendete, Gruppenbewertung.[1059] Brutto- und Nettomethode gelangen zum selben Resultat.[1060] Eine Gesamtbewertung, der eine Gesamtdifferenzbetrachtung zugrunde liegen würde, kommt nicht in Betracht, da, wie in Abschnitt 421.11 erläutert, nach § 274 HGB künftig eine Einzeldifferenzenbetrachtung erforderlich ist.

Sofern sich der Steuersatz in der Zukunft ändert bzw. Schwankungen des Steuersatzes in den künftigen Perioden bereits am Abschlussstichtag hinreichend sicher sind, stellt sich die Bewertung latenter Steuern indes schwieriger dar. Auf Basis der Einzeldifferenzenbetrachtung könnte eine **Einzelbewertung** jeder einzelnen relevanten temporären Differenz zu einer zutreffenderen Ermittlung latenter Steuern führen. Eine solche Einzelbewertung wäre allerdings kaum praktikabel und zudem auch vor dem Hintergrund des Grundsatzes der Wesentlichkeit kritisch.[1061] Zu untersuchen ist, inwieweit die schon angesprochenen **Gruppenbewertungsverfahren** zur Vereinfachung angewendet werden könnten. Dazu sind Differenzen mit identischer Ursache in einer Gruppe zusammenzufassen.[1062] Bei der **Bruttomethode** werden die Neubildungen und Auflösungen innerhalb der Gruppen getrennt betrachtet.[1063] In Abschnitt 234. wurde bspw. dargestellt, dass bei Neubildungen latenter Steuern künftige Steuersätze und bei Auflösungen von Steuerlatenzen historische Steuertarife verwendet werden könnten.[1064] Dies wäre indes lediglich dann sachgerecht, wenn sich die Bestände latenter Steuern noch bei Gültigkeit des alten (historischen) Steuersatzes und sich sämtliche Neubildungen zum neuen Steuersatz auflösen würden. Davon ist indes regelmäßig nicht auszugehen. Nach der Liability-Methode sind die Bestände latenter Steuern grundsätzlich an die neuen Steuersätze anzupassen. Somit wäre es sachgerecht, die Bestände in Abhängigkeit von den Abbauzeitpunkt(en) der ihnen zugrunde liegenden Differenzen zu unterteilen. Demnach ist zum einen die Höhe derjenigen Differenzen einer Gruppe zu ermitteln und schließlich mit dem relevanten Steuersatz zu bewerten, die sich vor der tatsächlichen Änderung des Steuersatzes abbauen sowie zum anderen die Höhe derjenigen Differenzen zu bestimmen und zu bewerten, die sich erst nach der Steuersatzänderung abbauen. Aus Wesentlichkeits- bzw. Vereinfachungsgründen könnten die Bestände unter Annahme plausibel einzuschätzender durch-

1058 Vgl. zur Vorgehensweise bei Anwendung der Liability-Methode Abschnitt 233.2.
1059 Vgl. zu den Methoden der Gruppenbewertung Abschnitt 234.
1060 Vgl. COENENBERG, A. G./HALLER, A./SCHULTZE, W., Jahresabschluss, S. 484.
1061 Vgl. HILLE, K., Latente Steuern im Einzel- und Konzernabschluß, S. 221 f.
1062 Vgl. Abschnitt 234.
1063 Vgl. zur Anwendung der Bruttomethode Abschnitt 234.
1064 Diese Vorgehensweise dient insbesondere der Deferred-Methode.

schnittlicher Zeiträume des Abbaus der temporären Differenzen der zu betrachtenden Gruppe aufgegliedert werden. In Ausnahmefällen, bspw. bei nur unwesentlichen Steuereffekten, ist ein Verzicht auf eine nähere Analyse der Bestände möglich. Eine differenzierte Analyse ist ferner für den Ansatz latenter Steuern auf neu entstandene temporäre Differenzen notwendig, da auch diese mit unterschiedlichen Steuersätzen zu bewerten sein könnten, falls sie sich vor bzw. nach einer hinreichend konkretisierten Änderung des Steuertarifs abbauen. Auch in diesen Fällen sind Annahmen über den (durchschnittlichen) Zeitraum des Abbaus der neuen Differenzen zu begründen. Bei der Auflösung der Differenzen bzw. Steuerlatenzen ist der Steuersatz der Periode des Abbaus der jeweiligen Differenz zu verwenden.

Auf Basis der **Nettomethode** werden die Neubildungen und Auflösungen der temporären Differenzen einer Gruppe saldiert betrachtet.[1065] Der saldierte Betrag ist nach der Liability-Methode mit dem hinreichend konkretisierten (künftigen) Steuersatz zu bewerten. Steht bereit am Abschlussstichtag fest, dass sich der aktuell gültige Steuersatz in einer künftigen Periode ändern wird, führt die Nettomethode zu dem Problem, dass nur schwerlich differenziert werden kann, welche Differenzen einer Gruppe sich vor bzw. nach der Steuersatzänderung abbauen. Wird bei der Bewertung lediglich der aktuelle oder künftige Steuersatz verwendet, könnte dies zu einer u. U. bedeutenden Verzerrung der Abbildung latenter Steuern führen, wenn der aktuelle Steuersatz signifikant von dem künftig relevanten Steuertarif abweichen würde. Daher scheint die Nettomethode lediglich dann nützlich zu sein, wenn keine wesentlichen zu antizipierenden Steuereffekte aus der Steuersatzänderung erwartet werden. Ansonsten könnte die Bewertung bspw. auf einem durchschnittlichen Steuersatz (Gewichtung des aktuellen und künftigen Steuersatzes) basieren. Dazu wären Annahmen zur Zusammensetzung des Saldos hinsichtlich des Zeitraums des Abbaus der zugrunde liegenden Differenzen sowie zur Maßgeblichkeit des alten bzw. des neuen Steuersatzes zu treffen. Da die Nettomethode im Gegensatz zur Bruttomethode nicht zwischen Auflösungen und Neubildungen latenter Steuern unterscheidet, ist die Bruttomethode vorzuziehen.

Wie in Abschnitt 421.11 erläutert, können die temporären Differenzen im Rahmen der **Einzeldifferenzenbetrachtung auf Bilanzpostenebene** ermittelt werden. Damit wird in Kauf genommen, dass temporäre Differenzen unterschiedlicher Vorzeichen und unterschiedlicher Fristigkeiten auf Ebene des Bilanzpostens saldiert werden.[1066] In der Konsequenz besteht jedoch zumindest auf Bilanzpostenebene die Möglichkeit, jede „einzelne“ Differenz zu bewerten. Demnach wäre allerdings für die zu betrachtende Bilanzpostendifferenz zumindest dann ein durchschnittlicher Abbauzeitraum der enthaltenen temporären Differenzen plausibel herzuleiten, wenn sich die relevanten Steuersätze in der Zukunft ändern und dies bereits am Ab-

[1065] Vgl. zur Anwendung der Nettomethode Abschnitt 234.
[1066] Vgl. dazu allgemein auch LOITZ, R., Latente Steuern nach dem BilMoG, S. 713.

schlussstichtag hinreichend sicher ist. Mithilfe des durchschnittlichen Abbauzeitraums könnten wiederum der differenziert zu ermittelnde Anpassungsbedarf des Bestands latenter Steuern bzw. die Neubildungen und Auflösungen berechnet werden. Je nach zugrunde gelegtem Abbauzeitraum sind die künftigen Steuersätze bei der Bewertung (differenziert) anzuwenden. Zu beachten ist indes, dass die Differenzen zumindest auf der letztgenannten Ebene des Bilanzschemas nach § 266 HGB ermittelt werden sollten. Sofern innerhalb eines Bilanzpostens, bspw. aufgrund einzelner, abweichend beurteilter Sachverhalte, stark divergierende Abbauzeiträume der temporären Differenzen bestehen, sollte dieser Bilanzposten weiter aufgegliedert und die angesprochenen Sachverhalte separiert werden, wenn ein wesentlicher Steuereffekt zu erwarten ist (Grundsatz der Wesentlichkeit).

433. Konkretisierung des zu verwendenden Steuersatzes

Das bilanzierende Unternehmen hat nur solche Ertragsteuern bzw. Steuerarten bei der Bestimmung des relevanten Steuersatzes für die Berechnung latenter Steuern zu berücksichtigen, für die es Steuersubjekt[1067] bzw. steuerpflichtig ist.[1068] Dabei ist zwischen den verschiedenen Steuerarten zu unterscheiden.[1069] Kapitalgesellschaften sind, wie im Folgenden noch näher erläutert wird, verpflichtet sowohl die Körperschaftsteuer und den Solidaritätszuschlag als auch die Gewerbesteuer zu leisten, während Personengesellschaften lediglich Steuerschuldner der Gewerbesteuer sind. Wie im vorangegangenen Abschnitt festgestellt, sind bei der Ermittlung latenter Steuern nach § 274 HGB die **unternehmensindividuellen Steuersätze im Zeitpunkt des Differenzenabbaus** zu verwenden.[1070] Eine umfassende, hinreichend sichere Prognose der künftigen Steuersätze dürfte indes nur schwerlich möglich sein.[1071] Es sind daher nur diejenigen künftigen Steuersätze heranzuziehen, die hinreichend konkretisiert und

---

[1067] Die Begriffe des „Steuersubjekts" bzw. „Steuerpflichtigen" können analog verwendet werden. Im Sinne des § 33 AO ist der Steuerpflichtige derjenige, der zur Erfüllung einer durch die Steuergesetze auferlegten Verpflichtung angehalten ist. Vgl. SCHEFFLER, W., Besteuerung von Unternehmen I, S. 10.

[1068] Vgl. THEILE, C., Latente Steuern im Jahresabschluss, S. 648.

[1069] Vgl. GELHAUSEN, H. F./FEY, G./KÄMPFER, G., Rechnungslegung und Prüfung, Rn. M 44.

[1070] Der Steuersatz ist indes unabhängig von der Definition des Unternehmens und bezieht sich stattdessen auf das jeweilige Steuersubjekt bzw. die steuerliche Einheit. Vgl. LOITZ, R., Latente Steuern nach dem Bilanzrechtsmodernisierungsgesetz, S. 253. Die Forderung in § 274 Abs. 2 Satz 1 HGB nach der Verwendung „unternehmensindividuelle[r] Steuersätze" [Anpassung durch den Verfasser] scheint auf den ersten Blick fragwürdig zu sein. Vielmehr sind „steuersubjektbezogene" Steuersätze zu verwenden, wie bspw. in den Erläuterungen zum Regierungsentwurf klargestellt wird. Vgl. BT-Drucksache 16/10067, S. 68. KÜTING/SEEL erklären die Sinnhaftigkeit der gesetzlichen Verwendung des Begriffs der „unternehmensindividuellen Steuersätze" mit der Regelung des § 306 Satz 5 HGB, die hinsichtlich der Bewertung von latenten Steuern, welche aufgrund von Konsolidierungsmaßnahmen entstehen, auf die Regelungen des § 274 Abs. 2 HGB verweist. Damit könnte darauf angespielt werden, dass grundsätzlich die „unternehmensindividuellen" Steuersätze der Konzerntochterunternehmen bei der Bildung latenter Steuern zu verwenden sind. Vgl. KÜTING, K./SEEL, C., Latente Steuern, S. 516.

[1071] Vgl. dazu auch MAIER, M. T./WEIL, M., Auswirkungen des BilMoG, S. 2734.

damit intersubjektiv nachprüfbar bzw. objektiviert sind.[1072] Die relevanten Steuersätze sind somit in den **Grenzen des Stichtagsprinzips** zu bestimmen.[1073] Damit sind also in Anlehnung an die Regelungen des IAS 12.47 f. diejenigen Steuersätze im Rahmen der Ermittlung latenter Steuern zu verwenden, die von der maßgebenden gesetzlichen Körperschaft verabschiedet wurden.[1074] Sofern es sich um Änderungen von Steuergesetzen und damit bspw. um einen modifizierten Körperschaftsteuersatz, einen geänderten Solidaritätszuschlag oder einer angepassten Steuermesszahl handelt, muss also der Bundesrat der Gesetzesänderung spätestens am Bilanzstichtag zugestimmt haben.[1075] Die Unterschrift des Bundespräsidenten oder die Veröffentlichung des Gesetzes im Bundesgesetzblatt sind keine notwendigen Voraussetzungen.[1076] Sofern indes die künftigen Hebesätze zwecks Ermittlung der Gewerbesteuer bestimmt werden sollen, muss die zuständige Vertretung der Gemeinde den geänderten Sätzen zugestimmt haben.[1077] Die Steuersätze sind unabhängig davon anzupassen, in welche Richtung (Erhöhung/Minderung) sich die Steuersätze verändern.[1078] Bis zur Verabschiedung der künftigen Steuersätze sind die am Bilanzstichtag gültigen Steuersätze zu verwenden.[1079]

Kapitalgesellschaften sind gemäß § 1 Abs. 1 Nr. 1 und Abs. 2 KStG grundsätzlich mit sämtlichen Einkünften körperschaftsteuerpflichtig. Nach § 23 Abs. 1 KStG unterliegt das zu versteuernde Einkommen einem **Körperschaftsteuersatz** (s_{KSt}) von 15 %. Zusätzlich haben Kapitalgesellschaften den **Solidaritätszuschlag** (s_{SolZ}) in Höhe von 5,5 % auf die festgesetzte Körperschaftsteuer zu beachten (§ 4 SolZG). Ferner ist sowohl von Kapital- als auch von Personengesellschaften die **Gewerbesteuer** zu entrichten. Diese errechnet sich gemäß § 16 Abs. 1 GewStG indem der Steuermessbetrag mit dem Hebesatz (der Gemeinden) multipliziert wird. Der Steuermessbetrag ergibt sich gemäß § 11 Abs. 1 GewStG wiederum aus dem Produkt von Gewerbeertrag und der Steuermesszahl (m) in Höhe von 3,5 % (§ 11 Abs. 2 GewStG). Der relevante Gewerbesteuersatz folgt also aus der Multiplikation der Steuermesszahl von 3,5 % und dem jeweiligen Hebesatz (HS) der relevanten Gemeinde. Gemäß § 8 Abs. 1 Satz 1 KStG i. V. m. § 4 Abs. 5b EStG ist die Gewerbesteuer genauso wie die Körperschaftsteuer nach § 10 Nr. 2 KStG nicht als Betriebsausgabe abziehbar. Ebenso stellt der Soli-

---

1072 Vgl. BAETGE, J./KIRSCH, H.-J./THIELE, S., Bilanzen, S. 540.

1073 Vgl. zum relevanten Steuersatz vor BilMoG KARRENBROCK, H., Latente Steuern in Bilanz und Anhang, S. 254.

1074 Vgl. BT-Drucksache 16/10067, S. 68.

1075 Vgl. beispielsweise DRS 18.48; PRINZ, U./RUBERG, L., Latente Steuern nach dem BilMoG, S. 349; BT-Drucksache 16/10067, S. 68.

1076 Vgl. LÜDENBACH, N./FREIBERG, J., Fragen der Steuerlatenzierung, S. 1972; THEILE, C., Latente Steuern im Jahresabschluss, S. 648.

1077 Vgl. KIRSCH, H., Ertragsteueraufwand bei Personenhandelsgesellschaften, S. 1977; PÖLLER, R., Sonderprobleme und Umsetzung der Neuregelungen, S. 14.

1078 Vgl. KARRENBROCK, H., Von der Steuerabgrenzung zur Bilanzierung latenter Steuern, S. 331.

1079 Vgl. GELHAUSEN, H. F./FEY, G./KÄMPFER, G., Rechnungslegung und Prüfung, Rn. M 44; BT-Drucksache 16/10067, S. 68.

darität szuschlag als Personensteuer keine abzugsfähige Ausgabe dar (§ 10 Nr. 2 KStG).[1080] Unter der Annahme eines (durchschnittlichen) Hebesatzes von 400 % ergibt sich damit der folgende relevante Gesamtsteuersatz „s“:[1081]

$$s = s_{KSt} \cdot (1 + s_{SolZ}) + m \cdot HS = 0{,}15 \cdot (1 + 0{,}055) + 0{,}035 \cdot 4 = 29{,}83\ \%.$$

Im Bereich der deutschen Steuerhoheit können Kapitalgesellschaften daher grundsätzlich mit einem Steuersatz von 30 % rechnen.[1082]

Personengesellschaften sind dagegen lediglich Steuerschuldner der Gewerbesteuer (§ 5 Abs. 1 Satz 3 GewStG).[1083] Sie sind weder Steuersubjekt der Einkommen- noch der Körperschaftsteuer.[1084] Für sie gilt entsprechend ein auf den Gewerbeertrag anzuwendender Steuersatz von 14 %, sofern ein durchschnittlicher Hebesatz von 400 % vorausgesetzt wird.

Der **Einkommensteuer** kommt bei der Ermittlung der relevanten Steuersätze generell **keine Bedeutung** zu, da es sich bei ihr nicht um eine Unternehmensteuer handelt.[1085] Sie betrifft stattdessen die Privatsphäre der Gesellschafter.[1086]

Bei der Ermittlung der relevanten Steuersätze sind ferner sachverhaltsspezifische, steuerrechtliche Besonderheiten zu berücksichtigen. Ein Unternehmen, das bspw. über diverse Betriebsstätten in mehreren Gemeinden gewerbesteuerpflichtig ist, hat bei der Ermittlung der Gewerbesteuer die sich ggf. **unterscheidenden Hebesätze** der betroffenen Gemeinden zu berücksichtigen. Der Steuermessbetrag ist dazu gemäß § 28 Abs. 1 Satz 1 GewStG auf die einzelnen Gemeinden zu verteilen.[1087] Gemäß § 29 Abs. 1 Nr. 1 GewStG richtet sich die Zerlegung des Steuermessbetrags nach dem Verhältnis der Arbeitslöhne, die an die in der Betriebsstätte beschäftigten Arbeitnehmer gezahlt wurden, zu den insgesamt gezahlten Arbeitslöhnen an die Arbeitsnehmer sämtlicher Betriebsstätten. Dabei ist das Stichtagsprinzip zu berücksichtigen, so dass grundsätzlich das entsprechende Verhältnis des Erhebungszeitraums

---

1080 Vgl. BAETGE, J./KIRSCH, H.-J./THIELE, S., Bilanzen, S. 540 f.
1081 Vgl. BAETGE, J./KIRSCH, H.-J./THIELE, S., Bilanzen, S. 541.
1082 Vgl. LÜDENBACH, N./HOFFMANN, W.-D., HGB-Rechnungslegung, S. 306.
1083 Vgl. KOZIKOWSKI, M./FISCHER, N., Beck Bilanzkomm., 7. Aufl., § 274 HGB, Rn. 62.
1084 Vgl. LIENAU, A., Latente Steuern im Konzernabschluss, S. 55.
1085 Vgl. THEILE, C., Latente Steuern im Jahresabschluss, S. 648.
1086 Vgl. COENENBERG, A. G./HALLER, A./SCHULTZE, W., Jahresabschluss, S. 476; KOZIKOWSKI, M./FISCHER, N., Beck Bilanzkomm., 7. Aufl., § 274 HGB, Rn. 62.
1087 Dies gilt gemäß § 28 Abs. 1 Satz 2 GewStG auch für den Fall, dass sich eine Betriebsstätte über mehrere Gemeinden verteilt oder wenn eine Betriebsstätte im Erhebungszeitraum von einer Gemeinde in eine andere Gemeinde verlegt wurde. Im erst genannten Fall ist der Steuermessbetrag gemäß § 30 GewStG „nach der Lage der örtlichen Verhältnisse unter Berücksichtigung der durch das Vorhandensein der Betriebsstätte erwachsenen Gemeindelasten“ auf die Gemeinden zu zerlegen.

heranzuziehen ist.[1088] Die für die Bewertung latenter Steuern relevanten Hebesätze sind daher auf Basis der auf die jeweilige Gemeinde entfallenden Arbeitslohnsumme zu gewichten, so dass sich in der Konsequenz der erwartete, gewogene durchschnittliche Hebesatz ergibt.[1089]

Neben den deutschen Steuertarifen sind ggf. auch **ausländische Steuersätze** zu berücksichtigen. Dies ist vor allem dann der Fall, wenn Unternehmen im DBA-Ausland mit Freistellungsverfahren Betriebsstätten unterhalten, die zu einer Steuerpflicht unter ausländischer Steuerhoheit führen.[1090] Bei der Ermittlung der für die Bewertung latenter Steuern relevanten Steuersätze ist die im Ausland ggf. unterschiedliche Besteuerung verschiedener Einkunftsarten bei der Ermittlung des relevanten Steuersatzes zu beachten.[1091] Die Unternehmen haben die ausländischen Steuersätze individuell den betroffenen Betriebsstätten zuzuordnen.[1092] Die ausländischen Regelungen können bspw. im Zusammenhang mit der Behandlung von (ausländischen) Verlustvorträgen von großer Bedeutung werden.[1093] Es zeigt sich, dass die Steuerlatenzen grundsätzlich getrennt für in- und ausländische Betriebsstätten zu berechnen sind.[1094]

Bei der Ermittlung des relevanten Steuersatzes dürfte es indes zu gestatten sein, dass Unternehmen einen durchschnittlichen Steuersatz für die Periode des Abbaus der temporären Differenz verwenden, wenn dieser künftig mit der Höhe des zu versteuernden Einkommens bzw. des Gewerbeertrags variieren sollte.[1095] Die Verwendung des tatsächlichen künftigen Steuersatzes scheint in diesem Falle nicht hinreichend sicher prognostizierbar.[1096] Der durchschnittliche Steuersatz ist indes intersubjektiv nachprüfbar zu ermitteln. Sollte in der Zukunft ferner die Art und Weise der Realisation des Guts für den anzuwendenden Steuersatz von Bedeutung sein, ist diese grundsätzlich zu berücksichtigen, sofern sie hinreichend konkretisiert ist.[1097]

1088 Vgl. KARRENBROCK, H., Latente Steuern in Bilanz und Anhang, S. 262. Dies entspricht auch dem gesetzlich geregelten Vorgehen (vgl. § 29 Abs. 2 GewStG).

1089 Vgl. KARRENBROCK, H., Latente Steuern in Bilanz und Anhang, S. 262; COENENBERG, A. G./HALLER, A./SCHULTZE, W., Jahresabschluss, S. 476; vgl. für eine Beispielrechnung zur Ermittlung des durchschnittlichen Hebesatzes WATRIN, C., Ertragsteuern, S. 238.

1090 Vgl. HOFFMANN, W.-D./LÜDENBACH, N., Irrungen und Wirrungen, S. 1481.

1091 Vgl. GELHAUSEN, H. F./FEY, G./KÄMPFER, G., Rechnungslegung und Prüfung, Rn. M 44.

1092 Vgl. LÜDENBACH, N./HOFFMANN, W.-D., HGB-Rechnungslegung, S. 306.

1093 Vgl. LÜDENBACH, N./HOFFMANN, W.-D., HGB-Rechnungslegung, S. 306.

1094 Vgl. HOFFMANN, W.-D./LÜDENBACH, N., Irrungen und Wirrungen, S. 1481.

1095 Vgl. DRS 18.44; LIENAU, A., Latente Steuern im Konzernabschluss, S. 51.

1096 Vgl. LIENAU, A., Latente Steuern im Konzernabschluss, S. 51.

1097 Vgl. LIENAU, A., Latente Steuern im Konzernabschluss, S. 55; vgl. zur Definition einer hinreichend konkretisierten Maßnahme vor allem Abschnitt 423.22.

434. Fortschreibung latenter Steuern

Aktive latente Steuern sowie diejenigen passiven Steuerlatenzen, denen quasi-permanente und/oder erfolgsneutral entstandene Differenzen zugrunde liegen, sind als Sonderposten eigener Art zu klassifizieren.[1098] Daher ist es fraglich, ob bei ihrer Fortschreibung bzw. (Folge-) Bewertung die allgemeinen Bewertungsvorschriften des § 253 HGB anzuwenden sind.[1099] Passive Steuerlatenzen, die auf temporären Differenzen basieren, welche auch zeitliche Ergebnisdifferenzen sind, erfüllen dagegen die Tatbestandsmerkmale einer Rückstellung für ungewisse Verbindlichkeiten,[1100] so dass für ihre Fortschreibung grundsätzlich die für Rückstellungen geltenden Bewertungsvorschriften relevant sind. Vor diesem Hintergrund ist die Fortschreibung latenter Steuern im Folgenden kritisch zu beleuchten.

In § 274 Abs. 2 Satz 2 HGB wird die Auflösung der ausgewiesenen latenten Steuern vorgeschrieben, wenn der Steuereffekt eintritt oder mit der zuvor angenommenen Steuerbe- oder -entlastung „nicht mehr zu rechnen ist“. Latente Steuern sind also bspw. nicht mittels pauschaler Bewertungsabschläge anzupassen,[1101] sondern dann aufzulösen, wenn sich die ihnen zugrunde liegenden Differenzen (planmäßig) abbauen bzw. die steuerlichen Verlustvorträge verrechnet werden und daher der zuvor mit der Bildung latenter Steuern antizipierte Steuereffekt eintritt oder wenn mit dem zuvor erwarteten Steuereffekt am Abschlussstichtag nicht mehr gerechnet wird.

Der zuerst genannte Auflösungsgrund, der steuerwirksame (planmäßige) **Abbau der Differenzen bzw. der steuerlichen Verlustvorträge**, sollte den Regelfall bilden. Im Falle passiver Steuerlatenzen mit Schuldcharakter handelt es sich dabei um eine gewöhnliche Inanspruchnahme, da lediglich die zuvor berücksichtigte Verpflichtung eintritt. Die im Entstehungszeitpunkt der temporären Differenzen bzw. steuerlichen Verlustvorträge gebildeten latenten Steuern sind jedoch erfolgswirksam aufzulösen,[1102] wohingegen (richtig bemessene) Rückstellungen ansonsten bei Inanspruchnahme erfolgsneutral aufzulösen sind.[1103] Ist mit der ursprünglich angesetzten Steuerbe- oder -entlastung am Abschlussstichtag indes nicht mehr zu rechnen, besteht ein **unerwarteter Korrekturbedarf**. Dieser resultiert für passive latente Steuern mit Rückstellungscharakter indes bereits aus den Vorgaben von § 249 Abs. 2

1098 Vgl. Abschnitt 34.

1099 Vgl. LOITZ, R., Nachbesserungen als Verbesserungen, S. 1390; vgl. dazu auch KIRSCH, H., Latente Steuern im Jahres- und Konzernabschluss, S. 516, der fordert, dass latente Steuern zu jedem Bilanzstichtag auf der Grundlage der dann relevanten Verhältnisse zu bilden sind. Aufgrund des besonderen Charakters latenter Steuern käme demnach eine außerplanmäßige Abschreibung nicht in Frage.

1100 Vgl. Abschnitt 341.3.

1101 Vgl. ZWIRNER, C., Latente Steuern (DRS 18), S. 571.

1102 Vgl. DRS 18.50; THEILE, C., Latente Steuern im Jahresabschluss, S. 642.

1103 Vgl. zur Inanspruchnahme und Auflösung von Verbindlichkeitsrückstellungen BAETGE, J./KIRSCH, H.-J./THIELE, S., Bilanzen, S. 422.

Satz 2 HGB, nach dem Rückstellungen aufzulösen sind, wenn „der Grund hierfür entfallen ist".

Im Sinne von § 274 Abs. 2 Satz 2 HGB ist der Wertansatz latenter Steuern unter Berücksichtigung der planmäßigen Auflösungen aufgrund des Abbaus der Differenzen bzw. der steuerlichen Verlustvorträge an jedem Abschlussstichtag zu beurteilen.[1104] Bei dieser Beurteilung sind notwendigerweise Änderungen der handels- bzw. steuerrechtlichen Vorschriften zu beachten.[1105] So führen bspw. Änderungen der Steuersätze zu Anpassungen der gebildeten latenten Steuern.[1106] Ferner sind die Annahmen und Wahrscheinlichkeitsüberlegungen zu prüfen, die bei der Bilanzierung der ausgewiesenen latenten Steuern zugrunde gelegt wurden.[1107] Dazu dient die nach dem BilMoG erforderliche Einzeldifferenzenbetrachtung, welche es möglich macht, die Steuerwirksamkeit bzw. Bewertung jeder einzelnen Differenz zu betrachten. Die Prüfung der Werthaltigkeit der ausgewiesenen latenten Steuern ist vor allem auch vor dem Hintergrund der Beurteilung steuerlicher Verlustvorträge mit einer **Fortschreibung der steuerlichen Planungsrechnung** verbunden.[1108] Änderungen der Planungsrechnungen können bspw. aus modifizierten Unternehmensplänen oder aus von der bisherigen Planung abweichenden Branchen- oder Gesamtwirtschaftsentwicklungen folgen.[1109] So könnten sich in einer auf die Entstehungsperiode der Differenzen folgenden Periode die künftigen Gewinnaussichten nachhaltig verschlechtert haben, was wiederum die zu versteuernden Ergebnisse reduzieren würde, die für eine Verrechnung mit den berücksichtigten, abzugsfähigen Differenzen oder den steuerlichen Verlustvorträgen genutzt werden sollten. Dies würde ggf. eine Wertberichtigung der zuvor angesetzten (aktiven) latenten Steuern notwendig machen.[1110] Ferner ist es beispielhaft denkbar, dass die Nutzbarkeit der Verlustvorträge durch nunmehr geplante Anteilsveräußerungen gemäß § 8c KStG (anteilig) untergehen werden,[1111] was analog zu einer Auflösung der in Vorjahren gebildeten latenten Steuern führen würde. Latente Steuern sind je nach zugrunde liegendem Sachverhalt ggf. auch lediglich anteilig aufzulösen,

---

1104 Vgl. KÜTING, K./SEEL, C., Latente Steuern, S. 517. Dies ergibt sich allerdings nicht nur aus § 274 Abs. 2 Satz 2 HGB, sondern auch aus den generellen Ansatzforderungen nach § 274 Abs. 1 HGB. § 274 HGB setzt nämlich bereits für den Ansatz latenter Steuern voraus, dass sich die Differenzen zwischen handels- und steuerrechtlichen Wertansätzen steuerwirksam abbauen werden. Vgl. Abschnitt 421.21.

1105 Vgl. beispielsweise DRS 18.46; KÜHNE, E./MELCHER, W./WESEMANN, M., Grundlagen und Zweifelsfragen, Teil 1, S. 1010.

1106 Vgl. DRS 18.47.

1107 Vgl. KÜHNE, E./MELCHER, W./WESEMANN, M., Grundlagen und Zweifelsfragen, Teil 1, S. 1011; NAUMANN, K.-P., Zweifelsfragen der Bilanzierung latenter Steuern, S. 698; HFA DES IDW, IDW ERS HFA 27, Rn. 28.

1108 Vgl. GELHAUSEN, H. F./FEY, G./KÄMPFER, G., Rechnungslegung und Prüfung, Rn. M 47; KOZIKOWSKI, M./FISCHER, N., Beck Bilanzkomm., 7. Aufl., § 274 HGB, Rn. 65.

1109 Vgl. LIENAU, A., Latente Steuern im Konzernabschluss, S. 61.

1110 Vgl. KOZIKOWSKI, M./FISCHER, N., Beck Bilanzkomm., 7. Aufl., § 274 HGB, Rn. 65.

1111 Vgl. zu den Regelungen des § 8c KStG Abschnitt 422.23.

wenn bspw. der Grund für ihre Bildung nicht vollständig entfallen ist.[1112] Die Auflösung latenter Steuern ist vor dem Hintergrund der allgemeinen handelsrechtlichen Bilanzierungsgrundsätze grundsätzlich erfolgswirksam vorzunehmen.[1113] KÜHNE/MELCHER/WESEMANN schränken den Grundsatz einer erfolgswirksamen Auflösung latenter Steuern indes dahingehend ein, dass in dem Fall, in dem der Sachverhalt, welcher der Auflösung zugrunde liegt, ausnahmsweise erfolgsneutral erfasst wird, auch die damit im Zusammenhang stehenden latenten Steuern erfolgsneutral aufzulösen sind.[1114]

Durch geänderte Rahmenbedingungen der Bilanzierung latenter Steuern kann der Bestand an Steuerlatenzen indes nicht nur vermindert, sondern auch erhöht werden. Damit sind auch „Zuschreibungen" latenter Steuern zulässig.[1115] Sie sind mit dem Zweck des § 274 HGB einer zutreffenden, hinreichend objektivierten Darstellung der wirtschaftlichen Unternehmenslage vereinbar. Im Falle passiver Steuerlatenzen mit Rückstellungscharakter sind indes zu niedrig bemessene Verpflichtungen bereits im Sinne von § 249 HGB zu erhöhen bzw. zu korrigieren.

Im Folgenden gilt es des Weiteren zu untersuchen, welche Auswirkungen das Aktivierungs- und das Saldierungswahlrecht auf die Fortschreibung latenter Steuern haben. Dazu ist zunächst zu beachten, dass sowohl über das Aktivierungs- als auch über das Saldierungswahlrecht erst zu entscheiden ist, nachdem die aktiven bzw. passiven latenten Steuern ermittelt wurde.[1116] Verzichtet ein Unternehmen auf den Ansatz eines Aktivüberhangs latenter Steuern, hat es in den Folgeperioden weiterhin zu dokumentieren bzw. nachzuweisen, dass ein Aktiv-

---

1112 Vgl. HFA DES IDW, IDW ERS HFA 27, Rn. 28.

1113 Vgl. GELHAUSEN, H. F./FEY, G./KÄMPFER, G., Rechnungslegung und Prüfung, Rn. M 45; HFA DES IDW, IDW ERS HFA 27, Rn. 33; DRS 18.54; vgl. zu den allgemeinen Ansatz- und Bewertungsgrundsätzen auch HFA DES IDW, IDW ERS HFA 38, Rn. 20. Im Entwurf zu DRS 18 (E-DRS 24.52) war dagegen im Sinne der Regelung des IAS 12.60 noch vorgesehen, dass „Anpassungen [...] ergebnisneutral zu erfassen [sind; Ergänzung durch den Verfasser], wenn auch ihre Bildung ergebnisneutral erfolgte. In allen anderen Fällen erfolgt die Erfassung ergebniswirksam." Die Ausnahmeregelung für erfolgsneutral gebildete latente Steuern wurde indes mit dem Hinweis aufgegeben, dass „das HGB eine erfolgsneutrale Bildung latenter Steuern – mit Ausnahme der BilMoG-Erstanwendung – nicht vorsieht […]" (DRSC (Hrsg.), Ergebnisbericht der 142. DSR-Sitzung, S. 2). Vgl. zur Regelung des E-DRS 24 ZWIRNER, C., Neue Regelungen, S. 9 sowie zur Regelung des DRS 18 ZWIRNER, C., Latente Steuern (DRS 18), S. 576 f. Ebenso weist auch LOITZ darauf hin, dass die Auswirkungen von Steuersatzänderungen „vollständig ergebniswirksam" zu erfassen sind und stellt zudem klar, dass diese Regelung auch „auf ursprünglich erfolgsneutral erfasste latente Steuern zu[trifft; Ergänzung durch den Verfasser]" (LOITZ, R., Latente Steuern nach dem BilMoG, S. 713).

1114 Vgl. KÜHNE, E./MELCHER, W./WESEMANN, M., Grundlagen und Zweifelsfragen, Teil 1, S. 1009 f. Vor dem Hintergrund der Anpassungsfrist nach § 301 Abs. 2 Satz 2 HGB fordert DRS 18.55 darüber hinaus eine ergebnisneutrale Auflösung latenter Steuern, wenn die latenten Steuern zuvor im Rahmen eines Unternehmenserwerbs angesetzt wurden, sich die Erwartungen jedoch innerhalb der nächsten zwölf Monate nach dem Erwerbszeitpunkt geändert haben.

1115 Vgl. KOZIKOWSKI, M./FISCHER, N., Beck Bilanzkomm., 7. Aufl., § 274 HGB, Rn. 65; KIRSCH, H., Ertragsteueraufwand bei Personenhandelsgesellschaften, S. 1977.

1116 Vgl. Abschnitt 421.11 sowie Abschnitt 422.432.

überhang latenter Steuern besteht. Dem nicht angesetzten Überhang aktiver Steuerlatenzen zugrunde liegende aktive bzw. passive latente Steuern sind fortzuentwickeln, d. h. aufzulösen, falls sich die Differenzen, auf denen sie beruhen, abbauen oder mit einem Steuereffekt nicht mehr zu rechnen ist. Ein vergleichbarer Aufwand ist grundsätzlich im Falle eines saldierten Ausweises eines Aktiv- bzw. Passivüberhangs notwendig. Allerdings ist die besondere Regelung des § 274 Abs. 1 Satz 4 HGB zu beachten, nach der steuerliche Verlustvorträge bei der Berechnung aktiver Steuerlatenzen nur berücksichtigt werden dürfen, wenn ihre Verrechnung innerhalb der nächsten fünf Jahre zu erwarten ist. Dies führt zum einen dazu, dass die ausgewiesenen aktiven latenten Steuern in ihrer Höhe begrenzt sind. Zum anderen ergibt sich daraus ggf. eine bereits in Abschnitt 422.432 erläuterte Besonderheit im Zusammenhang mit der Bilanzierung eines Passivüberhangs latenter Steuern. So wird eine künftige Steuerbelastung ausgewiesen, die in dieser Höhe nicht zu erwarten ist, wenn erst nach dem Fünf-Jahres-Zeitraum nutzbare steuerliche Verlustvorträge bestehen. Da § 274 Abs. 1 Satz 4 HGB indes als lex specialis bei Auflösung latenter Steuern zu berücksichtigen ist, sind die passiven Steuerlatenzen in diesem Falle nicht aufzulösen.

Insgesamt ist festzuhalten, dass die Fortschreibung angesetzter latenter Steuern eine umfassende (erneute) Beurteilung der Annahmen und Wahrscheinlichkeitsüberlegungen erfordert, welche der Bilanzierung latenter Steuern zugrunde liegen. Dazu sind insbesondere die steuerlichen Planungsrechnungen fortzuentwickeln. So können ggf. erforderliche Wertminderungen oder -erhöhungen latenter Steuern nachvollziehbar ermittelt werden.

435. Kritische Betrachtung des Abzinsungsverbots latenter Steuern

Die ermittelten latenten Steuern dürfen gemäß § 274 Abs. 2 Satz 1 HGB nicht diskontiert werden. § 274 HGB schreibt folglich explizit ein Abzinsungsverbot sowohl für aktive als auch für passive latente Steuern vor. Im Referentenentwurf wurde die Abzinsung latenter Steuern dagegen nicht explizit ausgeschlossen. Ferner wurden die passiven latenten Steuern im Entwurf als Rückstellung im Sinne des § 249 Abs. 1 Satz 1 HGB eingeordnet. Vor dem Hintergrund der nach dem BilMoG vorgeschriebenen Abzinsungspflicht von langfristigen Rückstellungen gemäß § 253 Abs. 2 Satz 1 HGB wurde in der Literatur teilweise intensiv über eine Diskontierungspflicht passiver und, in Analogie dazu, auch aktiver latenter Steuern diskutiert.[1117] Letztlich wurde das bereits angesprochene Abzinsungsverbot „klarstellend“[1118] mit dem Regierungsentwurf eingeführt und beibehalten.

Latente Steuern bilden wirtschaftlich bereits verursachte künftige Steuerentlastungs- bzw. -belastungseffekte der Unternehmen ab. Nach Maßgabe der Liability-Methode stellen aktive

[1117] Vgl. LOITZ, R., Nachbesserungen als Verbesserungen, S. 1392.
[1118] BT-Drucksache 16/10067, S. 68.

bzw. passive latente Steuern quasi ungewisse Forderungen bzw. Verpflichtungen gegenüber dem Finanzamt dar.[1119] Der Nennbetrag von Forderungen im Zusammenhang mit unverzinslichen bzw. niedrig verzinslichen Darlehen ist indes bis zur Höhe des Barwerts abzuwerten.[1120] Dies kann mit dem Niederstwertprinzip und dem Vorsichtsprinzip begründet werden.[1121] Zudem sind Rückstellungen mit einer „Restlaufzeit" von mehr als zwölf Monaten nach § 253 Abs. 2 Satz 1 HGB abzuzinsen. Entsprechende Konsequenzen wären ebenso für die Abbildung latenter Steuern nach § 274 HGB denkbar (gewesen). So kann bspw. den passiven Steuerlatenzen regelmäßig zumindest teilweise der Charakter einer Rückstellung für ungewisse Verbindlichkeiten zukommen.[1122] Die dargestellten Bilanzierungsweisen für Forderungen bzw. Verpflichtungen treten indes vor dem Abzinsungsverbot des § 274 HGB zurück.[1123] Fraglich ist indes, inwiefern das Abzinsungsverbot latenter Steuern mit dem Zweck der Bilanzierung latenter Steuern nach § 274 HGB vereinbar ist. Dieser besteht, wie in Abschnitt 33 erläutert, in der hinreichend objektivierten, zutreffenden Darstellung der Vermögens-, Finanz- und Ertragslage des bilanzierenden Unternehmens. Die folgende Untersuchung ist dabei wie folgt aufgebaut: Zunächst ist herauszuarbeiten, ob bzw. inwiefern das Abzinsungsverbot unter der Annahme, dass eine Abzinsung hinreichend objektiviert realisierbar ist, dazu führt, dass die wirtschaftliche Lage besser dargestellt wird. Darauf folgend ist zu diskutieren, ob eine hinreichend objektivierte Ermittlung latenter Steuern im Falle einer Abzinsungspflicht möglich wäre. Diese Vorgehensweise ermöglicht eine fundierte Beurteilung des Abzinsungsverbots.

Latenten Steuern liegen teilweise temporäre Differenzen zugrunde, die sich erst in ferner Zukunft abbauen werden. In diesen Fällen ist davon auszugehen, dass der „(Markt-)Wert" der latenten Steuern aufgrund des Abzinsungsverbots am Bilanzstichtag den ausgewiesenen Buchwert unterschreitet.[1124] Damit sind bspw. quasi-permanente Differenzen angesprochen. Ferner ist es möglich, dass auch vorhandene steuerliche Verlustvorträge unter Berücksichtigung des eingeschränkten Verrechnungszeitraums steuerlicher Verlustvorträge nach § 274 Abs. 1 Satz 4 HGB erst nach einigen Jahren genutzt werden können. Somit werden latente

1119 Vgl. Abschnitt 233.2.

1120 Vgl. BAETGE, J./KIRSCH, H.-J./THIELE, S., Bilanzen, S. 323.

1121 Vgl. in diesem Zusammenhang auch ADS, 6. Aufl., § 274 HGB, Rn. 33, die eine Abzinsung aktiver latenter Steuern vor dem BilMoG ausschließen, da diese keinen Vermögenscharakter besitzen und eine Abzinsung demnach nicht nach der Niederstwertvorschrift oder dem Vorsichtsprinzips gefordert werden kann.

1122 Vgl. Abschnitt 341.3; KOZIKOWSKI, M./FISCHER, N., Beck Bilanzkomm., 7. Aufl., § 274 HGB, Rn. 64; BAETGE, J./KIRSCH, H.-J./THIELE, S., Bilanzen, S. 541.

1123 Vgl. Abschnitt 35; vgl. auch BT-Drucksache 16/10067, S. 68; BAETGE, J./HAENELT, T./JONAS, M., Novellierte Bilanzierung latenter Steuern, S. 517.

1124 Vgl. ENGELS, W., Aktive latente Steuern auf Verlustvorträge, S. 1557; LIENAU, A., Latente Steuern im Konzernabschluss, S. 63-65.

Steuern in der Regel systematisch überbewertet.[1125] Diese Überbewertung bezieht sich zum einen auf einen überhöhten Ansatz latenter Steuern im Vergleich zu anderen Bilanzposten, wie bspw. den (abgezinsten) Rückstellungen.[1126] Zum anderen werden verschiedene temporäre Differenzen sowie die steuerlichen Verlustvorträge unabhängig vom Zeitpunkt ihres Abbaus bewertet,[1127] was ein verzerrtes Verhältnis der verschiedenen Differenzen zueinander bewirkt bzw. letztendlich zu Verzerrungen bei der Darstellung der wirtschaftlichen Lage führen wird.[1128] Diese Verzerrungen sind umso größer je weiter der Abbauzeitpunkt bzw. -zeitraum von Differenzen in der Zukunft liegt. Daher ist es vor allem fraglich, ob das Abzinsungsverbot für quasi-permanente Differenzen sachgerecht ist. Diese Differenzen bauen sich lediglich aufgrund unternehmerischer Dispositionen oder u. U. erst mit der Aufgabe der Unternehmenstätigkeit ab.[1129] Bei nicht geplanter Veräußerungsabsicht könnte es daher sachgerecht sein, dass die Ansatzhöhe latenter Steuern auf Basis dieser Differenzen aufgrund des Abzinsungseffekts gegen null konvergiert.[1130] Der potenzielle, künftige Steuereffekt aufgrund der bestehenden temporären Differenzen könnte indes trotzdem relevant für die Beurteilung eines Unternehmens sein, schließlich könnte ein bislang nicht geplanter Managementwechsel zu einer neuen strategischen Ausrichtung des Unternehmens führen, so dass sich die (zuvor) quasi-permanenten Differenzen abbauen könnten. Es wäre daher im Falle einer Abzinsungspflicht wünschenswert, den begründbaren Mangel an Informationen durch die Bilanz durch entsprechende Anhangangaben zu kompensieren.[1131] Der Zeiteffekt wäre generell durch eine adäquate Aufzinsung der latenten Steuern zum jeweiligen Bilanzstichtag zu berücksichtigen. Vor dem Hintergrund der Zielsetzung einer verbesserten Darstellung der wirtschaftlichen Lage des Unternehmens wäre also eine Abzinsung latenter Steuern unter der Annahme der Verwendung verlässlicher Prognoseparameter im ersten Schritt grundsätzlich zu unterstützen.[1132] Dennoch hat der Gesetzgeber ein Abzinsungsverbot in § 274 HGB vorgeschrieben. Dies

---

1125 Vgl. MAIER, M. T./WEIL, M., Auswirkungen des BilMoG, S. 2734; PRINZ, U./RUBERG, L., Latente Steuern nach dem BilMoG, S. 349; LOITZ, R./RÖSSEL, C., Die Diskontierung von latenten Steuern , S. 650 f.

1126 Vgl. MAIER, M. T./WEIL, M., Auswirkungen des BilMoG, S. 2734.

1127 Vgl. WENDHOLT, W./WESEMANN, M., Zur Umsetzung der HGB-Modernisierung, S. 67.

1128 Vgl. MAIER, M. T./WEIL, M., Auswirkungen des BilMoG, S. 2734; PRINZ, U./RUBERG, L., Latente Steuern nach dem BilMoG, S. 349. FREIBERG vertritt indes die Auffassung, dass eine Abzinsung latenter Steuern im Falle des Vorliegens temporärer Differenzen, die auf Wertansätze beruhen, welche auf Basis von Barwertkalkülen ermittelt wurden, zu einem „double counting" führt. Seiner Meinung nach stellt die temporäre Differenz schon eine diskontierte Größe dar, die nicht noch ein zweites Mal zu diskontieren ist. Vgl. FREIBERG, J., Rechtfertigung einer Abzinsung, S. 376 f.

1129 Vgl. Abschnitt 232.1.

1130 Vgl. LOITZ, R./RÖSSEL, C., Die Diskontierung von latenten Steuern , S. 648; LIENAU, A., Latente Steuern im Konzernabschluss, S. 66 f.

1131 Vgl. LIENAU, A., Latente Steuern im Konzernabschluss, S. 67.

1132 Die Abzinsung würde indes dazu führen, dass die Abbildung latenter Steuern nur schwerlich einem erklärbaren Zusammenhang zwischen dem Steueraufwand und dem handelsrechtlichen Ergebnis dienen würde. Vgl. zu dieser Kritik auch differenziert LOITZ, R./RÖSSEL, C., Die Diskontierung von latenten Steuern, S. 645 und 651.

könnte darauf hindeuten, dass eine Abzinsung latenter Steuern nicht hinreichend verlässlich bzw. objektivierbar wäre, was nun zu prüfen ist.

Die Abzinsung latenter Steuern wäre in denjenigen Fällen mit keinen unangemessenen Schwierigkeiten verbunden, in denen sich die zugrunde liegenden Differenzen planmäßig abbauen würden, bspw. entsprechend eines Abschreibungsplans. Der konkrete Abbauzeitpunkt könnte vergleichsweise leicht und im Regelfall hinreichend verlässlich bestimmt werden.[1133] Zu einer anderen Einschätzung gelangt man indes regelmäßig, sofern quasipermanente Differenzen betrachtet werden. Den Zeitpunkt ihres Abbaus verlässlich vorauszusagen, dürfte schwierig fallen.[1134] Sofern eine unternehmerische Disposition, welche zum Abbau der quasi-permanenten Differenzen führen würde, noch nicht hinreichend konkretisiert ist,[1135] liegt der Zeitpunkt des Abbaus in der nicht absehbaren, fernen Zukunft. Daraus dürfte ein Wertansatz von nahezu null zu folgern sein.[1136] Die Einschätzung eines „konkreten" Abbauzeitpunkts dürfte den Unternehmen in einigen Fällen einen mehr oder weniger großen Ermessens- bzw. Gestaltungsspielraum bieten.[1137] Damit wird die Vergleichbarkeit der Wertansätze im Zeitablauf und zwischen verschiedenen Unternehmen verschlechtert.[1138] Der Ermessensspielraum wird gemäß § 274 HGB lediglich für steuerliche Verlustvorträge durch eine Beschränkung des Verrechnungszeitraums reduziert. Eine hinreichend objektivierte Abzinsung von latenten Steuern, die auf temporären Differenzen basieren, würde indes eine detaillierte steuerliche Planung erfordern,[1139] die regelmäßig den Planungshorizont der in Abschnitt 423. vorgestellten Planungsrechnung übersteigen dürfte. Die Praktikabilität einer solchen hinreichend verlässlichen langfristigen Planung der künftigen Abbauzeitpunkte, welche die Komplexität der steuerlichen Regelungen angemessen berücksichtigen müsste, darf indes bezweifelt werden.[1140] Die Aufstellung einer solchen Rechnung dürfte zudem mit einem erheblichen, kaum vertretbaren zusätzlichen Erstellungs- und Dokumentationsaufwand ver-

---

1133 Vgl. KÜHNE, E./MELCHER, W./WESEMANN, M., Grundlagen und Zweifelsfragen, Teil 1, S. 1011.

1134 Vgl. LOITZ, R./RÖSSEL, C., Die Diskontierung von latenten Steuern , S. 646; ENGELS, W., Aktive latente Steuern auf Verlustvorträge, S. 1557; BAETGE, J./HAENELT, T./JONAS, M., Novellierte Bilanzierung latenter Steuern, S. 517.

1135 Vgl. zur Definition hinreichend konkretisierter Maßnahmen Abschnitt 423.22.

1136 Vgl. LOITZ, R./RÖSSEL, C., Die Diskontierung von latenten Steuern, S. 648.

1137 Vgl. KÜHNE, E./MELCHER, W./WESEMANN, M., Grundlagen und Zweifelsfragen, Teil 1, S. 1011; vgl. auch BAETGE, J./LIENAU, A., Praxis der Bilanzierung latenter Steuern, S. 17, die auf die geringere Zuverlässigkeit der Abschlussinformationen aufgrund von notwendigen Prognosen hinweisen, sich indes vor allem auf die Bilanzierung latenter Steuern nach IAS 12 beziehen.

1138 Vgl. zur Beurteilung der Einhaltung des Grundsatzes der Vergleichbarkeit bei der Bilanzierung latenter Steuern nach IAS 12 LIENAU, A., Latente Steuern im Konzernabschluss, S. 70 f.

1139 Vgl. LOITZ, R./RÖSSEL, C., Die Diskontierung von latenten Steuern , S. 650; STIBI, B./FUCHS, M., Erste Würdigung, S. 11; KESSLER, H./LEINEN, M./PAULUS, B., Das BilMoG und die latenten Steuern, Teil 1, S. 722.

1140 Vgl. GELHAUSEN, H. F./FEY, G./KÄMPFER, G., Rechnungslegung und Prüfung, Rn. M 46.

bunden sein.[1141] Dieser Aufwand ist ferner wohl kaum mit der allgemeinen Zielsetzung des BilMoG vereinbar, eine einfachere, kostengünstige Alternative zu den IFRS zu schaffen.[1142] Der theoretisch möglichen verbesserten Darstellung der wirtschaftlichen Lage eines Unternehmens durch eine Abzinsung latenter Steuern stehen folglich Zweifel an der hinreichenden Objektivität bzw. die Schwierigkeit der Ermittlung der für die Abzinsung relevanten Daten gegenüber, die auf die im Zeitablauf steigende Prognoseunsicherheit zurückzuführen sind. Schließlich begrenzt der Gesetzgeber vor allem aufgrund dieser Unsicherheiten auch die Berücksichtigung steuerlicher Verlustvorträge auf die in den nächsten fünf Jahren verrechnungsfähigen Verluste. Auch vor dem Hintergrund des Zwecks des § 274 HGB kann daher das Abzinsungsverbot der Steuerlatenzen gerechtfertigt werden. Schlussendlich haben mutmaßlich die Schwierigkeit, Komplexität und damit einhergehend die Probleme der Praktikabilität einer Abzinsung latenter Steuern dazu geführt, dass der deutsche Gesetzgeber dieses Verbot in § 274 Abs. 2 Satz 1 HGB entsprechend der internationalen Vorschriften vorgeschrieben hat.[1143]

Unternehmen, die nicht unter den Anwendungsbereich des § 274 HGB fallen, haben für künftige Steuerbelastungen grundsätzlich eine Rückstellung gemäß § 249 Abs. 1 Satz 1 HGB zu bilden.[1144] Sie unterliegen der generellen Abzinsungspflicht für Rückstellungen mit einer Restlaufzeit von zwölf Monaten gemäß § 253 Abs. 2 Satz 1 HGB. Allerdings gelten die zuvor ausgetauschten Argumente gegen eine Abzinsungspflicht latenter Steuern ebenfalls für diese Gesellschaften.[1145] Eine Abzinsungspflicht für kleine Unternehmen wäre daher wohl unangemessen.[1146] Somit ist es zu befürworten, dass sie auf eine Abzinsung latenter Steuern verzichten dürfen.

1141 Vgl. LOITZ, R., Nachbesserungen als Verbesserungen, S. 1392; MAIER, M. T./WEIL, M., Auswirkungen des BilMoG, S. 2734; vgl. dazu auch IAS 12.53.

1142 Vgl. LOITZ, R., Nachbesserungen als Verbesserungen, S. 1392; STIBI, B./FUCHS, M., Erste Würdigung, S. 11; BMJ (Hrsg.), Referentenentwurf, S. 1 und 61; BT-Drucksache 16/10067, S. 1 und 34; BT-Drucksache 16/12407, S. 1 und 83.

1143 Vgl. auch HFA DES IDW, IDW ERS HFA 27, Rn. 26; GELHAUSEN, H. F./FEY, G./KÄMPFER, G., Rechnungslegung und Prüfung, Rn. M 46; MAIER, M. T./WEIL, M., Auswirkungen des BilMoG, S. 2734. Auch nach IAS 12.53 ist eine Abzinsung latenter Steuern untersagt. Dies wird in IAS 12.54 damit begründet, dass die für eine Abzinsung latenter Steuern notwendige Aufstellung des zeitlichen Verlaufs der Auflösung der temporären Differenzen in vielen Fällen „nicht durchführbar“ oder „aufgrund ihrer Komplexität nicht vertretbar“ ist.

1144 Vgl. Abschnitt 341.2.

1145 Vgl. HFA DES IDW, IDW ERS HFA 27, Rn. 27; PETERSEN, K., Anwendungsfragen der Steuerabgrenzung, S. 259.

1146 Vgl. IDW (Hrsg.), Stellungnahme zum Regierungsentwurf, S. 7.

44 Ausweis latenter Steuern

441. Überblick und gesetzliche Grundlagen

Der Ausweis einer aktiven latenten Steuer in der Bilanz war vor dem BilMoG nicht explizit geregelt.[1147] Zudem war der konkrete Ausweis einer latenten Steuerbelastung nicht eindeutig geklärt.[1148] Nunmehr wird nach dem BilMoG klargestellt, dass eine sich insgesamt ergebende latente Steuerentlastung gemäß § 274 Abs. 1 Satz 2 HGB in dem Bilanzposten „**Aktive latente Steuern**" (§ 266 Abs. 2 D. HGB) ausgewiesen werden kann. Darüber hinaus wird in § 274 Abs. 1 Satz 1 HGB geregelt, dass eine sich insgesamt ergebende latente Steuerbelastung in der Bilanz in dem Posten „**Passive latente Steuern**" (§ 266 Abs. 3 E. HGB) auszuweisen ist. Latente Steuern sind nach dem aktiven bzw. dem passiven Rechnungsabgrenzungsposten auszuweisen. Während bereits im Referentenentwurf des BilMoG eine Saldierung latenter Steuern vorgesehen war, schrieb der Regierungsentwurf dagegen ein generelles Saldierungsverbot vor. Mit der Beschlussempfehlung des Rechtausschusses wurde schließlich ein Saldierungs- und damit Ausweiswahlrecht in § 274 HGB eingefügt. So besteht neben der Möglichkeit eines saldierten Ausweises (**Nettoausweis**) nach § 274 Abs. 1 Satz 3 HGB auch die Option, die latente Steuerbe- und die latente Steuerentlastung unsaldiert in den zuvor genannten Posten auszuweisen (**Bruttoausweis**). Ein solcher unverrechneter Ausweis latenter Steuern wurde trotz insoweit fehlender, eindeutiger gesetzlicher Regelung allerdings schon vor dem BilMoG für zulässig erachtet.[1149]

Mit dem BilMoG wird zudem der Ausweis latenter Steuererträge und latenter Steueraufwendungen in der GuV erstmals explizit geregelt.[1150] § 274 Abs. 2 Satz 3 HGB schreibt dazu vor, dass die Erfolge aus der Veränderung ausgewiesener latenter Steuern gesondert im Posten „**Steuern vom Einkommen und vom Ertrag**" auszuweisen sind. Der zu verwendende Gegenposten für erfolgsneutral gebildete latente Steuern wird nicht explizit vorgeschrieben. Wie bereits in Abschnitt 425. erläutert, sind hierzu grundsätzlich die Gewinnrücklagen zu verwenden. Im Falle eines Unternehmenserwerbs ist dagegen die Höhe des GoF aufgrund der Bildung der Steuerlatenzen zu erhöhen bzw. zu reduzieren. Es ist indes zu beachten, dass auch erfolgsneutral gebildete Steuerlatenzen allgemein erfolgswirksam aufzulösen sind.[1151]

1147 Vgl. für vor dem BilMoG mögliche Ausweisoptionen EBERHARTINGER, E., in: Baetge/Kirsch/Thiele, § 274 HGB, Rn. 127.

1148 Nach den Vorgaben von § 274 Abs. 1 Satz 1 HGB a. F. war eine Rückstellung gemäß § 249 Abs. 1 Satz 1 HGB zu bilden und „in der Bilanz oder im Anhang gesondert anzugeben". Vgl. zu möglichen Ausweisoptionen nach dem BiRiLiG vor allem IDW (Hrsg.), WP-Handbuch 2006, Bd. I, Rn. F 339.

1149 Vgl. EBERHARTINGER, E., in: Baetge/Kirsch/Thiele, § 274 HGB, Rn. 126.

1150 Vgl. zu den Regelungen vor dem BilMoG KARRENBROCK, H., in: HdJ, IIIa/1, Rn. 65.

1151 Vgl. dazu Abschnitt 232.2 sowie Abschnitt 434.

442. Kritische Betrachtung des Ausweises latenter Steuern in der Bilanz

442.1 Implikationen einer Saldierung aktiver und passiver Steuerlatenzen

Ertragsteuern sind grundsätzlich Jahressteuern, die auf Basis eines Kalenderjahres ermittelt werden.[1152] Sofern sich die abzugsfähigen temporären Differenzen in derselben Periode abbauen wie die zu versteuernden temporären Differenzen, beeinflussen sie dieselbe steuerliche Bemessungsgrundlage. Die Saldierung der mit diesen Differenzen zusammenhängenden aktiven und passiven latenten Steuern wäre in diesem Falle sachgerecht.[1153] Baut sich eine aktive Differenz in einer Periode vor der passiven Differenz ab, wird Erstere spätestens in Form eines Verlustvortrags mit der angesetzten und daher voraussichtlich steuerwirksamen passiven Differenz verrechnet.[1154] Der Eintritt einer Steuerentlastung aufgrund der abzugsfähigen temporären Differenz ist auch in diesem Falle zu erwarten. Vergleichbare Überlegungen gelten auch für die Berücksichtigung eines steuerlichen Verlustvortrags bzw. dessen Verrechnung mit den zu versteuernden temporären Differenzen. Solange ein Passivüberhang latenter Steuern (aus temporären Differenzen) besteht, ist auch von der Realisierbarkeit der steuerlichen Verlustvorträge auszugehen.[1155] Sofern sich eine aktive temporäre Differenz indes erst nach der passiven Differenz abbaut, ist der Eintritt ihrer Steuerwirkung unabhängig von der Steuerwirkung der passiven Differenz zu beurteilen. Es werden, abgesehen von einem möglichen Verlustrücktrag, unterschiedliche Bemessungsgrundlagen beeinflusst. Eine Verrechnung mit den zu versteuernden temporären Differenzen ist dann mit dem Vorsichtsprinzip nicht vereinbar.[1156] Relativierend ist indes zu bemerken, dass derlei Überlegungen, wie in dieser Arbeit erläutert, vor allem im Rahmen des Ansatzes bzw. der Fortschreibung von Steuerlatenzen zu beachten sind. Erst nachdem also festgestellt wurde, dass mit künftigen Steuereffekten zu rechnen ist und daraufhin latente Steuern ermittelt wurden, hat das Unternehmen quasi im zweiten Schritt über den Ausweis bzw. die Verrechnung der zuvor berechneten aktiven und passiven latenten Steuern zu entscheiden.

Um die steuerrechtliche Realität indes bestmöglich abzubilden, wären aktive und passive latente Steuern idealerweise getrennt nach den jeweiligen Ertragsteuerarten zu verrechnen, auf die sie sich beziehen. Bei dieser Trennung könnte auch zwischen den unterschiedlichen Steuerschuldnern bzw. -gläubigern differenziert werden. Die Datenbasis für eine solche Vorgehensweise bei der Saldierung latenter Steuern liegt durch die erforderliche Einzeldifferenzen-

---

1152 Vgl. Abschnitt 341.2; KARRENBROCK, H., Ausweis- und Saldierungsproblematik, S. 640 f.

1153 Vgl. KARRENBROCK, H., Ausweis- und Saldierungsproblematik, S. 641.

1154 Vgl. Abschnitt 421.23.

1155 Vgl. Abschnitt 422.432.

1156 Vgl. BAETGE, J./KIRSCH, H.-J./THIELE, S., Bilanzen, S. 542; COENENBERG, A. G./HALLER, A./SCHULTZE, W., Jahresabschluss, S. 482; KARRENBROCK, H., Von der Steuerabgrenzung zur Bilanzierung latenter Steuern, S. 332.

betrachtung im Regelfall vor.[1157] Diesen Überlegungen entsprechende Vorgaben macht DRS 18.40, welcher die Vorschriften des IAS 12.74 nahezu unverändert übernommen hat.[1158] Danach kann ein Unternehmen aktive und passive latente Steuern nur dann saldieren, wenn es zum einen ein einklagbares Recht besitzt, die tatsächlichen Steuererstattungsansprüche mit den tatsächlichen Steuerschulden aufzurechnen (DRS 18.40 a)). Zum anderen müssen sich die latenten Steuerforderungen bzw. -schulden auf Ertragsteuern beziehen, die gegenüber demselben Steuerschuldner bzw. -gläubiger bestehen (DRS 18.40 b)). Fraglich ist indes, ob diese Voraussetzungen für die Saldierung latenter Steuern im Jahresabschluss ebenfalls relevant sind.

Zunächst einmal sind die Konsequenzen einer eingeschränkten Saldierung zu erläutern. Dazu dient das folgende fortgeführte Beispiel aus Abschnitt 424.3, in dem davon ausgegangen wurde, dass ein Unternehmen aktive latente Steuern in Höhe von 150 GE und passive latente Steuern in Höhe von 100 GE ermittelt hat. Es sei nun darüber hinaus unterstellt, dass die aktiven Steuerlatenzen für künftige Entlastungen in Höhe von 120 GE und die passiven latenten Steuern für künftige Belastungen in Höhe von 60 GE aufgrund einer Ertragsteuerart I bestehen. Die restlichen aktiven bzw. passiven Latenzen für künftige Entlastungen bzw. Belastungen in Höhe von 30 GE bzw. 40 GE seien ferner aufgrund einer Ertragsteuerart II gebildet worden. Die Ausgangssituation wird in der folgenden Übersicht 4-2 veranschaulicht.

	Aktive Steuerlatenzen	**Passive Steuerlatenzen**	**Überhang**	
			aktiv	**passiv**
Ertragsteuer I	120	60	60	--
Ertragsteuer II	30	40	--	10
Gesamt	**150**	**100**	**50 (aktiv)**	

Übersicht 4-2: Beispiel zur eingeschränkten Saldierung latenter Steuern

Unter der Annahme, dass eine Saldierung nur dann möglich ist, wenn die restriktiven Voraussetzungen des DRS 18 erfüllt sind, könnte ein Unternehmen das Aktivierungswahlrecht des § 274 HGB streng genommen wohl nur auf den Aktivüberhang latenter Steuern aufgrund der Ertragsteuerart I nutzen. In der Bilanz würden letztlich wohl passive Steuerlatenzen in Höhe von 10 GE verbleiben, mit deren Höhe das Unternehmen indes in der Gesamtbetrachtung nicht rechnen würde, so dass dieser Posten nach § 274 Abs. 2 Satz 2 HGB im Sinne des Zwecks des § 274 HGB quasi im zweiten Schritt aufzulösen wäre. Entscheidet sich das Un-

1157 Vgl. KARRENBROCK, H., Ausweis- und Saldierungsproblematik, S. 642.

1158 Eine Betrachtung des zeitlichen Abbaus der temporären Differenzen für eine Saldierung aktiver und passiver latenter Steuern wird indes auch nach IAS 12.75 grundsätzlich nicht verlangt. Lediglich in Ausnahmefällen wird eine detaillierte Analyse der temporären Unterschiede gefordert (IAS 12.76).

ternehmen hingegen dazu, einen insgesamt entstehenden Aktivüberhang latenter Steuern anzusetzen, würden trotz der Wahl eines *saldierten* Ausweises in der Bilanz neben den aktiven Latenzen in Höhe von 60 GE auch passive Latenzen in Höhe von 10 GE verbleiben. Ein solches Ergebnis würde (umfangreiche) erläuternde Anhangangaben erfordern und dürfte wohl kaum mit den Vorgaben des § 274 HGB vereinbar sein. Im Gegensatz zu den internationalen Vorschriften sind in § 274 HGB nämlich nicht explizit besondere Voraussetzungen einer Saldierung aktiver und passiver latenter Steuern vorgeschrieben.[1159] Stattdessen regelt § 274 Abs. 1 Sätze 1 und 2 HGB allgemein, dass ein sich *insgesamt* aus dem Abbau der temporären Differenzen ergebender Steuereffekt anzusetzen ist (Passivüberhang) bzw. angesetzt werden kann (Aktivüberhang). Eine Einschränkung der Saldierung auf bestimmte Ertragsteuerarten, einen In- bzw. Auslandsbezug oder gar aufgrund der zeitlichen Reihenfolge des Abbaus der zugrunde liegenden aktiven bzw. passiven Differenzen wird daher nicht verlangt.[1160] Vielmehr erlaubt der Gesetzgeber den Unternehmen, die zuvor ermittelten Steuerlatenzen entweder vollständig unsaldiert oder vollständig saldiert auszuweisen. Diese Vorgabe kann auch damit gerechtfertigt werden, dass der Bilanzierende bereits bei der Ansatzentscheidung sowie bei der Fortschreibung latenter Steuern die Einschätzung künftiger steuerwirksamer Effekte aus dem Abbau der temporären Differenzen bzw. der steuerlichen Verlustvorträge (bspw. für jede Ertragsteuerart) plausibel zu untermauern hat. Die angesetzten bzw. gebildeten latenten Steuern umfassen somit tatsächlich erwartete Steuereffekte. Sollten daher bspw. die unterschiedlichen Ertragsteuerarten zu verschiedenen Wahrscheinlichkeitsüberlegungen hinsichtlich der Realisierbarkeit künftiger Steuereffekte führen, werden diese bereits bei der Bildung latenter Steuern berücksichtigt, so dass im nächsten Schritt eine Verrechnung der Steuerlatenzen hinnehmbar ist.

Die Regelungen des DRS 18.40 sind daher für den Jahresabschluss nicht haltbar.[1161] Die unterschiedlichen Steuerlatenzen können im handelsrechtlichen Jahresabschluss von den betroffenen Unternehmen somit uneingeschränkt saldiert werden, d. h. unabhängig vom zeitlichen Abbau der Differenzen sowie ebenso unabhängig vom Bezug der latenten Steuern zu unterschiedlichen Steuerschuldnern bzw. -gläubigern.[1162] Die Konsequenzen der Reihenfolge des Abbaus unterschiedlicher temporärer Differenzen sind z. B. stattdessen im Rahmen der Ansatzentscheidung bzw. Fortschreibung der Steuerlatenzen zu berücksichtigen. Darüber hinaus ist das Unternehmen anders als nach IAS 12 nicht gezwungen, die aktiven und passiven Steuerlatenzen zu saldieren, wenn die diskutierten Verrechnungsvoraussetzungen vorliegen.[1163] Im

1159 Vgl. LÜDENBACH, N./FREIBERG, J., Fragen der Steuerlatenzierung, S. 1971 f.

1160 Vgl. PRINZ, U./RUBERG, L., Latente Steuern nach dem BilMoG, S. 349.

1161 Vgl. LÜDENBACH, N./FREIBERG, J., Fragen der Steuerlatenzierung, S. 1971 f.

1162 Vgl. PRINZ, U./RUBERG, L., Latente Steuern nach dem BilMoG, S. 349.

1163 Vgl. PRINZ, U./RUBERG, L., Latente Steuern nach dem BilMoG, S. 349.

Sinne des § 274 Abs. 1 Satz 3 HGB sind im Falle eines unsaldierten Ausweises die zuvor ermittelten künftigen Steuerbelastungen und Steuerentlastungen *unverrechnet*, also vollständig, anzusetzen. Es wäre jedoch wünschenswert, wenn Informationen zur Zusammengehörigkeit der aktiven und passiven Steuerlatenzen zumindest durch differenziertere Anhangangaben vermittelt werden würden.

442.2 Ausweismöglichkeiten latenter Steuern

Vor dem Hintergrund des Aktivierungswahlrechts entsteht mit dem Ausweiswahlrecht ein beachtlicher, zumindest einmaliger Ermessensspielraum für die Unternehmen.[1164] So stehen dem Bilanzierenden grundsätzlich die folgenden Ausweismöglichkeiten (Grundfälle) zur Verfügung:

(1) Unsaldierter Ausweis sowohl aktiver als auch passiver latenter Steuern,[1165]
(2) saldierter Ausweis und Ansatz eines Passivüberhangs latenter Steuern bzw.
(3) saldierter Ausweis und Ansatz eines Aktivüberhangs latenter Steuern oder
(4) saldierter Ausweis und Verzicht auf den Ansatz eines Aktivüberhangs latenter Steuern (kein Ausweis latenter Steuern).[1166]

In Anlehnung an das Beispiel in Abschnitt 424.3, in dem unterstellt wurde, dass aktive Steuerlatenzen in Höhe von 150 GE und passive Steuerlatenzen in Höhe von 100 GE gebildet wurden, ergeben sich auf Basis der soeben aufgelisteten Grundfälle die folgenden konkreten Ausweismöglichkeiten:

Grundfall	Aktive Steuerlatenzen	Passive Steuerlatenzen
(1)	150	100
(2)	n/a	n/a
(3)	50	0
(4)	0	0

Übersicht 4-3: Beispiel zu den Ausweismöglichkeiten latenter Steuern

Mit der Variante (1) werden sowohl die ermittelten aktiven als auch die passiven latenten Steuern vollständig, d. h. in ihrer absoluten Höhe, ausgewiesen. Dies ermöglicht eine transparente,[1167] umfassende Darstellung der erwarteten künftigen Steuerbe- und -entlastungen, wo-

1164 Vgl. HERZIG, N./VOSSEL, S., Paradigmenwechsel, S. 1178; PRINZ, U./RUBERG, L., Latente Steuern nach dem BilMoG, S. 349; KÜTING, K./SEEL, C., Latente Steuern, S. 519.

1165 Im Falle eines unsaldierten Ausweises (Variante (1)) sind indes sämtliche aktive latente Steuern auszuweisen. Vgl. dazu Abschnitt 424.3.

1166 Vgl. beispielsweise THEILE, C., Latente Steuern im Jahresabschluss, S. 649; KÜTING, K./SEEL, C., Latente Steuern, S. 519.

1167 Vgl. KÜHNE, E./MELCHER, W./WESEMANN, M., Grundlagen und Zweifelsfragen, Teil 1, S. 1011.

durch die Vermittlung eines zutreffenden Einblicks in die wirtschaftliche Lage des Unternehmens unterstützt wird.[1168]

Die Varianten (2) bzw. (3) sind der Variante (1) unterlegen, da die konkrete Höhe der aktiven bzw. passiven latenten Steuern durch den saldierten Ausweis in der Bilanz nicht ersichtlich wird.[1169] Im Anhang ist indes auf den gewählten Nettoausweis hinzuweisen.[1170] Der Informationsmangel der Bilanz ist zudem, zumindest bei großen Kapitalgesellschaften sowie ihnen gleichgestellten Personengesellschaften, durch (zusätzliche) Anhangangaben zu kompensieren.[1171]

Wird Variante (4) gewählt, erhalten die Abschlussadressaten in der Bilanz keinerlei Informationen über bestehende künftige Steuerbe- und -entlastungen. Diese Ausweisoption ist den anderen Varianten unterlegen. Im Anhang ist auf den Verzicht des Ansatzes eines Aktivüberhangs hinzuweisen.[1172] Darüber hinaus sind weitere (quantitative) Anhangangaben zu den latenten Steuereffekten zu fordern.[1173]

Insgesamt ist die erste Ausweisvariante zu präferieren. Sie unterstützt insbesondere den Zweck des § 274 HGB am besten und ermöglicht daher den besten Einblick in die Vermögenslage des Unternehmens.[1174] Die Abschlussadressaten werden im Vergleich zu einem saldierten Ausweis besser informiert.[1175]

Einige Unternehmen könnten einen saldierten Ausweis latenter Steuern mit der Möglichkeit des Verzichts auf den Ansatz eines Aktivüberhangs präferieren, da sie bei der Nutzung dieser Variante mit einem geringeren Ermittlungsaufwand rechnen.[1176] Mit der eingeräumten Möglichkeit eines saldierten Ausweises erweckt der Gesetzgeber nämlich auf den ersten Blick den Eindruck, dass die latenten Steuern, wie bisher, auf Basis einer eher überschlägigen Ermittlung der (temporären) Gesamtdifferenz berechnet werden könnten.[1177] Wie bereits in Ab-

---

1168 Vgl. BAETGE, J./HAENELT, T./JONAS, M., Novellierte Bilanzierung latenter Steuern, S. 518 f.; BAETGE, J./KIRSCH, H.-J./THIELE, S., Bilanzen, S. 542.

1169 Vgl. BAETGE, J./HAENELT, T./JONAS, M., Novellierte Bilanzierung latenter Steuern, S. 518 f.

1170 Vgl. Abschnitt 462.2.

1171 Vgl. KESSLER, H./LEINEN, M./PAULUS, B., Das BilMoG und die latenten Steuern, Teil 1, S. 724; vgl. zu den erforderlichen Anhangangaben Abschnitt 462.53.

1172 Vgl. BAETGE, J./KIRSCH, H.-J./THIELE, S., Bilanzen, S. 542.

1173 Vgl. Abschnitt 462.53; BAETGE, J./HAENELT, T./JONAS, M., Novellierte Bilanzierung latenter Steuern, S. 519.

1174 Vgl. zum Zweck des § 274 HGB Abschnitt 33.

1175 Vgl. BT-Drucksache 16/10067, S. 67; BT-Drucksache 16/12407, S. 87.

1176 Eine dementsprechende Tendenz ist in der Praxis anscheinend schon erkennbar. Vgl. SPINGLER, M., Probleme bei der Anwendung, S. 1025.

1177 Zudem wird widersprüchlich in der Begründung zur Beschlussempfehlung des Rechtsausschusses darauf hingewiesen, dass künftig eine Gesamtdifferenzbetrachtung möglich bleibt. Vgl. BT-Drucksache 16/12407, S. 87 sowie dazu kritisch Abschnitt 421.11; KÜTING, K./SEEL, C., Latente Steuern, S. 518.

schnitt 421.11 dargestellt, ist indes künftig zwingend eine im Vergleich zur Gesamtdifferenzbetrachtung im Regelfall aufwendigere Einzeldifferenzenbetrachtung erforderlich.[1178] Zudem kann aufgrund diverser Gesetzesänderungen durch das BilMoG nicht (mehr) pauschal davon ausgegangen werden, dass ein nicht aktivierungspflichtiger Aktivüberhang entsteht.[1179] Insofern dürfte die Hoffnung auf einen (weiterhin) geringen Aufwand bei der Bilanzierung latenter Steuern aufgrund des Saldierungs- und Aktivierungswahlrechts latenter Steuern regelmäßig nicht erfüllt werden.[1180] Vielmehr sind nach dem BilMoG zunächst die aktiven bzw. passiven latenten Steuern zu ermitteln, bevor im zweiten Schritt, also erst nachgelagert, über ihren Ausweis zu entscheiden ist.[1181]

Ferner könnten Unternehmen einen saldierten Ausweis vor dem Hintergrund einer möglichen Gestaltung im Sinne einer Verbesserung bilanzanalytischer Kennzahlen vorziehen wollen.[1182] Durch den Nettoausweis wird die Bilanzsumme reduziert. Diese Bilanzverkürzung führt unter der Annahme eines positiven Eigenkapitals c. p. beispielsweise zu einer besseren Eigenkapitalquote sowie ebenso zu einem niedrigeren und damit besseren Verschuldungsgrad.[1183]

Der durch das Ausweiswahlrecht (i. V. m. dem Aktivierungswahlrecht) angedeutete Ermessens- bzw. Gestaltungsspielraum wird durch den Grundsatz der Stetigkeit eingeschränkt. Das Ausweiswahlrecht latenter Steuern ist stetig auszuüben.[1184] Dies ergibt sich zum einen implizit aus § 243 Abs. 2 HGB.[1185] Zum anderen fordert § 265 Abs. 1 Satz 1 HGB für Kapitalgesellschaften und haftungsbeschränkte Personengesellschaften explizit die Beibehaltung der Darstellungsform, vor allem der Gliederung der Bilanzen und der GuV in aufeinanderfolgenden Geschäftsjahren.[1186] Die Unternehmen sind also an die erstmalige Wahlrechtsausübung gebunden und sollten diese daher gründlich durchdenken.[1187] Nur in begründeten Ausnahmefällen können Unternehmen von der ursprünglich gewählten Ausweisvariante abweichen.[1188] Es kann indes davon ausgegangen werden, dass eine Umstellung vom saldierten zum unsal-

---

1178 Vgl. BAETGE, J./HAENELT, T./JONAS, M., Novellierte Bilanzierung latenter Steuern, S. 522.

1179 Vgl. Abschnitt 225.

1180 Vgl. KÜTING, K./SEEL, C., Latente Steuern, S. 518.

1181 Vgl. HERZIG, N./VOSSEL, S., Paradigmenwechsel, S. 1177 f.; LOITZ, R., Latente Steuern nach dem BilMoG, S. 713.

1182 Vgl. KÜTING, K./SEEL, C., Latente Steuern, S. 519.

1183 Vgl. SPINGLER, M., Probleme bei der Anwendung, S. 1026; ZWIRNER, C., Latente Steuern (DRS 18), S. 577.

1184 Vgl. DRS 18.57; HFA DES IDW, IDW ERS HFA 27, Rn. 31.

1185 Vgl. BAETGE, J./KIRSCH, H.-J., in: Küting/Weber, HdR-E, 5. Aufl., Kap. 4, Rn. 67; BAETGE, J./KIRSCH, H.-J./THIELE, S., Bilanzen, S. 116; KÜTING, K./SEEL, C., Latente Steuern, S. 520.

1186 Vgl. GELHAUSEN, H. F./FEY, G./KÄMPFER, G., Rechnungslegung und Prüfung, Rn. M 50.

1187 Vgl. LOITZ, R., Bilanzierung latenter Steuern nach dem BilMoG, S. 2185.

1188 Vgl. § 265 Abs. 1 Satz 1 HGB. Die Abweichungen sind indes im Anhang anzugeben und zu erläutern (§ 265 Abs. 1 Satz 2 HGB). Vgl. KESSLER, H./LEINEN, M./PAULUS, B., Das BilMoG und die latenten Steuern, Teil 1, S. 724.

dierten Ausweis im Regelfall zulässig sein wird, da hierdurch ein zutreffender Einblick in die wirtschaftliche Lage des bilanzierenden Unternehmens ermöglicht wird.[1189] Problematisch bleibt dagegen die eingeschränkte zwischenbetriebliche Vergleichbarkeit.[1190] Für einen Adressaten sind die Chancen und Risiken durch die künftigen Steuerent- bzw. -belastungen im Falle eines saldierten Ausweises aus der Bilanz nicht in ihrer Gänze ersichtlich. Der Vergleich mit einem Wettbewerber, der weniger umfangreiche Saldierungen vorgenommen hat, könnte damit zu verzerrten Schlüssen führen.[1191] Vor dem Hintergrund des Grundsatzes der Vergleichbarkeit ist das Saldierungswahlrecht daher nicht zu befürworten. Vielmehr wäre es im Sinne des Rechenschaftszwecks zu empfehlen, gesetzlich einen generellen Bruttoausweis latenter Steuern vorzuschreiben.[1192]

443. Kritische Betrachtung des Ausweises von latenten Steuereffekten in der Gewinn- und Verlustrechnung

Der Aufwand oder Ertrag aus der Veränderung bilanzierter Steuerlatenzen ist gemäß § 274 Abs. 2 Satz 3 HGB **gesondert** unter dem GuV-Posten „Steuern vom Einkommen und vom Ertrag" auszuweisen. Dieser Posten ist sowohl gemäß dem Gesamtkosten- als auch gemäß dem Umsatzkostenverfahren nach dem außerordentlichen Ergebnis anzusetzen (§ 275 Abs. 2 Nr. 18 HGB bzw. § 275 Abs. 3 Nr. 17 HGB). Er umfasst alle Ertragsteuerkomponenten, für die das Unternehmen Steuerschuldner ist.[1193] Dies betrifft bspw. die Körperschaftsteuer, den Solidaritätszuschlag und die Gewerbesteuer sowie vergleichbare ausländische Steuern.[1194] Dabei sind sowohl gezahlte als auch zurückgestellte Beträge ebenso wie mit den Steuern vom Einkommen und Ertrag verbundene Erträge unabhängig davon zu berücksichtigen, ob sie sich auf die aktuelle oder frühere Rechnungsperiode(n) beziehen.[1195] Da lediglich die insgesamt entstandene bzw. verursachte Steuerbelastung des Unternehmens abgebildet wird, ist es sachgerecht, Steueraufwendungen und Steuererträge saldiert in dem Posten auszuweisen und somit eine Gesamtbetrachtung vorzunehmen, die gegen das generelle Saldierungsverbot nach § 246 Abs. 2 Satz 1 HGB zu verstoßen scheint.[1196]

1189 Vgl. GELHAUSEN, H. F./FEY, G./KÄMPFER, G., Rechnungslegung und Prüfung, Rn. M 50.

1190 Vgl. HERZIG, N./VOSSEL, S., Paradigmenwechsel, S. 1178; BAETGE, J./HAENELT, T./JONAS, M., Novellierte Bilanzierung latenter Steuern, S. 521; BAETGE, J./SCHMIDT, A., Erleichterung oder Erschwernis, S. 180.

1191 Vgl. SPINGLER, M., Probleme bei der Anwendung, S. 1025.

1192 Vgl. BAETGE, J./HAENELT, T./JONAS, M., Novellierte Bilanzierung latenter Steuern, S. 525.

1193 Vgl. SIMLACHER, A./SPANHEIMER, J., in: Küting/Weber, HdR-E, 5. Aufl., § 274 HGB, Rn. 67; BAETGE, J./KIRSCH, H.-J./THIELE, S., Bilanzen, S. 620.

1194 Vgl. ADS, 6. Aufl., § 275 HGB, Rn. 185.

1195 Vgl. KIRSCH, H.-J./SIEFKE, K./EWELT, C., in: Baetge/Kirsch/Thiele, § 275 HGB, Rn. 274 f.

1196 Vgl. BAETGE, J./KIRSCH, H.-J./THIELE, S., Bilanzen, S. 620; ADS, 6. Aufl., § 275 HGB, Rn. 189.

Neben den tatsächlichen Steuern sind auch latente Steueraufwendungen und -erträge unter den „Steuern vom Einkommen und vom Ertrag" zu berücksichtigen. Die Bildung einer aktiven latenten Steuer mindert den Posten „Steuern vom Einkommen und vom Ertrag" bzw. den Steueraufwand, wohingegen der Ansatz einer passiven latenten Steuer diesen (Aufwands-) Posten erhöht. Bei der Auflösung der gebildeten aktiven bzw. passiven Steuerlatenzen drehen sich diese Effekte entsprechend um.[1197] § 274 Abs. 2 Satz 3 HGB fordert einen „gesonderten" Ausweis der latenten Steuereffekte. Die latenten Steuererfolge sind daher im Sinne des Grundsatzes der Klarheit und Übersichtlichkeit **getrennt** von den tatsächlichen Steuererfolgen auszuweisen.[1198] Eine Trennung zwischen latenten Steueraufwendungen und -erträgen wird indes nicht verlangt.[1199] Die Gesamtbetrachtung der latenten Steuereffekte ist analog zur Begründung einer saldierten Betrachtung der tatsächlichen Steuerzahlungen und -erstattungen sachgerecht. Diese Interpretation wird zudem vom Wortlaut des § 274 Abs. 2 Satz 3 HGB unterstützt, der vom „Aufwand **oder** Ertrag aus der Veränderung bilanzierter latenter Steuern" [Hervorhebung durch den Verfasser] spricht. Mit der Verrechnung von latenten Aufwendungen und Erträgen werden auch die Steuereffekte von Neubildungen und Auflösungen saldiert.[1200]

Für den gesonderten Ausweis latenter Steuern stehen den Unternehmen unter Beachtung des Grundsatzes der Klarheit und Übersichtlichkeit mehrere Alternativen zur Verfügung. So können sie einen Davon-Vermerk aufnehmen, eine Angabe in einer Vorspalte machen oder einen Unterposten bilden bzw. eine gesonderte Zeile einfügen,[1201] jeweils bspw. unter der Postenbezeichnung „Latenter Steuerertrag" bzw. „Latenter Steueraufwand".[1202]

Es ist möglich, dass der Posten „Steuern vom Einkommen und Ertrag" (insgesamt) einen Habensaldo ausweist, z. B. durch die umfangreiche Aktivierung von Steuerlatenzen. Auch ein solcher Saldo ist auszuweisen.[1203] Allerdings sollte im Sinne des Grundsatzes der Klarheit und Übersichtlichkeit die Bezeichnung des gesamten Steuerpostens angepasst werden.[1204]

1197 Vgl. ADS, 6. Aufl., § 275 HGB, Rn. 190.

1198 Vgl. BUDDE, A., in: Küting/Weber, HdR-E, 5. Aufl., § 275 HGB, Rn. 96; BAETGE, J./KIRSCH, H.-J./THIELE, S., Bilanzen, S. 543.

1199 Vgl. dazu auch FÖRSCHLE, G., in: Beck Bilanzkomm., 7. Aufl., § 275 HGB, Rn. 245; MAIER, M. T./WEIL, M., Auswirkungen des BilMoG, S. 2734.

1200 Vgl. FÖRSCHLE, G., in: Beck Bilanzkomm., 7. Aufl., § 275 HGB, Rn. 245; PANNEN, M., in: Die Bilanzrechtsreform, Rn. 478.

1201 Vgl. GELHAUSEN, H. F./FEY, G./KÄMPFER, G., Rechnungslegung und Prüfung, Rn. M 52; DRS 18.60; HFA DES IDW, IDW ERS HFA 27, Rn. 32.

1202 Vgl. MAIER, M. T./WEIL, M., Auswirkungen des BilMoG, S. 2734; KÜTING, K./SEEL, C., Latente Steuern, S. 520.

1203 Nach dem HFA DES IDW (IDW RS HFA 6, Rn. 36) sind im Falle einer Änderung des Jahresabschlusses Steuererstattungen, welche diese Anpassungen bspw. begründen, im Steuerposten zu berücksichtigen, „auch wenn dieser dadurch negativ wird". Vgl. BUDDE, A., in: Küting/Weber, HdR-E, 5. Aufl., § 275

§ 274 Abs. 2 Satz 3 HGB fordert ferner explizit den gesonderten Ausweis latenter Steuererfolge „in der Gewinn- und Verlustrechnung“. Daher ist es grundsätzlich nicht ausreichend, den Betrag des latenten Steuererfolgs lediglich im Anhang anzugeben.[1205] Im Anhang sind dagegen Angaben zu den Differenzen, die den latenten Steuern zugrunde liegen und zu den steuerlichen Verlustvorträgen sowie den relevanten Steuersätzen zu machen (§ 285 Nr. 29 HGB).[1206] Es wäre indes je nach dem zu betrachtenden Einzelfall sachgerecht und daher zu befürworten, wenn ein Sachverhalt, welcher den Steuerposten wesentlich beeinflusst hat, nicht nur durch die Anhangangaben ersichtlich wird, sondern bereits in der GuV durch eine entsprechende separate Betragsangabe unter Beachtung des Grundsatzes der Klarheit und Übersichtlichkeit gekennzeichnet werden würde, bspw. durch einen Unterposten oder einem (weiteren) Davon-Vermerk.[1207]

Zudem ist zu untersuchen, ob es sachgerecht und ferner zulässig wäre, (bestimmte) Erfolge aus dem Ansatz bzw. den Veränderungen latenter Steuern in den „sonstigen betrieblichen Aufwendungen“ bzw. „sonstigen betrieblichen Erträgen“ oder im außerordentlichen Ergebnis anstatt im Posten „Steuern vom Einkommen und vom Ertrag“ zu erfassen. Die sonstigen betrieblichen Aufwendungen bzw. Erträge bilden Sammelposten, die sämtliche betriebliche Erfolge umfassen, die keinem anderen Posten des Gliederungsschemas zugeordnet werden können.[1208] Sie sind vor allem abzugrenzen von dem außerordentlichen Ergebnis. Im außerordentlichen Ergebnis werden Erfolge erfasst, die für die gewöhnliche Geschäftstätigkeit untypisch sind und die zudem unregelmäßig anfallen, dementsprechend also nicht erwartet

HGB, Rn. 96; vgl. auch KESSLER, H./LEINEN, M./PAULUS, B., Das BilMoG und die latenten Steuern, Teil 1, S. 724.

1204 Vgl. dazu auch ADS, 6. Aufl., § 275 HGB, Rn. 187.

1205 Vgl. ZWIRNER, C., Latente Steuern (DRS 18), S. 577. Da eine Zusammenfassung von mit arabischen Zahlen versehenen Posten der Bilanz bzw. der GuV zulässig ist, sofern die Posten unwesentlich sind (§ 265 Abs. 7 Nr. 1 HGB) oder die Zusammenfassung der Klarheit der Darstellung dient und zudem eine Angabe im Anhang vorgenommen wird (§ 265 Abs. 7 Nr. 2 HGB), sehen es SIMLACHER/SPANHEIMER als sachgerecht an, unter den genannten Voraussetzungen auch den tatsächlichen und latenten Steuererfolg zusammengefasst auszuweisen. Dies gilt ihrer Auffassung nach umso mehr, als dass es sich hierbei um einzelne Sachverhalte eines Postens handelt. Vgl. SIMLACHER, A./SPANHEIMER, J., in: Küting/Weber, HdR-E, 5. Aufl., § 274 HGB, Rn. 67. Eine solche Vorgehensweise ist jedoch nicht zu befürworten. Der Gesetzeswortlaut des § 274 Abs. 2 Satz 3 HGB ist insoweit eindeutig. Ein Verzicht auf einen gesonderten Ausweis des latenten Steuererfolgs wird zudem im Regelfall nur schwerlich mit dem Grundsatz der Vergleichbarkeit und dem Grundsatz der Klarheit vereinbar sein.

1206 Vgl. Abschnitt 46.

1207 Vgl. unter Bezugnahme auf „nennenswerte aperiodische Posten“ der tatsächlichen Steuererfolge ADS, 6. Aufl., § 275 HGB, Rn. 189.

1208 Vgl. BAETGE, J./KIRSCH, H.-J./THIELE, S., Bilanzen, S. 597 und 605; ADS, 6. Aufl., § 275 HGB, Rn. 69 und 140.

werden.[1209] Sonstige betriebliche Erfolge fallen dagegen im Rahmen der gewöhnlichen Geschäftstätigkeit regelmäßig an, wenngleich sie nicht typisch für das Unternehmen sind.[1210]

Die Erfolge aus der „planmäßigen“ Bildung und Auflösung latenter Steuern sind unzweifelhaft im Steuerposten auszuweisen. Die latenten Steuererfolge sind in diesem Falle nicht untypisch, sie fallen erwartungsgemäß an. Ebenso wie tatsächliche Steuern entstehen sie also gewöhnlich aufgrund der Geschäftstätigkeit des Unternehmens. Sie sind nicht als außerordentlich zu klassifizieren. Kritisch zu betrachten ist im Folgenden indes die Anpassung ausgewiesener latenter Steuern aufgrund von Gesetzesänderungen, wie bspw. hinreichend konkretisierte Steuersatzänderungen.[1211]

Die Steuerschuld eines Unternehmens richtet sich nach dem jeweiligen Steuerrecht. Die Steuerbelastung gehört damit zum üblichen Geschäftsgang.[1212] Steuergesetzänderungen können zwar für das Unternehmen unerwartet gewesen sein, sie sind dennoch nicht ungewöhnlich und fallen relativ regelmäßig an. Des Weiteren führen Steuersatzänderungen allgemein lediglich zu einer Korrektur des Steueraufwands, auch wenn nicht zwangsläufig ein im laufenden Geschäftsjahr erwirtschaftetes Ergebnis besteht, auf welches der zu betrachtende, die Steuerlast mindernde bzw. erhöhende Steuerbetrag entfällt.[1213] Die tatsächlichen Ertragsteuern sind zudem in dem Posten „Steuern vom Einkommen und vom Ertrag“ unabhängig davon zu berücksichtigen, ob sie sich auf die aktuelle Periode oder vergangene Abrechnungszeiträume beziehen. Eine entsprechende Vorgehensweise für die Behandlung der latenten Steuererfolge aufgrund von Steuersatzänderungen wäre daher konsistent. Dies unterstützt auch die Zweiteilung der GuV in das Ergebnis vor Steuern und den gesonderten Ausweis der (verursachten) Steuern.[1214] Vor diesem Hintergrund ist es sachgerecht, die latenten Steuereffekte aus einer gültigen Steuersatzänderung im Steuerposten zu erfassen.[1215]

Zudem ist der Ausweis latenter Steuererfolge in den Fällen kritisch zu beleuchten, in denen latente Steuern aufzulösen sind, weil mit ihrem Eintritt nicht mehr gerechnet wird oder weil das Aktivierungswahlrecht nicht mehr ausgeübt wird. Vor dem BilMoG wurde in der Litera-

---

1209 Vgl. BAETGE, J./KIRSCH, H.-J./THIELE, S., Bilanzen, S. 617-619.
1210 Vgl. BAETGE, J./KIRSCH, H.-J./THIELE, S., Bilanzen, S. 597.
1211 Vgl. zur Bestimmung des Steuersatzes Abschnitt 433.
1212 Vgl. dazu auch BUDDE, A., in: Küting/Weber, HdR-E, 5. Aufl., § 275 HGB, Rn. 96.
1213 Vgl. kritisch dazu BUDDE, A., in: Küting/Weber, HdR-E, 5. Aufl., § 275 HGB, Rn. 96.
1214 Vgl. BUDDE, A., in: Küting/Weber, HdR-E, 5. Aufl., § 275 HGB, Rn. 96.
1215 Vgl. dazu auch BAETGE, J./KIRSCH, H.-J./THIELE, S., Bilanzen, S. 543; a. A. KÜTING, K./SEEL, C., Latente Steuern, S. 517.

tur in diesen Fällen sogar ein Ausweis latenter Steuererfolge im „sonstigen betrieblichen Aufwand“ oder „sonstigen betrieblichen Ertrag“ gefordert.[1216]

Eine „außerplanmäßige“ Auflösung latenter Steuern aufgrund geänderter Erwartungen hinsichtlich des Eintritts künftiger Steuereffekte dürfte nicht typisch für die gewöhnliche Geschäftstätigkeit sein. Fraglich ist indes, ob eine solche Auflösung latenter Steuern tatsächlich regelmäßig eintreten wird bzw. mit ihrem Auftreten künftig zu rechnen ist und daher ein Ausweis dieser latenten Steuererfolge als sonstige betriebliche Erfolge in Frage kommt. Ansonsten wäre nämlich ein Ausweis im außerordentlichen Ergebnis zu diskutieren. Allerdings wird letztlich auch in dem diskutierten Fall lediglich der zuvor ausgewiesene Steueraufwand korrigiert. Darüber hinaus spricht auch die erwähnte Separierung der Steuern vom Ergebnis vor Steuern für eine entsprechende Erfassung latenter Steuererfolge im Steuerposten, sodass diese Abbildungsweise zu befürworten ist.

Im Gegensatz zu den bisher erläuterten Fällen, ist ein Ausweis des Erfolgs aus der Auflösung latenter Steuern aufgrund des Wegfalls des Aktivierungswahlrechts, wie es lediglich in begründeten Ausnahmefällen möglich ist,[1217] im Steuerposten nur schwerlich zu rechtfertigen. Eine solche Auflösung latenter Steuern ist untypisch und wird aufgrund des Grundsatzes der Stetigkeit nicht regelmäßig vorkommen. Daher könnte sogar ein Ausweis im Posten „außerordentlicher Aufwand“ in Frage kommen. Mit § 274 Abs. 2 Satz 3 HGB hat der Gesetzgeber diese Diskussion indes beendet. Vielmehr sind nun sämtliche Änderungen der bilanzierten latenten Steuern unter dem Posten „Steuern vom Einkommen und vom Ertrag“ auszuweisen.[1218] Insofern gilt hier auch in den diskutierten Zweifelsfällen der Grundsatz „lex specialis derogat legi generali“.[1219] Die eindeutige Regelung eines gesonderten Ausweises latenter Steuererfolge in der GuV stärkt den Grundsatz der Vergleichbarkeit, da ansonsten zwischenbetrieblich abweichende Darstellungsweisen möglich gewesen wären. Es ist indes zu fordern, dass zumindest im Anhang die Gründe sowie der Betrag der „außerplanmäßigen“ Auflösungen latenter Steuern beschrieben bzw. angegeben werden.[1220] Unter Berücksichtigung des

1216 Vgl. SABI DES IDW, SABI 3/1988, Rn. 7; ADS, 6. Aufl., § 275 HGB, Rn. 190; KARRENBROCK, H., Latente Steuern in Bilanz und Anhang, S. 301.

1217 Vgl. zur Ansatzstetigkeit Abschnitt 424.2.

1218 Vgl. PRINZ, U./RUBERG, L., Latente Steuern nach dem BilMoG, S. 349; BAETGE, J./KIRSCH, H.-J./THIELE, S., Bilanzen, S. 543. GELHAUSEN/FEY/KIRSCH weisen zudem sachgerecht darauf hin, dass die latenten Steuererfolge aus der Bilanzierung latenter Steuern auf beim Übergang auf die Regelungen des BilMoG entstandene Umstellungsdifferenzen im Posten „Steuern vom Einkommen und vom Ertrag“ auszuweisen sind, während die Erfolge aus erfolgswirksamen Anpassungen an das BilMoG ansonsten grundsätzlich im außerordentlichen Ergebnis berücksichtigt werden. Letzteres ist generell ohne die entsprechenden Steuereffekte auszuweisen. Vgl. GELHAUSEN, H. F./FEY, G./KIRSCH, H.-J., Übergang auf die Rechnungslegungsvorschriften nach BilMoG, S. 25 f.

1219 Vgl. Abschnitt 212.

1220 Vgl. Abschnitt 462.51.

Grundsatzes der Klarheit und Übersichtlichkeit sowie des Grundsatzes der Vergleichbarkeit wäre darüber hinaus eine weitere Untergliederung bzw. ein zusätzlicher Davon-Vermerk im Steuerposten zu befürworten.

45 Die Ausschüttungssperre nach § 268 Abs. 8 HGB im Kontext der Bilanzierung latenter Steuern nach § 274 HGB

451. Vorbemerkungen

Mit der Bilanzierung aktiver latenter Steuern wird der Kapitalerhaltungszweck zugunsten der Informationsfunktion des handelsrechtlichen Jahresabschlusses in den Hintergrund gedrängt. Dieser Mangel soll durch die Beachtung der (außerbilanziellen) sog. Ausschüttungssperre nach § 268 Abs. 8 HGB kompensiert werden.[1221] Die Ausschüttungssperre bzw. ihre sachgerechte Funktionsweise ist somit von großer Bedeutung für die handelsrechtliche Abbildung von Steuerlatenzen. Zudem kommt den latenten Steuern im Rahmen der Ermittlung ausschüttungsgesperrter Beträge nach § 268 Abs. 8 HGB eine weitergehende, besondere Bedeutung zu. Dies ist darauf zurückzuführen, dass neben den aktiven auch die passiven Steuerlatenzen bedeutend für den Aufbau und die Funktionsweise der Ausschüttungssperre bzw. für die Berechnung des ausschüttungsgesperrten Betrags sind. Die Regelungen zur Ausschüttungssperre sind zudem in vielerlei Hinsicht auslegungsbedürftig. Daher ist die Ausschüttungssperre im Folgenden unter Berücksichtigung der verschiedenen Ansatz- bzw. Ausweismöglichkeiten latenter Steuern kritisch zu beleuchten. Ferner ist zu untersuchen, für welche Unternehmen die Vorschriften des § 268 Abs. 8 HGB relevant sind. Zunächst sind jedoch im folgenden Abschnitt mit der Darstellung des Aufbaus und des Zwecks der Ausschüttungssperre die Grundlagen für die angesprochenen Untersuchungen zu erläutern.

452. Aufbau und Zweck der Ausschüttungssperre

Schon vor dem BilMoG waren die Beträge aktivierter latenter Steuern (§ 274 Abs. 2 Satz 3 HGB a. F.) ebenso wie diejenigen aktivierter Aufwendungen für die Ingangsetzung und Erweiterung des Geschäftsbetriebs (§ 269 Satz 2 HGB a. F.) ausschüttungsgesperrt. Die nunmehr zentral[1222] in § 268 Abs. 8 HGB geregelte Ausschüttungssperre ist daher keine echte Neuheit. Aktive Steuerlatenzen bzw. Aufwendungen im Sinne des § 269 HGB a. F. wurden indes vor dem BilMoG lediglich in Ausnahmefällen bilanziert.[1223] Die Ausschüttungssperre wurde dementsprechend nur selten angewendet. Dies wird sich nach dem BilMoG durch die Ausdehnung der Anwendungsfälle aufgrund der Stärkung der Informationsfunktion des han-

---

[1221] Vgl. LOITZ, R., Latente Steuern nach dem Bilanzrechtsmodernisierungsgesetz, S. 254; PRINZ, U./RUBERG, L., Latente Steuern nach dem BilMoG, S. 349. Ausschüttungsgesperrte Beträge sind gemäß § 301 Satz 1 AktG auch abführungsgesperrt (Abführungssperre).

[1222] Vgl. LOITZ, R., Latente Steuern nach dem BilMoG, S. 710.

[1223] Vgl. GELHAUSEN, H. F./ALTHOFF, F., Ausschüttungsgesperrte Beträge, S. 584.

delsrechtlichen Abschlusses im Regelfall ändern.[1224] So werden künftig die folgenden Sachverhalte von der Ausschüttungssperre erfasst:

- Der angesetzte Betrag selbst geschaffener Vermögensgegenstände des Anlagevermögens abzüglich der hierfür gebildeten passiven Steuerlatenzen (§ 268 Abs. 8 Satz 1 HGB),
- der Überhang der zum beizulegenden Zeitwert bewerteten Vermögensgegenstände des Planvermögens über ihre Anschaffungskosten abzüglich der hierfür gebildeten passiven Steuerlatenzen (§ 268 Abs. 8 Satz 3 HGB) sowie
- der angesetzte Aktivüberhang latenter Steuern (§ 268 Abs. 8 Satz 2 HGB).

Der Gesetzgeber gestattet nach dem BilMoG zum einen die Aktivierung von **selbst geschaffenen immateriellen Vermögensgegenständen** des Anlagevermögens (§ 248 Abs. 2 Satz 1 HGB), deren Werte indes weiterhin nur schwierig objektivierbar sind.[1225] Zum anderen ist künftig das **Planvermögen** im Sinne des § 246 Abs. 2 Satz 2 HGB nach § 253 Abs. 1 Satz 4 HGB mit dem beizulegenden Zeitwert zu bewerten. Auch die Ermittlung u. U. schwankender Zeitwerte unterliegt einer Ungewissheit.[1226] Zudem wurde die Bedeutung **aktiver latenter Steuern** durch den Wechsel auf das Temporary-Konzept sowie die Möglichkeit der Aktivierung von Steuerlatenzen aufgrund von steuerlichen Verlustvorträgen nach § 274 Abs. 1 Satz 4 HGB aufgewertet.[1227] Dieser mögliche Ansatz aktiver latenter Steuern ist mit einer besonderen Unsicherheit hinsichtlich des Eintritts der künftigen Steuerentlastungen verbunden.[1228] Zweck der Einrichtung einer Ausschüttungssperre ist daher die Vermeidung einer Ausschüttung unsicherer bzw. nicht realisierter Erfolgsbeiträge.[1229] Durch die Möglichkeit des Ausweises dieser Sachverhalte in der Bilanz wird die Informationsfunktion gestärkt, während mittels der Ausschüttungssperre dem Zweck der Kapitalerhaltung bzw. dem Gläubigerschutz gedient wird.[1230] Die Sperre dient damit als Korrektiv zu der Informationsfunktion und sorgt für einen (zusätzlichen) Eigenkapitalpuffer.[1231] Auch nach dem BilMoG soll somit lediglich ein objektiv und hinreichend verlässlich ermittelter Gewinn ausgeschüttet werden können, der auf realisierten Erfolgen basiert.[1232]

1224 Vgl. LANFERMANN, G./RÖHRICHT, V., Außerbilanzielle Ausschüttungssperren, S. 1217; GELHAUSEN, H. F./ALTHOFF, F., Ausschüttungsgesperrte Beträge, S. 585.

1225 Vgl. BT-Drucksache 16/10067, S. 64.

1226 Vgl. LANFERMANN, G./RÖHRICHT, V., Außerbilanzielle Ausschüttungssperren, S. 1217.

1227 Vgl. Abschnitt 342.

1228 Vgl. LANFERMANN, G./RÖHRICHT, V., Außerbilanzielle Ausschüttungssperren, S. 1217.

1229 Vgl. GELHAUSEN, H. F./ALTHOFF, F., Ausschüttungsgesperrte Beträge, S. 585.

1230 Vgl. FUNNEMANN, C.-B./GRAF KERSSENBROCK, O.-F., Ausschütttungssperren, S. 2674.

1231 Vgl. GELHAUSEN, H. F./ALTHOFF, F., Ausschüttungsgesperrte Beträge, S. 585 und 587.

1232 Vgl. STAHL, F./BURKHARDT, U., Ausschüttungssperre nach BilMoG, S. 107; FUNNEMANN, C.-B./GRAF KERSSENBROCK, O.-F., Ausschütttungssperren, S. 2676.

Die Reduzierung des ausschüttungsgesperrten Betrags aufgrund der gebildeten passiven latenten Steuern ist im Falle des Ansatzes selbst geschaffener immaterieller Vermögensgegenstände bzw. von Vermögensgegenständen im Sinne des § 246 Abs. 2 Satz 2 HGB auf die Verhinderung einer zu hohen Ausschüttungssperre zurückzuführen. Schließlich entstehen beim Ansatz des Planvermögens bzw. bestimmter immaterieller Güter regelmäßig passive latente Steuern, die den Steueraufwand erhöhen und damit den (ausschüttungsfähigen) Gewinn mindern. Um diese Gewinnminderung im Rahmen der Ausschüttung nicht noch einmal, also insgesamt **doppelt**,[1233] zu berücksichtigen, ist es sachgerecht, die passiven Steuerlatenzen im Rahmen der Anwendung der Ausschüttungssperre von dem Betrag der aktivierten selbst geschaffenen Vermögensgegenstände bzw. vom Differenzbetrag zwischen dem beizulegenden Zeitwert der Vermögensgegenstände nach § 246 Abs. 2 Satz 2 HGB und deren Anschaffungskosten abzuziehen, sofern die Bildung der passiven latenten Steuern durch sie begründet ist.[1234]

Aufgrund der Ausschüttungssperre kommt eine Ausschüttung von Gewinnen lediglich in Frage, sofern die nach der Ausschüttung verbleibenden frei verfügbaren Rücklagen unter Hinzurechnung eines Gewinnvortrags und nach Abzug eines Verlustvortrags mindestens dem ausschüttungsgesperrten Betrag entsprechen (§ 268 Abs. 8 Satz 1 HGB). Damit werden höchstens diejenigen Beträge ausgeschüttet, die auch ohne die Aktivierung der angesprochenen, unsicheren Wertansätze ausgeschüttet worden wären.[1235]

Unter den **frei verfügbaren Rücklagen** sind im Gegensatz zur gesetzlichen Vorgabe vor dem BilMoG, die lediglich auf die frei verfügbaren Gewinnrücklagen abstellte,[1236] sowohl die frei verfügbaren Gewinnrücklagen als auch die freien „Beträge" der Kapitalrücklage zu subsumieren.[1237] Der konkrete Umfang der zu betrachtenden Rücklagen ist indes abhängig von der Rechtsform des Unternehmens.[1238] Für eine AG kommen die anderen Gewinnrücklagen (§ 266 Abs. 3 A. III. 4 HGB) und die satzungsmäßigen Rücklagen (§ 266 Abs. 3 A. III. 3 HGB) in Betracht, sofern dem nicht besondere vertragliche Vereinbarungen entgegenstehen.[1239] Ferner sind aus der Kapitalrücklage grundsätzlich die anderen Zuzahlungen, die

---

1233 Vgl. BT-Drucksache 16/10067, S. 64.

1234 Vgl. KÜHNE, E./MELCHER, W./WESEMANN, M., Grundlagen und Zweifelsfragen, Teil 1, S. 1011 f.; GELHAUSEN, H. F./FEY, G./KÄMPFER, G., Rechnungslegung und Prüfung, Rn. N 38. Im Referentenentwurf des BilMoG wurde die Berücksichtigung passiver latenter Steuern bei der Anwendung der Ausschüttungssperre hingegen noch nicht explizit vorgeschrieben.

1235 Vgl. GELHAUSEN, H. F./ALTHOFF, F., Ausschüttungsgesperrte Beträge, S. 586; FUNNEMANN, C.-B./GRAF KERSSENBROCK, O.-F., Ausschütttungssperren, S. 2675.

1236 Vgl. § 274 Abs. 2 Satz 3 HGB a. F. sowie § 269 Satz 2 HGB a. F.

1237 Vgl. BT-Drucksache 16/10067, S. 64.

1238 Vgl. KAYA, D./BORGWARDT, L., Ausschüttungssperre, S. 729.

1239 Vgl. LANFERMANN, G./RÖHRICHT, V., Außerbilanzielle Ausschüttungssperren, S. 1217; KAYA, D./BORGWARDT, L., Ausschüttungssperre, S. 729.

Gesellschafter in das Eigenkapital leisten (§ 272 Abs. 2 Nr. 4 HGB), in die Berechnung des maximalen Ausschüttungsbetrags einzubeziehen.[1240] Für eine GmbH gelten demgegenüber nicht vergleichbar restriktive Voraussetzungen für die freie Nutzung der Rücklagen.[1241] Daher kann grundsätzlich bspw. auch die Kapitalrücklage bei der Ermittlung der frei verfügbaren Rücklagen umfassend berücksichtigt werden.[1242]

Die Zuführung zu und Auflösung von (bestehenden) gebundenen Rücklagen wird von der Ausschüttungssperre grundsätzlich nicht beeinflusst.[1243] Übersteigen die gesperrten Beträge die frei verfügbaren Rücklagen, führen Erstere jedoch nicht zu einem Bilanzverlust.[1244] Die ausschüttungsgesperrten Beträge werden entweder in die Gewinnrücklagen eingestellt oder als Gewinn vorgetragen.[1245] Zur besseren Information der Abschlussadressaten ist der gesamte ausschüttungsgesperrte Betrag im Anhang nach seinen Entstehungsursachen aufzugliedern (§ 285 Nr. 28 HGB).[1246]

453. Dem Anwendungsbereich der Ausschüttungssperre unterliegende Unternehmen

Aufgrund ihrer Zugehörigkeit zum zweiten Abschnitt des dritten Buchs des HGB kann gefolgert werden, dass die Ausschüttungssperre nach § 268 Abs. 8 HGB grundsätzlich von Kapitalgesellschaften und von haftungsbeschränkten Personengesellschaften im Sinne des § 264a HGB anzuwenden ist.[1247] Ferner ergibt sich eine entsprechende Anwendung aus § 5 Abs. 1 Satz 2 PublG für nach dem PublG zur Rechnungslegung verpflichtete Unternehmen. Einzelkaufleute und (nicht haftungsbeschränkte) Personengesellschaften fallen dagegen grundsätzlich nicht unter den Anwendungsbereich dieser Regelung.[1248] Dies ist aufgrund der unbeschränkten persönlichen Haftung des Kaufmanns bzw. mindestens eines Gesellschafters nachvollziehbar.[1249] Fraglich ist indes, ob die Einhaltung der Ausschüttungssperre durch haftungsbeschränkte Personengesellschaften überhaupt möglich ist. Schließlich ist den Gesellschaftern der jeweilige Gewinnanteil unter Berücksichtigung der unter § 268 Abs. 8 HGB subsumierten Sachverhalte am Bilanzstichtag auf den Kapitalkonten zuzuschreiben. Dies gilt

---

[1240] Vgl. GELHAUSEN, H. F./ALTHOFF, F., Ausschüttungsgesperrte Beträge, S. 587.

[1241] Vgl. BAETGE, J./KIRSCH, H.-J./THIELE, S., Bilanzen, S. 490 und 494.

[1242] Vgl. LANFERMANN, G./RÖHRICHT, V., Außerbilanzielle Ausschüttungssperren, S. 1217 f.

[1243] Vgl. PETERSEN, K./ZWIRNER, C./FROSCHHAMMER, M., Funktionsweise und Problembereiche, S. 337; GELHAUSEN, H. F./ALTHOFF, F., Ausschüttungsgesperrte Beträge, S. 588-590.

[1244] Vgl. LÜDENBACH, N., § 268 Abs. 8 HGB, S. 588.

[1245] Vgl. GELHAUSEN, H. F./ALTHOFF, F., Ausschüttungsgesperrte Beträge, S. 590 f.

[1246] Vgl. GELHAUSEN, H. F./ALTHOFF, F., Ausschüttungsgesperrte Beträge, S. 586; vgl. zum Umfang der notwendigen Anhangangaben in Bezug auf die Ausschüttungssperre Abschnitt 462.4.

[1247] Vgl. KAYA, D./BORGWARDT, L., Ausschüttungssperre, S. 728.

[1248] Vgl. STAHL, F./BURKHARDT, U., Ausschüttungssperre nach BilMoG, S. 107.

[1249] Vgl. GELHAUSEN, H. F./FEY, G./KÄMPFER, G., Rechnungslegung und Prüfung, Rn. N 2; BT-Drucksache 16/10067, S. 64. Bei diesen Unternehmensformen ist der Kapitalerhaltungszweck aber zumindest leicht geschwächt. Vgl. BAETGE, J./SOLMECKE, H., Die deutsche Bilanzrechtsmodernisierung, S. 124.

jedenfalls sofern keine abweichenden (vertraglichen) Vereinbarungen geschlossen wurden.[1250] Ein Gewinnverwendungsbeschluss ist grundsätzlich nicht notwendig.[1251]

Weitere Folgerungen zum Anwendungsbereich des § 268 Abs. 8 HGB können aus der Modifikation des § 172 Abs. 4 HGB gezogen werden. § 172 Abs. 4 HGB regelt, in welchen Fällen die Außenhaftung eines Kommanditisten wiederauflebt.[1252] Eine Einlage gilt danach den Gläubigern gegenüber als nicht geleistet, wenn sie dem Kommanditisten zurückbezahlt wird (§ 172 Abs. 4 Satz 1 HGB) oder soweit Gewinn entnommen wurde, obwohl der Kapitalanteil des entnehmenden Kommanditisten durch Verlust unter den Betrag der geleisteten Einlage liegt oder durch die Entnahme unter diesen Betrag fällt (§ 172 Abs. 4 Satz 2 HGB). Der neu eingefügte § 172 Abs. 4 Satz 3 HGB stellt klar, dass bei der Berechnung des Kapitalanteils die Beträge im Sinne des § 268 Abs. 8 HGB nicht berücksichtigt werden dürfen. Die ausschüttungsgesperrten Beträge mindern also anteilig den Kapitalanteil.[1253] Der Gesetzeszusatz setzt somit die grundsätzliche Möglichkeit einer Ausschüttung dieser Beträge voraus.[1254] Damit spricht auch die Betrachtung des Bedeutungszusammenhangs der Regelungen des § 172 Abs. 4 HGB und des § 268 Abs. 8 HGB dafür, den Anwendungsbereich des § 268 Abs. 8 HGB, wie im Übrigen auch in der Begründung zum Regierungsentwurf des BilMoG angedeutet,[1255] auf Kapitalgesellschaften zu beschränken. Ferner hat der Gesetzgeber den § 264c Abs. 4 Satz 3 HGB a. F. ersatzlos gestrichen, der für Kommanditisten eine Entnahmesperre bildete, weil er den Ansatz eines Sonderpostens nach dem Eigenkapital in Höhe der aktivierten Bilanzierungshilfen forderte.[1256] Darüber hinaus sind nach § 264c Abs. 2 Satz 8 HGB nur solche Beträge als Rücklagen (einer haftungsbeschränkten Personengesellschaft) auszuweisen, die aufgrund von gesellschaftsrechtlichen Vereinbarungen gebildet werden. Damit sind Rücklagen grundsätzlich nicht auszuweisen.[1257] Insofern verfügen diese Gesellschaften regelmäßig auch nicht über freie Rücklagen im Sinne des § 268 Abs. 8 HGB.[1258]

Die vorgebrachten Argumente deuten darauf hin, dass der Gesetzgeber den Anwendungsbereich der Ausschüttungssperre tatsächlich auf Kapitalgesellschaften beschränken möchte. Die „technische" Umsetzung der Ausschüttungssperre scheint bei den betrachteten haftungsbeschränkten Personengesellschaften bzw. Gesellschaften, die nach PublG Rechnung legen, nur

---

1250 Vgl. BAETGE, J./KIRSCH, H.-J./THIELE, S., Bilanzen, S. 505.
1251 Vgl. GELHAUSEN, H. F./FEY, G./KÄMPFER, G., Rechnungslegung und Prüfung, Rn. N 4.
1252 Vgl. ELLROTT, H./HUBER, F., Beck Bilanzkomm., 7. Aufl., § 268 HGB, Rn. 141.
1253 Vgl. BAUMBACH, A./HOPT, K. J., in: Baumbach/Hopt, 34. Aufl., § 172 HGB, Rn. 8a; GELHAUSEN, H. F./FEY, G./KÄMPFER, G., Rechnungslegung und Prüfung, Rn. N 86.
1254 Vgl. GELHAUSEN, H. F./FEY, G./KÄMPFER, G., Rechnungslegung und Prüfung, Rn. N 5.
1255 Vgl. BT-Drucksache 16/10067, S. 64.
1256 Vgl. GELHAUSEN, H. F./FEY, G./KÄMPFER, G., Rechnungslegung und Prüfung, Rn. N 3.
1257 Vgl. BAETGE, J./KIRSCH, H.-J./THIELE, S., Bilanzen, S. 505.
1258 Vgl. GELHAUSEN, H. F./FEY, G./KÄMPFER, G., Rechnungslegung und Prüfung, Rn. N 4.

schwerlich möglich zu sein. An dieser Stelle wird indes der Gläubigerschutz nicht ausreichend beachtet, da kein Gesellschafter persönlich unbeschränkt haftet. Auf der Grundlage des § 268 Abs. 8 HGB ist jedoch die Beachtung der Ausschüttungssperre durch die angesprochenen Gesellschaften zu befürworten.[1259] Dazu sind ggf. gesellschaftsrechtliche Vereinbarungen zu schließen.

Es sei abschließend darauf hingewiesen, dass die Ausschüttungssperre auch von kleinen Kapitalgesellschaften zu beachten ist, die § 274 HGB nicht verpflichtend anwenden müssen. Dies ist dann der Fall, wenn diese Unternehmen selbst erstellte immaterielle Vermögensgegenstände bzw. (verrechnet) Vermögensgegenstände des Planvermögens ausweisen. Wurden Rückstellungen für latente Steuerbelastungen nach § 249 Abs. 1 Satz 1 HGB angesetzt, sind die im Zusammenhang mit der bilanziellen Erfassung des Planvermögens und/oder dem Ansatz immaterieller Vermögensgegenstände gebildeten passiven Steuerlatenzen auch bei der Ermittlung des ausschüttungsgesperrten Betrags zu berücksichtigen.[1260]

454. Kritische Betrachtung des Aufbaus und der Funktionsweise der Ausschüttungssperre

454.1 Überblick

Aus den Regelungen zum Aufbau und zur Funktionsweise der Ausschüttungssperre ergeben sich viele (Auslegungs-)Fragen, die insbesondere mit der Berücksichtigung latenter Steuern verbunden sind, welche die Höhe der ausschüttungsgesperrten Betrags maßgeblich beeinflussen. So wird der gesperrte Betrag durch den Ansatz aktiver latenter Steuern erhöht und durch passive Steuerlatenzen vermindert.[1261] In den folgenden Abschnitten sind die sich im Detail ergebenden Auslegungsfragen zu beantworten. Dazu ist zunächst grundlegend zu untersuchen, welche Beträge einzubeziehender ausschüttungsgesperrter Sachverhalte konkret bei der Ermittlung des ausschüttungsgesperrten Betrags zu berücksichtigen sind. Darauf folgend sind die Besonderheiten der Ausschüttungssperre kritisch zu beleuchten, die sich zum einem aus dem Ansatz von zum beizulegenden Zeitwert bewerteten Planvermögen sowie zum anderen aufgrund eines Aktivüberhangs latenter Steuern ergeben. Die Ermittlung des ausschüttungsgesperrten Betrags im Zusammenhang mit aktivierten, selbst geschaffenen immateriellen

[1259] Vgl. dazu auch WEHRHEIM, M./RUPP, D., Zum Geltungsbereich der Ausschüttungssperre, S. 358. FUNNEMANN/GRAF KERSSENBROCK diskutieren darüber hinaus die Möglichkeit der Ausdehnung der Ausschüttungssperre auf alle Kaufleute. Dies begründen sie zum einen damit, dass es zu bezweifeln ist, ob im Insolvenzfall genügend Vermögen zur Befriedigung der Gläubigerbedürfnisse zur Verfügung steht. Zum anderen interpretieren sie die erörterte Einfügung des § 172 Abs. 4 Satz 3 HGB dahingehend, dass diese auf die Unsicherheit der Ergebniskomponenten hinweist. Ferner argumentieren sie, dass eine solche umfassende Ausschüttungssperre zu einem (zusätzlichen) „Gesellschafterschutz durch Selbstinformation" führt. Vgl. FUNNEMANN, C.-B./GRAF KERSSENBROCK, O.-F., Ausschüttungssperren, S. 2677.

[1260] Vgl. KAYA, D./BORGWARDT, L., Ausschüttungssperre, S. 729.

[1261] Vgl. LÜDENBACH, N., § 268 Abs. 8 HGB, S. 589.

Vermögensgegenständen ist dagegen vergleichsweise unproblematisch, so dass sie im Rahmen dieser Arbeit keine gesonderte Untersuchung verlangt.

454.2 Berücksichtigung der handelsrechtlichen Buchwerte einzubeziehender Sachverhalte

Bei der Ermittlung des ausschüttungsgesperrten Betrags ist laut dem Wortlaut des § 268 Abs. 8 Satz 1 HGB auf die „insgesamt angesetzten Beträge" abzustellen. Damit sind die „in der Bilanz ausgewiesen[en]" [Anpassung durch den Verfasser] **Buchwerte** des Aktivüberhangs latenter Steuern (§ 268 Abs. 8 Satz 2 HGB) und der angesprochenen immateriellen Vermögensgegenstände (§ 268 Abs. 8 Satz 1 HGB) zu betrachten.[1262] Das Planvermögen wird indes gemäß § 246 Abs. 2 Satz 2 HGB saldiert mit den Schulden aus Altersversorgungsverpflichtungen o. Ä. ausgewiesen. Für die Ermittlung der die Ausschüttungssperre mindernden passiven latenten Steuern ist allerdings auf das unverrechnete, zum beizulegenden Zeitwert bewertete Planvermögen zurückzugreifen.[1263]

Entgegen den Vorgaben des Regierungsentwurfs des BilMoG werden nicht nur die „Erträge aus der Aktivierung" latenter Steuern bzw. aus der Bewertung des Planvermögens zum beizulegenden Zeitwert sowie (die Aufwandsminderungen) aufgrund des Ansatzes selbst geschaffener immaterieller Vermögensgegenstände des laufenden Jahres betrachtet. Vielmehr sind mit den Buchwerten die kumulierten aktivierten Beträge heranzuziehen.[1264] Daher sind mit der Ausschüttungssperre auch in Vorjahren (erfolgswirksam) gebildete Posten weiterhin zu berücksichtigen, sofern diese im laufenden Jahr noch nicht (vollständig) aufgelöst wurden.[1265] Dies ist auch sachgerecht, da die Realisierung der Erträge bis zum tatsächlichen Realisationszeitpunkt unsicher bleibt. Die automatische Bereitstellung der aktivierten Beträge für die Ausschüttung in Folgejahren würde dem Gläubigerschutzgedanken widersprechen.[1266] Die Ausschüttungssperre ist daher fortzuschreiben.[1267]

Ferner sind die Beträge (latenter Steuern) unabhängig davon zu berücksichtigen, ob sie erfolgswirksam oder erfolgsneutral entstanden sind.[1268] Dies ergibt sich aus dem Wortlaut der Vorschrift und ist vor dem Hintergrund des Zwecks des § 268 Abs. 8 HGB zu befürworten, da bspw. der Eintritt einer mit der erfolgsneutralen Bildung aktiver Steuerlatenzen verkörperten

---

1262 Vgl. GELHAUSEN, H. F./ALTHOFF, F., Ausschüttungsgesperrte Beträge, S. 586.
1263 Vgl. Abschnitt 421.122.
1264 Vgl. GELHAUSEN, H. F./FEY, G./KÄMPFER, G., Rechnungslegung und Prüfung, Rn. N 19; BT-Drucksache 16/12407, S. 86 f.
1265 Vgl. PETERSEN, K./ZWIRNER, C./FROSCHHAMMER, M., Funktionsweise und Problembereiche, S. 335.
1266 Vgl. GELHAUSEN, H. F./ALTHOFF, F., Ausschüttungsgesperrte Beträge, S. 586.
1267 Vgl. STAHL, F./BURKHARDT, U., Ausschüttungssperre nach BilMoG, S. 110.
1268 Vgl. GELHAUSEN, H. F./FEY, G./KÄMPFER, G., Rechnungslegung und Prüfung, Rn. N 17 und 47; THEILE, C., Latente Steuern im Jahresabschluss, S. 648.

künftigen Steuerentlastung nicht hinreichend sicher ist und eine Erhöhung der Gewinnrücklagen ohne eine Ausschüttungssperre in zeitnahen Folgeperioden eine höhere Ausschüttung möglich machen würde.[1269]

454.3 Die Ausschüttungssperre für zum beizulegenden Zeitwert bewertete Vermögensgegenstände des Planvermögens

Die Bildung latenter Steuern beruht im Falle der Zeitwertbewertung von Vermögensgegenständen im Sinne des § 246 Abs. 2 Satz 2 HGB auf dem Vergleich zwischen dem *Zeitwert* (ohne Verrechnung mit den Altersversorgungsverpflichtungen) und dem *steuerlichen Buchwert* dieser Güter.[1270] Für Zwecke der Ausschüttungssperre ist der (unverrechnete) Zeitwert des Planvermögens dagegen seinen handelsrechtlichen *Anschaffungskosten* gegenüberzustellen.[1271] Die passiven latenten Steuern, welche mit der Bilanzierung des Planvermögens im Zusammenhang stehen, sind daher im Rahmen der Ermittlung des ausschüttungsgesperrten Betrags anzupassen, sofern die handelsrechtlichen (fortgeführten) Anschaffungskosten der betrachteten Vermögensgegenstände von den steuerlichen Buchwerten abweichen.[1272] Lediglich die aus der Differenz zwischen Zeitwert und Anschaffungskosten entstandenen passiven latenten Steuern mindern die Ausschüttungssperre für das Planvermögen.[1273] Fraglich ist, ob negative und positive Differenzen zwischen dem Zeitwert und dem Buchwert einzelner Vermögensgegenstände des Planvermögens saldiert zu betrachten sind.[1274]

Der Wortlaut des § 268 Abs. 8 Satz 3 HGB könnte für die Betrachtung jedes einzelnen Vermögensgegenstands sprechen („Bei Vermögensgegenständen [...]").[1275] Auch in der Begründung zur Beschlussempfehlung des Rechtsausschusses zum BilMoG wird explizit darauf hingewiesen, dass die Ausschüttungssperre eine Ausschüttung von „Beträge[n] aus der Zeitwertbewertung, die über die Anschaffungskosten hinausgehen"[1276] [Anpassung durch den Verfasser], verhindern soll. Zudem bemisst sich der Umfang der Ausschüttungssperre auf Basis des „jeweils"[1277] beizulegenden Zeitwerts.[1278] Idealerweise ist jeder einzelne Vermö-

1269 Vgl. GELHAUSEN, H. F./FEY, G./KÄMPFER, G., Rechnungslegung und Prüfung, Rn. N 48.

1270 Vgl. Abschnitt 421.122.

1271 Vgl. GELHAUSEN, H. F./FEY, G./KÄMPFER, G., Rechnungslegung und Prüfung, Rn. N 30; PETERSEN, K./ZWIRNER, C./FROSCHHAMMER, M., Funktionsweise und Problembereiche, S. 336.

1272 Vgl. GELHAUSEN, H. F./FEY, G./KÄMPFER, G., Rechnungslegung und Prüfung, Rn. N 41-44, die zudem noch darauf hinweisen, dass passive latente Steuern, die aufgrund der beschriebenen Anpassung (noch) nicht von dem ausschüttungsgesperrten Betrag abzuziehen sind, in die Berechnung der restlichen passiven latenten Steuern einzubeziehen sind, die bei der Ermittlung des ausschüttungsgesperrten Betrags aufgrund des Überhangs aktiver latenter Steuern berücksichtigt werden.

1273 Vgl. PETERSEN, K./ZWIRNER, C./FROSCHHAMMER, M., Funktionsweise und Problembereiche, S. 336.

1274 Vgl. GELHAUSEN, H. F./FEY, G./KÄMPFER, G., Rechnungslegung und Prüfung, Rn. N 31.

1275 Vgl. GELHAUSEN, H. F./FEY, G./KÄMPFER, G., Rechnungslegung und Prüfung, Rn. N 32.

1276 BT-Drucksache 16/12407, S. 87.

1277 BT-Drucksache 16/12407, S. 87.

gensgegenstand des Planvermögens separat zu betrachten, damit nur die positiven Differenzen unsaldiert in die Ermittlung der relevanten passiven latenten Steuern bzw. des ausschüttungsgesperrten Betrags eingehen. Dies entspräche auch dem Sinn und Zweck der Ausschüttungssperre.[1279] Lediglich aus Vereinfachungsgründen kann daher unter Berücksichtigung des Grundsatzes der Wesentlichkeit der Gesamtwert des Planvermögens mit den Anschaffungskosten undifferenziert verglichen werden. Sollten indes einzelne wesentliche negative Differenzen den Gesamtwert signifikant beeinflusst haben, ist eine entsprechende Korrektur des Werts passiver latenter Steuern unter gleichzeitiger Erhöhung der aktiven latenten Steuern aufgrund der „separaten" Berücksichtigung der negativen Differenzen sachgerecht.[1280] Diese Korrektur wäre indes nicht erst im Rahmen der Ermittlung des ausschüttungsgesperrten Betrags erforderlich.

454.4 Die Ausschüttungssperre für aktive latente Steuern

Die Ausschüttungssperre gilt, wie bereits erläutert, nach § 268 Abs. 8 Satz 2 HGB auch für den Überhang der ausgewiesenen aktiven Steuerlatenzen über die passiven latenten Steuern. Daher werden die aktiven latenten Steuern bis zur Höhe der passiven latenten Steuern als nicht „sperrwürdig" angesehen. Diese pauschale Regelung ist jedoch nicht sachgerecht, da die Werthaltigkeit von abzugsfähigen temporären Differenzen, die sich erst nach den vorhandenen zu versteuernden temporären Differenzen abbauen werden, im Regelfall vollkommen unabhängig von den zu versteuernden temporären Differenzen zu beurteilen ist.[1281] Der Eintritt der künftigen Steuerentlastung bleibt mit einer gewissen (zusätzlichen) Unsicherheit behaftet. Trotzdem werden die in diesen Fällen gebildeten aktiven latenten Steuern nicht ausschüttungsgesperrt, was mit dem Sinn und Zweck der Sperrregelung nicht vereinbar sein dürfte. Aus Vereinfachungsgründen wird hier also gegen das Vorsichtsprinzip bzw. den Gläubigerschutz verstoßen. Der zeitliche Abbau der temporären Differenzen wird nicht berücksichtigt.

Ferner ist nach dem Wortlaut des § 268 Abs. 8 Satz 2 HGB grundsätzlich lediglich der positive Unterschiedsbetrag zwischen aktiven und passiven latenten Steuern ausschüttungsgesperrt. Dies ist indes kritisch zu sehen, da passive latente Steuern schon bei der Ermittlung des ausschüttungsgesperrten Betrags hinsichtlich der zum beizulegenden Zeitwert bewerteten Vermögensgegenstände des Planvermögens und der selbst geschaffenen immateriellen Vermögensgegenständen abzuziehen sind, sofern ihre Bildung durch den Ansatz dieser

[1278] Vgl. GELHAUSEN, H. F./FEY, G./KÄMPFER, G., Rechnungslegung und Prüfung, Rn. N 32.

[1279] Vgl. PETERSEN, K./ZWIRNER, C./FROSCHHAMMER, M., Funktionsweise und Problembereiche, S. 336.

[1280] Eine ggf. notwendige Erhöhung der passiven latenten Steuern führt in diesem Falle zu einer betragsgleichen Erhöhung der aktiven latenten Steuern.

[1281] Vgl. auch KARRENBROCK, H., Ausweis- und Saldierungsproblematik, S. 642; KARRENBROCK, H., Zweifelsfragen der Berücksichtigung aktiver latenter Steuern, S. 686.

Vermögensgegenstände begründet ist.[1282] Bei enger Auslegung des Wortlauts sind die passiven latenten Steuern somit teilweise doppelt zu berücksichtigen.[1283] Dies würde indes zu einer verminderten Ausschüttungssperre führen.[1284] Diese Reduzierung des ausschüttungsgesperrten Betrags ist mit dem Sinn und Zweck der vorgeschriebenen Ausschüttungssperre nicht vereinbar.[1285] Es ist vielmehr lediglich der verbleibende Restbetrag passiver latenter Steuern von den ermittelten aktiven latenten Steuern abzuziehen.[1286] Insofern ist also eine Gesamtbetrachtung der ausschüttungsgesperrten Sachverhalte erforderlich.[1287] Eine dementsprechende gesetzliche Klarstellung dieser Funktionsweise der Ausschüttungssperre wäre daher wünschenswert.[1288]

In diesem Zusammenhang ist auch der Aufbau des § 268 Abs. 8 HGB zu kritisieren. Schließlich wird hier zunächst die Berücksichtigung der Immaterialgüter (Satz 1), dann der Einbezug des Aktivüberhangs latenter Steuern (Satz 2) und erst darauf folgend die Beachtung der Vermögensgegenstände im Sinne des § 246 Abs. 2 Satz 2 HGB vorgeschrieben (Satz 3). Vor dem Hintergrund der insbesondere aufgrund des Einbezugs passiver latenter Steuern notwendigen Gesamtbetrachtung dieser die Ausschüttung beeinflussenden Sachverhalte, sollte der Gesetzgeber den Aufbau der Vorschrift anpassen. Dabei sollte deutlich gemacht werden, dass die aktiven latenten Steuern lediglich um den verbleibenden Restbetrag passiver Steuerlatenzen zu vermindern sind, welcher sich dadurch ergibt, dass vom Gesamtbetrag passiver latenter Steuern zunächst diejenigen Steuerlatenzen abgezogen werden, die im Rahmen der Ermittlung der ausschüttungsgesperrten Beträge für die anderen beiden Sachverhalte zu berücksichtigen sind.[1289]

In den vorstehenden kritischen Ausführungen zur Ausschüttungssperre wurde zunächst noch nicht (explizit) zwischen einem unsaldierten und saldierten Ausweis latenter Steuern differenziert. Daher ist im Folgenden zu beleuchten, ob die Nutzung des Ausweiswahlrechts zwischen einem Brutto- und einem Nettoausweis latenter Steuern eine Auswirkung auf die Ausschüttungssperre hat. Der Wortlaut des § 268 Abs. 8 Satz 2 HGB fordert den Einbezug des Betrags, um den die aktiven Steuerlatenzen die passiven latenten Steuern übersteigen, sofern „aktive

1282 Vgl. HERZIG, N./VOSSEL, S., Paradigmenwechsel, S. 1177.

1283 Vgl. LÜDENBACH, N., § 268 Abs. 8 HGB, S. 589.

1284 Vgl. BAETGE, J./HAENELT, T./JONAS, M., Novellierte Bilanzierung latenter Steuern, S. 520.

1285 Vgl. STAHL, F./BURKHARDT, U., Ausschüttungssperre nach BilMoG, S. 111; HERZIG, N./VOSSEL, S., Paradigmenwechsel, S. 1177; KESSLER, H./LEINEN, M./PAULUS, B., Das BilMoG und die latenten Steuern, Teil 1, S. 725.

1286 Vgl. KAYA, D./BORGWARDT, L., Ausschüttungssperre, S. 729.

1287 Vgl. WENDHOLT, W./WESEMANN, M., Zur Umsetzung der HGB-Modernisierung, S. 69.

1288 Dabei ist zu beachten, dass durch den Abzug passiver latenter Steuern von den relevanten immateriellen bzw. zum Zeitwert bewerteten Vermögensgegenständen erst ein Aktivüberhang latenter Steuern entstehen kann, der die Ausschüttungssperre erhöht.

1289 Vgl. anschaulich HFA DES IDW, IDW ERS HFA 27, Rn. 34.

latente Steuern in der Bilanz ausgewiesen [werden; Ergänzung durch den Verfasser]“. Da sowohl aktive als auch passive Steuerlatenzen vom Wortlaut angesprochen werden, könnte dies so interpretiert werden, dass lediglich ein unsaldierter Ausweis latenter Steuern bei der Ermittlung des ausschüttungsgesperrten Betrags zu berücksichtigen ist. Wenn das Aktivierungswahlrecht im Falle eines Aktivüberhangs latenter Steuern allerdings derart genutzt wird, dass latente Steuern auszuweisen sind, werden aktive Steuerlatenzen sowohl bei einem saldierten als auch bei einem unsaldierten Ausweis in der Bilanz ausgewiesen. Für die Berechnung des ausschüttungsgesperrten Betrags ist also jeweils der Saldo latenter Steuern zu betrachten.[1290] Auf den konkreten (saldierten oder unsaldierten) Ausweis der Steuerlatenzen kommt es nicht an.[1291] Ein Verzicht auf die Berücksichtigung aktiver Steuerlatenzen im Falle eines saldierten Ansatzes latenter Steuern kommt daher nicht in Frage. Die beiden Ausweisoptionen sind also gleichzustellen, auch wenn dies nicht explizit im Wortlaut erwähnt wird. Nur eine solche Vorgehensweise ist mit dem Zweck der Ausschüttungssperre vereinbar. Schließlich bleibt die Unsicherheit, die aktivierten latenten Steuern per se anlastet, unabhängig von der genutzten Ausweisalternative bestehen.

Die angesprochene Nettobetrachtung führt im Falle eines angesetzten Aktivüberhangs latenter Steuern zwar dazu, dass keine passiven Steuerlatenzen in der Bilanz ausgewiesen werden. Dennoch sind auch in diesem Falle passive latente Steuern im Rahmen der Anwendung der Ausschüttungssperre, auch im Zusammenhang mit den beiden anderen ausschüttungsgesperrten Sachverhalten, zu berücksichtigen,[1292] da sie den Aktivüberhang latenter Steuern und daher grundsätzlich auch den Gewinn mindern. Die Gewinnausschüttung würde letztlich in Höhe der passiven latenten Steuern doppelt gemindert werden, wenn diese Steuerlatenzen nicht berücksichtigt werden würden.[1293] Es gibt indes auch Fälle, in denen eine Berücksichtigung passiver Steuerlatenzen nicht zulässig bzw. nicht notwendig ist. So sind keine passiven Steuerlatenzen bei der Ermittlung des ausschüttungsgesperrten Betrags zu berücksichtigen, sofern das Aktivierungswahlrecht im Falle eines Aktivüberhangs latenter Steuern in dem Sinne genutzt wird, dass keine Steuerlatenzen ausgewiesen werden.[1294] Dies ist darauf zurückzuführen, dass in diesem Falle das handelsrechtliche Ergebnis nicht durch passive Steuerlatenzen beeinflusst und eine Korrektur des ausschüttungsgesperrten Betrags insofern nicht notwendig wird.[1295] Zudem darf ein ermittelter Passivüberhang latenter Steuern den ausschüttungsgesperrten Betrag nicht weiter reduzieren.[1296] Besteht also ein Passivüberhang latenter Steuern,

1290 Vgl. LÜDENBACH, N., § 268 Abs. 8 HGB, S. 589.
1291 Vgl. KAYA, D./BORGWARDT, L., Ausschüttungssperre, S. 729.
1292 Vgl. LANFERMANN, G./RÖHRICHT, V., Außerbilanzielle Ausschüttungssperren, S. 1217.
1293 Vgl. dazu auch Abschnitt 452.
1294 Vgl. KAYA, D./BORGWARDT, L., Ausschüttungssperre, S. 729.
1295 Vgl. KÜTING, K./SEEL, C., Latente Steuern, S. 522 f.
1296 Vgl. GELHAUSEN, H. F./FEY, G./KÄMPFER, G., Rechnungslegung und Prüfung, Rn. N 50.

sind grundsätzlich lediglich die für die Vermögensgegenstände im Sinne des § 268 Abs. 8 Sätze 1 und 3 HGB gebildeten, ggf. angepassten passiven Steuerlatenzen zu berücksichtigen. Ergibt sich ein Steuerlatenz-Saldo von null, kann im Regelfall aus Vereinfachungsgründen ebenso auf den Einbezug latenter Steuern in die Ermittlung des von der Ausschüttungssperre betroffenen Gesamtbetrags verzichtet werden.[1297] Die von den Vermögensgegenständen abzuziehenden Beträge würden wiederum zu einem Aktivüberhang in gleicher Höhe führen, so dass der ausschüttungsgesperrte Betrag unverändert bliebe.

46 Anhangangaben zu latenten Steuern

461. Bedeutung und Funktionen des Anhangs

Kapitalgesellschaften haben den Jahresabschluss gemäß § 264 Abs. 1 Satz 1 HGB um einen Anhang zu erweitern, der zusammen mit der Bilanz und der GuV eine Einheit bildet. Damit wird der expliziten Vorgabe des Art. 2 Abs. 1 Satz 2 der 4. EG-Richtlinie nachgekommen.[1298] Analoges gilt im Übrigen für haftungsbeschränkte Personengesellschaften nach § 264a HGB und Gesellschaften im Sinne des § 5 Abs. 2 Satz 1 PublG. Diese Einheit soll die Einhaltung der Generalnorm des § 264 Abs. 2 Satz 1 HGB sicherstellen,[1299] also die Vermittlung eines den tatsächlichen Verhältnissen entsprechenden Bildes der Vermögens-, Finanz- und Ertragslage unter Beachtung der GoB. Die drei gleichwertigen Jahresabschlusselemente dienen gemeinsam der Erfüllung der Rechnungslegungszwecke.[1300] Der Anhang nimmt indes regelmäßig eine „Schlüsselrolle“[1301] bei der Erfüllung des Rechenschaftszwecks ein. Dabei kommen dem Anhang grundsätzlich die folgenden vier Funktionen zu: die Erläuterungs-, Ergänzungs-, Korrektur- und Entlastungsfunktion.[1302]

Die wohl wichtigste Aufgabe des Anhangs ist die **Erläuterung** der durch die Bilanz und GuV vermittelten quantitativen Informationen.[1303] Der Anhang sorgt damit für ein besseres Verständnis der beiden anderen Jahresabschlussbestandteile,[1304] so dass diese durch den Adressaten sinnvoll und vertiefend interpretiert werden können.[1305] Im Sinne der Erläuterungsfunktion sind die Posten der Bilanz und GuV im Anhang zu kommentieren, interpretieren bzw.

1297 Vgl. LOITZ, R., Latente Steuern nach dem BilMoG, S. 710.

1298 Vgl. Art. 2 Abs. 1 der 4. EG-Richtlinie: „Der Jahresabschluß [sic!] besteht aus der Bilanz, der Gewinn- und Verlustrechnung und dem Anhang zum Jahresabschluß [sic!]. Diese Unterlagen bilden eine Einheit.“

1299 Vgl. ARMELOH, K.-H., Die Berichterstattung im Anhang, S. 24 f.; LEFFSON, U., GoB, S. 79.

1300 Vgl. BAETGE, J./KIRSCH, H.-J./THIELE, S., Bilanzen, S. 691.

1301 RUSS, W., Dritter Teil des Jahresabschlusses, S. 19.

1302 Vgl. BAETGE, J./KIRSCH, H.-J./THIELE, S., Bilanzen, S. 691.

1303 Vgl. ARMELOH, K.-H., Die Berichterstattung im Anhang, S. 26.

1304 Vgl. ARMELOH, K.-H., Die Berichterstattung im Anhang, S. 26.

1305 Vgl. FISCHER, T. R./PASKERT, D., Inhalt und Struktur des Anhangs, S. 293; KUPSCH, P., in: HdJ, IV/4, Rn. 11.

konkretisieren.[1306] Ihr Inhalt, Charakter bzw. Entstehungsgrund ist zu erklären.[1307] Neben der Betrachtung einzelner Posten, bspw. durch die Angabe postenbezogener Bewertungsinformationen,[1308] sind Informationen zu den angewandten Ansatz- und Bewertungsmethoden preiszugeben.[1309] Daneben umfasst der Anhang **ergänzende Informationen**. Es handelt sich dabei um Angaben, die keinen unmittelbaren Bezug zu den quantitativen Informationen in der Bilanz und GuV aufweisen, die indes trotzdem wichtig bzw. wesentlich für die Beurteilung der wirtschaftlichen Lage des Unternehmens sind.[1310] Damit werden Sachverhalte erfasst, die nach den handelsrechtlichen Rechnungslegungsnormen nicht bilanzierungsfähig sind, wie z. B. die durchschnittliche Arbeitnehmerzahl.[1311] Darüber hinaus sind gemäß § 264 Abs. 2 Satz 2 HGB im Anhang zusätzliche Angaben zu machen, wenn „besondere Umstände" dazu führen, dass der Jahresabschluss keine zutreffende Darstellung der wirtschaftlichen Lage des Unternehmens leistet. Damit ist die **Korrekturfunktion** des Anhangs angesprochen. Demnach sind im Anhang Abweichungen zwischen der aufgrund der gesetzlich geforderten Darstellung der wirtschaftlichen Lage geweckten Erwartung der Abschlussadressaten auf der einen und der tatsächlichen wirtschaftlichen Entwicklung auf der anderen Seite anzugeben,[1312] die lediglich aufgrund „besonderer Umstände", also in Ausnahmefällen, entstehen. Ohne zusätzliche Informationen würde die Gefahr von (bedeutenden) Fehlinterpretationen seitens der Jahresabschlussadressaten bestehen.[1313] Auslösender Sachverhalt einer solchen korrigierenden Angabe ist bspw. ein Ertragseinbruch am Ende des Geschäftsjahres, der aufgrund einer zuvor positiven Ertragsentwicklung für die Abschlussadressaten nicht ersichtlich wird.[1314] Aufgrund der Gleichwertigkeit der drei Jahresabschlusselemente können (detaillierte Zahlen-)Angaben anstatt in der Bilanz oder GuV ohne Informationsverlust auch in den Anhang übernommen werden, um die beiden erst genannten Bestandteile des Jahresabschlusses zu **entlasten**.[1315] Dies wird vor allem durch Wahlrechte erreicht, die einen Ausweis in der Bilanz bzw. GuV oder im Anhang zulassen (sog. Wahlpflichtangaben).[1316] Dadurch wird zwar die zwischenbetriebliche Vergleichbarkeit geschwächt, die Entlastung der Bilanz und GuV verbessert indes

---

1306 Vgl. BAETGE, J./KIRSCH, H.-J./THIELE, S., Bilanzen, S. 691; FISCHER, T. R./PASKERT, D., Inhalt und Struktur des Anhangs, S. 293.

1307 Vgl. COENENBERG, A. G./HALLER, A./SCHULTZE, W., Jahresabschluss, S. 857.

1308 Vgl. KUPSCH, P., in: HdJ, IV/4, Rn. 12.

1309 Vgl. FISCHER, T. R./PASKERT, D., Inhalt und Struktur des Anhangs, S. 293 f.

1310 Vgl. BAETGE, J./KIRSCH, H.-J./THIELE, S., Bilanzen, S. 711.

1311 Vgl. RUSS, W., Dritter Teil des Jahresabschlusses, S. 23.

1312 Vgl. COENENBERG, A. G./HALLER, A./SCHULTZE, W., Jahresabschluss, S. 863.

1313 Vgl. COENENBERG, A. G./HALLER, A./SCHULTZE, W., Jahresabschluss, S. 858.

1314 Vgl. BAETGE, J./KIRSCH, H.-J./THIELE, S., Bilanzen, S. 697.

1315 Vgl. BT-Drucksache 10/317, S. 75. RUSS bezeichnet den Anhang auch als „Verschiebebahnhof für Informationen" (RUSS, W., Dritter Teil des Jahresabschlusses, S. 22). Die gewählte Berichtsform ist indes, wie noch zu erläutern ist, stetig beizubehalten.

1316 Vgl. KUPSCH, P., in: HdJ, IV/4, Rn. 16; ARMELOH, K.-H., Die Berichterstattung im Anhang, S. 27.

grundsätzlich deren Aussagefähigkeit.[1317] Schließlich können die beiden Jahresabschlussbestandteile aufgrund der Verlagerung von Angaben in den Anhang im Sinne des Grundsatzes der Klarheit und Übersichtlichkeit entsprechend der unternehmensspezifischen Besonderheiten übersichtlicher gestaltet und auf die wesentlichen Angaben reduziert werden.[1318] Bilanz und GuV können danach „nur" die unbedingt notwendigen, zentralen Informationen enthalten und daher einem ersten Überblick über die Vermögens-, Finanz- und Ertragslage dienen. Für eine vertiefende Analyse wäre dann auf die Anhangangaben zurückzugreifen.[1319] Diese können bspw. weitergehende Angaben zur Entwicklung der Posten des Anlagevermögens oder zu den Restlaufzeiten der ausgewiesenen Verbindlichkeiten umfassen.[1320]

Der Gesetzgeber verwendet unterschiedliche Termini für die konkrete Bestimmung des Umfangs bzw. des Inhalts der Anhangangaben. Die verschiedenen Informationsarten lassen sich nach SELCHERT/KARSTEN, wie in der folgenden Übersicht 4-4 dargestellt, konkretisieren.[1321] Es ist indes zu beachten, dass der Begriff der „Angaben" in der Übersicht im engeren Sinne als „bloße Nennung ohne weitere Zusätze" definiert ist. Im weiteren Sinne umfasst er allerdings sämtliche Informationsarten.[1322]

Informationsart	Konkretisierung der Informationen
Angabe	Bloße Nennung ohne weitere Zusätze; je nach Art des anzugebenden Sachverhaltes muss diese Nennung quantitativ oder verbal erfolgen.
Aufgliederung	Segmentierung einer Größe in einzelne Komponenten, so dass deren Zusammensetzung ersichtlich wird; die Aufgliederung erfolgt quantitativ.
Erläuterung	Kommentierung und Interpretation, so dass der Inhalt und/oder die Ursache ersichtlich werden; die Erläuterung erfolgt verbal.
Darstellung	Angabe, verbunden mit einer Aufgliederung oder Erläuterung; je nach dem darzustellenden Sachverhalt erfolgt die Darstellung quantitativ und/oder verbal.
Begründung	Offenlegung der Überlegungen und Argumente, die kausal für ein bestimmtes Tun oder Unterlassen sind und dessen Nachvollziehbarkeit ermöglichen; die Begründung erfolgt verbal.

Übersicht 4-4: Die Konkretisierung von Informationen im Anhang nach SELCHERT/KARSTEN

1317 Vgl. RUSS, W., Dritter Teil des Jahresabschlusses, S. 22 f.

1318 Vgl. ADS, 6. Aufl., § 284 HGB, Rn. 13; KUPSCH, P., in: HdJ, IV/4, Rn. 16.

1319 Vgl. BAETGE, J./KIRSCH, H.-J./THIELE, S., Bilanzen, S. 692 f.

1320 Vgl. FISCHER, T. R./PASKERT, D., Inhalt und Struktur des Anhangs, S. 295.

1321 Vgl. SELCHERT, F. W./KARSTEN, J., Inhalt und Gliederung des Anhangs, S. 1890. Die Übersicht wurde in Anlehnung an BAETGE/KIRSCH/THIELE erstellt. Vgl. BAETGE, J./KIRSCH, H.-J./THIELE, S., Bilanzen, S. 693.

1322 Vgl. FISCHER, T. R./PASKERT, D., Inhalt und Struktur des Anhangs, S. 293.

Der Bilanzierende hat auch bei der Erstellung des Anhangs den Grundsatz der (formellen) **Stetigkeit** zu beachten.[1323] § 265 Abs. 1 Satz 1 HGB, der die Beibehaltung der Darstellungsform vor allem in aufeinanderfolgenden Bilanzen und GuV verlangt, kann dementsprechend auf den Anhang bezogen werden. So sind sowohl die Ausweisentscheidungen hinsichtlich der Wahlpflichtangaben als auch die Struktur des Anhangs beizubehalten.[1324] Der vergleichbare Aufbau des Anhangs dient schließlich ebenso wie der grundsätzlich unveränderte Aufbau der Bilanz und GuV der Vergleichbarkeit und dem guten bzw. schnellen Verständnis der Jahresabschlüsse im Zeitablauf. Lediglich in zu begründenden Ausnahmefällen darf aufgrund besonderer Umstände von der Darstellung abgewichen werden (§ 265 Abs. 1 Satz 1 HGB). Ferner sind rechtsformspezifische Angabepflichten, bspw. nach AktG oder GmbHG, zu berücksichtigen.[1325] Für einige Unternehmensformen gelten zudem Erleichterungsvorschriften, wie sie der Gesetzgeber bspw. in § 288 HGB gestattet.[1326] Die gesetzlichen Regelungen zu den Anhangangaben bilden indes lediglich Mindestvorgaben. Das Unternehmen kann daher grundsätzlich (freiwillig) zusätzliche Angaben machen.[1327] Der diesbezügliche Ermessensspielraum wird indes zum einen durch die Generalnorm eingeschränkt, nach der die zusätzlichen Angaben nicht dazu führen dürfen, dass ein unzutreffendes Bild der wirtschaftlichen Lage eines Unternehmens vermittelt wird. Zum anderen wird der Ermessensspielraum insoweit begrenzt, dass die freiwilligen Angaben dem Grundsatz der Klarheit und Übersichtlichkeit genügen und einen sachlichen Bezug zum Jahresabschluss haben müssen.[1328]

462. Kritische Betrachtung der gesetzlichen Angabepflichten zur Bilanzierung latenter Steuern

462.1 Überblick zu den gesetzlichen Regelungen der Angabepflichten

Die Berichterstattung über latente Steuern ist nach dem BilMoG vor allem in den §§ 284, 285 und 288 HGB geregelt. Diese Vorschriften sind von allen Kapitalgesellschaften und ihnen gleichgestellten Personengesellschaften im Sinne des § 264a HGB zu beachten. Analoges gilt mit einigen wenigen Einschränkungen gemäß § 5 Abs. 2 Satz 2 PublG auch für nach dem PublG rechnungslegungspflichtige Unternehmen.

Von den folgenden drei Vorschriften zu den Anhangangaben ist keines der soeben angesprochenen Unternehmen befreit. Diese Vorschriften sind daher auch von kleinen Kapital- bzw. haftungsbeschränkten Personengesellschaften einzuhalten, die gemäß § 274a Nr. 5 HGB von

[1323] Vgl. BAETGE, J./KIRSCH, H.-J./THIELE, S., Bilanzen, S. 695.
[1324] Vgl. KUPSCH, P., in: HdJ, IV/4, Rn. 45; COENENBERG, A. G./HALLER, A./SCHULTZE, W., Jahresabschluss, S. 859.
[1325] Vgl. KUPSCH, P., in: HdJ, IV/4, Rn. 26.
[1326] Vgl. BAETGE, J./KIRSCH, H.-J./THIELE, S., Bilanzen, S. 692.
[1327] Vgl. COENENBERG, A. G./HALLER, A./SCHULTZE, W., Jahresabschluss, S. 868.
[1328] Vgl. KUPSCH, P., in: HdJ, IV/4, Rn. 24.

der Bilanzierung latenter Steuern nach § 274 HGB befreit sind und daher lediglich passive latente Steuern mit Rückstellungscharakter gemäß § 249 Abs. 1 Satz 1 HGB bilanzieren.

- Die Unternehmen müssen nach **§ 284 Abs. 2 Nr. 1 HGB** die auf die Bilanz- und GuV-Posten angewandten Bilanzierungs- und Bewertungsmethoden angeben.
- Zudem sind gemäß **§ 284 Abs. 2 Nr. 3 HGB** die Abweichungen von diesen Methoden anzugeben und zu begründen sowie die Auswirkungen dieser Änderungen auf die Vermögens-, Finanz- und Ertragslage gesondert darzustellen.
- Darüber hinaus sind Angaben zur Ausschüttungssperre gemäß **§ 285 Nr. 28 HGB** erforderlich, welche im engen Zusammenhang mit der Bilanzierung latenter Steuern steht.[1329]

Nach **§ 285 Nr. 6 HGB** ist ferner anzugeben , in welchem Umfang sich die in der GuV ausgewiesenen „Steuern vom Einkommen und vom Ertrag“, die auch latente Steuererfolge umfassen,[1330] auf das Ergebnis der gewöhnlichen Geschäftstätigkeit bzw. auf das außerordentliche Ergebnis beziehen. Allerdings sind kleine Gesellschaften nach § 288 Abs. 1 HGB und nach dem PublG rechnungslegungspflichtige Unternehmen von dieser Vorschrift befreit.

Die Kernregelung zu den Anhangangaben über die latenten Steuern findet sich indes in **§ 285 Nr. 29 HGB**. Die Berücksichtigung dieser Anhangangabe an dieser Gesetzesstelle scheint auf den ersten Blick nicht sonderlich verwunderlich zu sein, da der Anhang weitgehend durch die Vorschriften der §§ 284-288 HGB bestimmt wird. Allerdings wurde ein Teil der Angabepflichten zu den (aktiven) latenten Steuern vor dem BilMoG noch im Rahmen des § 274 HGB a. F. „Steuerabgrenzung“ geregelt. Bis zum Regierungsentwurf sollte diese Systematik beibehalten werden. Mit der Beschlussempfehlung des Rechtsausschusses wurde die zuvor sehr knapp formulierte Regelung indes geändert und sachgerecht in den § 285 Nr. 29 HGB umgegliedert.[1331] Während bis zur finalen BilMoG-Norm lediglich eine Erläuterung der ausgewiesenen Posten latenter Steuern gefordert wurde, verlangt § 285 Nr. 29 HGB nunmehr die Angabe, „auf welchen Differenzen oder steuerlichen Verlustvorträgen die latenten Steuern beruhen und mit welchen Steuersätzen die Bewertung erfolgt ist“.

Gemäß **§ 288 Abs. 1 HGB** sind indes kleine Kapitalgesellschaften bzw. kleine haftungsbeschränkte Personengesellschaften von den Angabepflichten nach § 285 Nr. 29 HGB befreit. Diese Befreiungsvorschrift kann auf die Vorgaben des Art. 44 der 4. EG-Richtlinie zurückgeführt werden, welche kleinen Kapitalgesellschaften gestatten, auf die Anhangangabe latenter Steuern gemäß Art. 43 Abs. 1 Nr. 11 der 4. EG-Richtlinie zu verzichten. Darüber hinaus dürfen nach **§ 288 Abs. 2 Satz 2 HGB** auch mittelgroße Gesellschaften die Anhangangaben nach

[1329] Vgl. Abschnitt 454.
[1330] Vgl. zum Ausweis latenter Steuern in der GuV Abschnitt 443.
[1331] Vgl. BT-Drucksache 16/12407, S. 87.

§ 285 Nr. 29 HGB unterlassen. Art. 47 Abs. 3 lit. b der 4. EG-Richtlinie erlaubt diesen Gesellschaften die Veröffentlichung eines lediglich verkürzten Anhangs ohne Berücksichtigung der Vorschriften des Art. 43 Abs. 1 Nr. 11 der 4. EG-Richtlinie.[1332]

Die folgende Übersicht 4-5 fasst die im Zusammenhang mit der Bilanzierung latenter Steuern in Abhängigkeit von der Unternehmensform und -größe relevanten Angabepflichten zusammen. Im HGB werden die genannten Vorschriften zur Berichtspflicht über latente Steuern nicht weiter konkretisiert bzw. detaillierter beschrieben. Dies macht eine einheitliche Auslegung bzw. Anwendung der Regelungen nur schwerlich möglich.[1333] Daher sollen die angesprochenen Normen im Folgenden kritisch betrachtet und ausgelegt werden.

	§ 284 Abs. 2 Nr. 1 und 3 HGB "Bilanzierungs-methoden"	§ 285 Nr. 28 HGB "Ausschüttungs-sperre"	§ 285 Nr. 6 HGB "Aufteilung des Steuererfolgs"	§ 285 Nr. 29 HGB "Latente Steuern (konket)"
Kleine KapG/PersG[1334]	x	x	--	--
PublG-Unternehmen	x	x	--	x
Mittelgr. KapG/PersG	x	x	x	--
Große KapG/PersG	x	x	x	x

Übersicht 4-5: Überblick zu den gesetzlichen Regelungen der Berichterstattung über latente Steuern in Abhängigkeit von der Unternehmensform und -größe

462.2 Angabepflichten nach § 284 Abs. 2 Nr. 1 und 3 HGB

Nach § 284 Abs. 2 Nr. 1 HGB ist im Anhang über die im Jahresabschluss angewandten Ansatz- und Bewertungsmethoden zu berichten. Diese Angaben sind stets erforderlich, wenn dem Unternehmen durch die handelsrechtlichen Normen Entscheidungsspielräume eröffnet

1332 Es ist indes zu beachten, dass die Größenkriterien der EG-Richtlinie nicht mit den Grenzen der handelsrechtlichen Größenklassen übereinstimmen. So weicht für die Kategorisierung als mittelgroße Gesellschaft die Bilanzsumme laut Art. 27 der 4. EG-Richtlinie in Höhe von 17,50 Mio. Euro von der Vorgabe des § 267 Abs. 2 HGB von 19,25 Mio. Euro genauso ab wie die Umsatzerlösgrenze von 35,00 Mio. Euro gemäß der 4. EG-Richtlinie anstatt eines Betrags von 38,50 Mio. Euro laut § 267 HGB. Auch die Größenkriterien für die Einstufung als kleine Gesellschaft nach Art. 11 der 4. EG-Richtlinie weichen von den Vorgaben des § 267 Abs. 1 HGB ab. So beträgt die Grenze für die Bilanzsumme gemäß der Richtlinie 4,40 Mio. Euro anstatt eines Betrags von 4,84 Mio. Euro nach § 267 HGB sowie für die Umsatzerlöse 8,80 Mio. Euro anstatt 9,68 Mio. Euro nach der Vorschrift des § 267 HGB.

1333 Vgl. PRYSTAWIK, O./SCHAUF, T., Steuerliche Anhangangaben, S. 313; vgl. speziell im Hinblick auf die Regelung des § 285 Nr. 29 HGB KÜHNE, E./MELCHER, W./WESEMANN, M., Grundlagen und Zweifelsfragen, Teil 1, S. 1012; PÖLLER, R., Sonderprobleme und Umsetzung der Neuregelungen, S. 15.

1334 Die Abkürzung „PersG“ bezeichnet in dieser Übersicht haftungsbeschränkte Personengesellschaften im Sinne von § 264a HGB.

werden.[1335] Damit kommt der Vorschrift eine zentrale Bedeutung für die zwischenbetriebliche und zeitliche Vergleichbarkeit des Jahresabschlusses zu.[1336] Sie dient der Generalnorm.[1337] Unter Berücksichtigung des Grundsatzes der Klarheit und Übersichtlichkeit[1338] sind im Anhang Angaben zu der Art und dem Umfang der Nutzung von Ansatz- und Bewertungswahlrechten zu machen.[1339] Das Unternehmen hat darzustellen, wie es Wahlrechte ausgeübt bzw. Ermessensspielräume ausgefüllt hat.[1340] Eine Begründung für die gewählte Nutzung der Entscheidungsspielräume ist dagegen nicht notwendigerweise zu geben.[1341]

Ansatzmethoden beziehen sich auf das planvolle Vorgehen bei der Ausübung von gesetzlichen Ansatzwahlrechten und Ermessenspielräumen im Rahmen der Ansatzentscheidung.[1342] Damit ist auch das Wahlrecht nach § 274 Abs. 1 Satz 2 HGB angesprochen, das einen Verzicht eines Ansatzes des Aktivüberhangs latenter Steuern möglich macht. Zudem ist auch eine Angabe zur Ausübung des Wahlrechts nach § 274 Abs. 1 Satz 3 HGB hinsichtlich des Brutto- oder Nettoausweises latenter Steuern erforderlich.[1343] **Bewertungsmethoden** umfassen ferner das planmäßige Verfahren bei der Wertermittlung.[1344] Diese Methoden sind in ihrem Ablauf klar definiert und sorgen für eine nachvollziehbare Ableitung des Wertansatzes.[1345] Zu bestimmen ist die Ausübung von Entscheidungsspielräumen hinsichtlich der Höhe des Wertansatzes und des Verfahrens der Wertbestimmung.[1346] Vor dem Hintergrund der Bilanzierung latenter Steuern ist allgemein auf die verwandte Bewertungsmethode einzugehen.[1347] Dies betrifft vor allem Informationen zur Ermittlungsebene der temporären Differenzen sowie zur Ermittlung der jeweils relevanten, ggf. durchschnittlichen und kombinierten, in- und ausländischen Steuersätze.[1348]

Die Angabepflicht nach § 284 Abs. 2 Nr. 1 HGB bezieht sich lediglich allgemein auf die Methoden der Bilanzierung. Damit werden weitergehende Informationen und Erläuterungen über

---

1335 Vgl. BAETGE, J./KIRSCH, H.-J./THIELE, S., Bilanzen, S. 700.
1336 Vgl. BAETGE, J./KIRSCH, H.-J./THIELE, S., Bilanzen, S. 698.
1337 Vgl. BAETGE, J./KIRSCH, H.-J./THIELE, S., Bilanzen, S. 698.
1338 Vgl. ADS, 6. Aufl., § 284 HGB, Rn. 54.
1339 Vgl. KUPSCH, P., in: HdJ, IV/4, Rn. 75.
1340 Vgl. BAETGE, J./KIRSCH, H.-J./THIELE, S., Bilanzen, S. 700.
1341 Vgl. KUPSCH, P., in: HdJ, IV/4, Rn. 75.
1342 Vgl. HFA DES IDW, IDW ERS HFA 38, Rn. 6; WULF, I., in: Baetge/Kirsch/Thiele, § 284 HGB, Rn. 53 und 55; SCHERFF, S./WILLEKE, C., Ansatz- und Bewertungsstetigkeit, S. 769.
1343 Vgl. PRYSTAWIK, O./SCHAUF, T., Steuerliche Anhangangaben, S. 318; ELLROTT, H., Beck Bilanzkomm., 7. Aufl., § 284 HGB, Rn. 87.
1344 Vgl. ELLROTT, H., Beck Bilanzkomm., 7. Aufl., § 284 HGB, Rn. 100.
1345 Vgl. HFA DES IDW, IDW ERS HFA 38, Rn. 7.
1346 Vgl. ELLROTT, H., Beck Bilanzkomm., 7. Aufl., § 284 HGB, Rn. 100; WULF, I., in: Baetge/Kirsch/Thiele, § 284 HGB, Rn. 57.
1347 Vgl. IDW (Hrsg.), WP-Handbuch 2006, Bd. I, Rn. F 611.
1348 Vgl. zur Konkretisierung der Steuersätze Abschnitt 433.

die konkrete Zusammensetzung bzw. den Inhalt und die Veränderungen der einzelnen Posten im Vergleich zum Vorjahr durch diese Vorschrift nicht gefordert.[1349] Derlei Angaben sind lediglich dann erforderlich, wenn sie von anderen Einzelvorschriften verlangt werden, wie es bspw. in § 285 Nr. 29 HGB der Fall ist. Die Angaben nach § 284 Abs. 2 Nr. 1 HGB können allerdings auch gemeinsam mit der Erläuterung bzw. Darstellung der Einzelposten vorgenommen werden.[1350]

Um die zeitliche Vergleichbarkeit des Jahresabschlusses zu unterstützen,[1351] sind Abweichungen von den verwandten Bilanzierungs- und/oder Bewertungsmethoden gemäß **§ 284 Abs. 2 Nr. 3 HGB** im Anhang anzugeben und zu begründen. Zunächst ist zu berichten, von welcher Methode abgewichen wird und welche Posten von dieser Methodenänderung betroffen sind.[1352] Die aktuell angewandte Methode ist der Ansatz- bzw. Bewertungsmethode des Vorjahres gegenüberzustellen, so dass die Abweichungen deutlich werden.[1353] So ist bspw. anzugeben, wenn im Gegensatz zur vorherigen Vorgehensweise nunmehr das Aktivierungswahlrecht eines Aktivüberhangs latenter Steuern genutzt wird und aktive latente Steuern in der Bilanz abgebildet werden. Ferner könnte die Methode der Bewertung latenter Steuern geändert werden, indem bspw. die Differenzen für jeden einzelnen Sachverhalt anstatt auf Bilanzpostenebene ermittelt und bewertet werden. Darüber hinaus sind die Gründe der Methodenänderungen unter Berücksichtigung des Grundsatzes der Klarheit und Übersichtlichkeit sowie des Grundsatzes der Wesentlichkeit zu erklären. § 284 Abs. 2 Nr. 3 HGB bezieht sich somit auch auf § 252 Abs. 2 HGB, nach dem u. a. von den Bewertungsgrundsätzen bzw. im Speziellen von dem Grundsatz der Bewertungsstetigkeit gemäß § 252 Abs. 1 Nr. 6 HGB und dem Grundsatz der Ansatzstetigkeit gemäß § 246 Abs. 3 HGB nur in begründeten Ausnahmefällen abgewichen werden darf. Beispielsweise kann der Übergang vom Ansatzverzicht auf den Ansatz aktiver latenter Steuern mit einer besseren Erfüllung der Generalnorm des § 264 Abs. 2 Satz 1 HGB begründet werden.[1354] Sofern ein Posten – hier: aktive latente Steuern – erstmalig bilanziert wird, ist eine Begründung lediglich dann erforderlich, wenn ein vergleichbarer wesentlicher Sachverhalt zwar schon im Vorjahr vorlag, auf eine bilanzielle Berücksichtigung dieses Vorfalls indes verzichtet wurde.[1355] Die Begründung der Abweichungen

---

[1349] Vgl. KUPSCH, P., in: HdJ, IV/4, Rn. 74; ARMELOH, K.-H., Die Berichterstattung im Anhang, S. 115 f.

[1350] Vgl. ADS, 6. Aufl., § 284 HGB, Rn. 59.

[1351] Vgl. ELLROTT, H., Beck Bilanzkomm., 7. Aufl., § 284 HGB, Rn. 140; WULF, I., in: Baetge/Kirsch/Thiele, § 284 HGB, Rn. 77.

[1352] Vgl. HFA DES IDW, IDW ERS HFA 38, Rn. 23.

[1353] Vgl. ELLROTT, H., Beck Bilanzkomm., 7. Aufl., § 284 HGB, Rn. 144.

[1354] Vgl. Abschnitt 424.2.

[1355] Vgl. HFA DES IDW, IDW ERS HFA 38, Rn. 25; SCHERFF, S./WILLEKE, C., Ansatz- und Bewertungsstetigkeit, S. 772.

soll vermeiden, dass sachfremde und willkürliche Überlegungen bei der Wahl der Bilanzierungsmethode eine Rolle spielen.[1356]

Ferner fordert § 284 Abs. 2 Nr. 3 HGB die gesonderte Darstellung der Auswirkungen der Methodenänderungen auf die Vermögens-, Finanz- und Ertragslage des Unternehmens. Der Gesetzgeber verlangt zwar nicht explizit qualitative oder quantitative Angaben. Es ist jedoch davon auszugehen, dass qualitative Angaben ausreichen, sofern der Einfluss der Änderungen auf die wirtschaftliche Lage ohne weitere (quantitative) Erläuterungen deutlich wird.[1357] Davon kann bspw. bei der erstmaligen Ausübung eines Ansatzwahlrechts zum Wertansatz oder im Falle, dass die Auswirkungen der Methodenänderungen unbedeutend sind, regelmäßig ausgegangen werden.[1358] Sofern die Abweichungen hingegen nicht erkennbar sind, was vor allem bei Änderungen der Bewertungsmethode möglich erscheint, werden verbale Angaben im Regelfall nicht ausreichen, um eine den tatsächlichen Verhältnissen entsprechende Darstellung der Vermögens-, Finanz- und Ertragslage zu vermitteln. In diesen Fällen sind quantitative Angaben zu machen.[1359] Die Größenordnung des Einflusses der Änderungen auf die Abbildung der wirtschaftlichen Lage ist somit kenntlich zu machen.[1360] Empfehlenswert wäre zudem die Angabe der Auswirkungen der Methodenabweichungen auf die betreffenden Vorjahreszahlen.[1361]

Zu beachten ist indes, dass § 284 Abs. 2 Nr. 3 HGB lediglich die Angaben zu Abweichungen von Bilanzierungsmethoden umfasst, welche nicht von anderen Einzelvorschriften gefordert werden.[1362] So sind bspw. Änderungen der Gliederung oder Darstellung gemäß § 265 Abs. 1 Satz 2 HGB zu erläutern. Dies betrifft im Rahmen der Bilanzierung latenter Steuern bspw. den Wechsel vom Netto- zum Bruttoausweis sowohl aktiver als auch passiver latenter Steuern. Diese Erläuterungen können auch gemeinsam mit den Angaben nach § 284 Abs. 2 Nr. 3 HGB vorgenommen werden, sofern der jeweilige Charakter der einzelnen Angaben erkennbar bleibt.[1363] Ferner besteht die Möglichkeit, die Anhangangaben nach § 284 Abs. 2 Nr. 3 HGB gemeinsam mit den Erläuterungen des § 284 Abs. 2 Nr. 1 HGB anzugeben.[1364]

1356 Vgl. ADS, 6. Aufl., § 284 HGB, Rn. 109; COENENBERG, A. G./HALLER, A./SCHULTZE, W., Jahresabschluss, S. 862.

1357 Vgl. ADS, 6. Aufl., § 284 HGB, Rn. 148.

1358 Vgl. KUPSCH, P., in: HdJ, IV/4, Rn. 102; ADS, 6. Aufl., § 284 HGB, Rn. 148.

1359 Vgl. ADS, 6. Aufl., § 284 HGB, Rn. 148.

1360 Vgl. ADS, 6. Aufl., § 284 HGB, Rn. 147 f.

1361 Vgl. HFA DES IDW, IDW ERS HFA 38, Rn. 29.

1362 Vgl. HFA DES IDW, IDW ERS HFA 38, Rn. 22.

1363 Vgl. HFA DES IDW, IDW ERS HFA 38, Rn. 22.

1364 Vgl. ADS, 6. Aufl., § 284 HGB, Rn. 106.

462.3 Angabepflichten nach § 285 Nr. 6 HGB

Die erfolgswirksamen Veränderungen der bilanzierten latenten Steuern sind gemeinsam mit den tatsächlichen Steueraufwendungen bzw. -erträgen des laufenden Geschäftsjahres in dem Posten „Steuern vom Einkommen und vom Ertrag" in der GuV auszuweisen.[1365] Im Anhang ist gemäß § 285 Nr. 6 HGB anzugeben, in welchem Umfang dieser Steuerposten das Ergebnis der gewöhnlichen Geschäftstätigkeit und das außerordentliche Ergebnis belastet. Diese Angabe betrifft auch die entsprechende Zuordnung des latenten Steuererfolgs.[1366] So kann bspw. eine steuerlich nicht nachvollzogene Auflösung einer Rückstellung zu temporären Differenzen führen. Die Auflösung der Rückstellung ist im außerordentlichen Ergebnis abzubilden, sofern sie nicht regelmäßig anfällt.[1367] Dennoch sind damit verbundene (latente) Steuereffekte im Posten „Steuern vom Einkommen und Ertrag" zu berücksichtigen. Das außerordentliche Ergebnis ist grundsätzlich brutto auszuweisen, d. h. ohne die durch die außerordentlichen Erfolgskomponenten ausgelösten Steuereffekte.[1368] Es ist durchaus möglich, dass sich bezogen auf das außerordentliche Ergebnis eine aktive Steuerlatenz, also ein latenter Steuerertrag, ergibt, wenngleich insgesamt eine passive latente Steuer vorliegt.[1369] Im Regelfall dürfte eine betragsmäßige Angabe nicht erforderlich sein. Stattdessen sind „wohl aber größenordnungsmäßige Angaben"[1370] notwendig. Eine konkrete Betragsangabe kann indes verlangt werden, sofern besondere Umstände einen Ergebnisbestandteil wesentlich beeinflusst haben.[1371]

462.4 Angabepflichten nach § 285 Nr. 28 HGB

Bereits in Abschnitt 45 wurde die Bedeutung latenter Steuern für die Ausschüttungssperre nach § 268 Abs. 8 HGB erläutert. § 285 Nr. 28 HGB fordert in diesem Zusammenhang die Angabe des Gesamtbetrags der ausschüttungsgesperrten Beträge. Des Weiteren ist der Gesamtbetrag in seine Entstehungsursachen aufzugliedern. Somit sind neben den Beträgen aus der Aktivierung selbst geschaffener immaterieller Vermögensgegenstände und den Beträgen aus der Aktivierung zum beizulegenden Zeitwert bewerteter Vermögensgegenstände auch die ausschüttungsgesperrten Beträge aus der Aktivierung latenter Steuern anzugeben. Die Anhangangabe zur Ausschüttungssperre unterstützt den Gläubigerschutz.[1372] Sie dient dem Jahresabschlussadressaten aufgrund der außerbilanziellen Natur der Ausschüttungssperre als Nachweis dafür, dass die Ausschüttungssperre durch das jeweilige Unternehmen beachtet

---

1365 Vgl. Abschnitt 443.

1366 Vgl. SIMLACHER, A./SPANHEIMER, J., in: Küting/Weber, HdR-E, 5. Aufl., § 274 HGB, Rn. 68.

1367 Vgl. BAETGE, J./KIRSCH, H.-J./THIELE, S., Bilanzen, S. 618.

1368 Vgl. BUDDE, A., in: Küting/Weber, HdR-E, 5. Aufl., § 275 HGB, Rn. 96; BAETGE, J./KIRSCH, H.-J./THIELE, S., Bilanzen, S. 619.

1369 Vgl. SIMLACHER, A./SPANHEIMER, J., in: Küting/Weber, HdR-E, 5. Aufl., § 274 HGB, Rn. 68.

1370 IDW (Hrsg.), WP-Handbuch 2006, Bd. I, Rn. F 731.

1371 Vgl. ADS, 6. Aufl., § 285 HGB, Rn. 129 f.

1372 Vgl. BT-Drucksache 16/10067, S. 75.

wurde.[1373] Durch § 285 Nr. 28 HGB wird transparent, in welchem Umfang Gewinne nicht ausgeschüttet werden dürfen, sofern nicht ausreichend hohe frei verfügbare Rücklagen zuzüglich eines Gewinnvortrags und abzüglich eines Verlustvortrags vorliegen.[1374]

Durch eine Gegenüberstellung des anzugebenden, ausschüttungsgesperrten Gesamtbetrags mit den frei verfügbaren Rücklagen und dem Gewinn- bzw. Verlustvortrag, könnte der Jahresabschlussadressat ermitteln, inwiefern der Jahresüberschuss tatsächlich ausschüttungsgesperrt ist.[1375] Dem externen Abschlussleser liegen allerdings in der Regel keine Informationen zum Umfang der freien Kapitalrücklagen vor. Daher empfehlen GELHAUSEN/ALTHOFF die Darstellung einer gesetzlich nicht verlangten, sog. Deckungsrechnung im Anhang, aus der letztlich der durch freie Eigenkapitalteile (nicht) gedeckte Gesamtbetrag der ausschüttungsgesperrten Beträge hervorgeht.[1376]

Die ausschüttungsgesperrten Beträge der einzelnen Entstehungstatbestände sind nach § 268 Abs. 8 HGB unter Berücksichtigung passiver latenter Steuern zu ermitteln, welche die Ausschüttungssperre reduzieren. § 285 Nr. 28 HGB fordert indes lediglich die Angabe des „Gesamtbetrags" der ausschüttungsgesperrten Beträge. Zudem wird in dieser Vorschrift ein Einbezug der passiven latenten Steuern in die Anhangangaben nicht (explizit) verlangt. Dem Gesetzgeber genügt somit offensichtlich die Angabe der jeweiligen Nettobeträge der unterschiedlichen mit der Ausschüttungssperre belegten Sachverhalte.[1377] Um die Abstimmung der verschiedenen ausschüttungsgesperrten Beträge mit den ausgewiesenen Wertansätzen in der Bilanz zu erleichtern, ist es jedoch empfehlenswert, zum einen die Bruttobeträge der ausschüttungsgesperrten Bilanzansätze sowie zum anderen die berücksichtigten passiven latenten Steuern im Anhang anzugeben. Weitergehende Darstellungen sind vor allem hinsichtlich der Angabe des ausschüttungsgesperrten Betrags aufgrund der Aktivierung latenter Steuern sinnvoll.[1378] Dies ist insbesondere damit zu begründen, dass lediglich der Überhang aktiver latenter Steuern über diejenigen passiven latenten Steuern, die noch nicht im Rahmen der Ermittlung der ausschüttungsgesperrten Beträge aus der Aktivierung zum beizulegenden Zeitwert bewerteter oder selbst geschaffener immaterieller Vermögenswerte berücksichtigt wurden, von der Ausschüttungssperre betroffen ist.[1379]

1373 Vgl. BT-Drucksache 16/10067, S. 64.

1374 Vgl. BT-Drucksache 16/10067, S. 75.

1375 Vgl. GELHAUSEN, H. F./ALTHOFF, F., Ausschüttungsgesperrte Beträge, S. 591.

1376 Vgl. GELHAUSEN, H. F./ALTHOFF, F., Ausschüttungsgesperrte Beträge, S. 591.

1377 Vgl. KAYA, D./BORGWARDT, L., Ausschüttungssperre, S. 730; ELLROTT, H., Beck Bilanzkomm., 7. Aufl., § 285 HGB, Rn. 461.

1378 Vgl. auch HFA DES IDW, IDW ERS HFA 27, Rn. 38; PRYSTAWIK, O./SCHAUF, T., Steuerliche Anhangangaben, S. 317 f.

1379 Vgl. KÜHNE, E./MELCHER, W./WESEMANN, M., Grundlagen und Zweifelsfragen, Teil 1, S. 1013.

462.5 Angabepflichten nach § 285 Nr. 29 HGB

462.51 Angaben zu den Differenzen und steuerlichen Verlustvorträgen

Nach § 285 Nr. 29 HGB ist anzugeben, auf welchen temporären Differenzen und steuerlichen Verlustvorträgen die latenten Steuern basieren. Darüber hinaus sind Angaben zu den bestehenden Zinsvorträgen bzw. ggf. Steuergutschriften notwendig, da diese den steuerlichen Verlustvorträgen gleichgestellt werden.[1380] Die Vorgaben des § 285 Nr. 29 HGB sollen im Folgenden ausgelegt bzw. konkretisiert werden. Um die Diskussion der Berichterstattungspflichten über latente Steuern zu vereinfachen, soll in diesem Abschnitt unterstellt werden, dass latente Steuern unsaldiert in der Bilanz ausgewiesen werden, bevor in den beiden folgenden Abschnitten betrachtet wird, welche Konsequenzen das Aktivierungs- und Saldierungswahlrecht für den Umfang der Angabepflichten haben.

§ 285 Nr. 29 HGB äußert sich nicht explizit zum Umfang der Anhangangaben zu den temporären Differenzen bzw. steuerlichen Verlustvorträgen. Aus der Vorgabe des § 274 Abs. 1 Satz 1 HGB, nach der Unterschiede zwischen den handels- und steuerrechtlichen Wertansätzen zu ermitteln sind, folgt indes, dass die **Ursachen temporärer Differenzen** anzugeben sind.[1381] Es ist folglich die Frage zu beantworten, aufgrund welcher konkreten Wertansätze Unterschiede entstanden sind. Analog sind auch die den steuerlichen Verlustvorträgen zugrunde liegenden Ursachen im Anhang anzugeben. Dies erfordert die Aufgliederung der Vorträge nach den verschiedenen Steuerarten, für deutsche Kapitalgesellschaften bspw. nach der Körperschaftsteuer und der Gewerbesteuer. Ferner sind die steuerlichen Verlustvorträge nach ihrem In- und Auslandsbezug zu unterteilen.[1382] Neben den Ursachen der Steuerlatenzen ist anzugeben, ob **abzugsfähige oder zu versteuernde temporäre Differenzen** durch die unterschiedlichen Wertansätze verursacht wurden.

Darüber hinaus grenzt § 285 Nr. 29 HGB die zu betrachtenden Differenzen und steuerlichen Verlustvorträge auf solche ein, auf denen die latenten Steuern beruhen und bezieht sich damit lediglich auf die temporären Differenzen bzw. Verlustvorträge, welche zur Bildung von latenten Steuern führten. Die Anhangangaben umfassen somit nicht verpflichtend Informationen zu den sog. anderen Differenzen.[1383] Ferner sind demnach Angaben zu Verlustvorträgen bzw. Differenzen nicht erforderlich, wenn diese bspw. aufgrund von Wahrscheinlichkeitsüberle-

---

[1380] Vgl. ELLROTT, H., Beck Bilanzkomm., 7. Aufl., § 285 HGB, Rn. 472; vgl. zur Bedeutung von Zinsvorträgen und Steuergutschriften Abschnitt 422.1.

[1381] Vgl. ELLROTT, H., Beck Bilanzkomm., 7. Aufl., § 285 HGB, Rn. 471.

[1382] Vgl. HOFFMANN, W.-D./LÜDENBACH, N., Irrungen und Wirrungen, S. 1481.

[1383] Vgl. ELLROTT, H., Beck Bilanzkomm., 7. Aufl., § 285 HGB, Rn. 471; vgl. zur Definition sog. anderer Differenzen Abschnitt 232.2.

gungen nicht den Ansatz latenter Steuern begründeten.[1384] Diese Information dürfte dennoch durchaus relevant für die Einschätzung der wirtschaftlichen Lage eines Unternehmens durch die Abschlussadressaten sein, so dass ihre Angabe zu befürworten ist.[1385] Analoges gilt für die Berichterstattung über mögliche steuerrechtliche, zeitliche Nutzungsbeschränkungen der Verlustvorträge,[1386] welche indes notwendig ist, wenn die Vorträge zum Ansatz latenter Steuern führten.

Nach DRS 18.65 sowie IDW ERS HFA 27, Rn. 36 sind regelmäßig **qualitative Angaben** ausreichend. So könnte bspw. lediglich erläutert werden, dass ausgewiesene aktive Steuerlatenzen auf den nur handelsrechtlichen Ansatz von Drohverlustrückstellungen sowie den nur steuerlichen Ansatz von Disagios zurückzuführen sind, ohne die konkrete Höhe der entstandenen Differenzen zu nennen.[1387] Im Folgenden soll indes untersucht, ob tatsächlich lediglich qualitative oder stattdessen (auch) quantitative Angaben zu verlangen sind.

Der Wortlaut des § 285 Nr. 29 HGB regelt nicht eindeutig, ob die Angaben zu den latenten Steuern qualitativ oder quantitativ zu machen sind.[1388] In anderen Vorschriften zu den Anhangangaben, wie z. B. in § 285 Nr. 3a HGB, wird dagegen konkret vorgeschrieben, dass bspw. der „Gesamtbetrag" anzugeben ist. Da auf eine solche Konkretisierung in § 285 Nr. 29 HGB verzichtet wurde, könnte dies dafür sprechen, dass der Gesetzgeber keine zahlenmäßigen Angaben für notwendig erachtet.[1389] Andererseits fordert § 285 Nr. 29 HGB lediglich, dass die temporären Differenzen bzw. steuerlichen Verlustvorträge „anzugeben" sind, auf denen die latenten Steuern beruhen. Der Begriff der Angabe kann an dieser Stelle indes in seinem weiteren Sinne verstanden werden und damit generell sämtliche Informationsarten umfassen.[1390] Somit könnte eine Informationsart vorliegen, welche nicht ausschließlich qualitative Angaben verlangt.

Entstehungsgeschichtlich fällt auf, dass sowohl im Referenten- als auch im Regierungsentwurf des BilMoG eine Erläuterung der ausgewiesenen Posten verlangt wurde (§ 274 Abs. 2

1384 Vgl. dazu bspw. auch PRYSTAWIK, O./SCHAUF, T., Steuerliche Anhangangaben, S. 316. DRS 18.66 fordert hingegen die Angabe des Betrags der abzugsfähigen temporären Differenzen bzw. steuerlichen Verlustvorträge für die kein latenter Steueranspruch angesetzt wurde, sofern dies dem Interesse einer besseren Information des Abschlussadressaten dient.

1385 Vgl. WENDHOLT, W./WESEMANN, M., Zur Umsetzung der HGB-Modernisierung, S. 68.

1386 DRS 18.66 fordert generell die Angabe des Zeitpunkts des Verfalls steuerlicher Verlustvorträge, sofern sie im Interesse einer besseren Information der Jahresabschlussadressaten ist.

1387 Vgl. GELHAUSEN, H. F./FEY, G./KÄMPFER, G., Rechnungslegung und Prüfung, Rn. O 263; PRYSTAWIK, O./SCHAUF, T., Steuerliche Anhangangaben, S. 315 f.

1388 Vgl. PRINZ, U./RUBERG, L., Latente Steuern nach dem BilMoG, S. 351.

1389 Vgl. ELLROTT, H., Beck Bilanzkomm., 7. Aufl., § 285 HGB, Rn. 471.

1390 Vgl. zur Konkretisierung von Informationen Abschnitt 461.

Satz 2 HGB-RefE/RegE). Erläuterungen sind in der Regel lediglich qualitativ.[1391] § 285 Nr. 29 HGB enthält indes keine explizite Forderung einer Erläuterung. Dies bietet zwei Interpretationsmöglichkeiten. Vor dem Hintergrund, dass § 285 Nr. 29 HGB wesentlich umfangreicher auf die notwendigen Angaben eingeht als es durch die Entwürfe des BilMoG der Fall gewesen ist,[1392] könnte diese Vorschrift dazu dienen, zu konkretisieren, welchen Umfang die „Erläuterung" latenter Steuern einzunehmen hat. Auf der anderen Seite könnte § 285 Nr. 29 HGB darauf hindeuten, dass die Mindestangaben nicht (mehr) nur eine (qualitative) Erläuterung der Steuerlatenzen umfassen.

Es lässt sich nicht eindeutig entscheiden, ob dem Anhang im Falle eines unsaldierten Ausweises latenter Steuern eine „lediglich" erläuternde Funktion zukommt und er daher eher qualitative Informationen umfasst oder ob der Anhang die Bilanz derart entlasten soll, dass quantitative Informationen, also die Beträge der den Steuerlatenzen zugrunde liegenden Differenzen bspw. je Bilanzposten, angegeben werden.

Eine quantitative Angabe der den latenten Steuern zugrunde liegenden Differenzen würde jedoch die Vergleichbarkeit der latenten Steuern im Zeitablauf und zwischen verschiedenen Unternehmen unterstützen sowie die Risiken und Chancen der latenten Steuerposten transparenter machen. Quantitative Informationen würden ferner unter Beachtung des Grundsatzes der formellen Stetigkeit der Vereinheitlichung der Angaben dienen. Beispielsweise könnte ein **„Steuerlatenzspiegel"**[1393] angegeben werden, aus dem zum einen die Bilanzposten und zum anderen die durch diese begründeten Beträge an abzugsfähigen bzw. zu versteuernden temporären Differenzen hervorgehen.[1394] Da die Angabe des Zeitraums bzw. des Zeitpunkts des Abbaus der Differenzen im Anhang grundsätzlich nicht zwingend notwendig ist,[1395] könnte anhand der in dieser tabellarischen Darstellung angegebenen Posten zudem in vielen Fällen zumindest eingeschätzt werden, ob sich die temporären Differenzen zeitnah oder eher langfristig abbauen werden. Diese Information dürfte insbesondere vor dem Hintergrund der gesetzlich verbotenen Diskontierung latenter Steuern relevant für die Beurteilung der wirtschaftlichen Lage eines Unternehmens durch die (externen) Abschlussadressaten sein. Daher sind **quantitative Informationen** im Anhang zu befürworten.

1391 Vgl. Abschnitt 461. Schon vor dem BilMoG wurde bei Vorliegen eines Aktivüberhangs nach § 274 Abs. 2 Satz 2 HGB a. F. gefordert, dass dieser im Anhang zu erläutern ist. Dazu sollten in der Regel verbale Erläuterungen der Gründe ausreichen. Vgl. ADS, 6. Aufl., § 274 HGB, Rn. 50.

1392 Vgl. beispielsweise § 274 Abs. 2 Satz 2 HGB-RegE („Die ausgewiesenen Posten sind im Anhang zu erläutern.").

1393 HOFFMANN, W.-D./LÜDENBACH, N., Irrungen und Wirrungen, S. 1481 f.

1394 Vgl. KÜTING, K./SEEL, C., Latente Steuern, S. 520.

1395 Vgl. ELLROTT, H., Beck Bilanzkomm., 7. Aufl., § 285 HGB, Rn. 471.

Die Angabepflicht nach § 285 Nr. 29 HGB ist dabei idealerweise mithilfe des bereits erläuterten Steuerlatenzspiegels zu erfüllen. Vor dem Hintergrund des Grundsatzes der Klarheit und Übersichtlichkeit ist es sinnvoll, die anzugebenden Posten auf Basis der Gliederung der Bilanz nach § 266 HGB aufzulisten. Aus Wesentlichkeitsgründen kann es im Einzelfall ferner angemessen sein, die Differenzen für die Posten der Aktivseite auf Ebene der römischen Zahlen und für die Posten der Passivseite auf Ebene der Buchstaben zu aggregieren.[1396] Ein geeignetes, allerdings zunächst zu vereinheitlichendes Fundament für einen solchen Steuerlatenzspiegel könnte bspw. das nach § 5 Abs. 1 EStG zu führende steuerliche Verzeichnis bilden.[1397] Alternativ könnte ggf., falls keine Steuerbilanz erstellt wird, die in Abschnitt 421.11 erläuterte Anpassungsrechnung nach § 60 Abs. 2 EStDV als Grundlage für den Steuerlatenzspiegel dienen. Aus Gründen der Vergleichbarkeit sowie der Klarheit und Übersichtlichkeit der Anhangangaben zu den latenten Steuern bleibt es (dennoch) generell ratsam, sich bei der Erstellung des Steuerlatenzspiegels an der Gliederung der Bilanz nach § 266 HGB zu orientieren. Zudem ist es zu empfehlen, dass Unternehmen in Anlehnung an die Forderungen von IAS 12.81 (g) (i)[1398] die **Vorjahresbeträge** der unterschiedlichen Differenzen bzw. der steuerlichen Verlust- und Zinsvorträge sowie ggf. der Steuergutschriften im Steuerlatenzspiegel angeben,[1399] obwohl § 265 Abs. 2 Satz 1 HGB eine solche Angabepflicht lediglich für die Posten der Bilanz und GuV explizit fordert.

Neben dem Steuerlatenzspiegel ist des Weiteren die Angabe des Betrags **quasi-permanente Differenzen** wünschenswert. Dies ist damit zu begründen, dass passive Steuerlatenzen, die auf Basis zu versteuernder quasi-permanenter Differenzen gebildet wurden, keinen handelsrechtlichen Schuldcharakter besitzen und damit über den Umfang der nach § 249 HGB erfassten Rückstellungskomponenten hinausgehen.

Ferner wird zwar nicht explizit gesetzlich gefordert, dass der Umfang **erfolgsneutral gebildeter latenter Steuern** anzugeben ist, da die Angabevorschrift des § 285 Nr. 29 HGB eher bilanzorientiert konzipiert wurde (Angabe der Differenzen, auf welchen „die latenten Steuern beruhen"). Bei erfolgsneutral zu erfassenden Sachverhalten, welche die Abbildung latenter Steuern wesentlich beeinflussen, wäre indes eine Forderung nach Angaben zum Umfang erfolgsneutral gebildeter Steuerlatenzen bzw. ihnen zugrunde liegender temporärer Differenzen zu unterstützen. Da solche Sachverhalte im Falle entstehender passiver latenter Steuern eben-

1396 Diese Variante wurde bspw. noch vom E-DRS 24.62 zugelassen. Im finalen Standard werden indes qualitative Angaben als ausreichend beurteilt. Vgl. DRS 18.65.

1397 Vgl. MAIER, M. T./WEIL, M., Auswirkungen des BilMoG, S. 2735; vgl. zum Inhalt dieses Verzeichnisses Abschnitt 421.11.

1398 Vgl. dazu insbesondere PAWELZIK, K. U., IFRS Handbuch, 4. Aufl., Rn. 2699.

1399 Auch WENDHOLT/WESEMANN berücksichtigen in ihrer Beispielübersicht Vorjahresbeträge. Vgl. WENDHOLT, W./WESEMANN, M., Zur Umsetzung der HGB-Modernisierung, S. 68.

falls dazu führen, dass Letzteren (in der entsprechenden Höhe) kein Rückstellungscharakter zukommt, dürfte diese Angabe von Interesse für die Abschlussadressaten sein.

Ferner ist zu diskutieren, inwiefern Angaben zu den von einer **Wertberichtigung** betroffenen latenten Steuern zwingend notwendig sind. Die latenten Steuern werden grundsätzlich nach einer ggf. erforderlichen Wertberichtigung in der Bilanz abgebildet. Die ausgewiesenen latenten Steuern „beruhen" indes letztlich auf ihrem Jahresanfangsbestand zuzüglich der Neubildungen sowie abzüglich der planmäßigen Auflösungen und des Wertberichtigungsbetrags. Daher ist der Umfang anzugeben, in welchem außerplanmäßige Auflösungen latenter Steuern aufgrund von Differenzen auf der einen Seite bzw. steuerlichen Verlustvorträgen auf der anderen Seite im laufenden Geschäftsjahr erforderlich waren. Dies dient einem zutreffenden Einblick in die wirtschaftliche Lage des Unternehmens, vor allem in die Ertragslage. Diese Information unterstützt zudem die Klarheit des GuV-Postens „Steuern vom Einkommen und vom Ertrag". Neben der Angabe des Ausmaßes der Auflösungen sind auch die Auflösungsgründe anzugeben, wie bspw. eine Normänderung oder eine erwartete verschlechterte Gewinnaussicht, wenngleich ansonsten grundsätzlich keine Angaben zu den konkreten Bewertungsannahmen explizit von § 285 Nr. 29 HGB gefordert werden.[1400]

462.52 Auswirkungen des Aktivierungswahlrechts auf den Umfang der Angabepflichten über latente Steuern

Die Regelung des § 285 Nr. 29 HGB zu den Anhangangaben latenter Steuern enthält keine explizite Klarstellung, ob diese Angaben auch dann erforderlich sind, wenn in der Bilanz aufgrund der Ausübung des Aktivierungswahlrechts nach § 274 Abs. 1 Satz 2 HGB ein Ansatz aktiver latenter Steuern unterbleibt.[1401] Daher soll im Folgenden untersucht werden, inwiefern auch in diesem Falle eine Angabepflicht besteht.

Dem Wortlaut lässt sich nicht entnehmen, ob lediglich die ausgewiesenen Posten zu erläutern sind. Allerdings könnte eben dieser Verzicht des Gesetzgebers auf die Klarstellung, dass nur über „ausgewiesene" latente Steuern zu berichten ist, darauf hindeuten, dass Angaben zu den latenten Steuern unabhängig vom tatsächlichen Ansatz zu machen sind. Gegen eine entsprechende Angabepflicht könnte indes sprechen, dass der Gesetzgeber keine explizite Wahl-

---

1400 Zu beachten bleiben die allgemeinen Angabeerfordernisse zu den Bewertungsmethoden nach § 284 Abs. 2 Nr. 1 und 3 HGB. Vgl. Abschnitt 462.2. Demgegenüber verlangt bspw. ELLROTT Erläuterungen zu den der Bilanzierung latenter Steuern aufgrund steuerlicher Verlustvorträge zugrunde liegenden Prämissen. Vgl. ELLROTT, H., Beck Bilanzkomm., 7. Aufl., § 285 HGB, Rn. 472.

1401 Vgl. KÜTING, K./SEEL, C., Latente Steuern, S. 520.

pflichtangabe gesetzlich geregelt hat. Eine Entlastung der Bilanz ist aufgrund der Gleichwertigkeit der Jahresabschlusselemente allerdings möglich.[1402]

Vor dem Hintergrund des Auslegungskriteriums der hermeneutischen Methode nach dem Bedeutungszusammenhang kommt vor allem dem Grundsatz der Vergleichbarkeit eine besondere Bedeutung bei der Beurteilung der Angabepflichten zu. Sofern ein Ausweis latenter Steuern in der Bilanz unterbleibt, sind die damit verbundenen Chancen und Risiken für die Jahresabschlussadressaten nicht ersichtlich. Ein Vergleich dieser Risikoposition im Zeitablauf sowie zwischen verschiedenen Unternehmen wäre daher nicht möglich. Entsprechende Anhangangaben könnten diese Mängel kompensieren. Der DSR weist zudem in der Begründung zum DRS 18 darauf hin, dass der Gesetzgeber die Vorschriften des § 274 HGB und des § 285 Nr. 29 HGB und somit die Regelungen zur Bilanzierung latenter Steuern und zu den Anhangangaben klar voneinander trennt. Die Bilanzierungswahlrechte würden dementsprechend nicht automatisch auf die Anhangangaben durchgreifen (DRS 18.A14). Die Umgliederung könnte indes primär der Sache geschuldet sein, dass die Anhangangabepflichten generell in den §§ 284-288 HGB geregelt sind.[1403]

Weitere Erkenntnisse können durch die Betrachtung der Entstehungsgeschichte des BilMoG gewonnen werden. Im Referentenentwurf war eine Ansatzpflicht sowohl eines Aktivüberhangs als auch eines Passivüberhangs latenter Steuern vorgesehen (§ 274 Abs. 1 HGB-RefE). Zudem forderte § 274 Abs. 2 Satz 2 HGB-RefE die Erläuterung des „ausgewiesenen" Postens. Der Regierungsentwurf verlangte darüber hinaus einen unsaldierten, pflichtmäßigen Ausweis sowohl der aktiven als auch der passiven latenten Steuern (§ 274 Abs. 1 Satz 1 HGB-RegE) sowie des Weiteren ebenso die Erläuterung der „ausgewiesenen" Posten (§ 274 Abs. 2 Satz 2 HGB-RegE). Beide Entwürfe enthielten also den expliziten gesetzlichen Hinweis, dass die in der Bilanz „ausgewiesenen" latenten Steuern zu erläutern sind. Zudem kann festgestellt werden, dass der Gesetzgeber offensichtlich eine möglichst umfassende Bilanzierung und Berichterstattung über latente Steuern beabsichtigte. Mit der Beschlussempfehlung des Rechtsausschusses wurden die Regelungen zu den latenten Steuern in der Form geändert, dass auf der einen Seite statt einer Aktivierungspflicht nunmehr ein Aktivierungswahlrecht vorgeschrieben wurde. Auf der anderen Seite gliederte der Gesetzgeber die Anhangangabevorschrift aus dem § 274 HGB aus und fügte sie in § 285 Nr. 29 HGB mit geändertem, umfangreicherem Wortlaut ein, befreite indes gleichzeitig mittelgroße Kapitalgesellschaften bzw. mittelgroße haftungsbeschränkte Personengesellschaften gemäß § 288

[1402] Vgl. Abschnitt 461.
[1403] Vgl. BT-Drucksache 16/12407, S. 87.

Abs. 2 Satz 2 HGB von der Berichterstattungspflicht.[1404] § 285 Nr. 29 HGB enthält im Gegensatz zu den Entwürfen des BilMoG nicht den (klarstellenden) Hinweis auf eine Erläuterungspflicht „ausgewiesener“ Posten. Der Verzicht auf diesen Hinweis spricht dafür, dass latente Steuern unabhängig vom tatsächlichen Ansatz zu erläutern sind. Dies gilt umso mehr, als dass der zusätzliche Hinweis in den beiden Entwürfen, dass nur die „ausgewiesenen“ Posten zu erläutern sind, aufgrund der vorgesehenen Ansatzpflichten nicht notwendig erschien. Nach dem BilMoG wäre er hingegen bedeutend gewesen. Des Weiteren deutet die in den Entwürfen beabsichtigte umfassende Abbildung latenter Steuern darauf hin, dass der Gesetzgeber auch mit dem finalen BilMoG eine umfangreiche Berichterstattung über latente Steuern vorsieht. Dabei ist zu beachten, dass das Aktivierungswahlrecht wiedereingeführt wurde. Die Einführung des Aktivierungswahlrechts wurde indes simultan mit der Modifikation der Anhangangaben und der Befreiung mittelgroßer Kapitalgesellschaften von selbigen vorgenommen. Dies deutet darauf hin, dass der Gesetzgeber eben diesen Gesellschaften, soweit wie nach Maßgabe der Einzeldifferenzenbetrachtung möglich,[1405] eine umfangreiche Berichterstattung über bzw. Ermittlung von Steuerlatenzen ersparen möchte. Große Kapitalgesellschaften hätten demnach jedoch vollständig in der Bilanz und/oder im Anhang über die latenten Steuern zu berichten.

Darüber hinaus sind die Ansichten des Gesetzgebers bzw. die objektiv-teleologischen Gesichtspunkte zu betrachten. Gemäß der Begründung in der Beschlussempfehlung des Rechtsausschusses ist „die Angabe [...] unabhängig davon vorzunehmen, ob in der Bilanz latente Steuern ausgewiesen werden. Gerade wenn dies [...] nicht der Fall ist, ist anzugeben, aufgrund welcher Differenzen oder steuerlicher Verlustvorträge per Saldo ein Ausweis unterbleibt“[1406]. Diese Begründung stellt ein bedeutendes Indiz für die Normvorstellung des Gesetzgebers dar.[1407] Durch § 285 Nr. 29 HGB werden zumindest bei großen Gesellschaften die möglichen Informationsdefizite aufgrund der Wiedereinführung des Ansatzwahlrechts kompensiert.[1408] Es ist also festzustellen, dass latente Steuern auch dann im Anhang anzugeben sind, wenn sie nicht in der Bilanz ausgewiesen werden.[1409] § 285 Nr. 29 HGB dient einem

1404 Kleine Gesellschaften waren schon in den Gesetzesentwürfen des BilMoG, allerdings noch gemäß § 274a Nr. 5 HGB, von den Anhangangaben zu den latenten Steuern befreit. Mit der Beschlussempfehlung wurde die entsprechende Befreiung in § 288 Abs. 1 HGB geregelt.

1405 Vgl. HERZIG, N./VOSSEL, S., Paradigmenwechsel, S. 1178.

1406 BT-Drucksache 16/12407, S. 88.

1407 Vgl. zum Auslegungskriterium der Ansichten des Gesetzgebers Abschnitt 212.

1408 Vgl. KESSLER, H./LEINEN, M./PAULUS, B., Das BilMoG und die latenten Steuern, Teil 1, S. 724.

1409 Gl. A. beispielsweise DRS 18.64; HOFFMANN, W.-D./LÜDENBACH, N., Irrungen und Wirrungen, S. 1481; HERZIG, N./VOSSEL, S., Paradigmenwechsel, S. 1178; OSER, P. ET AL., Änderungen des Bilanzrechts, S. 581; a. A. beispielsweise SIMLACHER, A./SPANHEIMER, J., in: Küting/Weber, HdR-E, 5. Aufl., § 274 HGB, Rn. 73; GELHAUSEN, H. F./FEY, G./KÄMPFER, G., Rechnungslegung und Prüfung, Rn. O 262, die im Sinne des HFA DES IDW (IDW ERS HFA 27, Rn. 36) der Meinung sind, dass über den Saldierungsbe-

verbesserten Einblick in die wirtschaftliche Lage des Unternehmens und damit dem Zweck des § 274 HGB. Das Auslegungsergebnis ergibt sich letztlich aus der Gesamtbetrachtung der Auslegungskriterien. Im Falle eines Ansatzverzichts latenter Steuern in der Bilanz kommt der Vorschrift daher eine Entlastungsfunktion zu. Es handelt sich dabei um eine Verlagerung von Informationen von der Bilanz in den Anhang.[1410] In vielen Fällen bedeutet dies indes keinen hohen Zusatzaufwand für die Unternehmen, da die notwendigen Informationen für die Anhangangaben durch die Einzeldifferenzenbetrachtung zuvor erhoben worden sind, selbst wenn das Aktivierungswahlrecht derart ausgeübt wird, dass keine latenten Steuern ausgewiesen werden.[1411]

462.53 Auswirkungen des Saldierungswahlrechts auf den Umfang der Angabepflichten über latente Steuern

Nachdem im vorherigen Abschnitt die Frage geklärt wurde, ob auch über latente Steuern Bericht zu erstatten ist, sofern sie nicht in der Bilanz angesetzt werden, ist im nächsten Schritt zu untersuchen, ob sich die Anhangangaben im Falle eines saldierten Ausweises latenter Steuern lediglich auf eben diesen saldierten Betrag (Aktiv- oder Passivüberhang) oder auf die zuvor ermittelten, unsaldierten Beträge sowohl aktiver als auch passiver latenter Steuern beziehen. Diese Frage ist ebenfalls bedeutend für den Umfang der Berichterstattung im Zusammenhang mit einem aufgrund des Aktivierungswahlrechts nicht angesetzten Überhang aktiver Steuerlatenzen.

Der Wortlaut des § 285 Nr. 29 HGB äußert sich zwar nicht explizit zu dieser Fragestellung. Allerdings spricht der Grundsatz der Willkürfreiheit für einen Bezug der Anhangangaben auf die unsaldierten Beträge latenter Steuern. Dies ist damit zu begründen, dass eine Zuordnung von Differenzen bzw. steuerlichen Verlustvorträgen zum Aktiv- oder Passivüberhang nicht willkürfrei möglich ist. Auch der Grundsatz der Vergleichbarkeit wird bei einer umfassenden Berichterstattung besser erfüllt. Schließlich werden die Chancen und Risiken im Zeitablauf und zwischen verschiedenen Unternehmen bei Kenntnis der unsaldierten Beträge aktiver und passiver latenter Steuern deutlich. Im Rahmen der Betrachtung der Entstehungsgeschichte als ein weiteres Auslegungskriterium der hermeneutischen Methode ist festzustellen, dass im Regierungsentwurf des BilMoG ein unsaldierter Ausweis von Steuerlatenzen mit einer dementsprechenden Erläuterung der Beträge vorgesehen war. Mit dem BilMoG wurde zwar ein Ausweiswahlrecht eingeführt, gleichzeitig hat der Gesetzgeber indes die Angabevorschrift

---

reich hinausgehende Steuerlatenzen, die zu aktiven latenten Steuern führen würden, aber aufgrund des Aktivierungswahlrechts nicht angesetzt werden, nicht zu erläutern sind.

1410 Vgl. KÜTING, K./SEEL, C., Latente Steuern, S. 521; HOFFMANN, W.-D./LÜDENBACH, N., Irrungen und Wirrungen, S. 1482.

1411 Vgl. HERZIG, N./VOSSEL, S., Paradigmenwechsel, S. 1178; KÜTING, K./SEEL, C., Latente Steuern, S. 521.

geändert und in § 285 Nr. 29 HGB eingefügt. Mittels der Anhangangaben könnten die Informationsmängel durch die Gesamtbetrachtung kompensiert werden.[1412] Die Informationen würden damit wiederum von der Bilanz in den Anhang verlagert werden.

Ferner sind die teleologischen Auslegungskriterien der hermeneutischen Methode anzuwenden. Wie schon im vorangegangenen Abschnitt erläutert, ist laut der Begründung des Rechtsausschusses eine Angabe zu den latenten Steuern „unabhängig davon vorzunehmen, ob in der Bilanz latente Steuern ausgewiesen werden“[1413]. Dies spricht dafür, dass im Falle eines saldierten Ausweises die jeweils nicht ausgewiesenen Steuerlatenzen anzugeben sind. Ferner betonen die Gesetzesverfasser, dass gerade wenn latente Steuern aufgrund der Gesamtbetrachtung nicht ausgewiesen werden, anzugeben ist, „aufgrund welcher Differenzen oder steuerlicher Verlustvorträge per Saldo ein Ausweis unterbleibt“[1414]. Diese Aussage kann sich zum einen darauf beziehen, dass auch bei einem Verzicht auf den Ansatz latenter Steuern, wie im vorherigen Abschnitt erläutert, über diese im Anhang zu berichten ist. Zum anderen deutet sie darauf hin, dass auch im Falle eines saldierten Ausweises anzugeben ist, wie sich dieser Überhang an aktiven bzw. passiven Steuerlatenzen zusammensetzt. Der Bezug der Angaben auf die unsaldierten Beträge sowohl aktiver als auch passiver latenter Steuern dient einem besseren Einblick in die wirtschaftliche Lage des Unternehmens und damit dem Zweck des § 274 HGB. Es kann also insgesamt festgestellt werden, dass sich die Anhangangaben gemäß § 285 Nr. 29 HGB auf die unsaldierten Steuerlatenzen beziehen.[1415]

Um die Entlastungsfunktion des Anhangs im Falle eines Verzichts auf den Ansatz latenter Steuern aufgrund des Aktivierungswahlrechts nach § 274 Abs. 1 Satz 2 HGB sowie im Falle eines saldierten Ausweises zu erfüllen bzw. die Informationsmängel der Bilanz zu kompensieren, sind im Anhang zwingend quantitative Informationen anzugeben.[1416] So muss aus der Anhangangabe nach § 285 Nr. 29 HGB sowohl die Höhe der aktiven als auch die Höhe der passiven Steuerlatenzen klar hervorgehen. Zudem ist eine Angabe der Vorjahreszahlen (zumindest) in Bezug auf den Gesamtbetrag der aktiven und passiven latenten Steuern erforderlich. Darüber hinaus sind die in Abschnitt 462.51 erläuterten Berichterstattungspflichten zu

---

[1412] Vgl. KESSLER, H./LEINEN, M./PAULUS, B., Das BilMoG und die latenten Steuern, Teil 1, S. 724.

[1413] BT-Drucksache 16/12407, S. 88.

[1414] BT-Drucksache 16/12407, S. 88.

[1415] Vgl. ELLROTT, H., Beck Bilanzkomm., 7. Aufl., § 285 HGB, Rn. 471; STRICKMANN, M., Anhangsberichterstattung, S. 642 f.

[1416] Vgl. zu dieser Forderung im Falle eines Verzichts auf den Ansatz latenter Steuern aufgrund der Ausübung des Aktivierungswahlrechts KESSLER, H./LEINEN, M./PAULUS, B., Das BilMoG und die latenten Steuern, Teil 1, S. 724; LÜDENBACH, N./FREIBERG, J., Fragen der Steuerlatenzierung, S. 1976; a. A. DRS 18.65; GELHAUSEN, H. F./FEY, G./KÄMPFER, G., Rechnungslegung und Prüfung, Rn. O 262 f.; vgl. zu dieser Forderung im Falle eines saldierten Ausweises latenter Steuern insbesondere KESSLER, H./LEINEN, M./PAULUS, B., Das BilMoG und die latenten Steuern, Teil 1, S. 724.

beachten. Die Angabepflichten werden lediglich durch den Grundsatz der Wesentlichkeit eingeschränkt.

462.54 Angaben zu den relevanten Steuersätzen

Im Anhang ist gemäß § 285 Nr. 29 HGB anzugeben, „mit welchen Steuersätzen die Bewertung [latenter Steuern; Ergänzungen durch den Verfasser] erfolgt ist“. Ebenso wie hinsichtlich der zuvor diskutierten Angabevorschriften zu den temporären Differenzen und den steuerlichen Verlustvorträgen wird also auch der Umfang der Angaben zu den verwandten Steuersätzen nicht explizit vom Gesetzgeber vorgegeben. In Anlehnung an die Vorschrift des § 274 Abs. 2 Satz 1 HGB sind die steuersubjektbezogenen Steuersätze zu berichten.[1417] Daher sind Kapitalgesellschaften unter Angabe der berücksichtigten Steuerarten (Körperschaftsteuer, Solidaritätszuschlag und Gewerbesteuer) dazu verpflichtet, die der Bewertung der latenten Steuern zugrunde liegenden (kombinierten) Steuersätze offenzulegen.[1418] Personengesellschaften haben lediglich den entsprechenden Gewerbesteuersatz anzugeben. Ferner ist bei der Berichterstattung auch zwischen in- und ausländischen Steuersätzen zu differenzieren.[1419] Neben der Angabe der im Ausland für die Steuerlatenzbildung relevanten Steuerarten sind demnach, getrennt von den inländischen, die im Rahmen der Ermittlung der Steuerlatenzen verwandten ausländischen Steuersätze anzugeben. Sofern sich die Steuersätze aufgrund gesetzlicher Vorgaben im relevanten Zeitraum des Abbaus der den latenten Steuern zugrunde liegenden Differenzen bzw. der steuerlichen Verlustvorträge ändern, ist ferner über die unterschiedlichen Steuersätze im Anhang Bericht zu erstatten, es sei denn, dass die Abweichungen unwesentlich sind.

Angaben zu Änderungen des Steuersatzes im Vergleich zum Vorjahr werden indes nicht explizit von § 285 Nr. 29 HGB verlangt, da sich dieser lediglich auf die bei der Bewertung verwandten Steuersätze bezieht. Derlei Informationen sind indes auch nicht durch § 284 Abs. 2 Nr. 3 HGB zu vermitteln, da dieser lediglich auf die Ansatz- und Bewertungsmethoden im Allgemeinen abstellt und sich mit einer reinen Steuersatzänderung nicht die Ermittlungsmethode latenter Steuern ändert. Angaben zu Änderungen der Steuersätze sind dagegen im Rahmen der Anhangangaben zu den „außerplanmäßigen“ Auflösungen latenter Steuern erforderlich.[1420] So folgt aus einer gesetzlich beschlossenen Steuersatzsenkung eine außerplanmäßige Auflösung zuvor gebildeter latenter Steuern. Die Senkung des Steuersatzes ist als Auflö-

[1417] Vgl. zur Konkretisierung des Steuersatzes Abschnitt 433.

[1418] Vgl. HOFFMANN, W.-D./LÜDENBACH, N., Irrungen und Wirrungen, S. 1481. Aus Wesentlichkeitsgründen kann es in vielen Fällen gerechtfertigt sein, wenn die Unternehmen für die Angabe des Steuersatzes einen sachgerecht gewichteten durchschnittlichen Hebesatz verwenden. Vgl. ELLROTT, H., Beck Bilanzkomm., 7. Aufl., § 285 HGB, Rn. 473.

[1419] Vgl. dazu auch HOFFMANN, W.-D./LÜDENBACH, N., Irrungen und Wirrungen, S. 1481 f.

[1420] Vgl. Abschnitt 462.51.

sungsgrund unter Angabe des Vorjahres-Steuersatzes zu erläutern. Ferner führt grundsätzlich auch die Erhöhung des Steuersatzes im Vergleich zum Vorjahr zu einer außerplanmäßigen Anpassung des Bestands latenter Steuern. Im Sinne des Grundsatzes der Vergleichbarkeit ist dementsprechend ebenso in diesem Falle eine Erläuterung der Steuersatzänderung unter Angabe des Vorjahres-Steuersatzes erforderlich. Wünschenswert wäre zudem eine Quantifizierung der Auswirkungen von Steuersatzänderungen, z. B. im Rahmen einer Überleitungsrechnung, deren Angabe im folgenden Abschnitt zu diskutieren ist.

462.55 Diskussion der Angabe einer Überleitungsrechnung

Nach DRS 18.67 soll im Anhang des Konzernabschlusses eine Überleitungsrechnung vom erwarteten zum ausgewiesenen Steuererfolg angegeben werden. International ist eine solche Überleitungsrechnung durchaus als üblich anzusehen.[1421] In der folgenden Übersicht 4-6 ist eine Beispielrechnung in Anlehnung an die im Anhang zum DRS 18 abgebildete Überleitungsrechnung des DSR dargestellt. Es ist indes im Folgenden zu untersuchen, ob die Regelungen des DRS 18.67, die primär für den Konzernabschluss relevant sind, auch auf den Jahresabschluss durchgreifen.[1422]

	Berichtsjahr	**Vorjahr**
Ergebnis vor Ertragsteuern (Handelsbilanz)		
Erwarteter Ertragsteueraufwand		
Steuersatz in %		
–/+ Abweichende ausländische Steuerbelastung		
–/+ Steueranteil für:		
> steuerfreie Erträge		
> steuerlich nicht abzugsfähige Aufwendungen		
> temporäre Differenzen und Verluste, für die keine latenten Steuern erfasst werden		
–/+ Periodenfremde tatsächliche Steuern		
–/+ Effekte aus Steuersatzänderungen		
–/+ Sonstige Steuereffekte		
Ausgewiesener Ertragsteueraufwand		
Effektiver Steuersatz in %		

Übersicht 4-6: Überleitungsrechnung in Anlehnung an DRS 18.A15

1421 Vgl. VAN HALL, G./KESSLER, H., Latenzen, S. 492. So wird sie bspw. von IAS 12.81 (c) (i) verlangt. Alternativ ist nach IAS 12.81 (c) (ii) eine Überleitung vom durchschnittlichen, effektiven zum anzuwendenden Steuersatz vorzunehmen.

1422 Vgl. zur Bedeutung des DRS 18 im Rahmen der Auslegung der Vorschriften zur Bilanzierung latenter Steuern nach § 274 HGB Abschnitt 36.

Die Angabe einer Überleitungsrechnung im Anhang wurde im Rahmen des Entstehungsprozesses des BilMoG kontrovers diskutiert. Zum besseren Verständnis der latenten Steuern wurde ihre Erstellung in der Begründung zum Referentenentwurf eines BilMoG empfohlen,[1423] während ihre Angabe in der Begründung zum Regierungsentwurf sogar als „erforderlich"[1424] bezeichnet wurde. In der Beschlussempfehlung des Rechtsausschusses wird die Überleitungsrechnung indes nicht mehr erwähnt. Letztlich findet sich im verabschiedeten § 285 Nr. 29 HGB kein expliziter Hinweis auf die Überleitungsrechnung. Der Wortlaut des § 285 Nr. 29 HGB enthält also keinen Anhaltspunkt für eine Angabepflicht einer Überleitungsrechnung. Da § 285 Nr. 29 HGB auch erst mit der Beschlussempfehlung eingefügt wurde, könnte der fehlende Einbezug von Überlegungen zur Überleitungsrechnung in die Begründung der Beschlussempfehlung darauf hindeuten, dass die Darstellung der Überleitung vom Gesetzgeber nicht mehr intendiert wird.[1425]

Darüber hinaus zeigt ein Vergleich der anzugebenden Bestandteile der Überleitungsrechnung mit den in Abschnitt 462.51 ermittelten Pflichtangaben zu den latenten Steuern, dass einige Komponenten der Überleitungsrechnung,[1426] wie z. B. der Steueranteil für steuerfreie Erträge oder steuerlich nicht abzugsfähige Aufwendungen ebenso wie temporäre Differenzen und ungenutzte steuerliche Verluste, für die keine latenten Steuern erfasst wurden, nach § 285 Nr. 29 HGB nicht verpflichtend anzugeben sind. Diese Angaben bilden daher weitergehende Informationen, die das Unternehmen lediglich freiwillig im Jahresabschluss angeben könnte.[1427]

Die Überleitung des erwarteten zum ausgewiesenen Steuerergebnis bietet dem Abschlussadressaten indes einen weitergehenden, nachvollziehbaren Einblick in den bzw. die latenten Steuerposten.[1428] Daher ist ihre freiwillige Angabe im Anhang zu befürworten. Die Regelungen des DRS 18.67 greifen jedoch nicht auf den Jahresabschluss durch.

In der Literatur wird die Angabe der Überleitungsrechnung zudem sehr kritisch gesehen, da diese in der Regel relativ aufwendig ist. Dies wird zum einen damit begründet, dass die in die Überleitungsrechnung eingehenden, relevanten Informationen grundsätzlich nicht in ihrer Gänze vorliegen und daher erst erhoben werden müssen.[1429] Zum anderen bereitet die Kom-

[1423] Vgl. BMJ (Hrsg.), Referentenentwurf, S. 139.

[1424] BT-Drucksache 16/10067, S. 68.

[1425] Vgl. WENDHOLT, W./WESEMANN, M., Zur Umsetzung der HGB-Modernisierung, S. 68.

[1426] Vgl. zu den einzelnen Komponenten der Überleitungsrechnung EMIG, M./WALTER, J., Die steuerliche Überleitungsrechnung, S. 489-492.

[1427] Vgl. BAETGE, J./HAENELT, T./JONAS, M., Novellierte Bilanzierung latenter Steuern, S. 519.

[1428] Vgl. dazu auch WOLZ, C., Analyse der konzeptionellen Neuregelung, S. 2628. THEILE weist ferner darauf hin, dass die Überleitungsrechnung dem Unternehmen selbst als Kontrollinstrument für die Ermittlung latenter Steuern dient. Vgl. THEILE, C., Latente Steuern im Jahresabschluss, S. 649.

[1429] Vgl. MAIER, M. T./WEIL, M., Auswirkungen des BilMoG, S. 2735.

plexität der Überleitungsrechnung bereits Unternehmen, die nach IFRS bilanzieren, gehörige Schwierigkeiten.[1430] Insgesamt ist festzuhalten, dass die Angabe einer Überleitungsrechnung zwar nicht verpflichtend ist. Dennoch ist die Erstellung einer Überleitungsrechnung zu empfehlen, da ihre „Kosten" (Ermittlungsaufwendungen, Komplexität) regelmäßig durch den Nutzen für die Abschlussadressaten aufgewogen werden.

462.56 Zwischenfazit

Nach der Vorschrift des § 285 Nr. 29 HGB haben große Kapitalgesellschaften und ihnen gleichgestellte Unternehmen umfangreiche Berichterstattungspflichten zu erfüllen. Kleine und mittelgroße Gesellschaften sind dagegen von diesen Regelungen nach § 288 HGB befreit.

Zum einen sind die Ursachen der temporären Differenzen anzugeben, die den gebildeten latenten Steuern zugrunde liegen. Dazu ist die Angabe derjenigen Bilanzposten erforderlich, welche die relevanten temporären Differenzen begründen. Zum anderen ist für jeden Posten herauszustellen, ob abzugsfähige Differenzen und dementsprechend aktive Steuerlatenzen oder zu versteuernde temporäre Differenzen und daher passive latente Steuern resultieren. Idealerweise sollte ein sog. Steuerlatenzspiegel angegeben werden, der die eben genannten Informationen transparent auflistet. Diese tabellarische Darstellung ist um Angaben zu den steuerlichen Verlustvorträgen in der Weise zu ergänzen, dass die Verlustvorträge sowohl nach den Steuerarten als auch nach ihrem In- und Auslandsbezug aufgegliedert gesondert angegeben werden. Des Weiteren sind Angaben zu den bestehenden Zinsvorträgen notwendig, da diese den steuerlichen Verlustvorträgen im Rahmen der Ermittlung latenter Steuern gleichgestellt werden. Darüber hinaus ist im Anhang über die bei der Bewertung verwandten Steuersätze zu berichten. Dazu sind die der Berechnung latenter Steuern zugrunde liegenden kombinierten Steuersätze anzugeben. Ferner ist bei dieser Angabe zwischen den verschiedenen Ertragsteuerarten sowie zwischen in- und ausländischen Steuersätzen zu differenzieren.

Die Anhangangaben nach § 285 Nr. 29 HGB beziehen sich auf die unsaldierten Beträge aktiver und passiver latenter Steuern. Daher dienen diese Angaben im Falle eines saldierten Ausweises eines Aktiv- oder Passivüberhangs dazu, die Informationsmängel der Bilanz zu kompensieren. Ferner müssen die großen Kapitalgesellschaften und ihnen gleichgestellte Unternehmen den Berichterstattungspflichten auch dann nachkommen, wenn sie das Aktivierungswahlrecht des § 274 Abs. 1 Satz 2 HGB derart ausüben, dass keine latente Steuern angesetzt werden. Diese Informationen dienen der Entlastungsfunktion des Anhangs. Aus den Anhangangaben muss daher der Betrag aktiver und auch die Höhe passiver latenter Steuern hervorgehen, sofern die Steuerlatenzen nicht unsaldiert ausgewiesen werden.

[1430] Vgl. LOITZ, R., Nachbesserungen als Verbesserungen, S. 1393.

Die Angabe einer Überleitungsrechnung vom erwarteten zum ausgewiesenen Steuererfolg ist dagegen nicht verpflichtend. Sie ist allerdings empfehlenswert, da sie dem Abschlussadressaten einen nachvollziehbaren Einblick in den recht komplexen latenten Steuerposten ermöglicht und daher dem Verständnis latenter Steuern dient.

5 Zusammenfassung und Ausblick

Die Vorschriften zur Abbildung latenter Steuern im handelsrechtlichen Jahresabschluss nach § 274 HGB wurden durch das BilMoG umfassend geändert. Diese Regelungen sind indes, wie im Handelsrecht allgemein üblich,[1431] wenig detailliert konzipiert worden, so dass nicht sämtliche mit den latenten Steuern im Zusammenhang stehenden Bilanzierungsfragen explizit vom Gesetzestext erfasst wurden. Vielmehr sind die Vorschriften zur Abbildung von Steuerlatenzen in vielerlei Hinsicht auslegungsbedürftig. Diese Problematik wurde zum Anlass genommen, die Regelungen zur Bilanzierung latenter Steuern gemäß § 274 HGB auszulegen. Dabei widmete sich diese Arbeit auch einer Auseinandersetzung mit den Auswirkungen der Maßnahmen des BilMoG auf die Bedeutung latenter Steuern für dem Anwendungsbereich des § 274 HGB unterliegende Unternehmen. Die folgenden Ausführungen geben die wesentlichen (Auslegungs-)Ergebnisse in komprimierter Form wieder.

Abweichungen zwischen den handels- und steuerrechtlichen Wertansätzen sind vor allem aufgrund der divergierenden Zweck- und Grundsatzsysteme nach Handels- bzw. Steuerrecht vorherbestimmt. Zwar besteht auch nach der Änderung des § 5 Abs. 1 EStG und der damit hauptsächlich intendierten und umgesetzten Aufhebung der *umgekehrten* **Maßgeblichkeit** durch das BilMoG weiterhin eine Maßgeblichkeit der Handelsbilanz für die Steuerbilanz. Vor dem Hintergrund des BMF-Schreibens vom 12.03.2010, welches im Sinne einer vorrangigen Betrachtung des weitgefassten Wortlauts des § 5 Abs. 1 EStG eine autonome Ausübung sämtlicher steuerlicher Wahlrechte vorschreibt, ist künftig indes vermehrt mit Abweichungen zwischen den handels- und steuerrechtlichen Wertansätzen zu rechnen. Durch die im Rahmen des BilMoG neu eingefügten Regelungen werden ferner häufiger zu versteuernde temporäre Differenzen entstehen. Darüber hinaus ist von einem reduzierten Betrag aktiver latenter Steuern auszugehen, denen temporäre Differenzen zugrunde liegen. Dies ist darauf zurückzuführen, dass zahlreiche Wahlrechte gestrichen wurden, die zu abzugsfähigen temporären Differenzen führten. Wenngleich die vor wie nach dem BilMoG bestehenden Abweichungen tendenziell künftige Steuerentlastungen bedeuten, wird in der Zukunft eine wie nach dem BiRiLiG übliche, lediglich überschlägige Ermittlung eines Aktivüberhangs regelmäßig nicht mehr möglich sein. Vielmehr dürfte im Regelfall eine umfassende **Einzeldifferenzenbetrachtung** erforderlich werden, um den sich insgesamt ergebenden Steuereffekt zu berechnen und eine Ansatzentscheidung treffen zu können. Dies führt dazu, dass die Bedeutung latenter Steuern im handelsrechtlichen Jahresabschluss ansteigt. Das Ansatzwahlrecht aktiver latenter Steuern nach § 274 Abs. 1 Satz 2 HGB wird für die Unternehmen lediglich in Ausnahmefällen eine Erleichterung bedeuten. Die Aufwertung latenter Steuern wird zudem durch den **Zweck des**

[1431] Vgl. BAETGE, J./KIRSCH, H.-J./THIELE, S., Bilanzen, S. 91 und 102 f.; BAETGE, J./FEY, D./FEY, G., in: Küting/Weber, HdR-E, 5. Aufl., § 243 HGB, Rn. 4.

§ 274 HGB unterstützt, wonach mit einer hinreichend objektivierten Ermittlung künftiger Steuereffekte einer zutreffenden Darstellung der wirtschaftlichen Lage gedient werden soll.

Aktive latente Steuern im Sinne des § 274 HGB können sowohl von einem Vermögensgegenstand als auch von einem aktiven Rechnungsabgrenzungsposten abgegrenzt werden. Sie sind als „**Sonderposten eigener Art**" zu klassifizieren. Passive latente Steuern im Sinne des § 274 HGB erfüllen den Charakter einer **Rückstellung für ungewisse Verbindlichkeiten** nach § 249 Abs. 1 Satz 1 HGB, sofern sie lediglich auf temporären Differenzen basieren, die auch zeitlich begrenzte Ergebnisdifferenzen bilden. Nach dem BilMoG werden indes, im Gegensatz zur Gesetzeslage nach dem BiRiLiG, auch bei der Bilanzierung passiver latenter Steuern gemäß § 274 HGB quasi-permanente und erfolgsneutral entstandene temporäre Differenzen berücksichtigt. Derjenige Teil der passiven Steuerlatenzen, dem diese Differenzen zugrunde liegen, ist als „Sonderposten eigener Art" einzustufen. Aus dem Ausnahmecharakter latenter Steuern folgende (explizite) Einzelregelungen können einzelne handelsrechtliche GoB entsprechend dem Grundsatz „lex specialis derogat legi generali" verdrängen. Die GoB sind jedoch bei der Auslegung des § 274 HGB im Rahmen der Anwendung der hermeneutischen Methode soweit wie möglich zu berücksichtigen. **Internationale Regelungen** zur Bilanzierung latenter Steuern können als Ideenlieferant angesehen werden. Da die Zwecke und Grundsätze der Rechnungslegungssysteme nach IFRS und HGB abweichen, können die Regelungen des IAS 12 oder des SFAS 109 nur dann als Auslegungsalternative(n) herangezogen werden, wenn sie nach den hermeneutischen Auslegungskriterien geeignet erscheinen.

Voraussetzung für den Ansatz latenter Steuern aufgrund temporärer Differenzen ist gemäß § 274 HGB ein steuerwirksamer Abbau der Unterschiede zwischen den handels- und steuerrechtlichen Wertansätzen von Vermögensgegenständen, Schulden und Rechnungsabgrenzungsposten. Der **GoF** wird durch das BilMoG zwar per gesetzliche Fiktion zu einem Vermögensgegenstand erhoben, weshalb bei Ansatzunterschieden grundsätzlich eine nach § 274 HGB verlangte Differenz zum steuerlichen Wertansatz vorliegen könnte. Insbesondere aufgrund seines Residualwertcharakters sind indes beim erstmaligen Ansatz eines GoF im Jahresabschluss keine latenten Steuern zu bilden. Personengesellschaften haben als Besonderheit die in der **Ergänzungsbilanz** ausgewiesenen Wertzusätze bzw. -verringerungen bei der Bilanzierung latenter Steuern zu berücksichtigen, wohingegen Differenzen aufgrund des Sonderbetriebsvermögens nicht in die Steuerlatenzierung einbezogen werden. Letzteres umfasst im Gegensatz zur Ergänzungsbilanz Wirtschaftsgüter, die nicht dem Gesamthandsvermögen zuzurechnen und daher nicht in der Handelsbilanz auszuweisen sind. Dementsprechend besteht kein handelsrechtlicher Wertansatz, dem im Sinne von § 274 HGB sein steuerliches Pendant gegenübergestellt werden kann.

Latente Steuern sind vor dem Hintergrund des Grundsatzes der Pagatorik ferner lediglich dann anzusetzen, wenn das Unternehmen aus dem Abbau der temporären Differenzen **tatsächliche Steuerzahlungen** bzw. **Steuerzahlungsminderungen** erwartet. Für diese Einschätzung sind vor dem Hintergrund des Vorsichtsprinzips Überlegungen zur Wahrscheinlichkeit hinreichend hoher steuerpflichtiger Gewinne in der Periode des Abbaus der temporären Differenzen notwendig. Dazu dienen Indikatoren, wie bspw. ein hoher Auftragsbestand oder die vollständige Umsetzung eines Restrukturierungsplans. Da indes regelmäßig, insbesondere in denjenigen Fällen, in denen die Indikatoren nicht hinreichend ergiebig sind, eine umfassende zukunftsorientierte Betrachtung erforderlich ist, werden die betroffenen Unternehmen, vor allem bei der Prüfung des Ansatzes aktiver latenter Steuern, kaum die Erstellung einer steuerlichen Planungsrechnung vermeiden können. Allerdings deuten angesetzte passive latente Steuern auf die Realisierbarkeit solcher abzugsfähigen temporären Differenzen hin, welche sich nicht erst nach den zu versteuernden temporären Differenzen abbauen, die den passiven Steuerlatenzen zugrunde liegen.

Nach dem BilMoG sind bei der Berechnung aktiver latenter Steuern **steuerliche Verlustvorträge** und analog dazu **Zinsvorträge** zu berücksichtigen, welche erwartungsgemäß innerhalb der nächsten fünf Geschäftsjahre zur Verlustverrechnung herangezogen werden. § 274 HGB verknüpft den Ansatz zwar nicht ausdrücklich mit besonderen Ansatzvoraussetzungen. Diese folgen vor dem Hintergrund des Vorsichtsprinzips indes aus der Tatsache, dass die steuerlichen Verluste bzw. für den vollständigen Zinsabzug nicht ausreichend hohe Gewinne darauf hindeuten, dass künftig ausreichend verrechnungsfähige Einkünfte nicht sicher sind. Zudem nimmt die Komplexität der Beurteilung des Ansatzes latenter Steuern durch das Zusammenspiel von Verlust- und Zinsvorträgen zu. Ferner sind weitere mögliche gesetzliche Einschränkungen der Nutzbarkeit der Vorträge zu beachten. Diese folgen bspw. aus schädlichen Beteiligungserwerben nach § 8c KStG oder aufgrund von Umwandlungsvorgängen sowie speziell hinsichtlich der Realisierbarkeit steuerlicher Verlustvorträge aus der vorgeschriebenen Mindestbesteuerung nach § 10d EStG und § 10a GewStG. Darüber hinaus dürfen bspw. die Befreiungsvorschriften zur Zinsschranke bzw. zu den Vortragsuntergängen nach § 8c KStG, welche zusätzliche Berechnungen erfordern, nicht vernachlässigt werden. Die Beurteilung eines Ansatzes latenter Steuern aufgrund steuerlicher Zins- und Verlustvorträge bedarf daher regelmäßig einer integrierten Gesamtbetrachtung und damit idealerweise einer fundierten steuerlichen Planungsrechnung.

Ein Ansatz latenter Steuern aufgrund eines **EBITDA-Vortrags** analog zu den steuerlichen Verlust- und Zinsvorträgen wird hier abgelehnt, da dieser nicht steuerentlastend von der steuerlichen Bemessungsgrundlage abgezogen werden kann und des Weiteren regelmäßig lediglich zu dem vor dem Hintergrund des Diskontierungsverbots latenter Steuern vernachlässigbaren Vorteil führt, dass eine zeitliche Streckung des Zinsabzugs vermieden wird.

Der in § 274 Abs. 1 Satz 4 HGB vorgeschriebene **Fünf-Jahres-Zeitraum**, innerhalb dessen Unternehmen eine Verrechnung der Verlust- bzw. Zinsvorträge erwarten müssen, um diese bei der Berechnung aktiver latenter Steuern berücksichtigen zu können, ist als maximal zugelassener, der Objektivierung und Vergleichbarkeit von Jahresabschlüssen dienender Planungshorizont zu interpretieren. Daher können Unternehmen, bspw. in branchenbedingten Ausnahmefällen, kürzere Planungs- bzw. Verrechnungszeiträume verwenden, wenn diese Planungen den tatsächlichen Planungshorizont der Unternehmen widerspiegeln und eine Extrapolation der Planungsergebnisse auf den Fünf-Jahres-Zeitraum lediglich zu unfundierten, spekulativen und somit wenig objektivierten Einschätzungen führen würde. Insbesondere aufgrund des Wortlauts der Regelung des § 274 Abs. 1 Satz 4 HGB ist der vorgeschriebene maximale Prognosezeitraum de lege lata selbst dann zu beachten, wenn nach der (fiktiv) saldierten Betrachtung latenter Steuern auf Basis von temporären Differenzen ein Passivüberhang besteht. Aufgrund eines solchen (angesetzten) Überhangs passiver latenter Steuern sind allerdings grundsätzlich auch die steuerlichen Verlustvorträge werthaltig. Daher wird ggf. eine Steuerbelastung ausgewiesen, mit der das Unternehmen nicht rechnet. Deshalb ist de lege ferenda eine Anpassung des § 274 HGB dahingehend zu empfehlen, dass eine vom Realisationszeitpunkt unabhängige Verrechnung aktiver Steuerlatenzen aufgrund steuerlicher Verlust- und Zinsvorträge bis zur Höhe eines ohne ihre Berücksichtigung vorhandenen Passivüberhangs latenter Steuern zugelassen wird. Die gegenwärtig geregelte Begrenzung des zu berücksichtigenden Verlustverrechnungszeitraums gilt des Weiteren analog für die Betrachtung abzugsfähiger temporärer Differenzen, die sich in einer Verlustperiode abbauen.

Die Unternehmen werden den Ansatz latenter Steuern regelmäßig mittels einer **steuerlichen Planungsrechnung** untermauern müssen. Diese Planungsrechnung sollte vorzugsweise auf Basis einer operativen Planungsgrundlage erstellt werden. Sie wird vor dem Hintergrund des nach § 274 Abs. 1 Satz 4 HGB auf fünf Jahre begrenzten Zeitraums, der für den Einbezug steuerlicher Verlustvorträge in die Ermittlung latenter Steuern relevant ist, regelmäßig auf einem Fünf-Jahres-Horizont basieren. Die einzubeziehenden Daten sind hinreichend objektiviert und vor dem Hintergrund der Grundsätze der Willkürfreiheit und der Stetigkeit sowie des Vorsichtsprinzips zu ermitteln. Künftige Maßnahmen dürfen lediglich insoweit berücksichtigt werden, als dass sie hinreichend konkretisiert sind und dementsprechend mit ihrer Umsetzung aufgrund einer substantiierten Dokumentation gerechnet werden kann. Ferner sind ggf. Anpassungen der Planungswerte aufgrund steuerrechtlicher Besonderheiten notwendig.

Das **Aktivierungswahlrecht** latenter Steuern gemäß § 274 Abs. 1 Satz 2 HGB kann lediglich ausgeübt werden, wenn latente Steuern saldiert ausgewiesen werden. Beim unsaldierten Ausweis sind im Sinne der mit dieser Ausweisvariante verbundenen Zielsetzung einer besseren Information der Abschlussadressaten sowohl ermittelte aktive als auch passive latente Steuern vollständig auszuweisen. Ferner sind Teilaktivierungen ebenso wie willkürliche Auflösungen latenter Steuern untersagt.

Die den latenten Steuern zugrunde liegenden temporären Differenzen sind nach Maßgabe der **Liability-Methode** mit den in der Periode ihres Abbaus gültigen Steuersätzen zu bewerten. Der relevante Steuersatz beträgt, unter der Annahme eines (durchschnittlichen) Hebesatzes von 400 %, für Kapitalgesellschaften ca. 30% und für Personengesellschaften 14 %. Mithilfe der Bruttomethode, nach der die gesamten Neubildungen und die gesamten Auflösungen latenter Steuern innerhalb einer Gruppe temporärer Differenzen mit gleicher Ursache getrennt betrachtet werden können, kann die Bewertung latenter Steuern bei schwankenden (künftigen) Steuersätzen vereinfacht werden. Ferner führt das gesetzliche Abzinsungsverbot latenter Steuern zwar grundsätzlich zu einer systematischen Überbewertung von Steuerlatenzen, was vor allem beim Einbezug quasi-permanenter Differenzen der Fall sein wird. Aus einem Abzinsungsgebot dürften indes in vielen Fällen enorme Ermessensspielräume und Praktikabilitätsprobleme folgen, weshalb das Diskontierungsverbot zu befürworten ist.

Aktive bzw. passive latente Steuern können entweder saldiert oder unsaldiert ausgewiesen werden, ohne dass bestimmte (Saldierungs-)Voraussetzungen, wie bspw. nach IAS 12 erforderlich, erfüllt sein müssen. Ein unsaldierter **Ausweis** sowohl aktiver als auch passiver latenter Steuern ist indes aufgrund des damit verbundenen besseren Einblicks in die wirtschaftliche Lage des Unternehmens zu befürworten. Ferner ist der Grundsatz der Stetigkeit zu beachten, wenngleich ein (einmaliger) Wechsel zum Bruttoausweis vor dem Hintergrund der besseren Adressateninformation zulässig ist. Durch § 274 Abs. 2 Satz 3 HGB wird nach dem BilMoG des Weiteren vorgeschrieben, dass sämtliche Erfolge aus der Veränderung bilanzierter latenter Steuern gesondert im Posten „Steuern vom Einkommen und vom Ertrag“ auszuweisen sind.

Der Ansatz aktiver latenter Steuern ist mit besonderen Unsicherheiten verbunden und verstößt gegen das Realisationsprinzip. Diese Mängel werden mit der **Ausschüttungssperre** nach § 268 Abs. 8 HGB grundsätzlich kompensiert. Bei der Ermittlung der ausschüttungsgesperrten Beträge sind die Ansätze von selbst geschaffenen Immaterialgütern und zum beizulegenden Zeitwert bewerteten Vermögensgegenständen des Planvermögens um die dafür gebildeten passiven latenten Steuern zu reduzieren. Diese Steuerlatenzen sind, entgegen einer engen Auslegung des § 268 Abs. 8 HGB, bei der Bestimmung des von der Sperre ebenso erfassten Aktivüberhangs latenter Steuern nicht noch ein zweites Mal zu berücksichtigen.

Nach dem BilMoG haben zumindest große Kapitalgesellschaften sowie ihnen gleichgestellte Unternehmen **umfangreiche Berichtspflichten** zu den latenten Steuern zu erfüllen, wenngleich die Angabe einer Überleitungsrechnung vom erwarteten zum ausgewiesenen Steuererfolg im handelsrechtlichen Jahresabschluss entgegen den Regelungen des DRS 18 und der internationalen Praxis nicht erforderlich ist. Gemäß § 285 Nr. 29 HGB sind zum einen diejenigen Differenzen anzugeben, auf denen die latenten Steuern beruhen. Konkret sind die Ursachen der temporären Differenzen und daher die den Abweichungen zugrunde liegenden Bilanzposten sowie die diesen zuzuordnenden abzugsfähigen oder zu versteuernden temporären Differenzen anzugeben. Hierzu ist die Aufstellung eines Steuerlatenzspiegels zu empfehlen, der sich an der Gliederung der Bilanz nach § 266 HGB orientiert. Zum anderen sind Angaben zu den bei der Steuerlatenzierung berücksichtigten steuerlichen Verlust- und Zinsvorträgen vonnöten. Dafür sind die jeweiligen Beträge differenziert nach Ertragsteuerarten sowie nach ihrem In- bzw. Auslandsbezug offenzulegen. Vergleichbare Angaben sind im Rahmen der

Berichterstattung über die bei der Bewertung verwandten Steuersätze erforderlich. Im Falle eines Verzichts auf den Ansatz eines Überhangs aktiver latenter Steuern aufgrund der Ausübung des Aktivierungswahlrechts oder im Falle eines saldierten Ausweises latenter Steuern aufgrund der Ausübung des Saldierungswahlrechts sind die daraus folgenden Informationsdefizite (der Bilanz) durch (quantitative) Anhangangaben zu beheben. Diese Informationen dienen der Entlastungsfunktion des Anhangs. Mittelgroße Gesellschaften sind dagegen von den Bestimmungen des § 285 Nr. 29 HGB befreit. Sie sind lediglich dazu verpflichtet, Angaben zur Bewertungsmethode sowie zur Ausübung des Aktivierungs- bzw. Ausweiswahlrechts latenter Steuern zu machen und vor allem Abweichungen von der Wahlrechtsausübung anzugeben und zu begründen. Zwar möchte der Gesetzgeber diesen Unternehmen möglicherweise eine aufwendige Berichterstattung ersparen, im Regelfall werden jedoch die für die Anhangangaben notwendigen Informationen aufgrund der nach dem BilMoG vorgeschriebenen Einzeldifferenzenbetrachtung bereits vorliegen, so dass ihre Offenlegung nicht mit einem wesentlichen Zusatzaufwand einhergehen dürfte.

Die gegenwärtigen nationalen und internationalen Entwicklungen lassen mittelfristig keine gravierenden Änderungen der Konzeption der Abbildung latenter Steuern im handelsrechtlichen Jahresabschluss erwarten. Der deutsche Gesetzgeber scheint mit der Befreiung kleiner Gesellschaften von der Ermittlung latenter Steuern nach § 274 HGB sowie kleiner und mittelgroßer Gesellschaften von den Berichtspflichten zu den latenten Steuern die von der Europäischen Kommission gegenwärtig diskutierten Erleichterungen bereits angemessen antizipiert zu haben. Änderungen des SFAS 109 oder des IAS 12, die – wie die Vergangenheit zeigte – mit zeitlicher Verzögerung auch zu einer Überarbeitung der deutschen Vorschriften führen könnten, sind bislang nicht konkret geplant. Ferner deuten erste Ergebnisse des vom DRSC gemeinsam mit dem ASB geleiteten konzeptionellen Reviews der (internationalen) Regelungen zur Bilanzierung latenter Steuern zumindest an, dass eine Abschaffung latenter Steuern nicht intendiert wird. Diese Tendenzen sind erfreulich, schließlich verkörpern latente Steuern berichtenswerte, regelmäßig wesentliche künftige Steuerbe- bzw. -entlastungen. Der deutsche Gesetzgeber scheint damit eine nachhaltige Regelung geschaffen zu haben, die – korrekt angewendet – eine hinreichend objektivierte, zutreffende(re) Darstellung der wirtschaftlichen Lage zumindest großer Kapitalgesellschaften und ihnen gleichgestellter Unternehmen gewährleistet und mit der Ausschüttungssperre den Kapitalerhaltungszweck berücksichtigt. Durch das BilMoG wurde die Bilanzierung latenter Steuern nach § 274 HGB also insgesamt wesentlich aufgewertet und damit der langjährige „Dornröschenschlaf latenter Steuern“[1432] im handelsrechtlichen Jahresabschluss beendet.

[1432] HERZIG, N., BilMoG und E-Bilanz, S. 1906.

Quellenverzeichnis

Verzeichnis der Kommentare und Handbücher zur Bilanzierung

ADLER, HANS/DÜRING, WALTHER/SCHMALTZ, KURT, Rechnungslegung und Prüfung der Unternehmen, 4. Aufl., Stuttgart 1968 (zitiert: ADS, 4. Aufl.).

ADLER, HANS/DÜRING, WALTHER/SCHMALTZ, KURT, Rechnungslegung und Prüfung der Unternehmen, 6. Aufl., Stuttgart 1995/1997/1998 (zitiert: ADS, 6. Aufl.).

ADLER, HANS/DÜRING, WALTHER/SCHMALTZ, KURT, Rechnungslegung nach internationalen Standards, Stuttgart 2002 ff. (zitiert: ADS International).

BAETGE, JÖRG/KIRSCH, HANS-JÜRGEN/THIELE, STEFAN (Hrsg.), Bilanzrecht, Loseblatt, Bonn/Berlin 2002 ff. (zitiert: BEARBEITER, in: Baetge/Kirsch/Thiele).

BAUMBACH, ADOLF/HOPT, KLAUS J./MERKT, HANNO (Hrsg.), Handelsgesetzbuch mit GmbH & Co., Handelsklauseln, Bank- und Börsenrecht, Transportrecht (ohne Seerecht), Beck'scher Kurz-Kommentar, 34. Aufl., München 2010 (zitiert: BEARBEITER, in: Baumbach/Hopt, 34. Aufl.).

BOHL, WERNER/RIESE, JOACHIM/SCHLÜTER, JÖRG (Hrsg.), Beck'sches IFRS-Handbuch, 3. Aufl., München 2009 (zitiert: BEARBEITER, in: Beck IFRS HB, 3. Aufl.).

BUDDE, WOLFGANG DIETER (Hrsg.), Beck'scher Bilanzkommentar, 1. Aufl., München 1986 (zitiert: BEARBEITER, in: Beck Bilanzkomm., 1. Aufl.).

BUDDE, WOLFGANG DIETER/FÖRSCHLE, GERHART/WINKELJOHANN, NORBERT (Hrsg.), Sonderbilanzen – Von der Gründungsbilanz bis zur Liquidationsbilanz, 4. Aufl., München 2008 (zitiert: BEARBEITER, in: Budde/Förschle/Winkel-johann).

CASTAN, EDGAR/BÖCKING, HANS-JOACHIM/HEYMANN, GERD/PFITZER, NORBERT/SCHEFFLER, EBERHARD (Hrsg.), Beck'sches Handbuch der Rechnungslegung, Loseblatt, München 1986 ff. (zitiert: BEARBEITER, in: Beck HdR).

DELOITTE & TOUCH GMBH (Hrsg.), Die Bilanzrechtsreform 2009/2010 – Handels- und Steuerbilanz nach BilMoG, Bilanzpostenorientierte Kommentierung, Arbeitshilfen, Beispiele und Gestaltungshinweise, Materialien und Checklisten, Bonn 2009 (BEARBEITER, in: Die Bilanzrechtsreform).

ELLROTT, HELMUT/FÖRSCHLE, GERHART/KOZIKOWSKI, MICHAEL/WINKELJOHANN, NORBERT (Hrsg.), Beck'scher Bilanzkommentar, 6. Aufl., München 2005 (zitiert: BEARBEITER, in: Beck Bilanzkomm., 6. Aufl.).

ELLROTT, HELMUT/FÖRSCHLE, GERHART/KOZIKOWSKI, MICHAEL/WINKELJOHANN, NORBERT (Hrsg.), Beck'scher Bilanzkommentar, 7. Aufl., München 2010 (zitiert: BEARBEITER, in: Beck Bilanzkomm., 7. Aufl.).

FEDERMANN, RUDOPLH/KUßMAUL, HEINZ/MÜLLER, STEFAN (Hrsg.), Handbuch der Bilanzierung, Loseblatt, Freiburg 1960 ff. (zitiert: BEARBEITER, in: HdB).

HEUERMANN, BERND (Hrsg.), Blümich EStG - KStG - GewStG: Einkommensteuer - Körperschaftsteuer - Gewerbesteuer Kommentar, begründet v. Blümich, Walter, Loseblatt, 108. Aufl., München 2010 (zitiert: BEARBEITER, in: Blümich).

HEUSER, PAUL J./THEILE, CARSTEN (Hrsg.), IFRS Handbuch, Einzel- und Konzernabschluss, 4. Aufl., Köln 2009 (IFRS Handbuch, 4. Aufl.).

HEY, JOHANNA/PRINZ, ULRICH/WENDT, MICHAEL (Hrsg.), Herrmann/Heuer/Raupach – Einkommensteuer- und Körperschaftsteuergesetz, Loseblatt, Köln 1950/2009 ff. (zitiert: BEARBEITER, in: Herrmann/Heuer/Raupach).

HOFBAUER, MAX A./KUPSCH, PETER (Hrsg.), Rechnungslegung, Loseblatt, 2. Aufl., Berlin 1994 ff. (zitiert: BEARBEITER, in: Hofbauer/Kupsch).

KIRCHHOF, PAUL (Hrsg.), EStG KompaktKommentar, 8. Aufl., Heidelberg 2008 (zitiert: BEARBEITER, in: Kirchhof, 8. Aufl.).

KIRCHHOF, PAUL (Hrsg.), Einkommensteuergesetz, 10. Aufl., Köln 2011 (zitiert: BEARBEITER, in: Kirchhof).

KÜTING, KARLHEINZ/PFITZER, NORBERT/WEBER, CLAUS-PETER (Hrsg.), Handbuch der Rechnungslegung – Einzelabschluss, Loseblatt, 5. Aufl., Stuttgart 2002 ff. (zitiert: BEARBEITER, in: Küting/Weber, HdR-E, 5. Aufl.).

LEIBHOLZ, GERHARD/RINCK, HANS-JUSTUS/HESSELBERGER, DIETER (Hrsg.), Grundgesetz für die Bundesrepublik Deutschland – Kommentar an Hand der Rechtsprechung des Bundesverfassungsgerichts, 6. Aufl., Köln 1988 (zitiert: BEARBEITER, in: Leibholz/Rinck/Hesselberger).

SCHMIDT, LUDWIG (Begr.), Einkommensteuergesetz, 30. Aufl., München 2011 (zitiert: BEARBEITER, in: Schmidt).

STAUDINGER, JULIUS V. (Begr.), Kommentar zum Bürgerlichen Gesetzbuch mit Einführungsgesetz und Nebengesetzen – Eckpfeiler des Zivilrechts, Berlin 2010 (zitiert: BEARBEITER, in: Staudinger BGB 2010).

TIPKE, KLAUS/LANG, JOACHIM (Hrsg.), Steuerrecht, 20. Aufl., Köln 2010 (zitiert: BEARBEITER, in: Tipke/Lang).

VON WYSOCKI, KLAUS/SCHULZE-OSTERLOH, JOACHIM/HENNRICHS, JOACHIM/KUHNER, CHRISTOPH, (Hrsg.), Handbuch des Jahresabschlusses in Einzeldarstellungen, Loseblatt, Köln 1984 ff. (zitiert: BEARBEITER, in: HdJ).

Verzeichnis der Aufsätze, Monografien und Internetdokumente

ABELA, MARIO/DAVIDS, KIRSTEN/JEHLE, NADJA, Frischer Wind für die Steuerbilanzierung nach IFRS, in: SR 2009, S. 69 (Frischer Wind für die Steuerbilanzierung).

AICPA (Hrsg.), APB Opinion No. 11 – Accounting for Income Taxes, in: APB Accounting Principles – Volume 2 – Original Pronouncements, hrsg. v. AICPA, New York 1968, S. 6579-6594 (APB Opinion No. 11).

ANZINGER, HERIBERT M./SCHLEITER, ISABELLE, Die Ausübung steuerlicher Wahlrechte nach dem BilMoG – eine Rückbesinnung auf den Maßgeblichkeitsgrundsatz, in: DStR 2010, S. 395-399 (Die Ausübung steuerlicher Wahlrechte).

ARBEITSKREIS BILANZRECHT DER HOCHSCHULLEHRER RECHTSWISSENSCHAFT, KÖLN, Zur Maßgeblichkeit der Handelsbilanz für die steuerliche Gewinnermittlung gem. § 5 Abs. 1 EStG i. d. F. durch das BilMoG – Stellungnahme zum Entwurf des BMF-Schreibens (BMF vom 12.10.2009 – IV C 6 –S2133/09/10001), in: DB 2009, S. 2570-2573 (Zur Maßgeblichkeit der Handelsbilanz).

ARBEITSKREIS RECHNUNGSLEGUNGSVORSCHRIFTEN DER EG-KOMMISSION DER GEFIU, Latente Steuern im Einzel- und Konzernabschluß nach dem Bilanzrichtlinie-Gesetz, in: DB 1984, S. 625-627 (Latente Steuern nach dem Bilanzrichtlinie-Gesetz).

ARMELOH, KARL-HEINZ, Die Berichterstattung im Anhang, Düsseldorf 1998 (Die Berichterstattung im Anhang).

BAETGE, JÖRG, Möglichkeiten der Objektivierung des Jahreserfolges, Düsseldorf 1970 (Möglichkeiten der Objektivierung).

BAETGE, JÖRG, Latente Steuern im deutschen handelsrechtlichen Jahresabschluß, in: Aktuelle Fragen der Finanzwirtschaft und der Unternehmensbesteuerung, Festschrift zum 70. Geburtstag von Prof. Dr. Erich Loitlsberger, hrsg. v. Rückle, Dieter, Wien 1991, S. 27-47 (Latente Steuern im deutschen handelsrechtlichen Jahresabschluß).

BAETGE, JÖRG/HAENELT, TIMO/JONAS, MARTIN, Die novellierte Bilanzierung latenter Steuern nach dem Bilanzrechtsmodernisierungsgesetz (BilMoG), in: Steuern und Rechnungslegung: Festschrift zum 65. Geburtstag von Professor Dr. Jochen Sigloch, hrsg. v. Egner, Thomas/Henselmann, Klaus/Schmidt, Lutz, Aachen 2009, S. 513-528 (Novellierte Bilanzierung latenter Steuern).

BAETGE, JÖRG/KIRSCH, HANS-JÜRGEN/SOLMECKE, HENRIK, Auswirkungen des BilMoG auf die Zwecke des handelsrechtlichen Jahresabschlusses, Working Paper 1/2009, www.wiwi.uni-muenster.de/baetge/zwecke.pdf (Stand: 21.04.2011) (Auswirkungen des BilMoG auf die Zwecke).

BAETGE, JÖRG/KIRSCH, HANS-JÜRGEN/THIELE, STEFAN, Bilanzen, 9. Aufl., Düsseldorf 2007 (Bilanzen, 9. Aufl.).

BAETGE, JÖRG/KIRSCH, HANS-JÜRGEN/THIELE, STEFAN, Bilanzen, 11. Aufl., Düsseldorf 2011 (Bilanzen).

BAETGE, JÖRG/KIRSCH, HANS-JÜRGEN/THIELE, STEFAN (Hrsg.), Konzernbilanzen, 9. Aufl., Düsseldorf 2011 (Konzernbilanzen).

BAETGE, JÖRG/KRUMNOW, JÜRGEN/NOELLE, JENNIFER, Das „Deutsche Rechnungslegungs Standards Committee" (DRSC) – Standortbestimmung und Zukunftsperspektiven der Konzernrechnungslegung, in: DB 2001, S. 769-774 (Das DRSC).

BAETGE, JÖRG/LIENAU, ACHIM, Praxis der Bilanzierung latenter Steuern im Konzernabschluss nach IFRS im DAX und MDAX, in: WPg 2007, S. 15-22 (Praxis der Bilanzierung latenter Steuern).

BAETGE, JÖRG/SCHMIDT, ANDREAS, Das BilMoG – Erleichterung oder Erschwernis für die Bilanzanalyse, in: Kapitalmarkt in Theorie und Praxis – Festschrift zum 50-jährigen Jubiläum der DVFA, hrsg. v. Rau, Fritz H./Merk, Peter, Hamburg 2010, S. 169-186 (Erleichterung oder Erschwernis).

BAETGE, JÖRG/SOLMECKE, HENRIK, „Wetterfest": Die deutsche Bilanzrechtsmodernisierung, in: SR 2009, S. 124 f. (Die deutsche Bilanzrechtsmodernisierung).

BANTLEON, ULRICH/SCHORR, GERHARD, Ausgewählte Auswirkungen des BilMoG auf die Beurteilung der Kapitaldienstfähigkeit von nicht kapitalmarktorientierten Kapitalgesellschaften, in: DStR 2010, S. 1491-1497 (Beurteilung der Kapitaldienstfähigkeit).

BARBER, BARRY/PITMAN, ROBERT L., Goodbye SFAS 96: Accounting for Income Taxes, in: Corporate Controller March/April 1992, S. 13-16 (Goodbye SFAS 96).

BDI/DIHK (Hrsg.), Stellungnahme des Bundesverbands der Deutschen Industrie und des Deutschen Industrie- und Handelskammertags zum Gesetzesentwurf der Bundesregierung für ein Gesetz zur Modernisierung des Bilanzrechts (Bilanzrechtsmodernisierungsgesetz – BilMoG), BR-Drs. 344/08, http://www.kapitalmarktrecht-im-internet.de/de/Gesellschafts recht/Artikelgesetze/95/BilMoG.htm → Dr. Manfred Jutz (Stand: 21.04.2011) (Stellungnahme des BDI und des DIHK).

BEIERSDORF, KATI/EIERLE, BRIGITTE/HALLER, AXEL, International Financial Reporting Standard for Small and Medium-sized Entities (IFRS for SMEs): Überblick über den finalen Standard des IASB, in: DB 2009, S. 1549-1557 (Überblick über den finalen Standard).

BENZEL, UTE/LINZBACH, MEIKE, Bilanzierung und Offenlegung von Ertragsteuerrisiken – Quo vadis?, in: IRZ 2010, S. 499-503 (Ertragsteuerrisiken).

BERESFORD, DENNIS. R./BEST, LAWRENCE C./CRAIG, PAUL. W./WEBER, JOSPEH V., Accounting for Income Taxes: A Review of Alternatives, Stamford 1983 (Accounting for Income Taxes).

BERGER, AXEL/HAUCK, ANTON/PRINZ, ULRICH, Bilanzierung latenter Steuern auf steuerliche Verlustvorträge nach IAS 12 – Streitiger Prognosezeitraum zur Verlustverrechnung, in: DB 2007, S. 412-415 (Streitiger Prognosezeitraum).

BEYHS, OLIVER/FUCHS, MARKUS, Neue Vorschläge des IASB zur Bilanzierung von Ertragsteuern – Einführung in den aktuellen Exposure Draft des IASB: ED/2009/2 „Income Taxes", in: WPg 2009, S. 636-643 (Neue Vorschläge des IASB).

BIEN, ROLAND/WAGNER, THOMAS, Die Konzernklausel bei § 8c KStG, in: BB 2010, S. 923-933 (Konzernklausel bei § 8c KStG).

BIENER, HERBERT, AG – KGaA – GmbH – Konzerne – Rechnungslegung, Prüfung und Publizität nach den Richtlinien der EG, Köln 1979 (Richtlinien der EG).

BIENER, HERBERT/BERNEKE, WILHELM, Bilanzrichtlinien-Gesetz, Düsseldorf 1986 (Bilanzrichtlinien-Gesetz).

BIRK, DIETER, „Besteuerung nach Wahl" als verfassungsrechtliches Problem, in: NJW 1984, S. 1325-1329 (Verfassungsrechtliches Problem).

BLACK, HOMER A., Interperiod Allocation of Corporate Incomes Taxes, New York 1966 (Interperiod Allocation of Corporate Income Taxes).

BOHN, ALEXANDER/LOOSE, THOMAS, Ausgewählte Zweifelsfragen bei der Anwendung des EBITDA-Vortrags, in: DStR 2011, S. 241-246 (Anwendung des EBITDA-Vortrags).

BOLIK, ANDREAS/LINZBACH, MEIKE, Verluste und Zinsschranke in der Bilanzierung latenter Steuern, in: DStR 2010, S. 1587-1590 (Verlust und Zinsschranke).

BÖSSER, JÖRG/PILHOFER, JOCHEN, Aktive latente Steuern auf steuerliche Verlustvorträge – Relevanz der US-amerikanischen „Rules-based"-Rechnungslegung für die „Principles-based"-IFRS-Rechnungslegung, in: KoR 2008, S. 296-303 (Latente Steuern auf steuerliche Verlustvorträge).

BRÄHLER, GERNOT/BRUNE, PHILIPP/HEERDT, TOBIAS, Die Auswirkungen der Zinsschranke auf die Aktivierung latenter Steuern, in: KoR 2008, S. 289-295 (Auswirkungen der Zinsschranke).

BUNDESSTEUERBERATERKAMMER (Hrsg.), Regierungsentwurf eines Gesetzes zur Modernisierung des Bilanzrechts (Bilanzrechtsmodernisierung – BilMoG), http://www.kapitalmarktrecht-im-internet.de/de/Gesellschaftsrecht/Artikelgesetze/95/BilMoG.htm → Dr. Horst Vinken (Stand: 21.04.2011) (Regierungsentwurf).

BYDLINSKI, FRANZ, Juristische Methodenlehre und Rechtsbegriff, 2. Aufl., Wien u. a. 1991 (Methodenlehre und Rechtsbegriff).

CHUCHRA, MATTHIAS/DRÄGER, JÜRGEN, JStG 2010: Änderungen im Bereich der Körperschaftsteuer und Gewerbesteuer, in: DB 2010, Heft 49, Beilage 7, S. 19-21 (JStG 2010).

COENENBERG, ADOLF G./HALLER, AXEL/SCHULTZE, WOLFGANG, Jahresabschluss und Jahresabschlussanalyse: Betriebswirtschaftliche, handelsrechtliche, steuerliche und internationale Grundsätze – HGB, IFRS und US-GAAP, 21. Aufl., Stuttgart 2009 (Jahresabschluss).

COENENBERG, ADOLF G./HILLE, KLAUS, Latente Steuern in Einzel- und Konzernabschluß – Zur Diskussion der 4. und 7. EG-Richtlinie, in: DBW 1979, S. 601-621 (Einzel- und Konzernabschluß).

COENENBERG, ADOLF G./HILLE, KLAUS, Latente Steuern nach der neu gefassten Richtlinie IAS 12, in: DB 1997, S. 537-544 (Neu gefasste Richtlinie IAS 12).

COMMANDEUR, DIRK, Die Bilanzierung von Aufwendungen für die Ingangsetzung und Erweiterung des Geschäftsbetriebs, Berlin 1986 (Ingangsetzung und Erweiterung des Geschäftsbetriebs).

DE WEERTH, JAN, Die Sanierungsklausel des § 8c KStG und europäisches Beihilferecht, in: DB 2010, S. 1205-1207 (Sanierungsklausel des § 8c KStG).

DÖLLERER, GEORG, Maßgeblichkeit der Handelsbilanz in Gefahr, in: BB 1971, S. 1333-1335 (Maßgeblichkeit).

DÖRFLER, OLIVER/ADRIAN, GERRIT, Zur Umsetzung der HGB-Modernisierung durch das BilMoG: Steuerbilanzrechtliche Auswirkungen, in: DB 2009, S. 58-64 (Umsetzung der HGB-Modernisierung).

DORFMUELLER, PIA, Sanierungsklausel des § 8c Abs. 1a KStG nicht mit den EU-Beihilferegeln vereinbar, in: StuB 2011, S. 147 f. (EU-Beihilferegeln).

DRSC (Hrsg.), Jahresbericht 2008, http://www.standardsetter.de/drsc/docs/press_releases/DRSC-Jahresbericht2008_final.pdf (Stand: 21.04.2011) (Jahresbericht 2008).

DRSC (Hrsg.), Jahresbericht 2009, http://www.standardsetter.de/drsc/docs/press_releases/2010/DRSC-Jahresbericht2009_final.pdf (Stand: 21.04.2011) (Jahresbericht 2009).

DRSC (Hrsg.), Jahresbericht 2010, http://www.standardsetter.de/drsc/docs/press_releases/2011/DRSC-Jahresbericht2010_final.pdf (Stand: 25.04.2011) (Jahresbericht 2010).

DRSC (Hrsg.), 130. DSR-Sitzung, TOP 5: DSR/ASB – Tax Advisory Panel, www.standardsetter.de/v4/docs/sitzungen/dsr/130/130_05a_DSR-ASB_IncomeTax_Praesentation.pdf (Stand: 21.04.2011) (Tax Advisory Panel).

DRSC (Hrsg.), 130. DSR-Sitzung, Thema: Vorstellung des gemeinsamen Projekts von DSR/ASB zu Income Taxes, Papier: DSR-ASB Income Taxes Schedule (Zusatzinformationen), http://www.standardsetter.de/v4/docs/sitzungen/dsr/130/130_05b_DSR-ASB_IncomeTax_Schedule__Zusatzinfo.pdf (Stand: 21.04.2011) (Income Taxes Schedule).

DRSC (Hrsg.), 140. DSR-Sitzung, Thema: Update des gemeinsamen Projekts von DSR/ASB zu Income Taxes, Summary of the Draft Chapters 1 to 4 of the DP: The Financial Reporting of Corporate Income Taxes: A Discussion Paper, http://www.standardsetter.de/v4/docs/sitzungen/dsr/140/140_10a_Draft__DP_Chapter1to4_Summary.pdf (Stand: 21.04.2011) (Update des gemeinsamen Projekts).

DRSC (Hrsg.), 140. DSR-Sitzung, Thema: Update des gemeinsamen Projekts von DSR/ASB zu Income Taxes, Papier: Cover Note, http://www.standardsetter.de/v4/docs/sitzungen/dsr/140/140_10_TAP_CoverNote.pdf (Stand: 21.04.2011) (DSR/ASB zu Income Taxes).

DRSC (Hrsg.), Ergebnisbericht der 140. DSR-Sitzung, Berlin 2010 (Ergebnisbericht der 140. DSR-Sitzung).

DRSC (Hrsg.), Ergebnisbericht der 142. DSR-Sitzung, Berlin 2010 (Ergebnisbericht der 142. DSR-Sitzung).

DRSC (Hrsg.), Bilanzierungsgremium schafft Möglichkeit für nationale Neuordnung, Pressemitteilung vom 28.06.2010, http://www.standardsetter.de/drsc/docs /press_releases/2010/100628_neuordnungDRSC.pdf (Stand: 21.04.2011).

DRSC (Hrsg.), Deutsche Rechnungslegungs Standards, Berlin 2011 (DRS).

DRSC (Hrsg.), Ergebnisbericht der 153. DSR-Sitzung, Berlin 2011 (Ergebnisbericht der 153. DSR-Sitzung).

DRSC (Hrsg.), Ergebnisbericht der 156. DSR-Sitzung, Berlin 2011 (Ergebnisbericht der 156. DSR-Sitzung).

DRÜEN, KLAUS-DIETER, Die Sanierungsklausel des § 8c KStG als europarechtswidrige Beihilfe, in: DStR 2011, S. 289-294 (Europarechtswidrige Beihilfe).

EGGER, ANTON/WINTERHELLER, MANFRED, Kurzfristige Unternehmensplanung, 14. Aufl., Wien 2007 (Kurzfristige Unternehmensplanung).

EIERLE, BRIGITTE/HALLER, AXEL, IFRS for SMEs – Ergebnisse einer Befragung von nicht kapitalmarktorientierten Unternehmen in Deutschland, hrsg. v. BDI/DRSC/Eierle, Brigitte/Haller, Axel, Berlin 2010 (Ergebnisse einer Befragung).

EMIG, MICHAEL/WALTER, JAN, Die steuerliche Überleitungsrechnung – neue Impulse durch DRS 18, in: DStR 2011, S. 488-492 (Die steuerliche Überleitungsrechnung).

ENDRISS, HORST WALTER, Plädoyer für die Stärkung der Maßgeblichkeit, in: BBK 2011, S. 19-26 (Stärkung der Maßgeblichkeit).

ENGELS, WOLFGANG, Aktive latente Steuern auf Verlustvorträge – Was erwartet den HGB-Bilanzierer bei Umsetzung des RegE BilMoG?, in: BB 2008, S. 1554-1558 (Aktive latente Steuern auf Verlustvorträge).

ENGISCH, KARL, Einführung in das juristische Denken, 11. Aufl., Stuttgart 2010 (Einführung in das juristische Denken).

EPPINGER, CHRISTOPH/SEEBACHER, KATHRIN, Aktivierung latenter Steuern auf einen (fiktiven) EBITDA-Vortrag nach IFRS, in: KoR 2010, S. 481 f. (EBITDA-Vortrag nach IFRS).

ERNST, CHRISTOPH, Die Zukunft des Einzelabschlusses und der Maßgeblichkeit im Licht der Internationalisierung der Rechnungslegung, in: StbJb 2002/2003, S. 229-240 (Die Zukunft des Einzelabschlusses).

ERNST, CHRISTOPH/SEIDLER, HOLGER, Gesetz zur Modernisierung des Bilanzrechts nach Verabschiedung durch den Bundestag, in: BB 2009, S. 766-771 (Gesetz zur Modernisierung des Bilanzrechts).

EUROPÄISCHER RAT (Hrsg.), Presidency Conclusions vom 9.03.2007, 7224/07 – CONCL 1, http://register.consilium.europa.eu/pdf/en/07/st07/st07224.en07.pdf (Stand: 21.04.2011) (7224/07 – CONCL 1).

FASB (Hrsg.), United States Generally Accepted Accounting Principles, Norwalk 2011.

FISCHER, THOMAS R./PASKERT, DIERK, Inhalt und Struktur des Anhangs von Kapitalgesellschaften, in: BuW 1991, S. 293-299 (Inhalt und Struktur des Anhangs).

FÖRSCHLE, GERHART/KRONER, MATTHIAS, International Accounting Standards: Offene Fragen zur künftigen Steuerabgrenzung – Ein Beitrag zur Novellierung von IAS 12, in: DB 1996, S. 1633-1639 (Offene Fragen zur künftigen Steuerabgrenzung).

FÖRSTER, GUIDO/SCHMIDTMANN, DIRK, Steuerliche Gewinnermittlung nach dem BilMoG, in: BB 2009, S. 1342-1346 (Steuerliche Gewinnermittlung).

FRANZ, EINIKO B., Enge oder weite Auslegung der „Konzernklausel" in § 8c Abs. 1 Satz 5 KStG?, in: BB 2010, S. 991-1000 (Auslegung der Konzernklausel).

FREIBERG, JENS, Konzeptionelle Rechtfertigung einer Abzinsung von latenten Steuern, in: PiR 2009, S. 375-378 (Rechtfertigung einer Abzinsung).

FÜLBIER, ROLF UWE/MAGES, MONIKA K., Überlegungen zur Bilanzierung latenter Steuern bei Personengesellschaften nach IAS 12, in: KoR 2007, S. 69-79 (Überlegungen zur Bilanzierung latenter Steuern).

FUNNEMANN, CARL-BERNHARD/GRAF KERSSENBROCK, OTTO-FERDINAND, Ausschüttungssperren im BilMoG-RegE, in: BB 2008, S. 2674-2678 (Ausschüttungssperren).

GADAMER, HANS-GEORG, Das hermeneutische Problem der Anwendung, in: Seminar: Philosophische Hermeneutik, hrsg. v. Gadamer, Hans-Georg/Boehm, Gottfried, 2. Aufl., Frankfurt a. M. 1979, S. 327-331 (Das hermeneutische Problem der Anwendung).

GEDLICKA, WERNER, Steuerabgrenzung im Einzelabschluß nach nationalen und internationalen Rechnungslegungsvorschriften, Wien 2000 (Steuerabgrenzung im Einzelabschluß).

GELHAUSEN, HANS-FRIEDRICH/ALTHOFF, FRANK, Die Bilanzierung ausschüttungs- und abführungsgesperrter Beträge im handelsrechtlichen Jahresabschluss nach dem BilMoG (Teil 1), in: WPg 2009, S. 584-592 (Ausschüttungsgesperrte Beträge).

GELHAUSEN, HANS-FRIEDRICH/FEY, GERD/KÄMPFER, GEORG, Rechnungslegung und Prüfung nach dem Bilanzrechtsmodernisierungsgesetz, Düsseldorf 2009 (Rechnungslegung und Prüfung).

GELHAUSEN, HANS-FRIEDRICH/FEY, GERD/KIRSCH, HANS-JÜRGEN, Übergang auf die Rechnungslegungsvorschriften des Bilanzrechtsmodernisierungsgesetzes, in: WPg 2010, S. 24-33 (Übergang auf die Rechnungslegungsvorschriften nach BilMoG).

GELSHEIMER, BERND/MEYEN, THOMAS, Verfassungsrechtliche Anforderungen an steuerverschärfende Vorschriften mit rückwirkendem Anwendungsbereich, in: DStR 2011, S. 193-199 (Anforderungen an steuerverschärfende Vorschriften).

GOEBEL, SÖREN/EILINGHOFF, KAROLINA, (Nicht-)Konformität der Zinsschranke mit dem Grundgesetz und Europarecht?, in: DStZ 2010, S. 550-562 ((Nicht-) Konformität der Zinsschranke).

GRONDIN, JEAN, Einführung in die philosophische Hermeneutik, 2. Aufl., Darmstadt 2001 (Einführung).

GRÖNER, SUSANNE/MARTEN, KAI-UWE/SCHMID, SONJA, Latente Steuern im internationalen Vergleich – Analyse der Bilanzierungsvorschriften in der BRD, Großbritannien, den USA und nach IAS 12 (revised), in: WPg 1997, S. 479-488 (Latente Steuern im internationalen Vergleich).

HAAKER, ANDREAS, Sachgerechte Interpretation der BilMoG-Regelungen?, in: PiR 2009, S. 371 (Sachgerechte Interpretation der BilMoG-Regelungen).

HAAR, A., Die Berücksichtigung latenter Steuern in den Jahresabschlüssen internationaler Konzerne, Bamberg 1981 (Die Berücksichtigung latenter Steuern).

HAHN, HARTMUT, Schlechtes und Gutes vom BVerfG, in: BB 2010, Heft 49, S. I (Schlechtes und Gutes vom BVerfG).

HARMS, JENS E./KÜTING, KARLHEINZ, Probleme latenter Steuern im Entwurf des Bilanzrichtlinie-Gesetzes – Eine Stellungnahme zum Beitrag von Siegel, in: BB 1985, S. 94-101 (Probleme latenter Steuern).

HAßA, GUIDO/GOSMANN, MARTIN, Zweifelsfragen zu Konzernklausel und Verschonungsregel des § 8c KStG, in: DB 2010, S. 1198-1205 (Konzernklausel und Verschonungsregel).

HAUCK, ANTON/MICHEL, ULRICH, Neue Vorschriften zur Bilanzierung latenter Steuern in den USA – Statement of Financial Accounting Standards No. 109, in: WPg 1992, S. 451-455 (Latente Steuern in den USA).

HENNIG, BETTINA, Bilanzierung latenter Steuern, Bochum 1982 (Bilanzierung latenter Steuern).

HENNRICHS, JOACHIM, Maßgeblichkeitsgrundsatz oder eigenständige Prinzipien für die Steuerbilanz?, in: Besteuerung von Einkommen, hrsg. v. Ebling, Iris, Köln 2001, S. 301-328 (Maßgeblichkeitsgrundsatz).

HENNRICHS, JOACHIM, Neufassung der Maßgeblichkeit gemäß § 5 Abs. 1 EStG nach dem BilMoG, in: Ubg 2009, S. 533-543 (Neufassung der Maßgeblichkeit).

HENNRICHS, JOACHIM, Stellungnahme zum Regierungsentwurf eines Gesetzes zur Modernisierung des Bilanzrechts (BilMoG), http://www.kapitalmarktrecht-im-internet.de/de/Gesellschaftsrecht/Artikelgesetze/95/BilMoG.htm → Dr. Joachim Hennrichs (Stand: 21.04.2011) (Stellungnahme zum Regierungsentwurf).

HERRMANN, DAGMAR, Das Verhältnis zwischen Handels- und Steuerbilanz, in: BuW 1992, S. 209-217 (Das Verhältnis zwischen Handels- und Steuerbilanz).

HERZIG, NORBERT, Neue Ära im Zusammenwirken von Handels- und Steuerbilanz, in: BB 2009, Heft 19, S. M1 (Neue Ära).

HERZIG, NORBERT, Konsequenzen des BilMoG für laufende und latente Steuern, in: Vom BiRiLiG zum BilMoG – Eine Standortbestimmung der Bilanzierung und Prüfung in Deutschland, hrsg. v. Baetge, Jörg/Kirsch, Hans-Jürgen, Düsseldorf 2009, S. 87-130 (Konsequenzen des BilMoG).

HERZIG, NORBERT, BilMoG – Tax Accounting und Corporate Governance-Aspekte, in: DB 2010, S. 1-8 (Tax Accounting).

HERZIG, NORBERT, Tax Accounting zwischen BilMoG und E-Bilanz, in: DStR 2010, S. 1900-1908 (BilMoG und E-Bilanz).

HERZIG, NORBERT, Vorschlag einer GKKB-Richtlinie, in: DB 2011, DB0412659 (Stand: 15.04.2011) (Vorschlag einer GKKB-Richtlinie).

HERZIG, NORBERT, Vorschlag einer GKKB-RL – ein ambitioniertes Zukunftsprojekt, in: DB 2011, Heft 15, S. M1 (GKKB-RL).

HERZIG, NORBERT/BOHN, ALEXANDER/GÖTSCH, ARNE, Auswirkungen des Zusammenspiels von Zins- und Verlustvortrag auf die Bilanzierung latenter Steuern im HGB-Einzelabschluss, in: DStR 2009, S. 2615-2620 (Latente Steuern im HGB-Einzelabschluss).

HERZIG, NORBERT/BRIESEMEISTER, SIMONE, Das Ende der Einheitsbilanz, in: DB 2009, S. 1 f. (Das Ende der Einheitsbilanz).

HERZIG, NORBERT/BRIESEMEISTER, SIMONE, Steuerliche Konsequenzen der Bilanzrechtsmodernisierung für Ansatz und Bewertung, in: DB 2009, S. 976-982 (Steuerliche Konsequenzen).

HERZIG, NORBERT/BRIESEMEISTER, SIMONE, Steuerliche Konsequenzen des BilMoG – Deregulierung und Maßgeblichkeit, in: DB 2009, S. 926-931 (Steuerliche Konsequenzen des BilMoG).

HERZIG, NORBERT/BRIESEMEISTER, SIMONE, Reichweite und Folgen des Wahlrechtsvorbehalts § 5 Abs. 1 EStG – Stellungnahme zum BMF-Schreiben vom 12.3.2010 – IV C 6 – S 2133/09/10001 -, in: DB 2010, S. 917-924 (Reichweite und Folgen des Wahlrechtsvorbehalts).

HERZIG, NORBERT/BRIESEMEISTER, SIMONE, Unterschiede zwischen Handels- und Steuerbilanz nach BilMoG – Unvermeidbare Abweichungen und Gestaltungsspielräume, in: WPg 2010, S. 63-77 (Unterschiede zwischen Handels- und Steuerbilanz).

HERZIG, NORBERT/BRIESEMEISTER, SIMONE/SCHÄPERCLAUS, JENS, E-Bilanz und Steuer-Taxonomie – Entwurf des BMF-Schreibens vom 31.8.2010 –, in: DB 2010, Heft 41, Beilage 5, S. 1-24 (E-Bilanz und Steuer-Taxonomie).

HERZIG, NORBERT/BRIESEMEISTER, SIMONE/SCHÄPERCLAUS, JENS, Von der Einheitsbilanz zur E-Bilanz, in: DB 2011, S. 1-9 (Von der Einheitsbilanz zur E-Bilanz).

HERZIG, NORBERT/LIEKENBROCK, BERNHARD, Zum EBITDA-Vortrag der Zinsschranke, in: DB 2010, S. 690-695 (EBITDA-Vortrag der Zinsschranke).

HERZIG, NORBERT/VOSSEL, STEPHAN, Paradigmenwechsel bei latenten Steuern, in: BB 2009, S. 1174-1178 (Paradigmenwechsel).

HEURUNG, RAINER, Latente Steuerabgrenzung im Konzernabschluß im Vergleich zwischen HGB, IAS und US-GAAP, in: AG 2000, S. 538-553 (Latente Steuerabgrenzung im Konzernabschluß).

HFA DES IDW, Bilanzierungsfragen bei Zuwendungen, dargestellt am Beispiel finanzieller Zuwendungen der öffentlichen Hand (redaktionelle Anpassungen 1990) (HFA 1/1984), in: WPg 1984, S. 612-615 (HFA 1/1984).

HFA DES IDW, Anwendung der Grundsätze des IDW S 1 bei der Bewertung von Beteiligungen und sonstigen Unternehmensteilen für Zwecke eines handelsrechtlichen Jahresabschlusses (IDW RS HFA 10), in: IDW FN 2005, S. 718-720 (IDW RS HFA 10).

HFA DES IDW, Änderungen von Jahres- und Konzernabschlüssen (IDW RS HFA 6), in: IDW FN 2007, S. 265-271 (IDW RS HFA 6).

HFA DES IDW, Entwurf IDW Stellungnahme zur Rechnungslegung: Einzelfragen zur Bilanzierung latenter Steuern nach den Vorschriften des HGB in der Fassung des Bilanzrechtsmodernisierungsgesetzes (IDW ERS HFA 27), in: IDW FN 2009, S. 337-344 (IDW ERS HFA 27).

HFA DES IDW, Entwurf IDW Stellungnahme zur Rechnungslegung: Ansatz- und Bewertungsstetigkeit im handelsrechtlichen Jahresabschluss (IDW ERS HFA 38), in: IDW FN 2010, S. 338-341 (IDW ERS HFA 38).

HFA DES IDW, Entwurf einer Neufassung – IDW Stellungnahme zur Rechnungslegung: Handelsrechtliche Rechnungslegung bei Personenhandelsgesellschaften (IDW ERS HFA 7 n. F.), in: IDW FN 2011, S. 308-319 (IDW ERS HFA 7).

HILLE, KLAUS, Latente Steuern im Einzel- und Konzernabschluß, Frankfurt a. M. 1982 (Latente Steuern im Einzel- und Konzernabschluß).

HOFFMANN, WOLF-DIETER, Der Kriechgang der einzelbilanziellen Steuerlatenzierung, in: StuB 2011, S. 241 f.

HOFFMANN, WOLF-DIETER/LÜDENBACH, NORBERT, Latente Steuern – Irrungen und Wirrungen in der Steuerlatenzrechnung nach dem BilMoG, in: NWB 2009, S. 1476-1483 (Irrungen und Wirrungen).

HOFFMANN-BECKING, MICHAEL, Gesetz zur Modernisierung des Bilanzrechts (Bilanzrechtsmodernisierungsgesetz – BilMoG) – Stellungnahme zur Anhörung des Rechtsauschusses am 17. Dezember 2008, http://www.kapitalmarktrecht-im-internet.de/de/Gesellschaftsrecht/Artikelgesetze/95/BilMoG.htm → Prof. Dr. Michael Hoffmann-Becking (Stand: 21.04. 2011) (Stellungnahme zur Anhörung).

IASB (Hrsg.), IASB Meeting, Staff Paper, Project: Income Tax, Topic: Scope of the income tax project, Agenda reference 8, http://www.ifrs.org/NR/rdonlyres/B103CD3F-15A4-47F7-B62F-436A49D49BD3/0/InTax1109b08obs.pdf (Stand: 21.04.2011) (Income tax project).

IASB (Hrsg.), IASB Meeting, Staff Paper, Project: Income Tax, Topic: Appendix A – Changes proposed in the ED, Agenda reference 8A, http://www.ifrs.org/NR/rdonlyres/4F5C6A4C-6942-458F-8AE1-E1A39A4947FF/0/InTax1109b08Aobs.pdf (Stand: 21.04.2011) (Changes proposed in the ED).

IASB (Hrsg.), IASB Update March 2010, http://www.iasb.org/NR/rdonlyres/23C13D03-8701-49B5-8E80-C13695C5073F/0/IASBUpdateMarch2010forweb.pdf (Stand: 21.04. 2011) (Update March 2010).

IASB (Hrsg.), IASB Meeting, Staff Paper, Project: Income Tax, Topic: Scope – Cover note, Agenda reference 4, http://www.ifrs.org/NR/rdonlyres/FBF430E3-91C4-4B3C-9033-1CBAC93AC3EE/%200/InTax0310b04obs.pdf (Stand: 21.04. 2011) (Scope).

IASB (Hrsg.), Press release 20 December 2010 – IASB issues amendments to IAS 12 Income Taxes, http://www.ifrs.org/NR/rdonlyres/75CBBB63-725E-4ECB-A8FD-C5B6F86210EF/0/PRIncomeTaxesDec10.pdf (Stand: 21.04.2011) (Press release).

IASB (Hrsg.), International Financial Accounting Standards 2011, London 2011.

IASB/FASB (Hrsg.), A Roadmap for Convergence between IFRSs and US GAAP – 2006-2008 Memorandum of Understanding between the FASB and the IASB, 17. February 2006, http://www.iasb.org/NR/rdonlyres/874B63FB-56DB-4B78-B7AF-49BBA18C98D9/0/MoU.pdf (Stand: 21.04.2011) (Roadmap for Convergence).

IASB/FASB (Hrsg.), FASB and IASB Reaffirm Commitment to Memorandum of Understanding – A Joint Statement of the FASB and IASB, http://www.ifrs.org/NR/rdonlyres/0AE63429-BCF3-461A-8B5D-3948732CDDC2/0/JointCommunique_October2009FINAL4.pdf (Stand: 21.04.2011) (Joint Statement).

IASB/FASB (Hrsg.), Memorandum of Understanding – The Norwalk Agreement, http://www.fasb.org/news/memorandum.pdf (Stand: 21.04.2011) (Norwalk Agreement).

IASC (Hrsg.), International Accounting Standards, London 1979.

IDW (Hrsg.), WP-Handbuch 1977, bearbeitet v. Budde, Wolfgang Dieter u. a., 7. Aufl., Düsseldorf 1977 (WP-Handbuch 1977).

IDW (Hrsg.), IDW Stellungnahme: E-DRS 12 „Latente Steuern im Konzernabschluss“, in: WPg 2001, S. 1087-1093 (Stellungnahme zu E-DRS 12).

IDW (Hrsg.), Grundsätze zur Durchführung von Unternehmensbewertungen (IDW S 1), IDW FN 2008, S. 271-292 (IDW S 1).

IDW (Hrsg.), Stellungnahme zum Regierungsentwurf eines Gesetzes zur Modernisierung des Bilanzrechts (Bilanzrechtsmodernisierungsgesetz – BilMoG), in: IDW FN 2008, S. 465-471 (Stellungnahme zum Regierungsentwurf).

IDW (Hrsg.), IDW zu steuerrechtlichen Regelungen des Bilanzrechtsmodernisierungsgesetzes, in: IDW FN 2009, S. 334-335 (Steuerrechtliche Regelungen des BilMoG).

IDW (Hrsg.), Die Beurteilung der Fortführungstätigkeit im Rahmen der Abschlussprüfung (IDW PS 270), in: IDW FN 2010, S. 423-436 (IDW PS 270).

IDW (Hrsg.), Aufhebung des IDW ERS HFA 27 zur Bilanzierung latenter Steuern, http://www.idw.de/idw/portal/d601774/index.jsp (Stand: 21.04.2011) (Aufhebung des IDW ERS HFA 27).

IDW (Hrsg.), E-DRS 24: Stellungnahme zum Entwurf Deutscher Rechnungslegungsstandards Nr. 24 „Latente Steuern“, http://www.standardsetter.de/drsc/docs/press_releases/16_idw_E-DRS24.pdf (Stand: 21.04.2011) (Entwurf Deutscher Rechnungslegungsstandards Nr. 24).

IDW (Hrsg.), EFRAG: künftige Bilanzierung von Ertragsteuern nach IFRS, http://www.idw.de/idw/portal/d587776 (Stand: 21.04.2011) (Bilanzierung von Ertragsteuern).

IFA DES IDW, IDW Rechnungslegungshinweis: Besonderheiten der handelsrechtlichen Bilanzierung latenter Steuern bei Wohnungsunternehmen (IDW RH IFA 1.001), in: IDW FN 2010, S. 571-573 (IDW RH IFA 1.001).

INEICHEN, HANS, Philosophische Hermeneutik, Freiburg u. a. 1991 (Hermeneutik).

JEHLE, NADJA, ED Income Tax – Vorgeschlagene Neuregelungen, in: PiR 2009, S. 153-159 (Vorgeschlagene Neuregelungen).

JÖDICKE, DIRK/JÖDICKE, RALF, Anwendung des Aktivierungs- und Saldierungswahlrechts latenter Steuern und Differenzierung nach Ergebniswirksamkeit, in: KoR 2011, S. 153-160 (Anwendung des Aktivierungs- und Saldierungswahlrechts).

JOISTEN, KAREN, Philosophische Hermeneutik, Berlin 2009 (Philosophische Hermeneutik).

JONAS, HEINRICH H., Zur Problematik der 4. EG-Richtlinie (II), in: DB 1978, S. 1409-1415 (Problematik der 4. EG-Richtlinie (II)).

JUNGIUS, TOM/RÜTHERS, TORBEN, Entwicklungen in der IFRS-Rechnungslegung und des Enforcement, in: KoR 2010, S. 99-103 (Entwicklungen in der IFRS-Rechnungslegung).

KAHLE, HOLGER, Steuerliche Gewinnermittlung nach dem BilMoG, in: StuB 2011, S. 163-170 (Gewinnermittlung nach dem BilMoG).

KAMINSKI, BERT, Neue Probleme mit § 5 Abs. 1 EStG i. d. F. des BilMoG auf Grund des BMF-Schreibens vom 12.3.2010, in: DStR 2010, S. 771-774 (Neue Probleme mit § 5 Abs. 1 EStG).

KARRENBROCK, HOLGER, Latente Steuern in Bilanz und Anhang, Düsseldorf 1991 (Latente Steuern in Bilanz und Anhang).

KARRENBROCK, HOLGER, Von der Steuerabgrenzung zur Bilanzierung latenter Steuern – Die Neuregelung der Bilanzierung latenter Steuerzahlungen nach dem Entwurf des Bilanzrechtsmodernisierungsgesetzes (BilMoG), in: WPg 2008, S. 328-337 (Von der Steuerabgrenzung zur Bilanzierung latenter Steuern).

KARRENBROCK, HOLGER, Zur Ausweis- und Saldierungsproblematik latenter Steuern im Einzelabschluss nach dem BilMoG, in: Besteuerung, Rechnungslegung und Prüfung der Unternehmen – Festschrift für Professor Dr. Norbert Krawitz, hrsg. v. Baumhoff, Hubertus/Dücker, Reinhard/Köhler, Stefan, Wiesbaden 2010, S. 631-647 (Ausweis- und Saldierungsproblematik).

KARRENBROCK, HOLGER, Stellungnahme zu E-DRS 24 Latente Steuern, http://www.standardsetter.de/drsc/docs/press_releases/08_karrenbrock_E-DRS24.pdf (Stand: 21.04.2011) (Stellungnahme zu E-DRS 24).

KARRENBROCK, HOLGER, Zweifelsfragen der Berücksichtigung aktiver latenter Steuern im Jahresabschluss nach BilMoG, in: BB 2011, S. 683-688 (Zweifelsfragen der Berücksichtigung aktiver latenter Steuern).

KASTRUP, BENEDIKT/MIDDENDORF, OLIVER, Latente Steuern bei Personengesellschaften im handelsrechtlichen Jahresabschluss nach BilMoG, in: BB 2010, S. 815-820 (Latente Steuern bei Personengesellschaften).

KAYA, DEVRIMI/BORGWARDT, LENA, Spannungsverhältnis zwischen Informationsfunktion und Gläubigerschutz? Ausschüttungssprerre nach § 268 Abs. 8 HGB, in: StuB 2010, S. 727-733 (Ausschüttungssperre).

KESSLER, WOLFGANG/DIETRICH, MARIE-LOUISE, Die Zinsschranke nach dem WaBeschG – la dolce vita il dolce far niente?, in: DB 2010, S. 240-244 (Die Zinsschranke nach dem WaBeschG).

KESSLER, HARALD/LEINEN, MARKUS, Latente Steuern: Abbau temporärer Auffassungsdivergenzen?, in: StuB 2010, S. 275-278 (Abbau temporärer Auffassungsdivergenzen).

KESSLER, HARALD/LEINEN, MARKUS/PAULUS, BENJAMIN, Das BilMoG und die latenten Steuern (Teil 1), in KoR 2009, S. 716-728 (Das BilMoG und die latenten Steuern, Teil 1).

KESSLER, WOLFGANG/LINDEMER, JÖRG, Die Zinsschranke nach dem Wachstumsbeschleunigungsgesetz – Neues Prüfungsschema, fiktiver EBITDA-Vortrag und EBITDA-Puffer –, in: DB 2010, S. 472-476 (Fiktiver EBITDA-Vortrag).

KIESO, DONALD E./WEYGANDT, JERRY J., Intermediate Accounting, 7. Aufl., New York u. a. 1992 (Intermediate Accounting, 7. Aufl.).

KIESO, DONALD E./WEYGANDT, JERRY J./WARFIELD, TERRY D., Intermediate Accounting, 13. Aufl., Hoboken (New Jersey) u. a. 2010 (Intermediate Accounting).

KIRSCH, HANNO, Temporäre Differenzen bei Personengesellschaften nach IAS 12 und DRS 10, in: StuB 2003, S. 1116-1123 (Temporäre Differenzen bei Personengesellschaften).

KIRSCH, HANNO, Aktive latente Steuern aus Zins- und Verlustvorträgen nach dem Unternehmsteuerreformgesetz 2008, in: PiR 2007, S. 237-242 (Latente Steuern aus Zins- und Verlustvorträgen).

KIRSCH, HANNO, Auswirkungen der Aufgabe der Umkehrmaßgeblichkeit durch das geplante Bilanzrechtsmodernisierungsgesetz, in: Stbg 2008, S. 185-192 (Auswirkungen der Aufgabe der Umkehrmaßgeblichkeit).

KIRSCH, HANNO, Latente Steuern im Jahres- und Konzernabschluss nach dem BilMoG, in: DStZ 2009, S. 510-519 (Latente Steuern im Jahres- und Konzernabschluss).

KIRSCH, HANNO, Ertragsteueraufwand bei Personenhandelsgesellschaften nach dem Bilanzrechtsmodernisierungsgesetz, in: DStR 2009, S. 1972-1978 (Ertragsteueraufwand bei Personenhandelsgesellschaften).

KIRSCH, HANNO, Auswirkungen des Wachstumsbeschleunigungsgesetzes auf Bilanzierung, Bewertung und Berichterstattung latenter Steuern, in: DStZ 2010, S. 479-486 (Wachstumsbeschleunigungsgesetz und latente Steuern).

KIRSCH, HANS-JÜRGEN, Die Objektivierung künftiger Zahlungsströme bei einer Bewertung nach IFRS, in: Rechnungslegung und Wirtschaftsprüfung, Festschrift zum 70. Geburtstag von Jörg Baetge, hrsg. v. Kirsch, Hans-Jürgen/Thiele, Stefan, Düsseldorf 2007 (Objektivierung künftiger Zahlungsströme).

KLEIN, OLIVER, Die Bilanzierung latenter Steuern nach HGB, IAS und US-GAAP im Vergleich, in: DStR 2001, S. 1450-1456 (Latente Steuern im Vergleich).

KLEMM, UWE, Verstößt die Saldierung aktiver und passiver latenter Steuern gegen das Vorsichtsprinzip?, in: WPg 1984, S. 267-270 (Saldierung aktiver und passiver latenter Steuern).

KNORR, LIESEL/BEIERSDORF, KATI/SCHMIDT, MARTIN, EU-Vorschlag zur Vereinfachung des Unternehmensumfelds – Insbesondere für KMU, in: BB 2007, S. 2111-2117 (Vereinfachung des Unternehmensumfelds).

KOELEN, PETER, Investitionstheoretische Bewertungskalküle in der IFRS-Rechnungslegung – Möglichkeiten und Grenzen einer unternehmenswertorientierten Berichterstattung, Lohmar/Köln 2009 (Investitionstheoretische Barwertkalküle).

KOLLER, PETER, Theorie des Rechts – Eine Einführung, 2. Aufl., Wien u. a. 1997 (Theorie des Rechts).

KOMMISSION DER EUROPÄISCHEN GEMEINSCHAFTEN (Hrsg.), Mitteilung der Kommission an den Rat, das Europäische Parlament, den Europäischen Wirtschafts- und Sozialausschuss und den Ausschuss der Regionen – Strategische Überlegungen zur Verbesserung der Rechtsetzung in der Europäischen Union, KOM(2006) 689 vom 14.11.2006 (KOM(2006) 689).

KOMMISSION DER EUROPÄISCHEN GEMEINSCHAFTEN (Hrsg.), Arbeitsdokument der Kommission – Berechnung der Verwaltungskosten und Verringerung der Verwaltungslasten in der Europäischen Union, KOM(2006) 691 vom 14.11.2006 (KOM(2006) 691).

KOMMISSION DER EUROPÄISCHEN GEMEINSCHAFTEN (Hrsg.), Mitteilung der Kommission über ein vereinfachtes Unternehmensumfeld in den Bereichen Gesellschaftsrecht, Rechnungslegung und Abschlussprüfung, KOM(2007) 394 vom 10.07.2007 (KOM(2007) 394).

KOMMISSION DER EUROPÄISCHEN GEMEINSCHAFTEN (Hrsg.), Synthesis of the Reactions Received to the Commission Communication on a Simplified Business Environment for Companies in the Areas of Company Law, Accounting and Auditing (COM(2007)394), http://ec.europa.eu/internal_market/company/docs/simplification/consultation_report_2007 1219_en.pdf (Stand: 21.04.2011) (Synthesis of the Reactions).

KOMMISSION DER EUROPÄISCHEN GEMEINSCHAFTEN (Hrsg.), Working Document of the Commission Services (DG Internal Markets) – Consultation Paper on Review of the Accounting Directives – Cutting Accounting Burden for Small Business/Review of the Accounting Directives, http://ec.europa.eu/internal_market/consultations/docs/2009/accoun ting/20090226_consultation_en.doc (Stand: 21.04.2011) (Consultation Paper on Review of the Accounting Directives).

KOMMISSION DER EUROPÄISCHEN GEMEINSCHAFTEN (Hrsg.), Summary Report on the Responses Received to the Working Document of the Commission Services (DG Internal Market) - Consultation Paper on Review of the Accounting Directives – Cutting Accounting Burden for Small Business/Review of the Accounting Directives, http://ec.europa.eu/internal_market/accounting/docs/200910_accounting_review_consulta tion_report_en.pdf (Stand: 21.04.2011) (Summary Report).

KOMMISSION DER EUROPÄISCHEN GEMEINSCHAFTEN (Hrsg.), Discussion Paper for Shareholder meeting on Friday 12th June 2009 – Subject: Modernisation and simplification of the 4th and the 7th Directives: Results of the public consultation and preliminary staff comments on issues for further analysis, http://ec.europa.eu/internal_market/accounting/ docs/200906modern_en.pdf (Stand: 21.04.2011) (Discussion Paper for Stakeholder meeting).

KOMMISSION DER EUROPÄISCHEN GEMEINSCHAFTEN (Hrsg.), Update on the Review of the Fourth and Seventh Company Law Directives, http://ec.europa.eu/internal_market/accoun ting/docs/20090723_update_accounting_review_en.pdf (Stand: 21.04. 2011) (Update).

KOMMISSION DER EUROPÄISCHEN GEMEINSCHAFTEN (Hrsg.), Konsultation zum International Financial Reporting Standard für kleine und mittlere Unternehmen, http://ec.europa.eu/internal_market/consultations/docs/2009/ifrs_for_sme/consultation_pap er_IFRS_SME_de.pdf (Stand: 21.04.2011) (Konsultation zum IFRS für KMU).

KOMMISSION DER EUROPÄISCHEN GEMEINSCHAFTEN (Hrsg.), Summary Report of the Responses Received to the Commission's Consultation on the International Financial Reporting Standard for Small and Medium-sized Entities, http://ec.europa.eu/internal _market/accounting/docs/ifrs/2010-05-31_ifrs_sme_ consultation_summary_en.pdf (Stand: 21.04.2011) (Commission's Consultation on the IFRS for SMEs).

KOMMISSION DER EUROPÄISCHEN GEMEINSCHAFTEN (Hrsg.), Framework Contract for projects relating to Evaluation and Impact Assessment activities of Directorate General for Internal Market and Services - 4th Company Law Directive and IFRS for SMEs - Final Report, http://ec.europa.eu/internal_market/accounting/docs/studies/2010_cses_4th_company_law_ directve_en.pdf (Stand: 21.04. 2011) (Final Report).

KOMMISSION DER EUROPÄISCHEN GEMEINSCHAFTEN (Hrsg.), Staatliche Beihilfe: Kommission stellt Unvereinbarkeit der deutschen Regelung zum Verlustvortrag angeschlagener Unternehmen („Sanierungsklausel") mit den EU Beihilferegelungen fest – IP/11/65, http://europa.eu/rapid/pressReleasesAction.do?reference=IP/11/65&format=HTML&aged=0&language=DE&guiLanguage=en (Stand: 21.04.2011) (Beihilfe – IP/11/65).

KOMMISSION DER EUROPÄISCHEN GEMEINSCHAFTEN (Hrsg.), Vorschlag für eine Richtlinie des Rates für eine Gemeinsame konsolidierte Körperschaftsteuer-Bemessungsgrundlage (GKKB), KOM(2011) 121/4 (GKKB).

KRAMER, ERNST A., Juristische Methodenlehre, 3. Aufl., München 2010 (Methodenlehre).

KROPFF, BRUNO, Bilanzwahrheit und Ermessensspielraum in den Rechnungslegungsvorschriften des Aktiengesetzes 1965, in: WPg 1966, S. 369-380 (Bilanzwahrheit und Ermessensspielraum).

KÜHNE, ERHARD/MELCHER, WINFRIED/WESEMANN, MICHAEL, Latente Steuern nach BilMoG – Grundlagen und Zweifelsfragen (Teil 1), in: WPg 2009, S. 1005-1014 (Grundlagen und Zweifelsfragen, Teil 1).

KÜHNE, ERHARD/MELCHER, WINFRIED/WESEMANN, MICHAEL, Latente Steuern nach BilMoG – Grundlagen und Zweifelsfragen (Teil 2), in: WPg 2009, S. 1057-1065 (Grundlagen und Zweifelsfragen, Teil 2).

KÜNKELE, KAI PETER/ZWIRNER, CHRISTIAN, BilMoG: Handelsrechtliche Reform mit steuerlichen Konsequenzen? Übersicht über die Änderungen durch das BilMoG und die steuerlichen Folgen, in: DStR 2009, S. 1277-1283 (Handels-rechtliche Reform).

KÜNKELE, KAI PETER/ZWIRNER, CHRISTIAN, Steuerbilanzpolitik: Ausweitung der Möglichkeiten durch das BilMoG, in: DStR 2010, S. 2263-2270 (Steuerbilanzpolitik).

KUßMAUL, HEINZ, Betriebswirtschaftliche Steuerlehre, 6. Aufl., München 2010 (Betriebswirtschaftliche Steuerlehre).

KÜTING, KARLHEINZ, Statement vor dem Rechtsausschuss des deutschen Bundestags am 17.12.2008, http://www.kapitalmarktrecht-im-internet.de/de/Gesellschaftsrecht/Artikelgesetze/95/BilMoG.htm → Prof. Dr. Karlheinz Küting (Stand: 21.04.2011) (Statement vor dem Rechtsausschuss).

KÜTING, KARLHEINZ/GATTUNG, ANDREAS, Abgrenzung latenter Steuern auf timing und temporary differences – Grundlagen der Abgrenzung bilanzierungs- oder bewertungsbedingter Differenzen nach HGB sowie DRS 10 und IAS 12 –, in: StuB 2005, S. 241-248 (Abgrenzung latenter Steuern).

KÜTING, KARLHEINZ/KESSLER, HARALD, Einige Bemerkungen zum Verhältnis von Imparitätsprinzip und Besteuerung nach der Leistungsfähigkeit, in: StuB 2000, S. 21-29 (Besteuerung nach der Leistungsfähigkeit).

KÜTING, KARLHEINZ/SEEL, CHRISTOPH, Die Ungereimtheiten der Regelungen zu latenten Steuern im Bilanzrecht, in: DB 2009, S. 922-925 (Ungereimtheiten der Regelungen zu latenten Steuern).

KÜTING, KARLHEINZ/SEEL, CHRISTOPH, Latente Steuern, in: Das neue deutsche Bilanzrecht - Handbuch zur Anwendung des Bilanzrechtsmodernisierungsgesetzes (BilMoG), hrsg. v. Küting, Karlheinz/Pfitzer, Norbert/Weber, Claus-Peter, 2. Aufl., Stuttgart 2009, S. 499-535 (Latente Steuern).

KÜTING, KARLHEINZ/ZWIRNER, CHRISTIAN, Abgrenzung latenter Steuern nach IFRS in der Bilanzierungspraxis in Deutschland: Dominanz der steuerlichen Verlustvorträge, in: WPg 2007, S. 555-562 (Dominanz steuerlicher Verlustvorträge).

KUTT, FLORIAN/MÖLLMANN, PETER, Rechtsformabhängige Verlustnutzungsmöglichkeiten beim (unterjährigen) Beteiligungserwerb, in: DB 2010, S. 1150-1152 (Rechtsformabhängige Verlustnutzungsmöglichkeiten).

LANFERMANN, GEORG/RÖHRICHT, VICTORIA, § 268 Abs. 8 HGB als neue Generalnorm für außerbilanzielle Ausschüttungssperren, in: DStR 2009, S. 1216-1222 (Außerbilanzielle Ausschüttungssperren).

LANGENBUCHER, GÜNTHER/BLAUM, ULF, Latente Steuern im Wandel – was bringt das BilMoG?, in: Berichterstattung für den Kapitalmarkt – Festschrift für Karlheinz Küting zum 65. Geburtstag, hrsg. v. Weber, Claus-Peter/Lorson, Peter/Pfitzer, Norbert/Kessler, Harald/Wirth, Johannes, Stuttgart 2009, S. 25-45 (Latente Steuern im Wandel).

LARENZ, KARL, Methodenlehre der Rechtswissenschaft, 6. Aufl., Berlin u. a. 1991 (Methodenlehre der Rechtswissenschaft).

LEFFSON, ULRICH, Die Grundsätze ordnungsmäßiger Buchführung, 1. Aufl., Düsseldorf 1964 (GoB, 1. Aufl.).

LEFFSON, ULRICH, Das Gebot der Stetigkeit im europäischen Bilanzrecht, in: WPg 1988, S. 441-446 (Gebot der Stetigkeit).

LEFFSON, ULRICH, Die Grundsätze ordnungsmäßiger Buchführung, 7. Aufl., Düsseldorf 1987 (GoB).

LENZ, MARTIN/DÖRFLER, OLIVER/ADRIAN, GERRIT, Änderungen bei der Zinsschranke durch das Wachstumsbeschleunigungsgesetz, in: Ubg 2010, S. 1-7 (Änderungen bei der Zinsschranke).

LENZ, MARTIN/RAUTENSTRAUCH, GABRIELE, Der Richtlinienentwurf zur Gemeinsamen konsolidierten KSt-Bemessungsgrundlage (GKKB), in: DB 2011, S. 726-731 (Richtlinienentwurf).

LIENAU, ACHIM, Bilanzierung latenter Steuern im Konzernabschluss nach IFRS, Düsseldorf 2006 (Latente Steuern im Konzernabschluss).

LOITZ, RÜDIGER, Bilanzierung latenter Steueransprüche auf Vorträge noch nicht genutzter steuerlicher Verluste nach IFRS, in: WPg 2007, S. 778-787 (Steuerliche Verluste nach IFRS).

LOITZ, RÜDIGER, Latente Steuern nach dem Bilanzrechtsmodernisierungsgesetz (BilMoG), in: DB 2008, S. 249-256 (Latente Steuern nach dem Bilanzrechtsmodernisierungsgesetz).

LOITZ, RÜDIGER, Latente Steuern nach dem Bilanzrechtsmodernisierungsgesetz (BilMoG) – Nachbesserungen als Verbesserungen?, in: DB 2008, S. 1389-1395 (Nachbesserungen als Verbesserungen).

LOITZ, RÜDIGER, Accounting for Taxes auf Abwegen, in: DB 2009, Heft 37, S. 1 (Accounting for Taxes auf Abwegen).

LOITZ, RÜDIGER, Latente Steuern nach dem Bilanzrechtsmodernisierungsgesetz, in: Ubg 2009, S. 708-714 (Latente Steuern nach dem BilMoG).

LOITZ, RÜDIGER, Latente Steuern nach dem Bilanzrechtsmodernisierungsgesetz (BilMoG) – ein Wahlrecht als Mogelpackung?, in: DB 2009, S. 913-921 (Wahlrecht als Mogelpackung).

LOITZ, RÜDIGER, Wesentliche Änderungen des Tax Accounting durch die Einführung von ED/2009/2 für die Unternehmenspraxis, in: DB 2009, S. 1997-2005 (Wesentliche Änderungen des Tax Accounting).

LOITZ, RÜDIGER, DRS 18 – Bilanzierung latenter Steuern nach dem Bilanzrechtsmodernisierungsgesetz, in: DB 2010, S. 2177-2185 (Bilanzierung latenter Steuern nach dem BilMoG).

LOITZ, RÜDIGER, E-Bilanz – Buchführung quo vadis?, in: DB 2011, Heft 6, S. M1 (E-Bilanz).

LOITZ, RÜDIGER/NEUKAMM, MICHAEL, Der Zinsvortrag und die Bilanzierung von latenten Steueransprüchen, in: WPg 2008, S. 196-203 (Zinsvortrag).

LOITZ, RÜDIGER/RÖSSEL, CARSTEN, Die Diskontierung von latenten Steuern, in: DB 2002, S. 645-651 (Die Diskontierung von latenten Steuern).

LORENZ, ANJA/PRINZ, ULRICH, Die wichtigsten Steueränderungen für Unternehmen 2009, in: BBK 2009, S. 142-150 (Steueränderungen für Unternehmen 2009).

LÖWENSTEIN, ULRICH, Betriebsstättenbesteuerung – Inboundinvestitionen, Outboundinvestitionen, Steuergestaltungen, Branchenbesonderheiten, München 2003 (Betriebsstättenbesteuerung).

LÜDENBACH, NORBERT, Ausschüttungssperre nach § 268 Abs. 8 HGB, in: StuB 2010, S. 588-589 (§ 268 Abs. 8 HGB).

LÜDENBACH, NORBERT, Steuerlatenz auf den goodwill bei asset und share deal, in: StuB 2010, S. 856-857 (Steuerlatenz auf den goodwill).

LÜDENBACH, NORBERT/FREIBERG, JENS, Beitrag von DRS 18 zur Klärung strittiger Fragen der Steuerlatenzierung, in: BB 2010, S. 1971-1976 (Fragen der Steuerlatenzierung).

LÜDENBACH, NORBERT/FREIBERG, JENS, Steuerlatenzrechnung auch für Personengesellschaften? – Diskussion des IDW ERS HFA 7 n. F., in: BB 2011, S. 1579-1584 (Steuerlatenzrechnung).

LÜDENBACH, NORBERT/HOFFMANN, WOLF-DIETER, Die wichtigsten Änderungen der HGB-Rechnungslegung durch das BilMoG, in: StuB 2009, S. 287-316 (HGB-Rechnungslegung).

LÜHRMANN, VOLKER, Latente Steuern im Konzernabschluß, Düsseldorf 1997 (Latente Steuern im Konzernabschluß).

MAIER, MICHAEL/WEIL, MATTHIAS, Latente Steuern im Einzel- und Konzernabschluss: Auswirkungen des BilMoG auf die Bilanzierungspraxis, in: DB 2009, S. 2729-2736 (Auswirkungen des BilMoG).

MARTEN, KAI-UWE/WEISER, FELIX/KÖHLER, ANNETTE G., Aktive latente Steuern auf steuerliche Verlustvorträge: zunehmende Tendenz zur Aktivierung, in: BB 2003, S. 2335-2341 (Zunehmende Tendenz zur Aktivierung).

MARX, FRANZ JÜRGEN, Teilhaberthese als Leitbild zur Neukonzeption der steuerrechtlichen Gewinnermittlung nach Inkrafttreten des BilMoG, in: BB 2011, S. 1003-1006 (Teilhaberthese als Leitbild).

MASTRONARDI, PHILIPPE, Juristisches Denken – eine Einführung, 2. Aufl., Bern u. a. 2003 (Juristisches Denken).

MEYER, MARCO/LOITZ, RÜDIGER/LINDER, ROBERT/ZERWAS, PETER, Latente Steuern – Bewertung, Bilanzierung, Beratung, 2. Aufl., Wiesbaden 2010 (Bewertung, Bilanzierung, Beratung).

MEYER, MARCO/RUBERG, LARS, Die Erstellung von Planungsrechnungen als Voraussetzung für die Bilanzierung latenter Steuern – Anwendungsfelder, Anforderungen, Zweifelsfragen, in: DStR 2010, S. 1538-1543 (Erstellung von Planungsrechnungen).

MEYER, MARCO/RUBERG, LARS, Bekanntgabe von DRS 18 Latente Steuern – Partielle Aufhebung der Begrenzung des Prognosehorizonts bei Verlustvorträgen, in: DStR 2010, S. 2094-2100 (Begrenzung des Prognosehorizonts).

MEYER, MARCO/RUBERG, LARS, Leitlinien für die Erstellung von Planungsrechnungen im Rahmen des Tax Accounting, in: Ubg 2010, S. 431-438 (Leitlinien für die Erstellung).

MOXTER, ADOLF, Fundamentalgrundsätze ordnungsmäßiger Rechenschaft, in: Bilanzfragen – Festschrift zum 65. Geburtstag von Prof. Dr. Ulrich Leffson, hrsg. v. Baetge, Jörg/Moxter, Adolf/Schneider, Dieter, Düsseldorf 1976, S. 87-100 (Fundamentalgrundsätze).

MOXTER, ADOLF, Rückstellungskriterien im Streit, in: zfbf 1995, S. 311-326 (Rückstellungskriterien).

MOXTER, ADOLF, Zum Verhältnis von Handelsbilanz und Steuerbilanz, in: BB 1997, S. 195-199 (Zum Verhältnis von Handelsbilanz und Steuerbilanz).

MOXTER, ADOLF, IFRS als Auslegungshilfe für handelsrechtliche GoB?, in: WPg 2009, S. 7-12 (IFRS als Auslegungshilfe).

MÜLLER, FRIEDRICH/CHRISTENSEN, RALPH, Juristische Methodik, 10. Aufl., Berlin 2009 (Juristische Methodik).

NAUMANN, KLAUS-PETER, Zweifelsfragen der Bilanzierung latenter Steuern im Einzelabschluss nach den Vorschriften des Bilanzrechtsmodernisierungsgesetzes, in: Besteuerung, Rechnungslegung und Prüfung der Unternehmen – Festschrift für Professor Dr. Norbert Krawitz, hrsg. v. Baumhoff, Hubertus/Dücker, Reinhard/Köhler, Stefan, Wiesbaden 2010, S. 689-704 (Zweifelsfragen der Bilanzierung latenter Steuern).

NIEHUS, ULRICH/WILKE, HELMUTH, Die Besteuerung der Personengesellschaften, 5. Aufl., Stuttgart 2010 (Besteuerung von Personengesellschaften).

NURNBERG, HUGO, Changes in Tax Rates Under the Deferred and Liability Methods of Interperiod Tax Allocation, in: Accounting Horizons 1987, S. 59-68 (Changes in Tax Rates).

ORDELHEIDE, DIETER, Kapital und Gewinn – Kaufmännische Konvention als kapitaltheoretische Konzeption?, in: Zeitaspekte in betriebswirtschaftlicher Theorie und Praxis, hrsg. v. Hax, Herbert u. a., Stuttgart 1989, S. 21-41 (Kapital und Gewinn).

ORDELHEIDE, DIETER, Aktivische latente Steuern bei Verlustvorträgen im Einzel- und Konzernabschluß – HGB, SFAS und IAS, in: Internationale Wirtschaftsprüfung – Festschrift für Hans Havermann, Düsseldorf 1995, S. 601-623 (Aktivische latente Steuern bei Verlustvorträgen).

OSER, PETER/ROß, NORBERT/WADER, DOMINIC/DRÖGEMÜLLER, STEFFEN, Änderungen des Bilanzrechts durch das Bilanzrechtsmodernisierungsgesetz (BilMoG), in: WPg 2009, S. 573-583 (Änderungen des Bilanzrechts).

PELLENS, BERNHARD/CRASSELT, NILS/KEMPER, THOMAS, Evaluation der Arbeit des DRSC, in: DB 2009, S. 241-246 (Evaluation der Arbeit des DRSC).

PETERSEN, KARL, Anwendungsfragen der Steuerabgrenzung im Jahresabschluss, in: WPg 2011, S. 255-263 (Anwendungsfragen der Steuerabgrenzung).

PETERSEN, KARL/ZWIRNER, CHRISTIAN, Annäherung der Konzernrechnungslegung an internationale Standards – Gemeinsamkeiten und Abweichungen zwischen IFRS und HGB nach der Verabschiedung des BilMoG, in: IRZ 2009, S. 179-181 (Annäherung an internationale Standards).

PETERSEN, KARL/ZWIRNER, CHRISTIAN/FROSCHHAMMER, MATTHIAS, Funktionsweise und Problembereiche der im Rahmen des BilMoG neu eingeführten außerbilanziellen Ausschüttungssperre des § 268 Abs. 8 HGB, in: KoR 2010, S. 334-341 (Funktionsweise und Problembereiche).

PEZZER, HEINZ-JÜRGEN, Bilanzierungsprinzipien als sachgerechte Maßstäbe der Besteuerung, in: Probleme des Steuerbilanzrechts, hrsg. v. Doralt, Werner, Köln 1991, S. 3-27 (Bilanzierungsprinzipien).

PHILIPPS, HOLGER, Änderung des steuerlichen Herstellungskostenbegriffs durch das BilMoG?, in: BBK 2010, S. 468-473 (Herstellungskostenbegriff).

PÖLLER, RALF, Sonderprobleme und Umsetzung der Neuregelungen zur Bilanzierung latenter Steuern nach BilMoG, in: BC 2011, S. 10-17 (Sonderprobleme und Umsetzung der Neuregelungen).

POHLMANN, BETTINA, Systematik und Probleme latenter Steuern, in: zfbf 1983, S. 1094-1105 (Systematik und Probleme latenter Steuern).

PRINZ, ULRICH, Maßgeblichkeit versus eigenständige Steuerbilanz – Auswirkungen einer HGB-Reform auf das Steuerrecht, in: Festschrift für Arndt Raupach: Steuer- und Gesellschaftsrecht zwischen Unternehmerfreiheit und Gemeinwohl, hrsg. v. Kirchhof, Paul, Köln 2006, S. 279-298 (Maßgeblichkeit versus eigenständige Steuerbilanz).

PRINZ, ULRICH, BilMoG und Steuerrecht – Phase 2 des Gesetzgebungsverfahrens hat begonnen, in: SR 2008, S. 235 f. (BilMoG und Steuerrecht).

PRINZ, ULRICH, Nutzung gewerbesteuerlicher Verlustabzüge als Steuergestaltungsaufgabe, in: StuB 2010, S. 470-471 (Nutzung gewerbesteuerlicher Verlustabzüge).

PRINZ, ULRICH, Materielle Maßgeblichkeit handelsrechtlicher GoB – ein Konzept für die Zukunft im Steuerrecht?, in: DB 2010, S. 2069-2076 (Materielle Maßgeblichkeit).

PRINZ, ULRICH/RUBERG, LARS, Latente Steuern nach dem BilMoG – Grundkonzept, Bedeutungswandel, erste Anwendungsfragen, in: Der Konzern 2009, S. 343-354 (Latente Steuern nach dem BilMoG).

PRYSTAWIK, OLIVER, Latente Steuern nach BilMoG und IFRS – Besonderheiten bei Pensionsrückstellungen und Investmentfonds als Planvermögen, in: DB 2010, S. 345-353 (Pensionsrückstellungen und Investmentfonds).

PRYSTAWIK, OLIVER/SCHAUF, THORSTEN, Steuerliche Anhangangaben nach HGB – was ist erforderlich?, in: DB 2011, S. 313-318 (Steuerliche Anhangangaben).

RABENECK, JASMIN/REICHERT, GUDRUN, Latente Steuern im Einzelabschluss (Teil I), in: DStR 2002, S. 1366-1372 (Latente Steuern im Einzelabschluss, Teil I).

RABENECK, JASMIN/REICHERT, GUDRUN, Latente Steuern im Einzelabschluss (Teil II), in: DStR 2002, S. 1409-1416 (Latente Steuern im Einzelabschluss, Teil II).

RÄTKE, BERND/THEILE, CARSTEN, Bilanzpolitik im steuerlichen Wahlbereich nach dem BMF-Schreiben vom 12.3.2010, in: BBK 2010, S. 306-316 (Bilanzpolitik im steuerlichen Wahlbereich).

RUBERG, LARS, Werthaltigkeitsnachweis aktiver latenter Steuern auf Verlustvorträge anhand von Passivlatenzen – Besonderheiten bei der Mindestbesteuerung, in: Ubg 2011, S. 204-209 (Werthaltigkeitsnachweis aktiver latenter Steuern).

RUSS, WOLFGANG, Der Anhang als dritter Teil des Jahresabschlusses – Eine Analyse der bisherigen und der zukünftigen Erläuterungsvorschriften für die Aktiengesellschaft, 2. Aufl., Köln 1986 (Dritter Teil des Jahresabschlusses).

RUST, HUBERTUS/HÜLSHOFF, MARKUS/KOLBE, SEBASTIAN, E-Bilanz: Anforderungen der Finanzverwaltung an den Datensatz nach § 5b EStG, in: BB 2011, S. 747-753 (Anforderungen der Finanzverwaltung).

SABI DES IDW, Zur Steuerabgrenzung im Einzelabschluss, Stellungnahme des SABI 3/1988, in: WPg 1988, S. 683 f. (SABI 3/1988).

SCHÄFER, HEIKO/SUERMANN, HENDRIK, Ansatz aktiver latenter Steuern nach IAS 12, in: DB 2010, S. 2742-2750 (Ansatz aktiver latenter Steuern).

SCHEFFLER, WOLFRAM, Besteuerung von Unternehmen II, 5. Aufl., Heidelberg 2007 (Besteuerung von Unternehmen II, 5. Aufl.).

SCHEFFLER, WOLFRAM, Besteuerung von Unternehmen I, 11. Aufl., Heidelberg 2009 (Besteuerung von Unternehmen I).

SCHEFFLER, WOLFRAM, Besteuerung von Unternehmen II, 6. Aufl., Heidelberg 2010 (Besteuerung von Unternehmen II).

SCHEFFLER, WOLFRAM, Neuinterpretation des Maßgeblichkeitsprinzips, in: StuB 2010, S. 295-301 (Neuinterpretation des Maßgeblichkeitsprinzips).

SCHEFFLER, WOLFRAM, Handelsbilanz und Steuerbilanz im Vergleich – Übersichten zur Reichweite des Maßgeblichkeitsprinzips sowie zum Umfang latenter Steuern nach BilMoG, in: Beilage zu BBK 9/2010, S. 1-45 (Handelsbilanz und Steuerbilanz im Vergleich).

SCHENKE, RALF P./RISSE, MARKUS, Das Maßgeblichkeitsprinzip nach dem Bilanzrechtsmodernisierungsgesetz, in: DB 2009, S. 1957-1959 (Maßgeblichkeitsprinzip nach dem BilMoG).

SCHERFF, SUSANNE/WILLEKE, CLEMENS, Ansatz- und Bewertungsstetigkeit im handelsrechtlichen Jahresabschluss nach BilMoG, in: StuB 2010, S. 769-772 (Ansatz- und Bewertungsstetigkeit).

SCHILDBACH, THOMAS, Latente Steuern auf permanente Differenzen und andere Kuriositäten – Ein Blick in das gelobte Land jenseits der Maßgeblichkeit, in: WPg 1998, S. 939-947 (Latente Steuern auf permanente Differenzen).

SCHMALENBACH, EUGEN, Grundlagen dynamischer Bilanzlehre, Leipzig 1919 (Dynamische Bilanz).

SCHMIDT, MATTHIAS, Latente Steuern nach den US-GAAP in deutschen Konzernabschlüssen: Wesentliche Konsequenzen einer Steuerabgrenzung gemäß SFAS No. 109 statt nach § 274 und § 306 HGB, in: US-amerikanische Rechnungslegung – Grundlagen und Vergleiche mit deutschem Recht, hrsg. v. Ballwieser, Wolfgang, 4. Aufl., Stuttgart 2000, S. 241-281 (Latente Steuern nach US-GAAP).

SCHROTH, ULRICH, Philosophische und juristische Hermeneutik, in: Einführung in Rechtsphilosophie und Rechtstheorie der Gegenwart, hrsg. v. Kaufmann, Arthur/Hassener, Winfried, 4. Aufl., Heidelberg 1985, S. 276-301 (Philosophische und juristische Hermeneutik).

SEC (Hrsg.), ASR No. 53 In the Matter of "Charges in Lieu of Taxes" – Statement of the Commission's Opinion Regarding "Charges in Lieu of Taxes" and "Provisions for Income Taxes" in the Profit and Loss Statement, Washington 1945 (ASR No. 53).

SENGER, THOMAS/BRUNE, JENS W./HOEHNE, FELIX, ED/2009/2 – Income Tax (ED-IAS 12) – Übersicht und Würdigung der geplanten Neuregelungen, in: IRZ 2009, S. 289-295 (Übersicht und Würdigung).

SIEGEL, THEODOR, Latente Steuern: 4. EG-Richtlinie und Bilanzrichtlinie-Gesetz, in: BB 1985, S. 495-502 (Latente Steuern und 4. EG-Richtlinie).

SIEGEL, THEODOR, Zur Bilanzierung latenter Steuern nach § 274 HGB, in: DStR 1986, S. 587-594 (Zur Bilanzierung latenter Steuern).

SIEGEL, THEODOR, Latente Steuern: Konzeptionsprobleme und Anwendungsfragen zur Bilanzierung nach § 274 HGB, in: ZfB-Ergänzungsheft 1/1987, S. 137-174 (Konzeptionsprobleme).

SIEGEL, THEODOR, Saldierungsprobleme bei Rückstellungen und die Subventionswirkung des Maßgeblichkeitsprinzips – Der Vorlagebeschluß des X. Senats aus der Sicht der Bilanzierungs- bzw. Besteuerungsprinzipien, in: BB 1994, S. 2237-2245 (Saldierungsprobleme).

SIEGEL, THEODOR, Rückstellungen - Teilwertabschreibungen und Maßgeblichkeitsprinzip, in: StuB 1999, S. 195-201 (Teilwertabschreibungen und Maßgeblichkeitsprinzip).

SIMON, HERMAN VEIT, Die Bilanzen der Aktiengesellschaften und der Kommanditgesellschaften auf Aktien, 3. Aufl., Berlin 1899 (Die Bilanzen der Aktiengesellschaften).

SKOLUDA, STEFANIE/JANITSCHKE, MICHAEL, Neuerungen in der handelsrechtlichen Rechnungslegung bei Personenhandelsgesellschaften, in: StuB 2011, S. 363-369 (Personenhandelsgesellschaften).

SOLMECKE, HENRIK, Auswirkungen des Bilanzrechtsmodernisierungsgesetzes (BilMoG) auf die handelsrechtlichen Grundsätze ordnungsmäßiger Buchführung, Düsseldorf 2009 (Auswirkungen des BilMoG auf die GoB).

SPINGLER, MATTHIAS, Latente Steuern: Probleme bei der Anwendung des HGB i. d. F. des BilMoG, in: WPg 2010, S. 1024-1027 (Probleme bei der Anwendung).

STAHL, FRANK/BURKHARDT, ULRICH, Die Ausschüttungssperre nach BilMoG, in: BBK 2010, S. 106-113 (Ausschüttungssperre nach BilMoG).

STEPP, JAMES/PETZING, LAWRENCE, Accounting for income taxes – one more time, in: Financial Executive 5/1991, S. 12-18 (One more time).

STFA DES IDW, IDW Steuerhinweis: Ermittlung der Eigenkapitalquote für Zwecke der Zinsschranke im Sinne des § 4h EStG (IDW Steuerhinweis 1/2010), in: IDW FN 2010, S. 213-225 (IDW Steuerhinweis 1/2010).

STIBI, BERND/FUCHS, MARKUS, Zum Referentenentwurf eines Bilanzrechtsmodernisierungsgesetzes: Erste Würdigung ausgewählter konzeptioneller Fragen, in: DB 2008, Heft 7, Beilage 1, S. 6-13 (Erste Würdigung).

STIBI, BERND/FUCHS, MARKUS, Zur Umsetzung der HGB-Modernisierung durch das BilMoG: Konzeption der HGB-Auslegung und Interpretation der Grundsätze ordnungsmäßiger Buchführung unter dem Einfluss der IFRS?, in: DB 2009, Heft 23, Beilage 5, S. 9-15 (Auslegung und Interpretation der GoB).

STRICKMANN, HARALD, Anhangsberichterstattung, in: Handbuch BilMoG, hrsg. v. Kessler, Harald/Leinen, Markus/Strickmann, Michael, 2. Aufl., Freiburg u. a. 2010, S. 515-540 (Anhangsberichterstattung).

THEILE, CARSTEN, Herstellungskosten nach BilMoG, in: BBK 2009, S. 607-609 (Herstellungskosten nach BilMoG).

THEILE, CARSTEN, Latente Steuern im Jahresabschluss nach BilMoG, in: BBK 2010, S. 639-650 (Latente Steuern im Jahresabschluss).

THEILE, CARSTEN/HARTMANN, ANGELIKA, BilMoG: Zur Unmaßgeblichkeit der Handels- für die Steuerbilanz, in: DStR 2008, S. 2031-2035 (Zur Unmaß-geblichkeit der Handels- für die Steuerbilanz).

TINZ, OLIVER, Die Abbildung von Wachstum in der Unternehmensbewertung – Eine theoretische und empirische Analyse der Möglichkeiten und Grenzen einer objektivierten und transparenten Abbildung von Wachstum nach IDW S 1, Lohmar/Köln 2010 (Abbildung von Wachstum).

TJADEN, WILHELM, Bilanzierungsfragen bei Zuwendungen der öffentlichen Hand – Zur Einführung der Stellungnahme HFA 1/1984, in: WPg 1985, S. 33-44 (Zuwendungen der öffentlichen Hand).

VAN HALL, GEORG/KESSLER, HARALD, Latente Steuern, in: Handbuch BilMoG, hrsg. v. Kessler, Harald/Leinen, Markus/Strickmann, Michael, 2. Aufl., Freiburg u. a. 2010, S. 385-414 (Latenzen).

VON KEITZ, ISABELLE/WENK, MARC OLIVER, Eine quantitative und qualitative Analyse der von der DPR festgestellten Fehler bei der IFRS-Anwendung, in: DB 2010, S. 513-521 (Festgestellte Fehler).

VON SAVIGNY, FRIEDRICH CARL, System des heutigen Römischen Rechts, Leipzig 1840 (System des heutigen Römischen Rechts).

WASSERMEYER, FRANZ/ANDRESEN, ULF/DITZ, XAVER, Betriebsstätten-Handbuch – Gewinnermittlung und Besteuerung in- und ausländischer Betriebsstätten, Köln 2006 (Betriebsstätten-Handbuch).

WATRIN, CHRISTOPH, Internationale Rechnungslegung und Regulierungstheorie, Wiesbaden 2001 (Internationale Rechnungslegung und Regulierungstheorie).

WATRIN, CHRISTOPH, Ertragsteuern – Einkommensteuer, Körperschaftsteuer, Gewerbesteuer, begründet v. Rose, Gerd, 19. Auflage, Berlin 2009 (Ertragsteuern).

WATRIN, CHRISTOPH, Zukunft der steuerlichen Gewinnermittlung in Deutschland, der EU und den USA: Ergebnisse der empirischen Forschung, in: Unternehmensbesteuerung – Festschrift für Norbert Herzig zum 65. Geburtstag, hrsg. v. Kessler, Wolfgang/Förster, Guido/Watrin, Christoph, München 2010, S. 495-507 (Zukunft der steuerlichen Gewinnermittlung).

WATRIN, CHRISTOPH/POTT, CHRISTIANE/RICHTER, FRANK, Auswirkungen der Zinsschranke auf die steuerliche Bemessungsgrundlage – eine empirische Untersuchung –, in: StuW 2009, S. 256-268 (Auswirkungen der Zinsschranke).

WATRIN, CHRISTOPH/WITTKOWSKI, ANSAS/ULLMANN, ROBERT, Deutsche Mindestbesteuerung und ihre Belastungswirkung im europäischen Vergleich, in: StuW 2008, S. 238-248 (Deutsche Mindestbesteuerung).

WEBER-GRELLET, HEINRICH, Die Qual der Wahl – Zur steuerrechtlichen Behandlung von Wahlrechten, in: DStR 1992, S. 1417-1422 (Die Qual der Wahl).

WEBER-GRELLET, HEINRICH, Maßgeblichkeitsschutz und eigenständige Zielsetzung der Steuerbilanz, in: DB 1994, S. 288-291 (Maßgeblichkeitsschutz).

WEBER-GRELLET, HEINRICH, Maßgeblichkeitsgrundsatz in Gefahr?, in: DB 1997, S. 385-391 (Maßgeblichkeitsgrundsatz in Gefahr).

WEBER-GRELLET, HEINRICH, Bestand und Reform des Bilanzsteuerrechts, in: DStR 1998, S. 1343-1349 (Reform des Bilanzsteuerrechts).

WEBER-GRELLET, HEINRICH, Steuern im modernen Verfassungsstaat, Köln 2001 (Moderner Verfassungsstaat).

WEBER-GRELLET, HEINRICH, Bilanzsteuerrecht, 10. Aufl., Münster 2010 (Bilanzsteuerrecht).

WEBER-GRELLET, HEINRICH, Grundfragen und Zukunft der Gewinnermittlung, in: DB 2010, S. 2298-2304 (Grundfragen und Zukunft).

WEHRHEIM, MICHAEL/RUPP, DOMINIK, Zum Geltungsbereich der Ausschüttungssperre des § 268 Abs. 8 HGB im Regierungsentwurf des BilMoG, in: DB 2009, S. 356-358 (Zum Geltungsbereich der Ausschüttungssperre).

WENDHOLT, WOLFGANG/WESEMANN, MICHAEL, Zur Umsetzung der HGB-Modernisierung durch das BilMoG: Bilanzierung von latenten Steuern im Einzel- und Konzernabschluss, in: DB 2009, S. 64-76 (Zur Umsetzung der HGB-Modernisierung).

WENK, MARC OLIVER/JAGOSCH, CHRISTIAN/STRAßER, FRANK, Die E-Bilanz – Ein Projekt mit Fallstricken, in: DStR 2011, S. 586-590 (Ein Projekt mit Fallstricken).

WITTKOWSKI, ANSAS, Grenzüberschreitende Verlustverrechnung in Deutschland und Europa – Eine ökonomische, europa- und verfassungsrechtliche Analyse, Wiesbaden 2008 (Grenzüberschreitende Verlustverrechnung).

WITTKOWSKI, ANSAS/HIELSCHER, STEPHAN, Änderungen des § 8c KStG durch das Wachstumsbeschleunigungsgesetz, in: DB 2010, S. 11-18 (Änderungen des § 8c KStG).

WOERNER, LOTHAR, Zeitpunkt der Passivierung von Schulden und Verbindlichkeitsrückstellungen – Problematik der „wirtschaftlichen Verursachung“, in: Bilanzrecht und Kapitalmarkt – Festschrift für Adolf Moxter, hrsg. v. Ballwieser, Wolfgang/Böcking, Hans-Joachim/Drukarczyk, Jochen/Schmidt, Reinhard H., Düsseldorf 1994, S. 483-506 (Zeitpunkt der Passivierung).

WOLLMERT, PETER, Gegenwärtige und künftige Behandlung latenter Steuern im IASC-Abschluß, in: IASC-Rechnungslegung – Beiträge zu aktuellen Problemen, hrsg. v. Dörner, Dietrich/Wollmert, Peter, Düsseldorf 1995, S. 83-98 (Latente Steuern im IASC-Abschluß).

WOLZ, CHRISTIAN, Latente Steuern nach BilMoG: Analyse der konzeptionellen Neuregelung im Einzel- und Konzernabschluss, in: DB 2010, S. 2625-2633 (Analyse der konzeptionellen Neuregelung).

ZENTRALER KREDITAUSSCHUSS (Hrsg.), Entwurf eines Gesetzes zur Modernisierung des Bilanzrechts (Bilanzrechtsmodernisierung – BilMoG) BT-Drucksache 16/10067, http://www.kapitalmarktrecht-im-internet.de/de/Gesellschaftsrecht/Artikelgesetze/95/BilMoG.htm→ Dirk Jäger (Stand: 21.04.2011) (Entwurf eines Gesetzes).

ZIMMERT, PETER, Latente Steuern nach dem BilMoG – Gesetzeslücke bei Inanspruchnahme des § 7g EStG, in: DStR 2010, S. 826 f. (Inanspruchnahme des § 7g EStG).

ZWIRNER, CHRISTIAN, Abgrenzung latenter Steuern, in: KoR 2010, S. 110-116 (Abgrenzung latenter Steuern).

ZWIRNER, CHRISTIAN, Latente Steuern – Neue Regelungen, neuer Standard, neue Probleme, in: StuB 2010, S. 3-11 (Neue Regelungen).

ZWIRNER, CHRISTIAN, Latente Steuern (DRS 18), in: StuB 2010, S. 570-578 (Latente Steuern (DRS 18)).

ZWIRNER, CHRISTIAN, Neues BMF-Schreiben unterstreicht die Bedeutung einer eigenständigen Steuerbilanzpolitik – BMF-Schreiben vom 12.3.2010 zur Maßgeblichkeit der handelsrechtlichen GoB für die steuerliche Gewinnermittlung, in: DStR 2010, S. 591-593 (Neues BMF-Schreiben).

Verzeichnis der Rechtsquellen der EG/EU

Vierte Richtlinie 78/660/EWG des Rates vom 25.07.1978 aufgrund von Artikel 54 Abs. 3 Buchstabe g) des Vertrages über den Jahresabschluß von Gesellschaften bestimmter Rechtsform, in: Amtsblatt der EG Nr. L 222 vom 14.08.1978, S. 11-31.

Siebente Richtlinie 83/349/EWG des Rates vom 13.06.1983 aufgrund von Artikel 54 Abs. 3 Buchstabe g) des Vertrages über den konsolidierten Abschluß, in: Amtsblatt der EG Nr. L 193 vom 18.07.1983, S. 1-17.

Gesetzesverzeichnis

Aktiengesetz (AktG) vom 06.09.1965, BGBl. I 1965, S. 1089-1184, zuletzt geändert durch Gesetz vom 09.12.2010, BGBl. I 2010, S. 1900-1932.

Einkommensteuer-Durchführungsverordnung (EStDV) in der Fassung der Bekanntmachung vom 10.05.2000, BGBl. I 2000, S 717-733, zuletzt geändert durch Gesetz vom 08.12.2010, BGBl. I 2010, S. 1864-1884.

Einkommensteuergesetz (EStG) in der Fassung der Bekanntmachung vom 08.10.2009, BGBl. I 2009, S. 3366-3533, berichtigt BGBl. I 2009, S. 3862, zuletzt geändert durch Gesetz vom 09.12.2010, BGBl. I 2010, S. 1900-1932.

Gesetz betreffend die Gesellschaften mit beschränkter Haftung (GmbHG) in der Fassung der Bekanntmachung vom 20.05.1898, RGBl. 1898, S. 846, zuletzt geändert durch Gesetz vom 31.07.2009, BGBl. I 2009, S. 2509-2511

Gesetz über die Rechnungslegung von bestimmten Unternehmen und Konzernen (Publizitätsgesetz – PublG) vom 15.08.1969, BGBl. I 1969, S. 1189-1199, zuletzt geändert durch Gesetz vom 25.05.2009, BGBl. I 2009, S. 1102-1137.

Gewerbesteuergesetz (GewStG) in der Fassung der Bekanntmachung vom 15.10.2002, BGBl. I 2002, S. 4167-4180, zuletzt geändert durch Gesetz vom 08.12.2010, BGBl. I 2010, S. 1768-1803.

Handelsgesetzbuch (HGB) vom 10.05.1897, RGBl. 1897, S. 219-436, zuletzt geändert durch Gesetz vom 08.12.2010, BGBl. I 2010, S. 1768-1803.

Körperschaftsteuergesetz (KStG) in der Fassung der Bekanntmachung vom 15.10.2002, BGBl. I 2002, S. 4144-4166, zuletzt geändert durch Gesetz vom 08.12.2010, BGBl. I 2010, S. 1768-1803.

Solidaritätszuschlaggesetz (SolZG) in der Fassung der Bekanntmachung vom 15.10.2002, BGBl. I 2002, S. 4130-4132, zuletzt geändert durch Gesetz vom 08.12.2010, BGBl. I 2010, S. 1768-1803.

Umwandlungssteuergesetz (UmwStG) in der Fassung der Bekanntmachung vom 15.10.2002, BGBl. I 2002, S. 4133-4144, berichtigt BGBl. I 2003, S. 738, zuletzt geändert durch Gesetz vom 16.05.2003, BGBl. I 2003, S. 660-667.

Verzeichnis der Rechtsprechung

BFH, Beschluß vom 3.02.1969 – GrS 2/68, in: BStBl. II 1969, S. 291-294.

BFH, Urteil vom 17.02.1993 – X R 60/89, in: BStBl. II 1993, S. 437.

BFH, Urteil vom 27.06.2001 – I R 45/97, in: BStBl. II 2003, S. 121.

BFH, Urteil vom 5.06.2002 – I R 96/00, in: BStBl. II 2005, S. 736.

BFH, Beschluss vom 26.08.2010 – I B 49/10, in: NJW 2011, S. 638-640.

EuGH, Urteil vom 7.01.2003 – Rs. C-306/99, in: BB 2003, S. 355-563.

Verzeichnis der Verwaltungsanweisungen

BMF, Schreiben vom 4.07.2008 – IV C 7 – S 2742 – a/07/10001, in: BStBl. I 2008, S. 718.

BMF, Schreiben vom 12.03.2010 – IV C 6 – S 2133/09/10001, in: BStBl. I. 2010, S. 239.

BMF, Schreiben vom 30.04.2010 – IV C 2 – S 2745-a/08/10005:002, in BStBl. I 2010, S. 488.

BMF, Entwurf eines Schreibens vom 31.08.2010 – IV C 6 – S 2133-b/10/10001, http://www.bundesfinanzministerium.de/nn_290/DE/BMF__Startseite/Aktuelles/BMF__Schreiben/Veroffentlichungen__zu__Steuerarten/einkommensteuer/003__Entwurf__BMF-Schreiben,templateId=raw,property=publicationFile.pdf (Stand: 21.04.2011).

BMF, Schreiben vom 16.12.2010 - IV C 6 – S 2133-b/10/10001, in: BStBl. I 2010, S. 1500.

OFD Münster und Rheinland, Leitfaden zur Bewertung von (Anteilen an) Kapitalgesellschaften für ertragsteuerliche Zwecke, http://www.ofd-muenster.de/die_ofd_ms/aktuelles/pdf/2007_kapitalgesellschaften_leitfaden.pdf (Stand: 21.04. 2011) (Leitfaden zur Bewertung von Kapitalgesellschaften).

Verzeichnis der Gesetzesmaterialien

BMJ (Hrsg.), 9522/1 – 3 – 1 a SH 3 – Vorentwurf eines Gesetzes zur Durchführung der Vierten Richtlinie des Rates der Europäischen Gemeinschaften zur Koordinierung des Gesellschaftsrechts (Bilanzrichtlinie-Gesetz), 5. Februar 1980 (Vorentwurf eines Bilanzrichtlinie-Gesetzes).

BMJ (Hrsg.), 3507/8 – 30784/81 – Entwurf eines Gesetzes zur Durchführung der Vierten Richtlinie des Rates der Europäischen Gemeinschaften zur Koordinierung des Gesellschaftsrechts (Bilanzrichtlinie-Gesetz), 18. Mai 1981 (Entwurf eines Bilanzrichtlinie-Gesetzes).

BMJ (Hrsg.), Referentenentwurf eines Gesetzes zur Modernisierung des Bilanzrechts (Bilanzrechtsmodernisierungsgesetz – BilMoG), http://www.audit-commitee.com/pdf/071108-Refebilmog.pdf (Stand: 21.04.2011) (Referentenentwurf).

BR-Drucksache 344/08 vom 04.07.2008: Stellungnahme des Bundesrates zum Entwurf eines Gesetzes zur Modernisierung des Bilanzrechts (Bilanzrechtsmodernisierungsgesetz – BilMoG).

BT-Drucksache 9/1878 vom 27.07.1982: Entwurf eines Gesetzes zur Durchführung der Vierten Richtlinie des Rates der Europäischen Gemeinschaften zur Koordinierung des Gesellschaftsrechts (Bilanzrichtlinie-Gesetz).

BT-Drucksache 10/317 vom 26.08.1983: Entwurf eines Gesetzes zur Durchführung der Vierten Richtlinie des Rates der Europäischen Gemeinschaften zur Koordinierung des Gesellschaftsrechts (Bilanzrichtlinie-Gesetz).

BT-Drucksache 10/4268 vom 18.11.1985, Beschlussempfehlung und Bericht des Rechtsausschusses (6. Ausschuss) zu dem von der Bundesregierung eingebrachten Entwurf eines Gesetzes zur Durchführung der Vierten Richtlinie des Rates der Europäischen Gemeinschaften zur Koordinierung des Gesellschaftsrechts (Bilanzrichtlinie-Gesetz) – BT-Drucksache 10/317 – und zu dem Entwurf eines Gesetzes zur Durchführung der Siebenten und Achten Richtlinie des Rates der Europäischen Gemeinschaften zur Koordinierung des Gesellschaftsrechts – Drucksache 10/3440 – .

BT-Drucksache 16/10067 vom 30.07.2008: Gesetzesentwurf der Bundesregierung. Entwurf eines Gesetzes zur Modernisierung des Bilanzrechts (Bilanz-rechtsmodernisierungsgesetz – BilMoG).

BT-Drucksache 16/12407 vom 24.03.2009: Beschlussempfehlung und Bericht des Rechtsausschusses (6. Ausschuss) zu dem Gesetzesentwurf der Bundesregierung – Drucksache 16/10067 – Entwurf zur Modernisierung des Bilanzrechts (Bilanzrechtsmodernisierungsgesetz – BilMoG).

DEUTSCHER BUNDESTAG (RECHTSAUSSCHUSS) (Hrsg.), Protokoll der 122. Sitzung, Öffentliche Anhörung am 17.12.2008, http://www.hhr.otto-schmidt.de/media/Protokoll_2008-12-17.pdf (Stand: 21.04.2011) (Protokoll der 122. Sitzung).